全国普通高等医学院校药学类专业"十三五"规划教材

U0267146

物 理 学

（供药学类专业用）

主　编　章新友　白翠珍
副主编　魏　杰　丁晓东　王　勤
编　者（以姓氏笔画为序）

丁晓东（大连医科大学）　　　　王　勤（贵阳中医学院）

白翠珍（山西医科大学）　　　　李　敏（浙江中医药大学）

邵江华（宁夏医科大学）　　　　张春强（江西中医药大学）

陈继红（河南中医药大学）　　　岳粮跃（广西医科大学）

杨光晔（山西医科大学）　　　　欧阳君（蚌埠医学院）

袁小燕（长治医学院）　　　　　章新友（江西中医药大学）

谢仁权（贵阳中医学院）　　　　魏　杰（蚌埠医学院）

中国健康传媒集团

中国医药科技出版社

内容提要

本书是全国普通高等医学院校药学类专业"十三五"规划教材之一,其系统介绍了物理学的基本原理和基础知识及其在药学领域的应用。全书共十五章,分别介绍刚体的转动、流体动力学、分子物理学、静电场、直流电路、电流的磁场、电磁感应与电磁场、振动和波、光的波动性、光的粒子性、量子力学基础、激光、X射线、原子核与核磁共振和物理学专题等选修章节(带"*"号)。在保证教材科学性、系统性的前提下,全书力求与药学类专业的教学、科研和生产实践紧密结合,并重点介绍了物理学在药学领域的最新应用。各章节配有例题或课堂互动思考题,每章设习题以及知识链接,帮助读者理解和掌握本书内容和拓展知识。同时,为丰富教学资源,增强教学互动,免费配套在线学习平台(含电子教材、教学课件、图片、视频和习题集),供师生使用。

本书供高等医学院校药学类本科专业物理学课程教学使用,也可作为其他本科专业学生或从事物理学教学工作者的教材或参考书。

图书在版编目(CIP)数据

物理学 / 章新友,白翠珍主编. —北京:中国医药科技出版社,2016.1
全国普通高等医学院校药学类专业"十三五"规划教材
ISBN 978-7-5067-7902-9

Ⅰ.①物… Ⅱ.①章… ②白… Ⅲ.①物理学-医学院校-教材 Ⅳ.①O4

中国版本图书馆 CIP 数据核字(2015)第 305585 号

美术编辑 陈君杞
版式设计 郭小平

出版 **中国健康传媒集团** | 中国医药科技出版社
地址 北京市海淀区文慧园北路甲 22 号
邮编 100082
电话 发行:010-62227427 邮购:010-62236938
网址 www.cmstp.com
规格 787×1092mm $\frac{1}{16}$
印张 23
字数 529 千字
版次 2016 年 1 月第 1 版
印次 2019 年 2 月第 3 次印刷
印刷 三河市双峰印刷装订有限公司
经销 全国各地新华书店
书号 ISBN 978-7-5067-7902-9
定价 **49.00** 元

全国普通高等医学院校药学类专业"十三五"规划教材

出版说明

全国普通高等医学院校药学类专业"十三五"规划教材，是在深入贯彻教育部有关教育教学改革和我国医药卫生体制改革新精神，进一步落实《国家中长期教育改革和发展规划纲要》（2010-2020年）的形势下，结合教育部的专业培养目标和全国医学院校培养应用型、创新型药学专门人才的教学实际，在教育部、国家卫生和计划生育委员会、国家食品药品监督管理总局的支持下，由中国医药科技出版社组织全国近100所高等医学院校约400位具有丰富教学经验和较高学术水平的专家教授悉心编撰而成。本套教材的编写，注重理论知识与实践应用相结合、药学与医学知识相结合，强化培养学生的实践能力和创新能力，满足行业发展的需要。

本套教材主要特点如下：

1. 强化理论与实践相结合，满足培养应用型人才需求

针对培养医药卫生行业应用型药学人才的需求，本套教材克服以往教材重理论轻实践、重化工轻医学的不足，在介绍理论知识的同时，注重引入与药品生产、质检、使用、流通等相关的"实例分析/案例解析"内容，以培养学生理论联系实际的应用能力和分析问题、解决问题的能力，并做到理论知识深入浅出、难度适宜。

2. 切合医学院校教学实际，突显教材内容的针对性和适应性

本套教材的编者分别来自全国近100所高等医学院校教学、科研、医疗一线实践经验丰富、学术水平较高的专家教授，在编写教材过程中，编者们始终坚持从全国各医学院校药学教学和人才培养需求以及药学专业就业岗位的实际要求出发，从而保证教材内容具有较强的针对性、适应性和权威性。

3. 紧跟学科发展、适应行业规范要求，具有先进性和行业特色

教材内容既紧跟学科发展，及时吸收新知识，又体现国家药品标准［《中国药典》（2015年版）］、药品管理相关法律法规及行业规范和2015年版《国家执业药师资格考试》（《大纲》《指南》）的要求，同时做到专业课程教材内容与就业岗位的知识和能力要求相对接，满足药学教育教学适应医药卫生事业发展要求。

4. 创新编写模式，提升学习能力

在遵循"三基、五性、三特定"教材建设规律的基础上，在必设"实例分析/案例解析"

模块的同时，还引入"学习导引""知识链接""知识拓展""练习题"（"思考题"）等编写模块，以增强教材内容的指导性、可读性和趣味性，培养学生学习的自觉性和主动性，提升学生学习能力。

5. 搭建在线学习平台，丰富教学资源、促进信息化教学

本套教材在编写出版纸质教材的同时，均免费为师生搭建与纸质教材相配套的"医药大学堂"在线学习平台（含数字教材、教学课件、图片、视频、动画及练习题等），使教学资源更加丰富和多样化、立体化，更好地满足在线教学信息发布、师生答疑互动及学生在线测试等教学需求，提升教学管理水平，促进学生自主学习，为提高教育教学水平和质量提供支撑。

本套教材共计 29 门理论课程的主干教材和 9 门配套的实验指导教材，将于 2016 年 1 月由中国医药科技出版社出版发行。主要供全国普通高等医学院校药学类专业教学使用，也可供医药行业从业人员学习参考。

编写出版本套高质量的教材，得到了全国知名药学专家的精心指导，以及各有关院校领导和编者的大力支持，在此一并表示衷心感谢。希望本套教材的出版，将会受到广大师生的欢迎，对促进我国普通高等医学院校药学类专业教育教学改革和药学类专业人才培养作出积极贡献。希望广大师生在教学中积极使用本套教材，并提出宝贵意见，以便修订完善，共同打造精品教材。

中国医药科技出版社
2016 年 1 月

全国普通高等医学院校药学类专业"十三五"规划教材
书　目

序号	教材名称	主编	ISBN
1	高等数学	艾国平　李宗学	978-7-5067-7894-7
2	物理学	章新友　白翠珍	978-7-5067-7902-9
3	物理化学	高　静　马丽英	978-7-5067-7903-6
4	无机化学	刘　君　张爱平	978-7-5067-7904-3
5	分析化学	高金波　吴　红	978-7-5067-7905-0
6	仪器分析	吕玉光	978-7-5067-7890-9
7	有机化学	赵正保　项光亚	978-7-5067-7906-7
8	人体解剖生理学	李富德　梅仁彪	978-7-5067-7895-4
9	微生物学与免疫学	张雄鹰	978-7-5067-7897-8
10	临床医学概论	高明奇　尹忠诚	978-7-5067-7898-5
11	生物化学	杨　红　郑晓珂	978-7-5067-7899-2
12	药理学	魏敏杰　周　红	978-7-5067-7900-5
13	临床药物治疗学	曹　霞　陈美娟	978-7-5067-7901-2
14	临床药理学	印晓星　张庆柱	978-7-5067-7889-3
15	药物毒理学	宋丽华	978-7-5067-7891-6
16	天然药物化学	阮汉利　张　宇	978-7-5067-7908-1
17	药物化学	孟繁浩　李柱来	978-7-5067-7907-4
18	药物分析	张振秋　马　宁	978-7-5067-7896-1
19	药用植物学	董诚明　王丽红	978-7-5067-7860-2
20	生药学	张东方　税丕先	978-7-5067-7861-9
21	药剂学	孟胜男　胡容峰	978-7-5067-7881-7
22	生物药剂学与药物动力学	张淑秋　王建新	978-7-5067-7882-4
23	药物制剂设备	王　沛	978-7-5067-7893-0
24	中医药学概要	周　晔　张金莲	978-7-5067-7883-1
25	药事管理学	田　侃　吕雄文	978-7-5067-7884-8
26	药物设计学	姜凤超	978-7-5067-7885-5
27	生物技术制药	冯美卿	978-7-5067-7886-2
28	波谱解析技术的应用	冯卫生	978-7-5067-7887-9
29	药学服务实务	许杜娟	978-7-5067-7888-6

注：29门主干教材均配套有中国医药科技出版社"医药大学堂"在线学习平台。

全国普通高等医学院校药学类专业"十三五"规划教材
配套教材书目

序号	教材名称	主编	ISBN
1	物理化学实验指导	高 静　马丽英	978-7-5067-8006-3
2	分析化学实验指导	高金波　吴 红	978-7-5067-7933-3
3	生物化学实验指导	杨 红	978-7-5067-7929-6
4	药理学实验指导	周 红　魏敏杰	978-7-5067-7931-9
5	药物化学实验指导	李柱来　孟繁浩	978-7-5067-7928-9
6	药物分析实验指导	张振秋　马 宁	978-7-5067-7927-2
7	仪器分析实验指导	余邦良	978-7-5067-7932-6
8	生药学实验指导	张东方　税丕先	978-7-5067-7930-2
9	药剂学实验指导	孟胜男　胡容峰	978-7-5067-7934-0

物理学是全国高等医学院校药学类本科专业的一门重要必修课程，通过本课程的学习，旨在培养学生的科学素养和创新思维，也是药学类本科生学习后续课程及将来从事药学工作的必备基础。

本教材为全国普通高等医学院校药学类专业"十三五"规划教材之一，是根据教育部关于普通高等教育教材建设与改革意见的精神，为了深入贯彻落实《国家中长期教育改革和发展规划纲要》（2010-2020 年），根据教育部的专业培养目标和医药卫生行业用人要求，面向全国高等医学院校本科药学类专业教学和培养应用型药学专门人才需求，紧密结合国家药品标准《中国药典》（2015 年版）及全国卫生类（药学）专业技术资格考试、国家执业药师资格考试的有关新精神，保证药学教育教学适应医药卫生事业发展要求，体现行业特色，更好地"培养从事药品生产、检验、经营与管理和临床合理用药及开展药学服务等应用型人才"，更好地服务于行业发展的需要。并参照教育部高等学校医药公共基础课程教学指导委员会自然科学课程教学指导委员会所制定的《医药类大学物理课程教学基本要求》，为满足全国普通高等医学院校药学类专业"十三五"期间药学类本科专业物理学课程教学需要而编写。编写人员是在全国近 100 余所高等医药院校领导及 600 余位专家教授的大力支持和积极参与下，遴选出的全国普通高等医学院校药学类专业"十三五"规划教材主编、副主编及编委。编委会成员是长期从事物理学课程教学，具有多年教学经验和物理学研究的教师。

该书供高等医学院校药学类专业本科学生使用，也可供其他本科专业学生或从事物理教学工作者选用。

全书共十五章。在分别介绍刚体的转动、流体动力学、分子物理学、静电场、直流电路、电流的磁场、电磁感应与电磁场、振动和波、光的波动性、光的粒子性、量子力学基础、激光、X 射线、原子核与核磁共振和物理学专题（选修章节，带"*"

号）等的基础上，力求与中药学类专业的教学、科研和生产实践紧密结合，在保证教材内容科学性、系统性的前提下，重点介绍物理学在中药学领域的最新成果。全书努力做到概念准确、条理清晰、语言流畅、教师好教、学生好学。为此，在每章前面编写了【学习导引】，各章中编写了【课堂互动】【本章小结】和练习题。为了增强教材的可读性，激发学生学习物理学的兴趣，在每章中增加了【知识链接】小栏目，介绍了许多物理学家的生平和事迹，以及有趣的物理学知识和故事。有的章节标题前加"＊"号，表示为选修内容，可供学生自学，以扩大学生的知识面。书后编写有矢量分析、物理单位与基本常量等内容作为附录。本书的物理量、计量单位和符号均采用国际单位制和我国的国家标准。此外，本教材免费配套在线学习平台（含电子教材、教学课件、图片、习题集等），以丰富教学资源，增强师生互动。

　　本书在编写过程中得到出版社与主编所在院校的大力支持，以及全国各兄弟院校领导和同行的支持与帮助，在此一并表示感谢，由于编写水平所限，疏漏之处敬请广大读者指正！

编者
2015 年 10 月

目录
CONTENTS

绪 论

一、物理学的研究方法

物理学的发展史就是物理科学方法的演化史，在物理学的研究过程中，观察实验是基础，数学方法是核心，科学思维是关键。物理学研究所涉及的方法很多，系统全面地总结物理学的研究方法，是一项十分艰巨和困难的系统工程，下面就物理学的常规方法和非常规方法作一剖析。

（一）常规方法

（1）观察与实验　观察方法是在自然条件下，对客观事物进行科学地观察，从似乎平常的现象中，找出有关方面的联系，从偶然现象中找出必然规律。例如，"布朗运动"就是有意观察的结果。布朗通过对花粉、碎叶、烟灰、泥土、矿物质等无机物微粒的有意观察，发现了它们在水中无休止的无规则运动，这为后来揭示分子运动的奥秘奠定了事实基础。实验方法则是在人为条件下，对客观事物进行科学地观察、研究自然规律的活动。在现代物理学发展中，电磁学起源于1819年著名的"奥斯特实验"；1887年，迈克尔逊-莫雷所做的"以太"为零结果的实验，导致爱因斯坦狭义相对论的诞生。物理实验正式作为特定的方法而确立，应当归功于意大利物理学家伽利略，他最早主张用实验科学的知识来武装人们，因此，伽利略被誉为"实验科学之父"。

（2）比较与分类　比较方法是确定被研究对象之间异同点的思维过程和方法。比较是理论思维的一种重要方法，也是科学地认识自然的重要方法。在现代物理研究中，人们是在比较了各种射线的物理性质之后，才发现电子、中子和质子；也是在比较了旧原子模型和新实验事实之后，才发现原子核式的结构；更是通过比较电磁场与引力场的数学表达形式后，才得到引力场概念和精确的数学表达形式。分类方法是根据被研究对象之间的异同，将对象区分为不同种类的逻辑方法。例如，前面谈到物理学的发展前沿时，对物理学的分类是根据物质结构的层次来分的；若从被研究的对象来分，可分为地球物理、大气物理、生物物理、医学物理和工程物理等；从研究的手段来分，又可以分为实验物理、理论物理和计算物理等。

（3）分析与综合　分析方法是以分析事物的整体与部分关系为其客观基础，通过抽象思维找出事物的客观规律。1900年，泡利通过对 β 衰变现象中的能量、电荷、动量、角动量和宇称等问题的分析，提出了中微子的存在。1932年，尤莱在对原子光谱的定量分析中，通过里德伯常数的变化，发现了氢的同位素氘（^2_1H）。综合方法是对同一事物各部分的分析结果组成一个统一的有机整体，或是将不同种类、不同性质的事物有机地组合在一起。例如，1897年，狄拉克通过综合分析前人的研究成果，预言了正电子的存在，1932年，安德逊在宇宙射线中就真的发现了正电子。1957年，巴丁（J. Bardeen）、库柏（L. N. Cooper）和施瑞弗

(J. R. Schrieffer) 等人，通过综合分析前人对超导现象的研究成果，导出了超导体的宏观经验定律和 BCS 超导微观理论（BCS 是以其发明者 J. Bardeen、L. N. Cooper 和 J. R. Schrieffer 的名字命名），该理论成功地指明了，电子通过交换虚声子而形成库柏对，定量地描述了能隙、热学和大多数电磁性质。又例如，物理学通过五次大综合，建立了五大理论体系。第一次是 17 世纪后期，由牛顿完成了经典力学体系的建立；第二次是 19 世纪中期，由焦耳、汤姆等人完成经典热力学力系的建立；第三次是 19 世纪后期，由麦克斯韦完成了经典电磁学理论的建立；第四次是 20 世纪初，由爱因斯坦完成了相对论的建立；第五次也是 20 世纪初，由普朗克、玻尔、海森堡、薛定谔等人，完成了量子力学体系的建立。

（4）归纳与演绎 归纳方法是从事物到概括、从感性到理性、从个性到共性、从个别到一般、从特殊到普遍的升华。用培根的话说，归纳就是"从感觉与特殊事物中把公理引申出来，然后不断地逐渐上升，最后达到最普遍的公理"。例如，开普勒通过对当时已知部分行星的研究，通过枚举归纳的方法，得出了所有行星都遵循的行星运动三定律，为牛顿发现万有引力定律奠定了基础。又如，居里夫人通过渐近归纳的方法，发现了许多种放射性元素及其放射性规律。演绎方法是根据某一类事物都具有的属性、关系和本质，来推断该类中的个别事物也具有此属性、关系和本质。例如，哈雷于 1682 年观察到一颗彗星后，经查阅资料得知，此前于 1607 年、1531 年也曾有相同形态、相同轨道的彗星出现，通过推断得出了是同一颗彗星的结论。但是"彗星的周期为何是变数"的问题当时还未能解决，哈雷又以万有引力定律、彗星和行星的运动规律为前提，通过演绎推理及数学推导，得出了与观测数据相一致的彗星周期变化值，并推算出下次出现的时间为 1758 年末或 1759 年初，结果在 1959 年 3 月 12 日，人们果然发现了这颗彗星的又一次光临。

（5）假设与模型 假设方法是在对已有观察和实验的结果进行思维加工后，提出一些假定性的解释和说明，或是指明新的观察和实验的方向，预见新事物的存在，是从已知到未知的中间环节。19 世纪末，黑体辐射成为物理学的研究热点问题，普朗克提出了"能量子"的假设，即物体在发出或吸收辐射时，其能量以最小的能量单元"能量子"成整数倍的变化，这一假说标志着量子论的诞生，使物理学的理论和方法发生了革命性的变化。纵观物理学史，可以发现物理学就是沿着"…→假设→理论→新的假设→新的理论→…"的途经不断地向前发展。模型方法是通过建立物理或数学的模型来研究客观规律。常用的物理模型有：质点、刚体、理想流体、理想气体等。另一方面是通过矢量和张量分析、复变函数、微分方程、积分方程、变分法、矩阵、线性代数，以及一些特殊的函数，如勒让德多项式、贝塞耳函数等数学工具建立的数学模型，这些被应用的所有数学工具被专门地统称为数学物理方法。例如，狄拉克通过建立一组数学方程，把量子论和狭义相对论结合起来，由此创立了相对论量子力学。

（6）数学与推理 数学方法从广义上说，是指数学概念、公式、理论、方法和技巧的总和。从狭义的角度讲，是指运用数学来分析、计算问题的各种具体的方式与方法。例如，牛顿第二定律、麦克斯韦方程组、薛定谔方程、张量等，都具有抽象的数学表达形式，理论物理的研究，更是离不开数学分析和计算。推理方法是指应用数学概念、公式、理论、方法和技巧对物理过程进行推导演算，分析推导结果，得出相应的物理结论和可能的预见。比如，前面谈到的哈雷推算出下一次出现彗星的时间为 1758 年末或 1759 年初，就是推理的结果。又如，通过爱因斯坦狭义相对论的质能关系式 $E = mc^2$，推理出原子核裂变或聚变时，将有巨大的核能释放。麦克斯韦方程组预言了电磁波的存在，后来也被赫兹实验所证实。

（二）非常规方法

（1）灵感与直觉 灵感思维是一个非常复杂的过程，直觉则是产生灵感的基础。灵感有来如电、去如风的特点，这就要求当有了灵感，就要立即将其记录下来。例如，当牛顿坐在苹果树下时，突然有一个苹果掉在他的身上，他顿感奇怪，苹果熟了怎么会往地下掉，而不是往天上飞？他想这一定存在某种原因，于是立即将这一灵感记录下来，后经过研究，他终于发现了万有引力定律。又如，伽利略有一次在教堂做礼拜时，突然看到教堂的吊灯在左右摆动，虽然摆幅越来越小，但他似乎感到每次吊灯来回摆一次的时间（周期）几乎相等。后经过多次实验，终于有了结论：摆的周期与摆锤的质量和材料无关，只与摆长的平方根成正比。像这样的例子在物理学中多的是，如阿基米德洗澡时，想到了浮力，发现了浮力定律。灵感指导赫兹"捕捉"到了电磁波等。

（2）机遇与想象 机遇就是一种契机、时机或机会，通常被人们理解为有利的条件和环境。也可以按照字面的意思去理解，即是忽然遇到的运气和机会。通常情况，机遇有一定的时间限性或有效期，时间一错过，就再也得不到了。想象是一种特殊的思维形式，它是人在头脑里对已储存的表象进行加工改造形成新形象的心理过程。其特点是能突破时间和空间的束缚，能起到对机体的调节作用，还能起到预见未来的作用。在物理学的研究中，往往是有了好的机遇，才有可能出现好的想象。因此，机遇是出现好的想象的前提。例如，当人们把经典物理学发展过程中普遍的机械论、一般场论和统计理论等观点一一相继出现的情况与量子物理学引入一套自己独有的新概念的情况进行比较时，会发现在我们的物理学知识增长的每一阶段，每当我们还没有觉察到我们正处在更深一级的、我们还未能把握住的客观实在的边缘时，"机遇"就会随之而生。正如 D. 玻姆（美）等在《现代物理学中的因果性与机遇》一书中所说，他确信"理论物理学已经而且站起来，并将不断地揭露物理世界的越来越深的层级，而且这个过程将会无止境地继续下去"。即量子物理学无权认为它的现有概念已是最后确定的人，它不能阻止研究工作者去想象比起已经探究过的实在领域更为深刻的实在的领域。又如，当今是粒子物理学最好的时代，因为粒子物理学正在经历一场革命，过去近期 20 年中人类对宇宙的认识发生了巨大改变，例如新发现表明神秘的暗物质和暗能量才是宇宙的主要成分，人们熟悉的物质只占约 5%。可以想象在今后 20 年里还将有许多重要问题得到解答，也还会有许多新问题被提出。

（3）失败与反思 人们在科学探索的过程中，有成功，也有失败。成功是人们所希望的，这也是进行科学研究的目的所在。然而，失败和成功则是相伴相随不可分割，失败也常常为成功铺平了道路。即俗话所说"吃一堑，长一智"或"失败是成功之母"。在人类历史上，有许多科学家和发明家往往是经历了无数次的失败之后，才从失败走向成功。伟大的发明家爱迪生就是一个典型的例子，他在认真反思了前人制造电灯的失败经验后，制订了详细的试验计划，经过试验 1600 多种不同耐热的材料和不断改进抽空设备。爱迪生在 1879～1880 年，经过了数千次的失败，才发明了高阻白炽灯。爱因斯坦曾经指出："一个人在科学探索的道路上，走过弯路、犯过错误，并不是坏事，更不是什么耻辱，要在实践中勇于承认错误和改正错误。"事实上在科学史上，许多伟大、杰出的科学家如亚里士多德、伽利略、牛顿、麦克斯韦、普朗克、爱因斯坦、玻尔等人，也都有过自己的许多失误和失败的经历，但可贵的是在他们失败之后，善于及时对失败的原因进行反思和研究。由于错误和失败作为真理或成功的对立面，更能激起人们的积极反思，有助于真理的探索，最终使人们的研究取得成功。相反，如果忽视对失败的反思和研究，那么就难免有可能继续犯错误、走弯路，甚至重蹈覆辙，取得研究成功的概率就更小。

二、物理学的发展前沿

（一）前沿问题

（1）发展主线　纵观物理学的研究和发展的主线，如果按照从大尺度到微小尺寸的顺序来看，是从宇观到宏观，再由宏观的物体到大分子、分子、原子、原子核，一直到夸克等基本粒子。根据物质结构的层次，相应的物理学也就分成了许多学科。如果从大尺度到微小尺寸来分，物理学的分支学科顺序是"天体物理"、"空间物理"、"地球物理"、"流体力学"、"固体力学"、"等离子体物理学"、"凝聚态物理"、"分子物理学"、"原子物理学"、"原子核物理学"，一直到"粒子物理学"。从物理学研究的对象（现象）不同，物理学又可分为，力学、热学、声学、光学、电磁学和场论（经典场论、量子场论、规范场论等），一直到超弦理论和 M 理论等。另外，经典物理的光学、声学等学科，一部分正在向应用科学转化，而其他部分则结合了物质结构的某些特定层次的物理学来发展。比如，光学就与原子、分子和凝聚态物理学紧密地联系在一起。

（2）两个前沿　从层次的角度来看，物理学的发展前沿有两个，一个是朝着微小尺寸发展，即最微小的粒子；而另一个是向大尺度方向发展，即最大的宇宙。研究发现这两个前沿出现了非常有意思的现象，即逐步奇妙的结合在一起的情况。比如，当研究的粒子越小，就越要提高能量，而非常高的能量状态是存在于宇宙的早期。因此，对基本粒子的目前研究以及将来的研究，在某种意义上是宇宙考古学的问题，也就是探究宇宙早期是什么样的问题。通过更高能量粒子的研究，也许可以澄清宇宙起源的有关问题。另一方面，把已经建立的 ϕ 映射拓扑流理论与超空间和超对称理论进一步结合，建立与产生膜相关的新的拓扑规范场论，包括目前的超弦理论、额外维理论，以及霍金提出的膜世界理论，这类研究是当前理论物理研究的重要前沿。除了上述前沿外，物理学还存在另外一个前沿，就是探讨复杂物质的结构与物性。比如，在对最简单的半导体"硅"研究和应用比较清楚的基础上，再对复杂一点的砷化镓类化合物半导体进行研究，如果再进一步，就涉及结构更加复杂的聚合物半导体的研究。

（二）前沿理论

（1）超弦理论　在寻求大统一理论的研究过程中，由于超引力理论存在着局限性等诸多原因，人们才逐渐关注"弦理论"（String Theory）的研究，20 世纪 80 年代初，弦理论的研究就开始慢慢热了起来。到 20 世纪 90 年代初，由于出现了"异形弦"的新形式和超对称性的引入，从而诞生了所谓的"超弦理论"（Super String Theory）。"超"指的是这个理论有近似（有条件）的"对称性"。也就是每个"费米子"都有一个"玻色子"相对应，反过来，同样有每个"玻色子"都有一个"费米子"相对应。"超弦理论"也就是在原来包含了 26 维度空间的"玻色弦理论"中，增加超对称性后所形成的"弦理论"。在当今的物理界，"超弦理论"通常简称为"弦理论"，为了方便区分，较早的"玻色弦理论"，则以"玻色弦理论"全名称呼。"超弦理论"中的"超对称"是可以破缺的（如自发破缺等），通过破缺从而使不同粒子可以相互发生关系。到 20 世纪 90 年代后期，人们发现在 10 维空间中，实际上有 5 种自洽的"超弦理论"，这五种类型的弦理论分别是：①Ⅰ型弦理论［含有规范 SO（32）］；②ⅡA 型弦理论［含有规范 U（1）］；③ⅡB 型弦理论；④SO（32）杂化弦理论；⑤E8×E8 杂化弦理论。"超弦理论"认为弦状的粒子，在 10 维或 26 维时空中扭曲，产生了宇宙中的一切物质和能量，乃至空间和时间，较好地解释了多种宇宙现象和实验观察结果。但是"超弦理论"也有许多难题和困惑，比如，人们看到的现实宇宙是 4 维，那 4 维以外的"维"为什么看不到，虽然有多种解释，但还没有一种解释令人信服，还有待进一步的探索和检验。

（2）M 理论　"M 理论"（M Theory）是在超弦理论的基础上，发展起来的一种新的理论。20 世纪 80 年代中期，弦理论发生了第一次革命，其核心是发现"反常自由"的统一理论；紧接着又发生了第二次革命，即弦理论又发生既外向又内在的变革，从而使弦理论就演变成了 M 理论。第二次弦理论革命的主将是威滕（Edward Witten），威滕认为：M 在这里可以代表魔术（Magic）、神秘（Mystery）、膜（Membrane）或母亲（mother），依你所好而定。施瓦茨（Schwarz）还提醒大家要注意，M 还代表矩阵（Matrix）。M 理论认为，一维的弦可以在时空中延展为二维的面，并称其为"膜"；二维的膜可卷曲成 3 维的圆环膜，甚至 10 维或 11 维空间交错的膜。这些膜相互之间存在一种对偶关系，使所有这些膜在本质上等效，或者说，它们是同一基本理论的不同方面。通过膜相互之间的对偶关系表明，5 种超弦理论都描述了同样的物理，而且在物理上与超引力等效。这也说明 5 种超弦理论只不过是 M 理论的不同表述。因此，M 理论就将 5 种超弦理论统一到一个理论中，M 理论与 5 种超弦理论的关系，如图 1 所示。M 理论中的宇宙是 10 维或 11 维，但在低能情况下，如目前的现实情况，除 4 维时空外，另外的 6 维或 7 维卷曲得很小，以至于在目前的现实情况下无法观察。如果在极高的能量下，比如宇宙大爆炸的早期，就可能看到宇宙的 10 维或 11 维的时空。这就好比，用人的肉眼看头发时，头发只是线状，而通过高倍显微镜看，就能看到头发的 3 维构造。同时，也有人认为，当前的宇宙除 4 维时空外，还很有可能存在一些更多的维度。

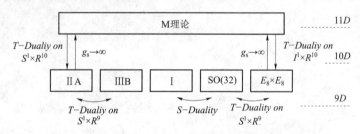

图 1　M 理论与 5 种超弦理论的关系

纵观物理学理论的形成与发展，物理学的研究方法是以实验为基础，对天然的物理现象或模拟的物理现象，进行大量的观察和精密的测量，并运用数学方法及理论思维进行分析概括，从而得出与客观基本相符的结论。再进一步经过实践检验，又从实验到理论的综合分析与推理，如此周而复始地反复探索，从而不断地得出新的理论，逐步建立起物理学的完整体系。另一方面，必须注意的是在物理学的研究过程中，也有许多"非常规"的方法被采用，如：灵感、直觉、机遇、科学想象、失败与反思，以及数据挖掘等，都在物理学理论体系建立中起到积极的作用。物理学方法论的研究是一个重大的永恒课题，又是一项复杂的系统工程，它涉及物理理论与实践等许多方面，随着物理学的发展，将会有更多的问题有待于进一步的研究和探讨。

三、《物理学》课程学习

《物理学》课程是药学类专业的必修课程，也是一门重要的考试课程。学习《物理学》课程一定要有好的学习方法，注重对基本概念和相关知识的理解，切忌"死记硬背"。首先，上课前要认真预习老师将要讲授的内容，对教材中的难点和重点内容要做到心中有数，并在书中做好标记，等待上课时仔细详听老师的讲解，以便对教材中的难点和重点内容作进一步的理解。再次，必须从整体上掌握物理学，要从物理定律的优美、简洁、和谐和物理学的辉煌发展上体会、鉴赏物理学的普适程度及其基本定律的适用范围。物理学中的技术和方法已经成为对药物进行研究和分析的重要手段，并为探索新的药物开拓了广阔的前景，因此，在学习物理学的过程中，要更加注重物理学在药学领域的应用。最后，还要强调的是对物理学的学习一定要对每个物理问题进行独立思考、集体讨论和深入理解，独立地完成课外练习和书中"课堂互动"等思考题。

　　物理学从根本上说是一门实验科学，任何物理规律的发现和物理理论的建立都必须以实验为基础，并经受实验的严格检验。因此，物理教学也必须遵循物理学的规律，强调理论与实验相结合，把实验课和理论课放在同等重要的地位，通过物理实验的教学学生不但可以学习到物理知识、实验方法和实验技能，而且可以培养同学们的科学精神，提高科学素养。深信同学们通过对《物理学》课程的学习和严格的训练，不仅为今后学习专业课程打下扎实的基础，而且必将为我国药学事业的发展发挥积极的作用。

第一章　刚体的转动

学习导引

1. **掌握**　转动惯量定义；力矩的功和转动动能定理；刚体绕定轴转动定理；角动量和角动量守恒定律。
2. **熟悉**　运用相关定理和定律分析和计算有关刚体定轴转动的力学问题。
3. **了解**　陀螺旋转时同时进行两种的旋转运动——即进动现象。

对于质点系来说，运动情况比较简单。质点的运动实际上只是代表了物体的平动，并不能描述具体物体的转动以及更复杂的运动。研究机械运动的最终目的是要研究具体物体的运动。对于具体物体，在外力的作用下，其形状、大小要发生变化。简单起见，我们设想有一类物体，在外力的作用下，其大小、形状均不发生变化，即物体内任意两点的距离都不因外力的作用而改变，这样的一类物体称之为**刚体**。刚体仍是个**理想模型**。本章将重点研究刚体的定轴转动及其相关的规律，为进一步研究真实物体的机械运动打下基础。

第一节　刚体的定轴转动

一、刚体定轴转动的定义

刚体的运动形式可分为平动和转动，或者是两者的结合。若刚体中所有点的运动轨迹都保持完全相同，或者说，刚体内任意两点间的连线总是平行于它们的初始位置间的连线，那么这种运动叫作平动，如图 1-1 所示。刚体平动的特点是刚体中各质点在同一时刻的速度和加速度都相等，所以刚体中任意一点的运动都可代替刚体的运动。一般常以质心作为代表点。

若刚体中各质点都围绕同一直线做圆周运动，则这种运动即为刚体的转动，这条直线叫作转轴，如图 1-2 所示。行星、摩天轮、榨汁机中的转子、钟表的指针等运动就是转动的典型例子。刚体的转动又分为定轴转动和非定轴转动两种。如果转轴的位置和方向固定不变，则这种转动称为**刚体的定轴转动**。如果转轴的位置或方向发生变化，则这种转动称为**刚体的非定轴转动**。一般情况下，刚体的运动可以看作平动和绕某一转轴转动的合成。

本章将重点讨论刚体转动中最简单、基本的转动——刚体的定轴转动。

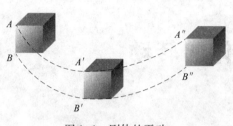

图 1-1　刚体的平动

图 1-2　刚体的转动

二、角位移

当刚体定轴转动时，构成刚体的质点都围绕转动轴做圆周运动，则每个质点的线位移、速度、加速度不都一样，但是它们在相同的时间内转过的角度是一样的，所以用角量来描述其运动，最方便不过。首先看与线位移对应的角位移的概念。

如图 1-3 所示，设一刚体在平面 xOy 内绕转动轴 z 轴做定轴转动，在刚体上取一参考线。观察参考线的运动，从俯视图上看，如图 1-4 所示，以参考线为基准，t_1 时刻，参考线与 x 轴正方向的角度为 θ_1，t_2 时刻，参考线的角度为 θ_2，这里 θ_1、θ_2 即我们的**角位置**，而**角位移**为

$$\Delta\theta = \theta_2 - \theta_1 \tag{1-1}$$

角位移定义不仅适用于整个刚体，而且适用于刚体上的任一质点，因为这些质点间的相对位置是不变的。

角位移是有方向的，一般来说规定逆时针为正，顺时针为负。

角位置和角位移常用的单位为弧度（rad），弧度为一无量纲单位。

三、角速度

如图 1-4 所示，刚体在 t_1 时刻，它的角位置为 θ_1，t_2 时刻，它的角位置为 θ_2，则在 Δt 内，发生的角位移为 $\Delta\theta$，则定义从 t_1 至 t_2，Δt 时间内，刚体的**平均角速度**为

$$\omega = \frac{\theta_2 - \theta_1}{t_2 - t_1} = \frac{\Delta\theta}{\Delta t} \tag{1-2}$$

若 Δt 趋近于零，则

$$\omega = \lim_{\Delta t \to 0} \frac{\Delta\theta}{\Delta t} = \frac{\mathrm{d}\theta}{\mathrm{d}t} \tag{1-3}$$

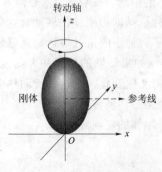

图 1-3　定轴转动的刚体

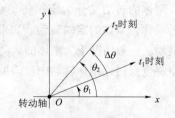

图 1-4　刚体定轴转动俯视图

ω 为某一时刻 t，质点对 O 点的**瞬时角速度**（简称角速度）。

上面两式不仅适用于整个转动的刚体，也适用于刚体上的每一质点。角速度是描述整个刚体转动快慢的物理量。角速度的单位国际制单位是弧度每秒（$rad \cdot s^{-1}$），工程上也用转每分钟（$r \cdot min^{-1}$）来表示。角速度为矢量，方向规定符合右手螺旋法则，如图 1-5 所示：绕转动刚体弯曲右手，使弯曲的四指顺着转动的方向，伸直的大拇指指向角速度方向。

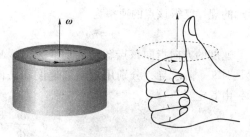

图 1-5　右手螺旋法则

四、角加速度

角加速度描述刚体角速度的大小和方向对时间变化率的物理量。设 t_1 时刻刚体的角速度为 ω_1，经过 Δt 时刻刚体的角速度变为 ω_2，则定轴转动的刚体在 Δt 时间内的**平均角加速度**为

$$\alpha = \frac{\omega_2 - \omega_1}{t_2 - t_1} = \frac{\Delta\omega}{\Delta t} \tag{1-4}$$

和 $\Delta t \to 0$ 的**瞬时角加速度**为

$$\alpha = \lim_{\Delta t \to 0} \frac{\Delta\omega}{\Delta t} = \frac{d\omega}{dt} = \frac{d^2\theta}{dt^2} \tag{1-5}$$

上式说明定轴转动刚体的角加速度等于其角速度对时间的一阶导数，也等于角位移对时间的二阶导数。角加速度的单位为弧度/二次方秒（$rad \cdot s^{-2}$）。

角加速度的方向也可以用沿转轴的矢量来表示，同样符合右手螺旋法则。

角速度和角加速度在描述刚体定轴转动中所起的作用与质点运动中速度和加速度的作用一样。速度与角速度相对应，加速度与角加速度相对应。

与质点运动学相似，对于匀速定轴转动的刚体，有

$$\omega = 常数，\quad \theta_t = \theta_0 + \omega t \tag{1-6}$$

而对于匀变速定轴转动的刚体，则有

$$\omega_t = \omega_0 + \alpha t$$

$$\theta_t = \theta_0 + \omega_0 t + \frac{1}{2}\alpha t^2 \tag{1-7}$$

$$\omega_t^2 - \omega_0^2 = 2\alpha(\theta_t - \theta_0)$$

式中，θ_0、ω_0 为初始时刻的角位置和角速度，θ_t、ω_t 为末态的角位置和角速度。

五、角量与线量的关系

刚体在定轴转动时，质点离轴越远，它所在的圆周就越大，它的线速度也就越快，但是它的角速度却是一样的。我们把转动中的角位置、角位移、角速度、角加速度统称为角量；平动中的位矢、位移、速度和加速度统称为线量。我们在研究物体时，经常需要从角量变到线量、线量到角量的变换。

定轴转动刚体上的各点都在围绕转轴做圆周运动，具有相同的角速度 ω，设某点 M 到转轴的距离为 r，在 Δt 时间内转动的角度为 θ，如图 1-6 所示，则有

$$s = \theta r \tag{1-8}$$

这里的 s 是指 Δt 时间内质点运动的路程。而由圆周运动的规律又得该点的速率为

$$v = r\omega \qquad (1-9)$$

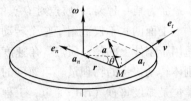

图 1-6　角量和线量的关系

速度的方向指向该点转动的切线方向。M 点的加速度是对 v 一阶求导，分别用切向加速度和法向加速度表示，由其定义得：

$$a_t = \frac{\mathrm{d}v}{\mathrm{d}t} = r\frac{\mathrm{d}\omega}{\mathrm{d}t} = r\alpha$$

$$a_n = \frac{v^2}{r} = \frac{(r\omega)^2}{r} = r\omega^2 \qquad (1-10)$$

切向加速度 a_t 反映着线速度大小变化的快慢，法向加速度 a_n 反映着线速度方向变化的快慢。由式（1-10）可知，若已知角量（ω、a），就可以求出刚体上任意一质点圆周运动的线量（v、a_t、a_n），说明用角量描述定轴转动的刚体上任意一点，可把平面圆周运动转化为一维运动形式，从而简化问题。

例 1-1：一离心机半径为 0.2m，转速为 15000r·min^{-1}，因受制动而均匀减速，经 100s 停止转动。试求：

（1）角加速度；

（2）制动开始后 $t = 20\mathrm{s}$ 时离心机的角速度；

（3）$t = 20\mathrm{s}$ 时离心机边缘处的线速度、切向加速度和法向加速度。

解：（1）由题意可知，$\omega_0 = 500\pi\mathrm{rad}\cdot\mathrm{s}^{-1}$，当 $t = 100\mathrm{s}$ 时，$\omega = 0$。设 $t = 0$ 时，$\theta_0 = 0$。因为离心机做匀减速运动，角加速度

$$\alpha = \frac{\omega - \omega_0}{t} = \frac{0 - 500\pi}{100}\mathrm{rad}\cdot\mathrm{s}^{-2} = -5\pi\mathrm{rad}\cdot\mathrm{s}^{-2}$$

（2）$t = 20\mathrm{s}$ 时离心机的角速度

$$\omega = \omega_0 + \alpha t = (500\pi - 5\pi \times 20)\ \mathrm{rad}\cdot\mathrm{s}^{-1} = 400\pi\mathrm{rad}\cdot\mathrm{s}^{-1}$$

（3）$t = 20\mathrm{s}$ 时离心机边缘上一点的线速度

$$v = r\omega = 0.2 \times 400\pi\mathrm{m}\cdot\mathrm{s}^{-1} = 251.2\mathrm{m}\cdot\mathrm{s}^{-1}$$

该点的切向加速度和法向加速度

$$a_t = r\alpha = 0.2 \times (-5\pi)\ \mathrm{m}\cdot\mathrm{s}^{-2} = -3.14\mathrm{m}\cdot\mathrm{s}^{-2}$$

$$a_n = r\omega^2 = 0.2 \times (400\pi)^2\mathrm{m}\cdot\mathrm{s}^{-2} = 3.155 \times 10^5\mathrm{m}\cdot\mathrm{s}^{-2}$$

■ 课堂互动

1. 人坐在旋转木马上，如果旋转木马和人的角速度是恒定的，那么人具有切向加速度吗？具有法向加速度吗？旋转木马制动时，那么人具有切向加速度吗？具有法向加速度吗？

2. 离心机工作时需要很大的力吗？什么力？

第二节　转动定律

从以前的物理学知识知道，动力学的牛顿运动定律是解决质点运动的关键，那么在研究

刚体定轴转动时，它的运动规律如何表达？是否和质点动力学一样呢？下面我们研究如何用角量的形式来表达转动的牛顿运动定律。首先，我们知道，要让一个物体转动起来，不仅与外力的大小有关，也与外力的作用点和方向有关，例如，门把手的位置将影响到开关门的力量。那么我们首先要介绍的一个物理概念是力矩。

一、力矩

要想打开一扇沉重的门，我们必须要用力，而且力作用的位置很重要，什么方向也很重要。比如，你作用力施加在通过转轴的方向上或者平行于转轴的方向上，那么你无论用多大的力都没有办法使门能够关上或者打开。但是，如果你将力施加在离门轴越远的地方，方向越是垂直于门，则就越容易把门打开。

图 1-7 所示为一绕 z 轴转动的刚体转动平面，外力 F 在此平面内且作用于 P 点，P 点相对于 O 点的位矢为 r，外力 F 和位矢为 r 之间的夹角为 θ，从点 O 到力 F 的作用线的垂直距离为 d，则 d 叫作力对转轴的**力臂**。外力 F 可以分解为两个分量，一个是径向分量，沿着 r 方向；一个是切向分量，垂直于 r 方向，对刚体的定轴转动产生的真正影响是切向分量，为了能够包含方向和作用点这两个因素对转动产生的影响，此时力矩的大小为

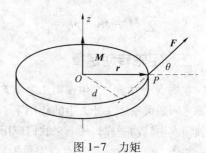

图 1-7　力矩

$$M = Fr\sin\theta = Fd \tag{1-11}$$

如果力 F 不在这个平面内，则可将 F 分解为平行于转轴的分力 F_z 和垂直于转轴的分力 $F_\perp$，其中 F_z 对转轴的力矩为零，垂直于这个平面的分量相当于和转动轴是平行的，对于刚体的转动没有贡献。对转动起作用的只有分力 $F_\perp$，故 F 对转轴的力矩为这个平面内的分量。此时的力矩为

$$M_z = rF_\perp\sin\theta \tag{1-12}$$

力矩是矢量，是使刚体发生改变运动状态的原因。从矢量形式的运算来看，力 F 对 O 点的**力矩也可以定义**为

$$M = r\times F \tag{1-13}$$

力矩的方向可以是用矢积的右手法则来求出，即如图 1-7 所示，将 F 连接在 r 的矢量尾端，让右手的四指沿着 r 顺着 F 环绕，则伸直的大拇指方向就是力矩的方向。如图 1-7 所示力矩垂直于 r 和 F 组成的平面。

对于定轴转动的刚体，作用在同一作用点上的力，若其方向相反，对于刚体的转动的作用效果来说也正好是相反的。

在国际单位制中，力矩的单位为 N·m。

若同时有 n 个外力作用在定轴转动的刚体上，那么它们的合力矩等于这几个外力力矩的**矢量和**。

$$M_合 = M_1 + M_2 + \cdots + M_n = \sum_{i=1}^{n} M_i \tag{1-14}$$

若这几个力都在转动平面内或平行于转动平面，各个力的力矩方向要么同向，要么反向，此时，其合力矩等于这几个力的力矩的**代数和**。

由于质点间的内力总是成对出现，而且符合牛顿第三定律，所以，刚体内部质点间作用力和反作用力的力矩相互抵消，即：**内力的力矩对于刚体转动的贡献为零。**

例1-2：质量为 m、长为 L 的均匀细棒，在外力 F_1 和 F_2 的牵引下在水平桌面上绕通过其一端的竖直固定轴逆时针转动，求棒转动时受到的牵引力矩的大小。

解：如图 1-8 所示，F_1 和 F_2 在水平桌面内，分别根据力矩的定义 $\boldsymbol{M}=\boldsymbol{r}\times\boldsymbol{F}$ 计算力矩，因为都在水平面内，所以力矩的方向是垂直于这个平面。然后再对力矩进行求和。

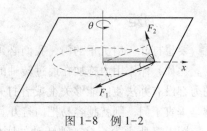

$$M_1 = -F_1 r\sin\theta_1 = -F_1 d_1$$
$$M_2 = F_2 r\sin\theta_2 = F_2 d_2$$

图 1-8　例 1-2

$$\sum_{i=1}^{2} \boldsymbol{M}_i = M_1 + M_2 = -F_1 d_1 + F_2 d_2$$

二、定轴转动定律

在质点动力学中，牛顿第二定律 $\boldsymbol{F}=m\boldsymbol{a}$ 给出了质点的加速度和质点所受的合外力及质点质量之间的关系。在外力矩的作用下，刚体的转动状态也会发生变化，比如门，有力矩的作用使门发生转动一样，接下来我们应用牛顿应用定律来讨论转动的问题。

如图 1-9 所示，单个质点质量为 m，与一转轴 Oz 刚性相连，其相对于 O 点的位矢为 r，设质点受到垂直于转轴而且在质点转动平面内的外力 $\boldsymbol{F}$ 作用，r 和力 $\boldsymbol{F}$ 之间的夹角为 θ。这时，可将力 $\boldsymbol{F}$ 分解为沿着转动轨迹切向的分力 F_t 和沿径向的分力 F_n，显然，过转轴的分量 F_n 对于质点绕 Oz 轴的转动无贡献，有贡献的只有其切向分量 F_t。由圆周运动和牛顿运动定律，可得

$$F_t = ma_t = mr\alpha$$

此时，它的力矩大小

$$M = rF\sin\theta$$

而 $F\sin\theta = F_t$，所以得

$$M = rF_t = mr^2\alpha \tag{1-15}$$

下面我们再看另一种情况，如图 1-10 所示，设质点 P 是定轴转动的刚体中任一质点，质量为 Δm_i，P 点离转轴的距离为 r_i，刚体定轴转动的角速度和角加速度分别为 ω 和 α。此时质点既受到系统外的作用力（即外力 $\boldsymbol{F}_{ei}$），又受到系统内其他质点对它的作用力（即内力 $\boldsymbol{F}_{ii}$）。简单起见，假设 $\boldsymbol{F}_{ei}$ 和 $\boldsymbol{F}_{ii}$ 均在转动平面内且通过质点 P，根据牛顿第二定律，对于质点 P，有

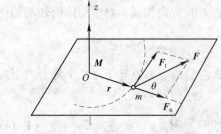

图 1-9　单个质点的定轴转动

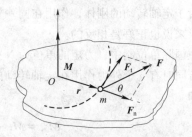

图 1-10　刚体定轴转动定律的推导图

$$F_{ei} + F_{ii} = \Delta m_i a_i$$

式中，a_i 为质点 P 的加速度，质点在合力的作用下绕转轴做圆周运动。

此时，若分别用 F_{eit} 和 F_{iit} 表示外力和内力沿切向方向的分量，则有

$$F_{eit} \pm F_{iit} = \Delta m_i r_i \alpha$$

在等式两边同时乘 P 点到转动轴的距离 r_i，可得

$$F_{eit} r_i \pm F_{iit} r_i = \Delta m_i r_i^2 \alpha$$

式中，$F_{eit} r_i$ 和 $F_{iit} r_i$ 则分别为外力 F_{ei} 和内力 F_{ii} 力矩的大小。因此有

$$M_{ei} \pm M_{ii} = \Delta m_i r_i^2 \alpha$$

对整个刚体，则有

$$\sum M_{ei} \pm \sum M_{ii} = \sum \Delta m_i r_i^2 \alpha$$

由于刚体中内力的力矩对于转动没有贡献，互相抵消，有 $\sum M_{ii} = 0$，所以上式可写为

$$\sum M_{ei} = (\sum \Delta m_i r_i^2) \alpha$$

用 M 表示刚体内所有质点所受的合外力矩，即

$$M = \sum M_{ei}$$

可得

$$M = (\sum \Delta m_i r_i^2) \alpha$$

式中，$\sum \Delta m_i r_i^2$ 定义为刚体的**转动惯量**，用符号"J"表示，它只与刚体的几何形状、质量分布以及转动轴的位置有关，即：转动惯量只与刚体本身的性质和转轴的位置有关。此时，上式可写作

$$M = J\alpha = J\frac{\mathrm{d}\omega}{\mathrm{d}t} \qquad (1-16\mathrm{a})$$

其矢量形式为

$$\boldsymbol{M} = J\boldsymbol{\alpha} = J\frac{\mathrm{d}\boldsymbol{\omega}}{\mathrm{d}t} \qquad (1-16\mathrm{b})$$

式（1-16）表明，**在外力矩的作用下，刚体定轴转动的角加速度与它所受的合外力矩的大小成正比，并与刚体的转动惯量成反比**。即为刚体定轴转动时的转动定律，简称**定轴转动定律**。定轴转动定律是解决刚体定轴转动问题的基本方程，其地位相当于解决质点运动问题时的牛顿第二定律。由式（1-16）也可以看出，定轴转动定律的形式和牛顿第二定律的形式也是一致的。对于同样的外力，分别作用于两个做定轴转动的刚体，其分别获得的角加速度是不一样的。转动惯量大的刚体获得的角加速度小，即保持原有转动状态的惯性大；反之，转动惯量小的刚体获得的角加速度大，即其转动状态容易改变。因此，转动惯量是量度刚体转动惯性的物理量。

三、转动惯量

我们可以对平动和转动中的定律加以比较：

平动时的牛顿第二定律 $\qquad F = ma = m\dfrac{\mathrm{d}v}{\mathrm{d}t}$

转动时的转动定律 $\qquad M = J\alpha = m\dfrac{\mathrm{d}\omega}{\mathrm{d}t}$

可见，在平动过程中，质点的质量表征着质点运动状态变化的难易程度，即质点惯性的大小。那么在转动中的转动惯量，它反映着刚体发生转动时它的惯性的大小。

转动惯量，按照前面的推导可知，如果是质量离散分布的刚体，它由 n 个质点组成，它的转动惯量定义为各离散质点的转动惯量的代数和，即

$$J = \sum_{i=1}^{n} \Delta m_i r_i^2 = \Delta m_1 r_1^2 + \Delta m_2 r_2^2 + \cdots + \Delta m_n r_n^2 \tag{1-17a}$$

对于质量连续分布的刚体，其转动惯量也可用积分的形式进行计算，即

$$J = \sum_i \Delta m_i r_i^2 = \int r^2 \mathrm{d}m \tag{1-17b}$$

式中，$\mathrm{d}m$ 叫作质元的质量，r 为此质元到转动轴的距离。解题时，往往先取任一质量元，然后利用密度这个中间量进行转化后求解。例如，对于质量线分布的刚体，可设其质量线密度为 λ，则 $\mathrm{d}m = \lambda \mathrm{d}l$；对于质量面分布的刚体，其质量面密度为 σ，则 $\mathrm{d}m = \sigma \mathrm{d}S$；对于质量体分布的刚体，其质量体密度为 ρ，则 $\mathrm{d}m = \rho \mathrm{d}V$。

在国际单位制中，转动惯量的单位为：千克平方米，其符号为 $\mathrm{kg \cdot m^2}$。需要注意的是，只有形状简单、质量连续且均匀分布的刚体，才可以用积分的形式求它的转动惯量。而对于一般刚体来说，往往需要通过实验来测定其转动惯量。表 1-1 所示为一些常见刚体的转动惯量。

表 1-1 常见刚体的转动惯量

圆环 $J = mR^2$	圆环 $J = \dfrac{mR^2}{2}$	薄圆盘 $J = \dfrac{mR^2}{2}$	圆筒 $J = \dfrac{m(R^2 + r^2)}{2}$
圆柱体 $J = \dfrac{mR^2}{2}$	圆柱体 $J = \dfrac{mR^2}{4} + \dfrac{mL^2}{12}$	球体 $J = \dfrac{2mR^2}{5}$	球壳 $J = \dfrac{2mR^2}{3}$

而决定刚体转动惯量的大小是与下列三个因素有关的：首先与刚体的质量有关，例如半径相同、转动轴相同的两个圆柱体，而它们的质量不同，显然，质量大的转动惯量也较大。其次在质量一定的情况下，与刚体质量的分布有关。例如，转动轴相同、质量相同、半径也相同的圆盘与圆环，二者的质量分布不同，圆环的质量集中分布在边缘，而圆盘的质量分布在整个圆面上，所以，圆环的转动惯量较大。最后还与给定转轴的位置有关，即同一刚体对于不同位置的转轴，其转动惯量的大小也是不等的。例如，同一细长杆，对通过其质心且垂

直于杆的转动轴和通过其一端且垂直于杆的转动轴，二者的转动惯量不相同，而且是通过其一端且垂直于杆的转动轴的情况下比较大。这是由于转动轴的位置不同，从而也就影响了转动惯量的大小。所以影响刚体的转动惯量的三要素是：刚体的质量、刚体的质量分布和转动轴的位置。

例 1-3：如图 1-11 所示，质量为 m 的物体 A 静止在光滑水平面上，和一轻绳索相连接，绳索跨过一半径为 R、质量为 m_R 的圆柱形滑轮 B，并系在另一质量为 M 的物体 C 上，滑轮与绳索间无相对滑动，且滑轮与轴承间的摩擦力忽略不计。求：

(1) 两物体的线加速度为多少？

(2) 水平和竖直两段绳索的张力各为多少？

解：(1) 首先是确定研究对象的问题，实际涉及的物体有物体 A、滑轮 B 和物体 C，可能有同学想物体只有两个需要考虑，滑轮可以不用考虑，但是不要忘了，以前我们是假设滑轮的质量不计，那么就不需要考虑滑轮的转动。但在这个问题中，滑轮的质量是不能忽略的，其本身具有转动惯量，要考虑它的转动。A、C 两个物体做的是平动，其加速度分别由其所受的合外力决定。而滑轮做转动，其角加速度是由其所受的合外力矩决定。这样分析后，可以考虑需要用什么样的物理规律才解决分析问题。

接下来是受力分析，我们用隔离法分别对各物体做受力分析，如图 1-12 所示，物体 A 受到重力、支持力以及水平方向上拉力 F_{T1} 作用，物体 C 受到向下的重力和向上的拉力 F'_{T2} 作用。滑轮 B 受到自身重力、转轴对它的约束力以及两侧的拉力 F'_{T1} 和 F_{T2} 产生的力矩作用，由于其自身重力及转轴对它的约束力都是过滑轮中心轴，对转动没有贡献，故影响其转动的只有拉力 F'_{T1} 和 F_{T2} 的力矩，而这两个力矩肯定不一样，因为，A、C 两物体都在做加速运动，那么由于滑轮和绳子之间无相对运动，滑轮就跟着加速转动。所以这里，我们不能先假定 $F_{T1} = F_{T2}$，但是根据牛顿第三定律，$F_{T1} = F'_{T1}$，$F_{T2} = F'_{T2}$。

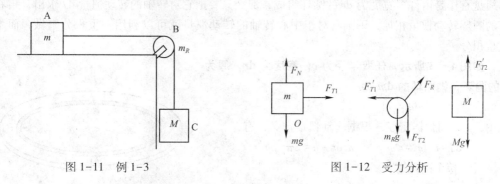

图 1-11 例 1-3   图 1-12 受力分析

由于不考虑绳索的伸长，因此，对 A、C 两物体的平动，可由牛顿第二定律求解，得

$$F_{T1} = ma$$
$$Mg - F_{T2} = Ma$$

对于滑轮，由转动定律得

$$RF_{T2} - RF_{T1} = J\alpha$$

式中，J 为滑轮的转动惯量，圆柱体的滑轮的转动惯量为 $J = \dfrac{1}{2}m_R R^2$。由于绳索与滑轮间无相对滑动，滑轮边缘上一点的切向加速度与绳索和物体的线加速度大小相等，即角量和线量有如下的关系

$$a = R\alpha$$

上述 4 个式子联立，可得

$$a = \frac{Mg}{m+M+m_R/2}$$

（2）由 $F_{T1} = ma$、$Mg - F_{T2} = Ma$ 两式可得

$$F_{T1} = \frac{mMg}{m+M+m_R/2}$$

$$F_{T2} = \frac{(m+m_R/2)\,Mg}{m+M+m_R/2}$$

从上式可以看出，F_{T1} 和 F_{T2} 并不相等。只有当忽略滑轮质量，即当 $m_R = 0$ 时，才有

$$F_{T1} = F_{T2} = \frac{mMg}{m+M}$$

在上式可以看出，拉力总是小于物体 C 的重力。这个结果是可靠的，因为如果拉力大于物体 C 的重力的话，岂不是物体 C 就加速上升了？

这一题涉及了"质点+刚体"模型的问题，而且是质点在平动，刚体的转动。求解这类问题时，需要分别对质点和刚体做正确的平动和转动分析，应用平动的牛顿运动定律和转动的转动定律，再利用连接体的连接关系，特别是线量和角量的关系，正确联立方程组，就可以很好地解决问题。

例 1-4：求质量为 m，半径为 R，厚为 h 的均质圆盘对通过盘心且垂直于盘面的轴的转动惯量。

解：这道题的问题是，如何利用数学方法来求解转动惯量。用三重积分来做，未免太过复杂，这里是质量均匀分布的圆盘，所以如何取质量元是关键问题。由图中可以看出，若将厚圆盘看作是由许多宽度为 dr 的圆环组成，那么只要把它对转轴的转动惯量 dJ 求出，再将所有的圆环转动惯量相加，则圆盘对于中心转轴的转动惯量就可以利用一重积分来做，而不是三重积分了。

如图 1-13 所示，任取半径为 r，宽度为 dr，厚为 h 的圆环，则圆环的 dm 为

$$dm = \rho dV = \rho \cdot 2\pi r dr \cdot h$$

式中，ρ 为圆盘体密度，根据转动惯量定义，有

$$dJ = r^2 dm = r^2 \cdot \rho \cdot 2\pi r dr \cdot h = 2\pi r^3 \rho h dr$$

对于整个圆盘有

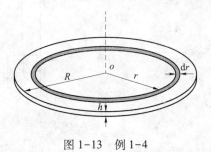

$$J = \int dJ = \int_0^R 2\pi r^3 \rho h dr = \int_0^R 2\pi r^3 \frac{m}{\pi R^2 h} h dr = \frac{1}{2} m R^2$$

图 1-13　例 1-4

由结果可以看出，圆盘的转动惯量和圆盘厚度并没有关系，因此圆盘和圆柱的转动惯量的决定因素都是质量、半径、转动轴。

一般来说，只有对形状对称、质量分布是连续且均匀的刚体来说，才用积分的数学方式来求解它的转动惯量，而对于其他任意形状的刚体来说，转动惯量往往是通过实验方法来测定的。

例 1-5：一质量为 m、长为 l 的均匀细长棒，求通过棒中心并与棒垂直的轴的转动惯量。

解：如图 1-14（a）所示，设棒的线密度为 λ，取一距离转轴 OO' 为 r 处的质量元 dm =

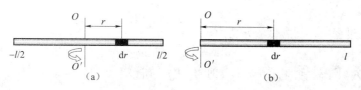

图 1-14 例 1-5

$\lambda \, dr = \dfrac{m}{l} dr$，此质量元对转轴的转动惯量为 $dJ = r^2 dm = \lambda r^2 dr$，由于细棒两端通过其中心对称，则细棒整体的转动惯量为

$$J = \int_{-l/2}^{l/2} \lambda r^2 \, dr = \frac{1}{12} \lambda l^3 = \frac{1}{12} m l^2$$

如图 1-14（b）所示，假如转轴是过端点垂直于棒，则细棒对转轴的转动惯量为

$$J = \int_0^l \lambda r^2 \, dr = \frac{1}{3} m l^2$$

可以看出，细棒对通过其质心的转轴和通过其一端的转轴的转动惯量是不同的。通常，我们用 J_c 来表示转轴通过刚体质心时的转动惯量。从上面例子的两种情况可以看出，细棒的转动轴通过质心垂直于棒的转动惯量为 $J_c = \dfrac{1}{12} m l^2$，而转动轴通过其一端的转动惯量 $J = \dfrac{1}{3} m l^2$，整理它们两者之间的关系如下

$$J = \frac{1}{3} m l^2 = \frac{1}{12} m l^2 + \frac{1}{4} m l^2 = J_c + m \left(\frac{1}{2} l \right)^2$$

式中，$\dfrac{1}{2} l$ 为两个转轴之间的距离。经过实验证明，若质量为 m 的刚体围绕通过其质心的轴转动，刚体的转动惯量为 J_c。则对任一与该轴平行，两转动轴之间垂直距离为 d，则其转动惯量为

$$J = J_c + m d^2 \tag{1-18}$$

上述公式称为转动惯量的**平行轴定理**。例 1-5 的结果很好地验证了转动惯量的平行轴定理。而且从上式可以看出，刚体通过其质心轴的转动惯量 J_c 最小，而其他任何与质心轴平行的转动轴的转动惯量都大于 J_c。

四、力矩的功

刚体转动时，刚体在外力的作用下转动而发生了角位移，那么外力作用在刚体上的功我们可以通过力与刚体上质元发生的位移的点积来进行计算。但是转动中，我们对于力所做的功是以力矩的形式来表示，这样计算更加简单，形式上与平动的功的公式也更加对称。下面就图 1-15 来分析力矩对刚体所做的功。

设刚体在外力 F 的作用下沿着圆轨道发生了一段距离 ds，它围绕转轴转过了 $d\theta$ 角，即其角位移为 $d\theta$；则力的作用点的距离和角位移之间的关系有 $ds = r d\theta$。此时，可将外力 F 分解为沿着切向的分力 F_t 和沿着法向的分力 F_n。在刚体绕定轴转动时做功，而 F_n 通过转动轴对于转动没有贡献，并且与 ds 垂直，也就意味着

图 1-15　力矩的功

不做功。

因此，在此过程中，外力做的元功为

$$dW = F_t ds = F_t r d\theta$$

式中，$F_t r$ 即为 F 对于转轴的力矩大小，即 $M = F_t r$，所以上式可写为

$$dW = M d\theta$$

则刚体在此力矩作用下从角位置 θ_1 到角位置 θ_2 时，外力矩做的总功为

$$W = \int_{\theta_1}^{\theta_2} dW = \int_{\theta_1}^{\theta_2} M d\theta \qquad (1-19)$$

可见，力对刚体所做的功可用力矩与刚体角位移乘积的积分来表示，称为**力矩的功**。式（1-19）对于任何绕固定轴转动的刚体均成立。如果刚体不止受到一个外力矩的作用时，M 即为合外力矩。

若转动过程中力矩的大小和方向都为恒定值，则刚体在外力矩的作用下，外力矩所做的总功为

$$W = \int_{\theta_1}^{\theta_2} M d\theta = M \int_{\theta_1}^{\theta_2} d\theta = M(\theta_2 - \theta_1) = M \Delta \theta \qquad (1-20)$$

即：**合外力矩对定轴转动的刚体所做的功为合外力矩与角位移的乘积**。

根据功率的定义，单位时间内力矩对刚体做的功叫作力矩的功率。由式（1-20）可知，设刚体在恒定外力矩的作用下，若刚体在 dt 时间内转过了 $d\theta$ 角，在力矩的**功率**为

$$P = \frac{dW}{dt} = M \frac{d\theta}{dt} = M\omega \qquad (1-21)$$

五、转动动能

刚体绕定轴转动时，动能为刚体内所有质点动能的总和叫作**转动动能**。转动动能也是动能的一种，同样用符号 "E_k" 表示，我们把质点做平动时具有的动能叫作平动动能，把刚体绕定轴转动时所具有的动能，称之为转动功能。设刚体中各质元的质量分别为 Δm_1，Δm_2，$\cdots$，Δm_i，$\cdots$，其线速率分别为 v_1，v_2，$\cdots$，v_i，$\cdots$，各质元到转动轴的垂直距离分别为 r_1，r_2，$\cdots$，r_i，$\cdots$，当刚体以角速度 ω 转动时，任一点 Δm_i 的动能为

$$\frac{1}{2} \Delta m_i v_i^2 = \frac{1}{2} \Delta m_i r_i^2 \omega^2$$

整个刚体的转动动能为

$$E_k = \sum_{i=1}^{n} \frac{1}{2} \Delta m_i r_i^2 \omega^2 = \frac{1}{2} \left(\sum_{i=1}^{n} \Delta m_i r_i^2 \right) \omega^2$$

因为 $\sum_{i=1}^{n} \Delta m_i r_i^2$ 即为刚体的转动惯量，所以上式可写为

$$E_k = \frac{1}{2} J \omega^2 \qquad (1-22)$$

上式表明，**刚体绕定轴转动的转动动能等于刚体的转动惯量与其角速度的平方的乘积的一半**。可以看出，转动动能与质点的平动动能 $E_k = \frac{1}{2} mv^2$ 相比，数学表达形式是完全一致的。

接下来，我们从做功的角度来看动能的增量，刚体在力矩的作用下转过一定角度，则力矩对刚体做了功，做功的效果是改变刚体的转动状态。

设刚体在合外力矩作用下，在 Δt 时间内，从角度 θ_1 转到角度 θ_2，其角速度从 ω_1 变为 ω_2，由合外力矩的功的定义

$$W = \int_{\theta_1}^{\theta_2} M\mathrm{d}\theta$$

若转动惯量 J 为常量，则力矩 $M = J\alpha = J\dfrac{\mathrm{d}\omega}{\mathrm{d}t}$，上式合外力矩的功为

$$W = \int_{\theta_1}^{\theta_2} M\mathrm{d}\theta = \int_{\theta_1}^{\theta_2} J\frac{\mathrm{d}\omega}{\mathrm{d}t}\mathrm{d}\theta$$

其中 $\omega = \dfrac{\mathrm{d}\theta}{\mathrm{d}t}$，则上式等价于 $\qquad W = \int_{\omega_1}^{\omega_2} J\omega\mathrm{d}\omega$

即

$$W = \frac{1}{2}J\omega_2^2 - \frac{1}{2}J\omega_1^2 \qquad\qquad (1\text{-}23)$$

这就是**刚体绕定轴转动的动能定理**：合外力矩对定轴转动的刚体做功的代数和等于刚体转动动能的增量。

当系统中既有平动的物体又有转动的刚体，且系统中只有保守力做功，其他力与力矩不做功时，物体系的机械能守恒，这叫作物体系的机械能守恒定律。此时，物体系的机械能包括质点的平动动能、刚体的转动动能、势能等。具体情况可以具体分析。

这里定轴转动的刚体的势能主要是重力势能。对于一个不太大质量的刚体，在重力场中的重力势能，是组成刚体的各个质点的重力势能之和即

$$E_p = \sum \Delta m_i g h_i$$

此外，也可以把刚体看作是全部质量都集中在质心的质点来处理，这种处理方式更加简单，

$$E_p = mgh_c \qquad\qquad (1\text{-}24)$$

考虑了刚体的做功、动能和势能的特点，关于一般质点系的功能原理、机械能守恒等定律都可应用于刚体的定轴转动中。

在刚体定轴转动的研究中，有许多研究思路和规律形式与质点力学中的相似，以下列表 1-2 供参考。

表 1-2　平动和定轴转动中一些相对应的公式和表达

平动		定轴转动	
质量	m	转动惯量	J
位置	x	角位置	θ
速度	$v = \dfrac{\mathrm{d}x}{\mathrm{d}t}$	角速度	$\omega = \dfrac{\mathrm{d}\theta}{\mathrm{d}t}$
加速度	$a = \dfrac{\mathrm{d}v}{\mathrm{d}t}$	角加速度	$\alpha = \dfrac{\mathrm{d}\omega}{\mathrm{d}t}$
牛顿第二定律	$F = ma$	转动定律	$M = J\alpha$
功	$W = \int F\mathrm{d}x$	功	$W = \int M\mathrm{d}\theta$
动能	$E_k = \dfrac{1}{2}mv^2$	动能	$E_k = \dfrac{1}{2}J\omega^2$
动能定理	$W = \dfrac{1}{2}mv_2^2 - \dfrac{1}{2}mv_1^2$	动能定理	$W = \dfrac{1}{2}J\omega_2^2 - \dfrac{1}{2}J\omega_1^2$

例 **1-6**：如图 1-16 所示，一质量为 M、半径为 R 的匀质圆盘，可绕垂直通过盘心的无摩擦的水平轴转动。圆盘上绕有轻绳，绳的质量忽略不计，一端挂质量为 m 的物体。绳不打滑。问物体在静止下落高度 h 时，其速度的大小为多少？绳子拉力为多大？

解：如图 1-17 所示，取向下为正方向，初始位置为坐标原点，经分析受力，对圆盘转动起作用的力矩为向下的绳的拉力 T，T 和 T' 为作用力和反作用力。设 θ、θ_0 和 ω、ω_0 分别为圆盘最终和起始时的角坐标和角速度。拉力 T 对圆盘做功。我们可以根据刚体绕定轴转动的动能定理，得到拉力 T 的力矩对圆盘所做的功为

$$W = \int_{\theta_0}^{\theta} M\mathrm{d}\theta = \int_{\theta_0}^{\theta} TR\mathrm{d}\theta = R\int_{\theta_0}^{\theta} T\mathrm{d}\theta = \frac{1}{2}J\omega^2 - \frac{1}{2}J\omega_0^2$$

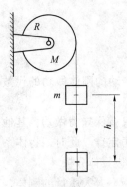

图 1-16　例 1-6

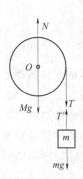

图 1-17　受力分析

物体受到向下的重力和向上的拉力 T'，根据质点动能定理，有

$$mgh + \int_0^{-h} T'\mathrm{d}x = \frac{1}{2}mv^2 - \frac{1}{2}mv_0^2,$$

因 $h = (\theta - \theta_0)R$，有

$$mgh - \int_{\theta_0}^{\theta} T'R\mathrm{d}\theta = \frac{1}{2}mv^2 - \frac{1}{2}mv_0^2$$

又因为物体由静止开始下落，所以 $v_0 = 0$，$\omega_0 = 0$。并考虑到圆盘的转动惯量 $J = \frac{1}{2}MR^2$，而 $v = \omega R$，可得

$$mgh = \frac{1}{2}J\omega^2 + \frac{1}{2}mv^2 = \frac{1}{2} \cdot \frac{1}{2}MR^2 \cdot \left(\frac{v}{R}\right)^2 + \frac{1}{2}mv^2 = \frac{1}{2}\left(\frac{M}{2} + m\right)v^2$$

有

$$v = 2\sqrt{\frac{mgh}{M + 2m}} = \sqrt{\frac{m}{(M/2) + m}2gh}$$

本题也可用系统整体的机械能守恒来计算。取圆盘及物体为系统，因为系统内只有保守力做功，所以系统机械能守恒。

根据物体系机械能守恒定律，有

$$mgh = \frac{1}{2}J\omega^2 + \frac{1}{2}mv^2$$

将 $J = \frac{1}{2}MR^2$ 和 $v = \omega R$ 代入，同样可得

$$v = 2\sqrt{\frac{mgh}{M+2m}} = \sqrt{\frac{m}{(M/2)+m}2gh}$$

可以看出，求解速度应用系统机械能守恒定律解题会更加简单。

又由前面公式和初始条件可得

$$mgh + \int_0^{-h} T' \mathrm{d}x = mgh - T'h = \frac{1}{2}mv^2 \text{，或} \int_{\theta_0}^{\theta} TR\mathrm{d}\theta = R\int_{\theta_0}^{\theta} T\mathrm{d}\theta = \frac{1}{2}J\omega^2$$

有绳子张力的大小为

$$T = T' = \frac{Mmg}{M+2m}$$

例 1-7：如图 1-18 所示，质量为 m、半径为 R 的圆盘，以初角速度 ω_0 在摩擦系数为 μ 的水平面上绕质心轴转动，问：圆盘转动几圈、经过多少时间后停止转动？

解：首先先确定研究对象，以圆盘为研究对象，则圆盘在整个转动过程中就只有摩擦力矩做功。

其始末状态动能分别为

$$E_{k0} = \frac{1}{2}J\omega_0^2 \text{ 和 } E_{kf} = 0$$

根据绕定轴转动刚体的动能定理，摩擦力矩的功等于刚体转动动能的增量，而摩擦力矩在不同半径处大小也不同，下面我们先求摩擦力矩的大小，再求摩擦力矩的功。为求解摩擦力矩，图 1-19 所示为将圆盘分割成无限多个圆环。

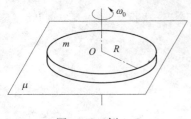

图 1-18　例 1-7

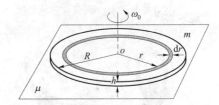

图 1-19　将圆盘分割成无限多个圆环

圆盘的面密度为 $\sigma = \dfrac{m}{\pi R^2}$，圆环的质量为：$\mathrm{d}m = \sigma \mathrm{d}S = \sigma 2\pi r \mathrm{d}r$，因此，每个圆环产生的摩擦力矩为

$$\mathrm{d}M = -\mu \mathrm{d}mgr$$

整个圆盘所受的阻力矩为

$$M = \int \mathrm{d}M = -\int_0^R \mu \mathrm{d}mgr = -\int_0^R 2\pi\mu g\sigma r^2 \mathrm{d}r = -\frac{2}{3}\mu mgR$$

阻力矩的功

$$W = \int M\mathrm{d}\theta = -\int_0^{\theta} \frac{2}{3}\mu mgR\mathrm{d}\theta = -\frac{2}{3}\mu mgR\theta$$

根据动能定理，可得

$$-\frac{2}{3}\mu mgR\theta = 0 - \frac{1}{2}J\omega_0^2$$

因圆盘绕中心轴定轴转动，所以圆盘的转动惯量为 $J = \dfrac{1}{2}mR^2$，代入上式中，有转过的角

度为

$$\theta = \frac{3J\omega_0^2}{4\mu mgR}$$

转过的圈数为

$$n = \frac{\theta}{2\pi} = \frac{3R\omega_0^2}{16\pi\mu g}$$

根据定轴转动定律

$$-\frac{2}{3}\mu mgR = J\alpha = \frac{1}{2}mR^2\frac{d\omega}{dt}$$

$$-\frac{2}{3}\mu g\int_0^t dt = \frac{1}{2}R\int_{\omega_0}^0 d\omega$$

可得经过转动时间为

$$t = \frac{3}{4}\frac{R}{\mu g}\omega_0$$

课堂互动

1. 如果一个刚体所受的合外力为零，那么它的合外力矩也为零吗？如果刚体的合外力矩为零，是否所受的合外力为零？

2. 某芭蕾舞演员的动作如图 1-20 所示，请问图（a）和图（b）中哪种姿势的转动惯量更大一些？

3. 如图 1-21 所示，现有 4 个同样大小的力作用在一个正方形板上，该板可以绕 P 点在正方形所在平面内转动，请从大到小排列各个力矩。

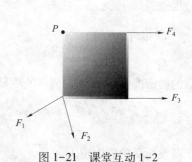

图 1-20 课堂互动 1-1   图 1-21 课堂互动 1-2

4. 刚体做定轴转动时，计算了转动动能，是否还要考虑其平动动能？如果不是定轴转动，而是一般的转动呢？

第三节 角动量守恒

在讨论质点运动时，我们经常用动量来描述机械运动的状态，动量是力对时间的积累。通过这个物理量，引出了动量定理和动量守恒定律，从而非常方便地解决一些具有复杂的运

动过程的一些问题，如非匀变速运动、碰撞等平动问题。同样的，在转动中，刚体也是具有角动量的，角动量是力矩对时间的积累，用来表征物体的转动状态。角动量也可以引出角动量定理和角动量守恒定律。这两者同样在转动问题中起着相当重要的作用。

一、角动量、冲量

质点的角动量是对一定点而言的，质量为 m 的质点以速度 v 在空间运动，其动量为 $p = mv$。某时刻相对原点 O 的位矢为 r，我们定义质点相对于原点的**角动量**为

$$L = r \times p = r \times mv \tag{1-25}$$

角动量是一个矢量，用符号"L"表示，其方向垂直于 r 和 v 组成的平面，并遵守矢量叉积规则（右手螺旋法则）：**右手的拇指伸直，四指弯曲的方向为由 r 指向 v 的方向，此时，拇指的方向为力矩 L 的方向**，如图 1-22 所示。

角动量的大小可由积矢法则求得

$$L = rmv\sin\theta \tag{1-26}$$

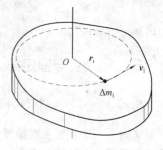

图 1-22　质点的角动量

θ 为位矢 r 和速度 v 之间的夹角。质点以角速度 ω 做半径为 r 的圆周运动时，由于任意点的位矢 r 和速度 v 总是垂直的，所以质点相对圆心的角动量 L 的大小为

$$L = mr^2\omega$$

有上式可知，角动量的大小和所选取的参考点 O 的位置有关，参考点不同，角动量也往往不同，因此，在描述质点的角动量时，必须指明是相对某一确定点的角动量。

在刚体的定轴转动中，角动量却是对某一固定转动轴而言的。如图 1-23 所示，物体绕 z 轴做以角速度 ω 定轴转动，物体上的每个质元对 z 轴的角动量为 $L_i = \Delta m_i v_i r_i = \Delta m_i r_i^2 \omega$，**刚体对 z 轴的角动量**等于各个质元的角动量的矢量和。

$$L = \sum L_i = \sum_i \Delta m_i r_i^2 \omega = J\omega \tag{1-27}$$

在单个质点作为研究对象时，当质点被外力作用上一段时间后，其运动状态会如何变化呢？如果考虑质点被作用的外力的时间累积效应，从而改变它的运动状态，$\int_{t_1}^{t_2} F(t)\,dt$ 被定义为力的**冲量**，用 I 来表示。

图 1-23　刚体的角动量

$$I = \int_{t_1}^{t_2} F(t)\,dt \tag{1-28}$$

可以看出，冲量由力的大小和力作用的时间来决定其大小。力的作用时间越长，其冲量越大，力的大小越大，其冲量也就越大。

冲量是一个矢量，但是冲量的方向并不和某瞬间力的方向是一致的。从式（1-28）我们还可以这样来表达

$$I = \int_{t_1}^{t_2} F(t)\,dt = \int_{t_1}^{t_2} ma\,dt = \int_{t_1}^{t_2} m\frac{dv}{dt}\,dt = \int_{v_1}^{v_2} m\,dv = \int_{p_1}^{p_2} dp$$

也就是说

$$I = \int_{t_1}^{t_2} F(t)\,\mathrm{d}t = \int_{p_1}^{p_2} \mathrm{d}p = \Delta p \tag{1-29}$$

我们把式（1-29）称作**冲量–动量定理**，它表示力的某一段时间内作用于质点上的冲量等于质点在这段时间内的动量的增量。

二、角动量定理

当是质点围绕某固定转动轴转动时，其运动状态发生变化，由转动定律可得到

$$M_z = J\alpha = J\frac{\mathrm{d}\omega}{\mathrm{d}t}$$

又因为质点对刚体的角动量为 $L = J\omega$，则有

$$M_z = J\frac{\mathrm{d}\omega}{\mathrm{d}t} = \frac{\mathrm{d}J\omega}{\mathrm{d}t} = \frac{\mathrm{d}L_z}{\mathrm{d}t} \tag{1-30}$$

式（1-30）中，说明运动状态可以用角动量来描述，同时质点对固定轴的角动量发生变化的原因是外力矩的作用。而质点所受到的对某给定轴的总外力矩的大小等于质点对该轴的角动量的时间变化率。这个式子同样适用于质点系或者是刚体的定轴转动。从式（1-30）中可以看出，角动量定理是转动定律的另一种表达形式，但是意义更加普遍。即使是非刚体，在绕轴转动的过程中，其转动惯量发生变化时，转动定律不再适用，但是角动量定理还是能够成立。

若刚体对固定轴的角动量初态为 $L_{z0} = (J\omega)_0$，末态为 $L_{zt} = (J\omega)_t$，则由式（1-30）可得，

$$\int_{t_0}^{t} M_z\,\mathrm{d}t = L_{zt} - L_{z0} = (J\omega)_t - (J\omega)_0 \tag{1-31}$$

$\int_{t_0}^{t} M_z\,\mathrm{d}t$ 就称为这段时间内对轴的力矩的冲量或者是**冲量矩之和**。式（1-31）表示定轴转动的系统对轴的角动量的增量就等于外力对该转动轴作用的力矩的冲量之和。

三、角动量守恒定律

从式（1-31）可以看出，当质点所受的合外力矩为零，即 $\int_{t_0}^{t} M_z\,\mathrm{d}t = 0$ 时，$L_{zt} = L_{z0}$。其物理意义为：**当质点所受对参考点 O 的合力矩为零时，质点对该参考点 O 的角动量为一恒矢量，这就是质点的角动量守恒定律。**

可能有以下几种情况，导致质点的角动量守恒：一种是质点所受的合外力为零；另一种是合外力虽然不为零，但合外力过参考点，导致合外力矩为零，质点做匀速圆周运动时就属于这种情况，此时质点所受到的合力指向圆心，对圆心的角动量守恒。另外，只要作用于质点的力为向心力，那么，质点对于圆心的力矩总是零，其角动量总是守恒。例如，以太阳为参考点，地球围绕太阳的角动量是守恒的。

若是刚体的定轴转动，当刚体所受的合外力矩为零时，**或外力矩虽然存在，但其沿转轴的分量为零时**，刚体对转动轴的角动量守恒。或表述为

$$若\ M_z = 0,\ 则有\ L_z = J\omega = 常量 \tag{1-32}$$

这就叫作刚体定轴转动的角动量守恒定律。如果刚体的转动惯量保持不变，刚体则会以恒定角速度转动；若其转动惯量发生了变化，那么刚体转动的角速度也会发生相应的变化，但二者的乘积保持不变。

如果刚体由多个离散的物体组成，同样也可得出系统的角动量守恒定律。若

$$M_z = 0，则有 \sum_i L_{zi} = \sum_i J_i \omega_i = 常量 \qquad (1-33)$$

最简单的情况，若转动系统由两个物体组成，其中一个的转动惯量为 J_1，角速度为 ω_1；另一个转动惯量为 J_2，角速度为 ω_2，有

$$当 M_z = 0 时，J_1 \omega_1 = J_2 \omega_2 \ 常量 \qquad (1-34)$$

即当系统内一个物体的角动量发生了变化，另外一个物体的角动量必然要发生与之相应的变化，从而保持整个系统的角动量不发生变化。

像角动量定理一样，角动量守恒定律不仅仅适用于刚体，相对于非刚体而言，它也是适用的；不仅仅在经典牛顿力学范围内适用，在相对论理论和量子力学理论中也是适用的。

就像动量守恒、能量守恒定律一样，角动量守恒定律也是自然界普遍适用的一条基本规律。日常生活中，很多现象也可用角动量守恒来解释。

例如芭蕾舞演员（如图1-20）、滑冰运动员（如图1-24），在做旋转动作时，往往先将双臂展开旋转以较大的转动惯量获得较大的角动量，然后迅速将双臂收拢靠近身体，这样对人体中心转动轴的转动惯量就减小了，而由于无外力矩作用，整个人体角动量守恒，这样，她们就获得了更快的旋转角速度。

又如跳水运动员的"团身-展体"动作，如图1-25所示，运动员在空中时往往将手臂和腿蜷缩起来，以减小其转动惯量，从而获得更大的角速度。在快入水时，又将手臂和腿伸展开，从而减小转动的角速度，保证其能以一定的方向入水。

图1-24　花样滑冰　　　　　　图1-25　跳水运动员跳水动作时转动惯量的变化

又如恒星的坍塌，当一颗恒星内核燃烧变慢时，该恒星可能最后开始塌缩，在这种塌缩过程中，恒星为一个孤立系统，因为角动量保持守恒，而对于中心轴的转动惯量变小，恒星塌陷时转动加快。随着塌缩，其中的原子相互碰撞频率增高，把它们的动能转化成热能。其质量集中的中心越来越比周边环绕的盘热。这种塌缩可以使恒星的半径从像太阳那样的大小减小到几千米直径的大小。在引力、气体压力、磁场力和转动惯量的相互竞争下，收缩的恒星化成了一个中子星，一团及其浓密的中子气。

又如直升机，一般直升机由机身、主螺旋桨和抗扭螺旋桨组成。那么为什么直升机必须在机尾处安装螺旋桨呢？我们把直升机的主螺旋桨、机身和抗扭螺旋桨视为一个物体系，并从物体系对转动轴线的角动量守恒来解释：发动机未开动时，直升机静止于地面，系统对主螺、旋桨转轴的角动量为零。然后主螺旋桨开始转动，系统的角动量增加，这时外力矩由地

面的摩擦力提供，满足角动量定理。主螺旋桨加速转动的力矩对系统来讲是内力矩，它与作用在机身的内力矩总合为零，合内力矩对系统的角动量没有影响。而作用于机身的内力矩又与地面的摩擦力矩相平衡，而使机身处于平衡。当主螺旋桨的角速度在地面摩擦力矩的作用下不断增加，一旦机身离地，摩擦力矩将突然消失，忽略空气对主螺旋桨

图 1-26　直升机

转动的阻力矩，此时外力矩总和为零，故系统角动量应保持不变，若主螺旋桨的角速度继续增加，则机身就会反方向开始转动，以抵消由于主螺旋桨继续加速而增加的角动量，使系统总角动量保持不变。所以在机尾安装小螺旋桨可产生一个附加力矩与机身所受内力矩平衡，从而消除机身的转动。

例 1-8：一半径为 R 的光滑圆环置于竖直平面内。质量为 m 的小球穿在圆环上，并可在圆环上滑动。小球开始时静止于圆环上的点 A（该点在通过环心 O 的水平面上），从 A 点开始下滑。设小球与圆环间的摩擦忽略不计，求小球滑到点 B 时对环心 O 的角动量和角速度。

解：如图 1-27 所示，小球受重力和支持力作用。支持力指向圆心，其力矩为零，故小球所受合外力矩仅为重力矩，其方向垂直纸面向外，大小为 $M = mgR\cos\theta$，小球在下滑过程中，角动量的大小时刻变化，但是其方向也始终垂直纸面向外。由质点的角动量定理，得 $mgR\cos\theta = \dfrac{\mathrm{d}L}{\mathrm{d}t}$，移项之后，有

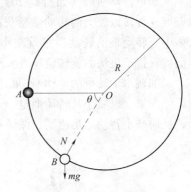

图 1-27　例 1-8

$$\mathrm{d}L = mgR\cos\theta\,\mathrm{d}t$$

因为 $\omega = \mathrm{d}\theta/\mathrm{d}t$，$L = mRv = mR^2\omega$，所以上式左边乘 L，右边乘 $mR^2\omega$ 后其值不变，有 $L\mathrm{d}L = m^2gR^3\cos\theta\mathrm{d}\theta$；

因为 $t = 0$ 时，$\theta_0 = 0$，$L_0 = 0$，可对上式两端积分，得 $\int_0^L L\mathrm{d}L = m^2gR^3\int_0^\theta \cos\theta\mathrm{d}\theta$ 因此，有 $L = mR^{3/2}(2g\sin\theta)^{1/2}$，将 $L = mR^2\omega$ 代入上式可得 $\omega = \left(\dfrac{2g}{R}\sin\theta\right)^{1/2}$。

例题 1-9：一根质量为 m，长为 L 的匀质棒 AB，如图 1-28 所示，棒绕一水平的光滑转轴 O 在竖直平面内转动，O 轴离 A 端的距离为 $L/3$，现使棒从静止开始由水平位置绕 O 轴转动，求：

（1）棒在水平位置的角速度和角加速度；

（2）棒转到竖直位置时的角速度和角加速度；

解：先确定细棒 AB 对 O 轴的转动惯量 J_0，由于 O 轴与质心轴 C 的距离为 $d = L/2 - L/3 = L/6$，由平行轴定理得

$$J_0 = J_c + md^2 = \frac{1}{12}mL^2 + m\left(\frac{L}{6}\right)^2 = \frac{1}{9}mL^2$$

对细棒进行受力分析，只有重力对转动提供力矩，作用在棒中心（质心），方向竖直向下，重

力的力矩是变力矩，大小等于$\frac{1}{6}mgL\cos\theta$；轴与棒之间没有摩擦力，轴对棒作用的支撑力垂直于棒与轴的接触面而且通过 O 点，在棒的转动过程中，这力的方向和大小将是随时间改变的，但对轴的力矩等于零。

（1）当棒在水平位置时，角速度 $\omega_0=0$，此时 $\theta=0$，由转动定律求得此时的角加速度为

$$\alpha=\frac{M}{J}=\frac{mgL/6}{mL^2/9}=\frac{3g}{2L}$$

（2）当棒从 θ 转到 $\theta+d\theta$ 时，重力矩所做的元功为

图 1-28　例 1-9

$$dW=Md\theta=\frac{1}{6}mgL\cos\theta d\theta$$

棒从水平位置转到任意位置的过程中，合外力矩所做总功为

$$W=\int_0^\theta Md\theta=\int_0^\theta \frac{1}{6}mgL\cos\theta d\theta=\frac{1}{6}mgL\sin\theta$$

由定轴转动刚体的动能定理有

$$\frac{1}{6}mgL\sin\theta=\frac{1}{2}J_0\omega^2$$

代入 $J_0=\frac{1}{9}mL^2$，得

$$\omega=\sqrt{\frac{mgL\sin\theta}{3J_0}}=\sqrt{\frac{3g\sin\theta}{L}}$$

在竖直位置时 $\theta=\pi/2$，$\beta=0$，$\omega=\sqrt{\frac{3g}{L}}$。

例 1-10：恒星晚期在一定条件下，会发生超新星爆发，这时星体中有大量物质喷入星际空间，同时星的内核却向内坍缩，成为体积很小的中子星。设恒星围绕自转轴每 45 天转一周，它的内核半径 $R_0\approx2\times10^7$m，塌缩成半径 $R\approx6\times10^3$m 的中子星。试求中子星的角速度。（塌缩前后的星体内核可看作是均质圆球。）

解：恒星为一个孤立系统，内核在塌缩前后的角动量守恒，所以有 $J\omega=J_0\omega_0$，

因为恒星塌缩前后的转动惯量为 $J_0=\frac{2}{5}mR_0^2$，$J=\frac{2}{5}mR^2$

所以有 $\omega=\omega_0\left(\frac{R_0}{R}\right)^2=3$rad/s

例 1-11：如图 1-29 宇宙飞船对其中心轴的转动惯量为 $J=2\times10^3$kg·m^2，它以 $\omega=0.2$rad·s^{-1} 的角速度绕中心轴旋转。宇航员想用两个切向的控制喷管使飞船停止旋转，每个喷管的位置与轴线距离都是 $r=1.5$m。两喷管的喷气流量恒定，共是 $\alpha=2$kg·s^{-1}。废气的喷射速率（相对于飞船周边）$u=50$m·s^{-1}，并且恒定。问喷管应喷射多长时间才能使飞船停止旋转。

解：把飞船和排出的废气看作一个系统，

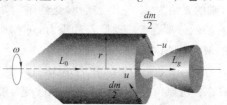

图 1-29　例 1-11

废气质量为 m。可以认为废气质量远小于飞船的质量，故原来系统对于飞船中心轴的角动量近似地等于飞船自身的角动量，即 $L_0 = J\omega$。

在喷气过程中，以 dm 表示 dt 时间内喷出的气体，这些气体对中心轴的角动量为 $(u+v)rdm$，方向与飞船的角动量相同。因 $u = 50\text{m} \cdot \text{s}^{-1}$ 远大于飞船的速率 $v = \omega r$，所以此角动量近似地等于 $dm \cdot ru$。在整个喷气过程中喷出废气的总角动量 L_g 应为

$$L_g = \int_0^m dm \cdot ru = mru$$

当宇宙飞船停止旋转时，其角动量为零。系统这时的总角动量 L_1 就是全部排出的废气的总角动量，即为 $L_1 = L_g = mru$

在整个喷射过程中，系统所受的对于飞船中心轴的外力矩为零，所以系统对于此轴的角动量守恒，即 $L_0 = L_1$，由此得

$$J\omega = mru \text{ 即 } m = \frac{J\omega}{ru}$$

于是所需的时间为 $t = \frac{m}{\alpha} = \frac{J\omega}{\alpha ru} = 2.67\text{s}$。

课堂互动

1. 两个半径相同的轮子，质量相同，但一个轮子的质量聚集在边缘附近，另一个轮子的质量分布比较均匀。试问：（1）如果它们的角动量相同，哪个轮子转得快？（2）如果它们的角速度相同，哪个轮子的角动量大？

2. 一个生鸡蛋和一个熟鸡蛋放在桌子上使之旋转，请问如何判断哪个是生鸡蛋？哪个是熟鸡蛋？并说明原因。

第四节　进　动

前面我们讨论的是刚体绕定轴转动的情况，但是如果转动轴是不固定的，比如说像陀螺一样，当其在重力矩的作用下，陀螺倾斜，自转轴的轴线不再呈铅直时，会发现自转轴会沿着铅直线做旋转，然而陀螺并不倒下，而是继续再转。继续观察会发现，陀螺旋转时同时进行两边的旋转运动。一种是自己沿着自转轴旋转的运动，另一种是沿着中心轴旋转的运动。我们把这种绕本身对称轴转动的同时，其对称轴还将绕竖直轴回转的现象称之为**进动**。

设陀螺以角速度 ω_r 绕 A 轴旋转，这样自旋角动量 L 的方向就和 A 轴方向重合，角动量 L 和 z 轴的夹角为 θ，陀螺进动时受到重力矩的作用，重力矩 $M = r \times mg$，M 的方向如图 1-30（b）所示，垂直于角动量 L 和重力 mg 构成的平面，其大小为 $|M| = mgr\sin\theta$。在 Δt 时间内重力矩 M 产生的冲量矩 dL，如图 1-30（c）所示，dL 的方向与 M 的方向相同，而与角动量 L 的方向垂直。也就意味着重力矩 M 只改变角动量 L 的方向，并不改变其大小，由于重力矩始终存在，所以角动量 L 的方向不断改变，A 轴画出一个圆形的轨迹，形成了进动。

由图可知，根据角动量定理

$$dL = L\sin\theta \cdot d\varphi = Mdt$$

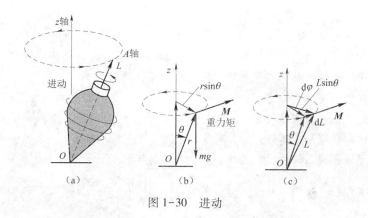

图 1-30 进动

其中 ω_P 为角动量 L 绕 z 轴的角速度，所以有进动角速度为

$$\omega_P = \frac{\mathrm{d}\varphi}{\mathrm{d}t} = \frac{M}{L\sin\theta} = \frac{M}{J\omega_r\sin\theta} \tag{1-35}$$

由上式可知，进动角速度 ω_P 与外力矩成正比，与陀螺自转角速度成反比。因此，当陀螺自转角速度很大时，进动角速度比较小；而当陀螺自转角速度很小时，进动角速度比较大。

按周期与角速度的关系，进动周期为

$$T_P = \frac{2\pi}{\omega_p} = \frac{2\pi L\sin\theta}{M} \tag{1-36}$$

进动的模型在微观世界中也经常用到，比如原子中电子同时参与绕核运动和电子本身的自旋，都具有角动量，在外磁场中，电子将以外磁场方向为轴线做进动。

课堂互动

　　骑自行车拐弯时，如果想向左边转，骑车人只需要把身边的重心偏向左边，无须向左边转动车把手，试解释。

案例分析

转子爆炸时释放了多少能量

　　要经历长期高速转动的大型机械部件需要在一种旋转测试系统中测验其损坏的可能性。通过监测这些旋转机械的振动、温度等物理量的变化，及时掌握设备的工作状态。这种系统是一个由铅砖和衬套构成的圆筒装置，它被包在钢壳中并用一个盖盖严封死。待测器件就被放在圆筒中被带着旋转起来，类似将物体于放入洗衣机内。如果由于转动使部件损坏，碎片就会嵌入到软的铅砖中，由碎片的形态和铅砖的伤痕来分析待测器件的损坏程序。

1985 年，某设备检验公司做了一个质量为 272kg、半径为 38cm 的实心钢转子（圆盘）的检测旋转实验。当样品的角速率达到 $14000 \text{r} \cdot \text{min}^{-1}$ 时，检验工程师们听到从安置在低一层楼并隔着一个房间的实验室里的检验系统发出一声沉重的闷响。经过检查，他们发现铅砖已经被抛到通向实验室的过道里，房间门也已经被炸飞到附近的停车场，一块铅块已经从检验系统里飞出，打穿了和邻居厨房相隔的墙，检验大楼的结构梁被损坏，转子 900kg 的盖子被向上甩出穿透天花板又回落到检验系统装备上。幸运的是爆炸碎片没有穿透检验工程师们的房间。那么转子爆炸时到底释放了多少能量？

根据转子的能量计算，转子转动的动能为 $E_k = \dfrac{1}{2}J\omega^2$，转动惯量 $J = \dfrac{1}{2}mR^2$，代入得到 $J = 19.64 \text{kg} \cdot \text{m}^2$，$E_k = \dfrac{1}{2}J\omega^2 = 2.1 \times 10^7 \text{J}$。这样数量级的动能和一个炸弹差不多了。

知识链接

月球每年以 3.8cm 的速度远离地球

地月体系的角动量守恒，地球的自转角动量通过潮汐作用转移到月球的轨道角动量。目前月球远离地球的速度是每年（3.82±0.07）cm。

地月体系的角动量守恒，地球的自转角动量通过潮汐作用转移到月球的轨道角动量。月球远离地球的速度有多少呢？由于阿波罗登月时，宇航员在月面上架设了激光反射装置，因此现在的天文学家能够非常精确并且方便地测量地月之间的距离。1994 年，Dickey 等人在《科学》杂志上发表文章称，目前月球远离地球的速度是每年（3.82±0.07）cm。如果假设月球远离地球的速度始终保持在这个数值，那么 10 亿年间地月之间的距离就会增加大约 38200km。而今天的地月平均距离大约是 384400km，因此在这个简单假设之下，距今 10 亿年前地月距离大约是今天的 90%，但仍然有 346200km。

或许有人会说，你怎么知道过去月球远离地球的速度就跟现在一样呢？确实，这一点无论是从理论上还是从实际观测中，都是得不到保证的。因为地球上海洋的状态一直在不断变化（比如，板块漂移……），因此由海洋潮汐导致的月球远离自然也应该不断变化才对。但是，我们是不可能跑回到 10 亿年前去看月亮离地球有多远的。不过不要紧，科学家已经在地层中找到了一些证据。

地层中有些沉积物的形成过程会受到海洋中潮汐的影响，因此对这些所谓的"潮汐韵律层"（tidal rhythmite）进行仔细分析之后，科学家可以推测出很久以前的潮汐周期。Williams 在 1990 年对不同年代的沉积物进行分析后发现，距今 6.5 亿年前月球远离地球的速度是每年（1.95±0.29）cm，而距今 25 亿年前到距今 6.5 亿年前月球远离地球的平均速度是每年 1.27cm。1997 年，Williams 又对同一组数据进行了重新分析，结果显示距今 6.5 亿年前至今，月球远离地球的平均速度为每年 2.16cm。

闰秒并不是真的多出了 1s

7：59：59 之后，并不是 8：00：00，而是 7：59：60。这多出的 1s，就是最近炒得很热的闰秒了。不过时间并不会凭空多出 1s，所谓的闰秒，只是不同时间标准相互协调的产物。

一天到底有多长并不确定

自古以来，人类的生活规律都是"日出而作日落而息"，地球自转一周就是一天——24h。这就是世界时（UT）的原始定义。把这 24h 继续拆分，就会得到 1min 和 1s 的长度。但实际上，地球的自转周期并不是一成不变的。短期内，地球自转速度变快或变慢并不一定（这也是为什么只能提前 6 个月再确定是否有闰秒），但从长远来看，地球的自传速度是在不断变慢的，原因来自地球和月亮构成的地月系统：地月之间的潮汐力会造成潮汐加速现象。简单来说，由于月亮在顺行轨道上运行，会逐渐退行和远离地球。这一结果导致月球的角动量增加，而地月系统由于角动量守恒，地球的自传速度便会减慢。

我们对时间精度的要求越来越高

从人类感官的角度来讲，以地球自转为衡量标准的世界时当然更加适用，但自从人类进入信息时代开始，一切都变得不一样了。全球定位系统、金融交易系统、空中交通管制系统、电子通信及航天等领域都对时间的精准程度要求非常高。汇率的变化以毫秒为单位，火箭也会因为提前发射 1s 而进入错误轨道。为此，人类迫切需要一种更精准的时间计量方式。

1967 年，国际计量大会（CIPM）定义秒为铯 133 原子（Cs133）基态的两个超精细能级之间跃迁所对应辐射的 9192 个、631 个、770 个周期所持续的时间，国际原子时（TAI）诞生。在此基础上，将秒叠加再得到分、时、日、月、年等更大的时间单位。这是目前为止最精确的时间测量方式，因为铯原子钟的误差为 1400000 年 1s，基本上可以忽略不计。

让人眼花缭乱的时间标准

不同的需求对应不同的测量标准，目前人类已经有了太多标准用于衡量时间：世界时（UT）：世界时以午夜为 0 时开始计数，基于精确测量的地球自转周期。国际原子时（TAI）：以一台原子钟作为时标，无视任何地球运动。除了以上两种最常见的时间衡量标准之外，还有地球时（TDT）、质心力学时（TDB）、质心坐标时（TCB）及地心坐标时（TCG）等。

说了这么久，"闰秒"怎么还没有出现

闰秒的概念来自协调世界时（UTC），顾名思义，是世界时和国际原子时相协调的产物。以原子时为标准，一天就是 86400s，但实际上由于地球自转速度在缓慢下降，从 1820 年开始，世界时的一天如果用原子时来衡量，平均有 86400.002s。这 $\frac{2}{1000}$s 的误差看似微不足道，但日积月累差异会越来越大。5 亿年前，一天还只有 22h。科学家

估计，数千年后，世界时与原子时相差会达到 12h，那时我们会在午夜看到太阳。因此，当原子时与世界时的误差相差即将达到 1s 时，就会引入闰秒进行调整。

本 章 小 结

本章主要讲述了转动惯量的概念、刚体绕定轴转动的转动定律、刚体在绕定轴转动情况下的角动量守恒定律，以及进动现象。

重点：转动惯量的概念和计算、刚体绕定轴转动的转动定律和刚体在绕定轴转动情况下的角动量守恒定律的应用。

难点：转动惯量的计算、刚体绕定轴转动的转动定律的应用和进动现象。

练习题一

1-1 如图 1-31 所示，有一半径为 R、质量为 M 的匀质圆盘水平放置，可绕通过盘心的铅直轴做定轴转动，圆盘对轴的转动惯量 $J = \frac{1}{2}MR^2$。当圆盘以角速度 ω_0 转动时，有一质量为 m 的橡皮泥（可视为质点）铅直落在圆盘上，并粘在距转轴 $\frac{1}{2}R$ 处。那么橡皮泥和盘的共同角速度为多少？

1-2 一因受制动而均匀减速的飞轮半径为 0.2m，减速前转速为 150r·min^{-1}，经 30s 停止转动。求：

（1）角加速度以及在此时间内飞轮所转的圈数；

（2）制动开始后 $t = 6$s 时飞轮的角速度；

（3）$t = 6$s 时飞轮边缘上一点的线速度、切向加速度和法向加速度。

1-3 如图 1-32 所示，两个同心圆盘结合在一起可绕中心轴转动，大圆盘质量为 m_1、半径为 R，小圆盘质量为 m_2、半径为 r，两圆盘都受到力 f 作用，求角加速度。

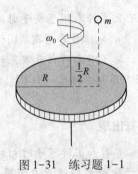

图 1-31 练习题 1-1

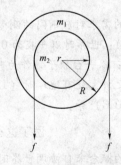

图 1-32 练习题 1-3

1-4 直升机的三个机翼片长度都是 5.2m，质量都是 240kg，转子以 350r·min^{-1} 的速度转动。

求：（1）三个机翼片对中心转动轴的转动惯量是多少？

（2）总转动动能是多少？（可认为机翼片是细杆）。

1-5　匀质圆盘 M 静止，有一黏土块 m 从高 h 处下落，并与圆盘边缘黏在一起。已知 $M = 2m$，$\theta = 60°$，求碰撞后瞬间圆盘角速度 ω_0 的值。P 点转到 x 轴时圆盘的角速度和角加速度各为多少？

1-6　如图 1-33 所示，有两物体：m_1、m_2（$m_2 > m_1$），一个定滑轮：m、r，受摩擦阻力矩为 M_r。轻绳不能伸长，与滑轮间无相对滑动。求物体的加速度和绳的张力。

1-7　一质量为 m，长为 l 的均匀细杆放在水平桌面上，可绕杆的一端转动，如图 1-34 所示，初始时刻的角速度为 ω_0。设杆与桌面间的摩擦系数为 μ，求：

（1）杆所受到的摩擦力矩；

（2）当杆转过 90°时，摩擦力矩所做的功和杆的转动角速度。

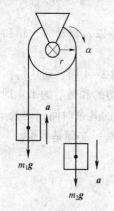

图 1-33　练习题 1-6

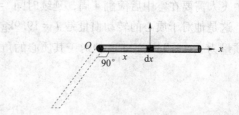

图 1-34　练习题 1-7

1-8　一摩擦离合器，飞轮的转动惯量为 J_1，角速率为 ω_1，摩擦轮的转动惯量为 J_2，静止不动，两轮沿轴向结合抱紧，求结合后两轮达到的共同角速度。

1-9　在光滑水平桌面上放置一个静止的质量为 M、长为 $2L$、可绕中心转动的细杆，有一质量为 m 的小球以速度 v_0 与杆的一端发生完全弹性碰撞，求小球的反弹速度 v_t 及杆的转动角速度 ω。

1-10　如图 1-35 所示，一圆柱体质量为 m，长为 l，半径为 R，用两根轻软的绳子对称地绕在圆柱两端，两绳的另一端分别系在天花板上。现将圆柱体从静止释放，试求：

（1）它向下运动的线加速度；

（2）向下加速运动时，两绳的张力。

1-11　如图 1-36 所示，人和转盘的转动惯量为 J_0，哑铃的质量为 m，初始转速为 ω_1，求：双臂收缩由 r_1 变为 r_2 时的角速度及机械能增量。

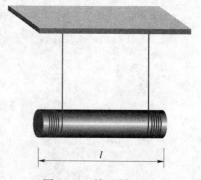

图 1-35　练习题 1-10

1-12　行星在椭圆轨道上绕太阳运动，太阳质量为 m_1，行星质量为 m_2，行星在近日点和远日点时离太阳中心的距离分别为 r_1 和 r_2，求行星在轨道上运动的总能量。

1-13　如果地球的极地冰川都融化了，水都流入海洋，海洋深度将增加 30m 这会对地球的转动产生什么影响?

1-14 所有的行星都沿着椭圆轨道绕太阳运动,太阳位于椭圆的一个焦点上,由太阳到任一行星的连线在相等的时间内在行星轨道平面内扫过的面积相等,即它扫过的面积的速率为一常数。这是关于行星运动的开普勒第一和第二定律。试用角动量守恒定律证明开普勒第二定律。

1-15 1893 年,世界上第一座摩天轮在芝加哥诞生,该轮装有 36 个木座舱,每一个可乘坐多至 60 个乘客,排在一个半径为 38m 的圆周上,每个座舱的质量约为 $1.1 \times 10^4 kg$。轮子结构的质量约为 $6.0 \times 10^5 kg$,大部分都在吊着座舱的圆周的格架中。座舱每次乘 6 个人,一旦 36 个座舱都乘满了人,轮子以角速率 ω 约在 2min 内转一周。试估计当轮以 ω 转动时,轮和乘客的角动量分别是多少?

1-16 空中飞人绝技是指从摆动的高空秋千上飞出后滚翻 3~4 周,到达搭档的手中。如果空中飞人需要在空中后滚翻 4 周,延续时间 $t = 1.87s$。在最初的和最后的 1/4 周中,他是伸展的,这是他对于质心的转动惯量是 $J_1 = 19.9 kg \cdot m^2$。在飞行的其余时间,他处于屈体姿势,转动惯量为 $J_2 = 3.93 kg \cdot m^2$。他对于其质心的角速率在屈体姿势时必须是多少?

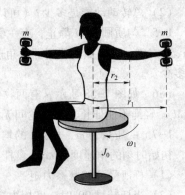

图 1-36 练习题 1-11

第二章 流体动力学

学习导引

1. **掌握** 为什么要引入理想流体、定常流动这样的研究模型；连续性原理、伯努利方程及其实际应用。
2. **熟悉** 泊肃叶定律，能应用泊肃叶定律解决实际问题。
3. **了解** 牛顿黏滞性定律和流体的黏度。

流体是液体和气体的总称，血液和水是最常见的两种流体。流体的运动与医药活动密切相关，研究与医药有关的流体力学问题是非常必要的，例如血液在血管中的流动，营养液的输送；在制药化工产生中，原料和产品常以液体和气体存在，各种工艺产生过程中，如何确定管道直径及如何控制物料的流量、压强、流速等参数以保证操作能正常进行，这些问题都与流体动力学有着密切的关系。本章将研究流体流动过程的基本原理，包含理想流体动力学、黏性流体动力学。

第一节 理想流体的定常流动

一、理想流体

1. 流体的黏性 流体在流动过程中相邻的两层发生相对运动，在流层界面上产生相互作用的内摩擦力或黏滞力，一部分机械能不可逆地转化为热能，流体的这种性质称为**黏性**（viscosity）。自然界中各种真实流体都存在黏性，有些流体黏性很小（例如水、酒精、血清等），有些流体黏性则很大（例如甘油、血液、糖浆等）。

2. 流体的压缩性 液体的**压缩性**（compressibility）很小，在相当大的外力作用下密度几乎不变，一般的液体流动问题都可将液体视作不可压缩流体进行理论分析。气体的压缩性远大于液体，但气体的流动性好，只要有很小的压力差就可以迅速流动起来，而各处的密度没有明显变化，仍可作为不可压缩流体处理。

3. 理想流体模型 实际流体的运动比较复杂，为便于讨论，引入**理想流体**（ideal fluid）这一理想模型，即绝对不可压缩，完全没有黏滞性的流体。实际上，理想流体在自然界中是不存在的，它只是实际流体的一种近似模型。在分析和研究流体流动时，当流体的黏滞性很小时，采用这种理想模型能使问题大大简化，并能相当准确地反映流体的实际运动规律，所以这种模型具有重要的应用价值。

二、定常流动

研究流体的运动，需要观察空间流体微元的流速 v ，一般情况下，流体微元的流速 v 和空间位置 (x, y, z) 及时间 t 有关，即 $v=f(x, y, z, t)$ ，当空间各点的速度不随时间发生变化时，这种流动称为**定常流动**（steady flow）或稳定流动，即 $v=f(x, y, z)$ $v(x, y, z)$ 。

三、连续性原理

为了形象地描述流体的流动情况，在流体流动的空间设想一系列曲线，其上每一点的切线方向与流体微元通过该点的流速方向一致，这些曲线称为**流线**（stream line），如图 2-1、图 2-2 所示。在流体中取一微小的闭合曲线，通过该曲线上各点的流线所围成的管状区域称为**流管**（stream tube），如图 2-3 所示。由于每一点都有确定的流速，所以流线不会相交，流管内外的流体不会穿越管壁。对于定常流动而言，流线、流管的形状不随时间发生变化，流线代表了流体微元的运动轨迹。

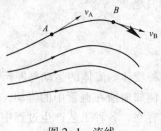

图 2-1 流线

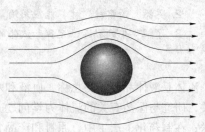

图 2-2 球体附近的流线

下面研究不可压缩的流体做定常流动时的流量 Q。如图 2-4 所示，在流体中取一段细流管，流管两端与流线垂直的横截面积分别为 s_1、s_2，流速分别为 v_1、v_2，密度分别为 ρ_1、ρ_2，dt 时间内经 s_1 流入管内的流体质量为 $m_1=\rho_1 s_1 v_1 dt$，经 s_2 流出管内的流体质量为 $m_2=\rho_2 s_2 v_2 dt$，根据质量守恒定律，$m_1=m_2$，故

$$\rho_1 s_1 v_1 = \rho_2 s_2 v_2 \qquad (2-1)$$

上式为单位时间流过横截面的流体质量，称为质量流量。式（2-1）表明，流体做定常流动时，通过同一流管中任意横截面的质量流量守恒。

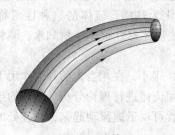

图 2-3 流管

图 2-4 连续性原理

若流体不可压缩，流体内各处的密度相同，$\rho_1=\rho_2$，故

$$s_1 v_1 = s_2 v_2 \qquad (2-2)$$

上式为单位时间流过横截面的流体体积，称为体积流量，简称流量，用 Q 表示。

式（2-2）表明，不可压缩的流体做定常流动时，通过同一流管中任意横截面的流量守

恒，这一结论称为连续性原理。上述关系也可表示为流量

$$Q = s_1v_1 = s_2v_2 = 常数 \qquad (2-3)$$

例 2-1：制药设备某管路由内径为 0.1m 和 0.2m 的钢管连接而成，已知液体物料在细管中的流速为 $2.0\text{m} \cdot \text{s}^{-1}$，求：（1）粗管中的流速；（2）管路中的流量。

解：已知 $d_1 = 0.1\text{m}$，$v_1 = 2.0\text{m} \cdot \text{s}^{-1}$，$d_2 = 0.2\text{m}$

（1）粗管中的流速

根据连续性原理可得 $v_2 = \dfrac{s_1v_1}{s_2} = v_1\left(\dfrac{d_1}{d_2}\right)^2 = 2.0 \times \left(\dfrac{0.1}{0.2}\right)^2 = 0.5\text{m} \cdot \text{s}^{-1}$

（2）管路中的流量 $Q = s_1v_1 = \pi\left(\dfrac{d_1}{2}\right)^2 v_1 = 3.14 \times \dfrac{0.01}{4} \times 2.0 = 0.0175\text{m}^3 \cdot \text{s}^{-1}$

■ 课堂互动

1. 对黏性流体而言连续性原理还成立吗？为什么？

2. 人体血液循环过程中，血液从心脏经主动脉（半径约 1.0cm）、支动脉到达毛细血管（约 $4\mu\text{m}$）供给组织，然后再由毛细血管、静脉返回心脏。分析讨论：

（1）主动脉和毛细血管中的血流速度哪个大？为什么？

（2）若测得主动脉和毛细血管中的血流速度，如何估算人体中毛细血管的数量？

第二节　伯努利方程及其应用

一、伯努利方程

伯努利方程研究理想流体在重力场中做定常流动时，流管两端的压强、速度和高度之间的关系。在流体中取一段细流管 A_1A_2，如图 2-5 所示，A_1、A_2 处的横截面积分别为 s_1、s_2，流速分别为 v_1、v_2，高度分别为 h_1、h_2，压强分别为 p_1、p_2，对理想流体而言，无内摩擦，根据功能原理，在 $\text{d}t$ 时间内流体由 A_1A_2 移动到 B_1B_2，外力所做的功等于机械能的变化。

外力所做的功 $A = p_1s_1v_1\text{d}t - p_2s_2v_2\text{d}t$

由于流体不可压缩，$s_1v_1\text{d}t = s_2v_2\text{d}t = \Delta V$ 故

$$A = (p_1 - p_2)\Delta V$$

对于定常流动的流体，B_1A_2 间的流体在时间 $\text{d}t$ 内，速度、高度都不发生变化，即机械能不变。

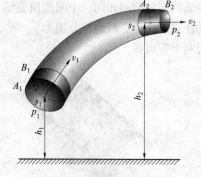

图 2-5　伯努利方程

$\text{d}t$ 时间内流管内流体机械能的变化

$$\Delta E = \frac{1}{2}\rho\Delta Vv_2^2 - \frac{1}{2}\rho\Delta Vv_1^2 + \rho\Delta Vgh_2 - \rho\Delta Vgh_1$$

根据功能原理 $A = \Delta E$ 可得

$$p_1 + \frac{1}{2}\rho v_1^2 + \rho gh_1 = p_2 + \frac{1}{2}\rho v_2^2 + \rho gh_2 \quad p_1 + \frac{1}{2}\rho\, v_1^2 + \rho g\, h_1 = p_2 + \frac{1}{2}\rho\, v_2^2 + \rho g\, h_2 \qquad (2-4)$$

上式也可以表示为

$$p+\frac{1}{2}\rho v^2+\rho gh=\text{常量} \tag{2-5}$$

式（2-4）、式（2-5）称为**伯努利方程**（Bernoullui equation）。

伯努利方程表明：理想流体在重力场中做定常流动时，同一细流管（或流线）各处流体单位体积的动能、单位体积的势能及该处的压强之和恒定。

式（2-5）中三项应具有相同的量纲，压强 p 也常被称为单位体积的压强能；$\frac{1}{2}\rho v^2$ 被称为动压强，ρgh 被称为重力压强。

二、伯努利方程的应用

1. 水平流管中压强与流速的关系　理想流体在水平管（$h_1=h_2$）中定常流动时，单位体积的重力势能不变，伯努利方程可简化为

$$p_1+\frac{1}{2}\rho v_1^2=p_2+\frac{1}{2}\rho v_2^2 \tag{2-6}$$

或

$$p+\frac{1}{2}\rho v^2=\text{常量} \tag{2-7}$$

可见，理想流体在粗细不均匀水平管中做定常流动时，流速小处压强大，流速大处压强小。这个结论可由一个简单的实验来验证，如图 2-6 所示，把两张纸平行放置，向两纸中间吹气，两纸会相互靠拢。轮船、高速运行的火车和飞机不能靠得很近并行行使，否则有发生碰撞的危险。在高铁站设有足够距离的安全线非常重要，因为高速运动的列车会"吸"走靠近它的物体。

应用举例：

（1）**汾丘里**（Venturi）**流量计**　用来测量液体流量的简单装置，如图 2-7 所示，一段水平管两端的截面相同，中间逐渐变细，设粗处的压强、流速、截面积分别为 p_1、v_1、S_1，细处的压强、流速、截面积分别为 p_2、v_2、S_2，竖直管内的液面高度差为 h，取管道为流管，由伯努利方程可得

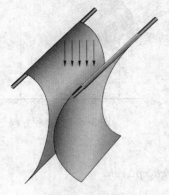

图 2-6　吹纸实验

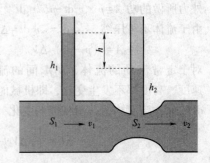

图 2-7　汾丘里流量计原理

$$p_1 + \frac{1}{2}\rho v_1^2 = p_2 + \frac{1}{2}\rho v_2^2$$

又根据连续性方程有

$$S_1 v_1 = S_2 v_2$$

两竖直管中压强和液面高度差的关系

$$p_1 - p_2 = \rho g h$$

将上述三式联立求解可得

粗处的流速

$$v_1 = S_2 \sqrt{\frac{2gh}{S_1^2 - S_2^2}}$$

流量

$$Q = S_1 v_1 = S_1 S_2 \sqrt{\frac{2gh}{S_1^2 - S_2^2}} \qquad (2-8)$$

可见，两竖直管中液面的高度差反映管中液体的流速及流量。

（2）流速计　流速计的基本结构如图 2-8 所示，图中 a 是一根直管，下端的管口截面与流线平行，b 是一根直角弯管，下端管口截面与流线垂直。两管口在同一水平线上，流体流动到弯管下端 d 处时受阻，流速减小为零，压强增加。根据伯努利方程可得

$$p_c + \frac{1}{2}\rho v^2 = p_d$$

又根据流体静力学原理可知 $p_d - p_c = \rho g \Delta h$

将上述二式联立求解可得

$$v = \sqrt{2g\Delta h}$$

式中，v 是液体在 c 处的流速，亦即水平管中液体的流速。可见，只要测出两管中液面高度差 Δh，即可求出流速 v。

水平管中压强和流速的关系还有许多实际应用，如飞机的机翼，其形状的设计使飞机飞行时，机翼上部的流线密集，气流速度大，气压小；下部的流线稀疏，气流速度小，气压大，从而产生向上的升力，如图 2-9 所示。

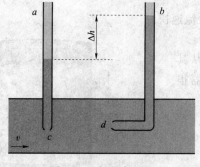

图 2-8　流速计原理

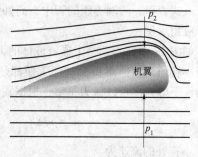

图 2-9　机翼的升力

2. 均匀流管中压强与高度的关系　流体在均匀流管中流动，流速不变，伯努利方程简化为

$$p_1 + \rho g h_1 = p_2 + \rho g h_2$$

或

$$p + \rho g h = 常量 \qquad (2-9)$$

式（2-9）与静止流体中的压强公式相同。

应用举例：

体位和血压的关系如图 2-10 所示，某人平卧位时头部动脉、静脉的**计示压强**（实际压强与大气压强的差值）分别为 12.66kPa、0.67kPa，而当取直立位时头部动脉压为 6.80kPa、静脉压为-5.20kPa，减少的压强是由高度改变所造成的。当人体由卧位变到直立位时，下肢静脉压显著增高，由 0.67kPa 变为 12.4kPa，因此长期从事站立工作的人容易患静脉曲张。

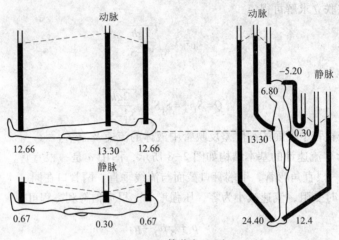

图 2-10　体位与血压

临床上测量血压时一定要注意体位和测量的部位，测量时取坐位或平卧位，近心血管处的动脉压强与体位无关，一般取齐心位的肱动脉血压作为测量血压的参考点。

3. 两端等压的管中流速和高度的关系　压强不变时，伯努利方程可简化为

$$\frac{1}{2}\rho v_1^2 + \rho g h_1 = \frac{1}{2}\rho v_2^2 + \rho g h_2$$

或

$$\frac{1}{2}\rho v^2 + \rho g h = 常量 \tag{2-10}$$

上式表明，两端等压的管中，高处流速慢，低处流速快。

应用举例：

如图 2-11 所示，一个盛有液体的大容器，液体从其侧面小孔流出，液面和出口处压强都是大气压，容器很大液面下降速度可以认为是零，根据式（2-10）有

$$\frac{1}{2}\rho v^2 = \rho g \Delta h$$

小孔处的流速为

$$v = \sqrt{2g\Delta h}$$

可见，小孔的流速与液面到小孔的"落差"有关，称为**托里拆利**（E. Torricelli）定理。

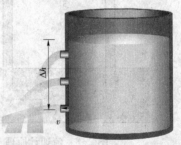

图 2-11　小孔流速

课堂互动

1. 伯努利方程在具体应用中会化简，讨论哪些项在怎样的情况下可以化简，从而使伯努利方程简单化？

2. 利根据汾丘里流量计的测量原理，设计一种测量气体流量的装置。

3. 哪些因素会影响血压测量的准确性？如何避免？

第三节 实际流体的流动

理想流体实际是不存在的，有些流体黏性比较大，例如血液、甘油、糖浆等，这些流体的黏性在流动过程中不可忽略不计，现在讨论黏性流体的运动规律。

一、牛顿黏滞性定律

如图 2-12 所示，实际液体做定常流动时，由于黏性表现为分层流动，即**层流**（laminar flow），流速呈中心快，边缘慢的分布，相邻各流层因速度不同而做相对滑动，各流层之间存在着切向力，即内摩擦力。在内摩擦力的作用下，流得快的液层要带动流动较慢的液层，流得慢的液层阻碍流动较快的液层的流动，宏观上液体表现出了黏滞性，内摩擦力又称为**黏滞力**（viscous force）。

如图 2-13 所示，设流层沿着 x 方向流动，层面与 z 轴垂直，z 处流层的速度为 v，$z+dz$ 处的流速为 $v+dv$，定义流速沿 z 方向的变化率 dv/dz 为**速度梯度**（velocity gradient）。

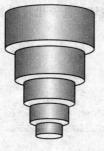

图 2-12 层流

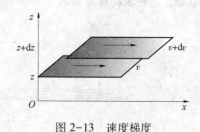

图 2-13 速度梯度

实验表明，黏性液体流动时，相邻两液层间黏滞力 f 的大小与相邻液层的接触面积 S 成正比，与两液层所在处的速度梯度 dv/dz 成正比，即

$$f = \eta S \frac{dv}{dz} \tag{2-11}$$

上式称为**牛顿黏滞定律**（Newton viscosity law），其中比例系数 η 称为**黏度**（viscosity）或黏度系数。不同液体的黏度不同，同一种液体的黏度还和温度有关，温度越高，液体的黏度越小。SI 中黏度的单位为 Pa·s（帕秒），表 2-1 列出了几种液体的黏度。

表 2-1 几种液体的黏度

液体	温度/℃	黏度/10^{-3}Pa·s
水	0	1.792
水	20	1.005
水	100	0.284
全血	37	2.0~4.0
血浆	37	1.0~1.4
血清	37	0.9~1.2
水银	20	1.55
乙醇	20	1.19
甘油	20	830

黏度较高的液体，不容易流动，而黏度较低的液体，容易流动。例如血液的黏度较高，不容易流动，而水、乙醇黏度较低，容易流动。倒水时会出现水花，倒油时就不会出现类似的现象。另外，液体的黏性力通常比固体间的干摩擦力小很多，用润滑油可以减小机械运动的磨损。关节也一样，关节腔里面的黏弹性物质，能够在关节承受压力时，改变关节腔的形状，减轻振荡，减少磨损，润滑关节。经常运动或运动不当很容易引起它的质和量下降，导致关节面的磨损，这是关节炎、关节退变的一个重要因素。

二、层流 湍流 雷诺数

如图 2-14 所示，黏滞液体的流速较小时，流动状态比较平稳，表现为层流流动，当流速较大时，外层液体粒子不断卷入内层，液层混淆，流层被破坏，甚至出现涡旋，形成紊乱的流动状态，这种流动称为**湍流**（turbulent flow）。

图 2-14 层流 湍流

圆形管道内液体的流动是否发生湍流，除与流速有关外，还与管道内液体的黏度 η、密度 ρ 及管道的半径 r 有关，研究发现黏性流体的流动可以用一个无量纲的量 R_e 作为判据

$$R_e = \frac{\rho v r}{\eta} \tag{2-12}$$

式中，R_e 称为**雷诺数**（Reynold number）。

实验结果表明：$R_e < 1000$ 时，为层流流动；$R_e > 2000$ 时，为湍流流动；R_e 在 1000~2000 时，流动状态不稳定，称为过渡流。黏度越小的液体，越容易产生湍流；越粗的管道，越容易出现湍流。湍流的出现不仅与上述因素有关，还与管道内的光滑程度、弯曲程度、分叉等因素有关。湍流出现时的雷诺数称为临界雷诺数 R_c，此时的速度称为临界速度 v_c。

例 2-2：某人的主动脉半径约为 10^{-2}m，设血液的临界雷诺数 $R_c = 1000$，密度和黏度分别

为 $\rho=10^3\mathrm{kg\cdot m^{-3}}$、$\eta=4.0\times10^{-3}\mathrm{Pa\cdot s}$，若血液的速度 $v=0.3\mathrm{m\cdot s^{-1}}$ 时，分析计算：

（1）雷诺数；

（2）判断血液的流动形式。

解：（1）雷诺数

$$R_e=\frac{\rho v r}{\eta}=\frac{1000\times0.3\times10^{-2}}{4.0\times10^{-3}}=750$$

（2）因 $R_e<R_c$，血液为层流流动状态。

三、黏性流体的伯努利方程

理想流体的伯努利方程推导过程中，外力所做的功转化为机械能的增加，没有考虑流体的内摩擦，即黏性。当流体的内摩擦较大时，黏性不可忽略不计，外力必须克服液体黏性力做功，所以黏性流体流动时，伯努利方程可表示为

$$p_1+\frac{1}{2}\rho v_1^2+\rho gh_1=p_2+\frac{1}{2}\rho v_2^2+\rho gh_2+\Delta E \tag{2-13}$$

式中，ΔE 为单位体积的黏性流体由"1"处流动到"2"处外力克服内摩擦力做功而消耗的能量。

如果流体在粗细均匀的水平管中定常流动时，$h_1=h_2$，$v_1=v_2$，机械能不发生变化，上式变为

$$p_1=p_2+\Delta E$$

可见，$p_1>p_2$，所以在管道的两端必须有一定的压强差，才能维持黏性流体的流动。

图2-15所示为大容器中的黏性流体通过下部的均匀水平管流出，水平管上等距离地安装有竖直支管，各支管中流体上升的高度沿流动方向逐渐降低，说明黏性流体沿流动方向压强逐渐减小，压强的减小是黏性流体能量损失的表现。

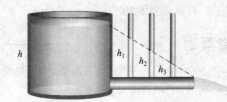

图2-15　黏性流体的压强分布

课堂互动

1. 血液流动会产生湍流吗？为什么？

2. 动脉粥样硬化常常好发于动脉分支开口及弯曲的部位，为什么？

第四节　泊肃叶定律

法国生理学家泊肃叶（Poiseuille）在19世纪通过大量实验进行小管径内黏性液体流动的研究，发现黏性液体在半径为 r、长度为 L 的水平管中定常流动时，体积流量 Q 与管两端的压强差 Δp 成正比，与管半径4次方成正比，与管长 L 成反比，与液体的黏度成反比，即

$$Q=\frac{\pi r^4\Delta p}{8\eta L} \tag{2-14}$$

上式称为**泊肃叶定律**（Poiseuille's law）。由伯努利方程可知，为了维持黏性流体在水平管中的流动，管两端必须有一定的压强差克服黏性阻力。

泊肃叶定律还可以写成如下形式

$$Q = \frac{\Delta p}{R_f} \tag{2-15}$$

式中，$R_f = \frac{8\eta L}{\pi r^4}$ 称为**流阻**（flow resistance）。其大小与流管的长度、半径及液体的黏度有关，式（2-15）表明，黏性流体在水平均匀细管中定常流动时，流量 Q 与管两端的压强差 Δp 成正比，与流阻 R_f 成反比。三者之间的关系类似电学中电流强度、电压、电阻的欧姆定律关系。

不难证明，液体通过 n 个串联管道，其总流阻等于各管流阻之和，即

$$R_f = R_{f1} + R_{f2} + \cdots + R_{fn} \tag{2-16}$$

液体通过 n 个并联管道，其总流阻的倒数等于各管流阻倒数之和，即

$$\frac{1}{R_f} = \frac{1}{R_{f1}} + \frac{1}{R_{f2}} + \cdots + \frac{1}{R_{fn}} \tag{2-17}$$

心血管系统的研究中，习惯把血管的流阻称为**外周阻力**（peripheral resistance）。在血液循环系统的研究中，外周阻力的测量是一个十分重要的指标。

应用式（2-15），可分析心输出量、血压和外周阻力之间的关系。由于流阻与管半径的 4 次方成反比，所以外周阻力的变化主要取决于血管内径的变化。如果人体某部分血管的内径发生部分阻塞，将引起外周阻力很大的变化，导致血流量减小，各器官供血量不足，这在医学研究上是有重要意义的。

课堂互动

冠心病的一个病理表现为血流量变小，造成心肌缺血，从而危及病人生命安全，泊肃叶定律对冠心病的治疗有什么指导意义？

第五节　斯托克斯定律

一、斯托克斯定律及其应用

物体在黏性流体中运动时，附着在物体表面的流层与相邻的流层之间产生内摩擦力，阻碍物体的运动。一个速度为 v 的小球在黏度为 η 的液体中运动，受到的阻力为

$$f = 6\pi\eta rv \tag{2-18}$$

上式称为**斯托克斯定律**（Stokes's law）。

当小球在黏性液体中下落时，受到重力 G、浮力 F 和黏性力 f 的共同作用，如图 2-16 所示，开始时重力大于浮力小球作加速运动，随着速度的增大，黏性力逐渐增大，当速度增加到一定值时，三个力处于平衡状态，小球开始匀速下落，则

$$6\pi\eta rv + \frac{4}{3}\pi r^3 \rho g = \frac{4}{3}\pi r^3 \rho' g \tag{2-19}$$

故

$$v = \frac{2r^2}{9\eta} (\rho' - \rho) \, g \qquad\qquad (2-20)$$

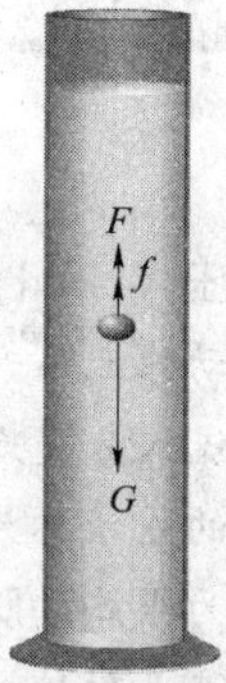

式中，v 是小球下落的**终极速度**，r 是小球的半径，ρ' 是小球的密度，ρ 为液体的密度，η 为液体的黏度。

由上式可见，同种黏性液体中，大球的终极速度比小球的终极速度大，根据这一原理可以将某些微粒（如红细胞、蛋白质等）从悬浮液中分离出来。

图 2-16　斯托克斯定律

二、液体黏度的测定

质量为 m，体积为 V 的小球在静止液体中缓慢下落，到达终极速度时

$$\eta = \frac{(m - \rho V) \, g}{6 \pi r v}$$

实验测得小球的质量、半径、液体的密度及小球下落的速度，即可求得液体的黏度。

对液体黏性的研究在物理学、生物工程、医疗、水利、机械润滑和液压传动等领域有着广泛的应用。

课堂互动

1. 临床检验中，红细胞在血浆中的沉降速度称为血沉，影响血沉的主要因素有哪些？
2. 血沉检测的临床意义？

案例分析

心脏杂音

心脏杂音是指在心音与额外心音之外，在心脏收缩或舒张时血液在心脏或血管内产生湍流而冲击心壁、大血管壁、瓣膜等使之振动而在相应部位产生的异常声音。

正常血流状态表现为层流，不发出声音。当血流加速、血流通道异常、血黏度改变等均可引起血液在心脏或大血管内产生湍流。如剧烈运动、发热、严重贫血、甲状腺功能亢进，心脏大血管内血流加速，且血流速度越快，越容易产生旋涡，杂音也越响；瓣膜关闭不全血液逆流；二尖瓣狭窄，血液从狭窄处流到宽大处；室间隔缺损，血液流经异常通道；动脉瘤使血液自正常血管流入扩大的部分等因素，都可扰动血液产生湍流，从而振动心血管壁，产生杂音。杂音可用听诊器听到，亦可用心音图记录。杂音可根据心脏有无器质性病变分为功能性和器质性杂音，功能性杂音可为生理性，见于正常人，或某些病理状态。器质性杂音有助于诊断心脏病的解剖学改变。

知识链接

血 压

血压（blood pressure）是血液对血管壁的侧压强。左心室收缩时，血液进入主动脉，主动脉血压升到最大值，称为**收缩压**（systolic pressure）。心脏舒张时，主动脉血液逐渐流入分支血管，血压下降到最小值，称为**舒张压**（diastolic pressure）。收缩压和舒张压的差值称为脉搏压，简称**脉压**（pulse pressure）。一个心动周期中动脉血压的平均值称为**平均动脉压**（mean arterial pressure）。

血液是黏性液体，受摩擦力的影响，在流动过程中能量渐渐消耗，故血压在循环中越来越低，如图2-17所示，血压在小动脉区域下降最厉害，因为小动脉的数量比主动脉多，血液与管壁发生摩擦的面积比主动脉大，而且小动脉流速也不算太小，所以能量消耗很快，促成血压在此段迅速下降。

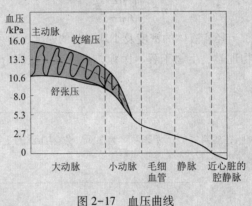

图2-17　血压曲线

本 章 小 结

本章主要讲述了理想流体、定常流动的基本概念及运动规律，黏性流体的运动规律。

重点：连续性方程、伯努利方程及泊肃叶定律的物理意义与应用。

难点：牛顿黏滞定律、液体的黏度、雷诺数及其在医学上的应用，利用所学知识分析并解决实际问题。

练习题二

2-1　某洒水器上装有一个25个小孔的蓬头，每个小孔直径为0.5cm。蓬头与内径为2cm的软管连接，如果水在软管中的流速为1m/s，求蓬头上各小孔喷出的水流速度是多少？

2-2　水在粗细不均匀管道中流动，已知A处流速为$2.0\text{m}\cdot\text{s}^{-1}$，压强比大气压高$1.0\times10^4\text{Pa}$；B处截面积是A处的一半，位置比A处低1.0m。求：

（1）B处的流速；

（2）B处的压强比大气压高多少？

2-3　粗细不均匀的水平管，A 处截面积为 $40cm^2$，B 处截面积为 $10cm^2$，用此水平管排水，其流量为 $3×10^{-3}m^3 \cdot s^{-1}$，求：

（1）粗细两处的流速分别为多少？

（2）粗细两处的压强差。

2-4　以 $150cm^3 \cdot s^{-1}$ 的流量将水匀速地注入一大容器中，容器底部有一面积为 $0.5cm^3$ 的小孔使水不断流出。求容器中水的最大深度 h 为多少？

2-5　水在截面不同的水平管中定常流动，出口处的截面积为最细处的 3 倍。若出口处的流速为 $2m \cdot s^{-1}$，问：

（1）最细处的压强为多少？

（2）若在最细处开一小孔，水会不会流出来？

2-6　尿从膀胱通过尿道排出，若膀胱内的计示压强为 40mmHg，排尿流量为 $21cm^3 \cdot s^{-1}$，尿道长 4cm，尿液黏度为 $6.9×10^{-4}Pa \cdot s$，求尿道的内径。

2-7　若黏度为 $3.5×10^{-3}Pa \cdot s$，密度为 $1.05×10^{-3}kg \cdot m^{-3}$ 的血液，以 $72cm \cdot s^{-1}$ 的平均流速通过主动脉，试用临界雷诺数 1000 来估算确保层流的最大血管半径（不考虑其他因素的影响）。

2-8　粗细均匀水平管内，体积为 $20cm^3$ 的液体从压强为 $1.2×10^5Pa$ 的 A 处流到压强为 $1.0×10^5Pa$ 的 B 处，求外力克服黏性力所做的功。

2-9　某小动脉被硬斑部分阻塞，此狭窄段的有效半径变为 2mm，血流平均速度为 $0.5m \cdot s^{-1}$，若血液的密度为 $1.05×10^3kg \cdot m^{-3}$，血液的黏度为 $3.0×10^{-3}Pa \cdot s$，问：

（1）狭窄段会不会发生湍流？

（3）狭窄段的血流动压强为多少？

2-10　液体中有一直径为 1mm，密度 ρ' 为 $1.29kg \cdot m^{-3}$ 的空气泡，液体的黏度 η 为 0.15Pa·s，密度 ρ 为 $0.9×10^3kg \cdot m^{-3}$，该空气泡在液体中上升的终极速度为多少？

第三章 分子物理学

学习导引

　　1. **掌握**　分子动理论概念，理解它是如何建立起气体的宏观性质与微观量的统计平均值之间的联系；理想气体模型，它对真实气体做了哪些简化，理想气体的压强公式和温度公式；液体的各种表面性质，能应用这些表面性质解决实际问题。

　　2. **熟悉**　物质中的迁徙现象；分子速率分布函数的统计意义；如何在理想气体模型基础上得到范德瓦尔斯气体模型。

　　3. **了解**　如何通过实验验证分子的速率分布；各种迁徙现象之间的内在差别和联系。

第一节　分子动理论

　　气体动理论的重要基础是物质的分子原子结构学说，即宏观物体是由大量分子和原子组成的。这其中表征分子或原子性质的物理量，如分子或原子的大小、质量、电荷等，称之为**微观量**；而诸如气体的温度、压强等描述宏观物体性质的量则称为**宏观量**。

　　构成宏观物质的大量分子处于永不停息的、无规则的热运动之中，其特点是永恒的运动和频繁的相互碰撞。具体到某个分子来说，无规则的分子热运动导致了分子之间碰撞的混乱与无序性，因此每个具体分子的运动规律是偶然的和不可预测的。推广到宏观物质系统来说，由于其中大量分子的无规则热运动，因此某个具体时刻系统的微观状态是完全随机的，这不同于有限质点系的机械运动那样是可预测的。分子热运动的一个典型例子是布朗运动，这正是杂乱无规则热运动的流体分子碰撞花粉颗粒引起的。

　　大量分子热运动的集体表现构成了宏观物质的热现象。尽管个别分子的运动是无规则的，但大量分子的集体运动构成的宏观热现象却有着一定的统计规律性，并且此规律性的精确程度正比于系统的分子数目。因此我们可以利用统计方法进行概率性的描述，计算各微观量的统计平均值，即用大量分子的平均性质代替个别分子的具体性质，从而对热现象的各宏观量进行解释。这种把物体的宏观热现象与大量分子热运动中的微观量统计平均值联系起来，利用微观物理来揭示宏观热现象的理论称为**分子动理论**（molecular kinetic theory）。

第二节　理想气体动理论方程

一、理想气体状态方程

描述系统的某些宏观状态的量称为**状态参量**（state parameter），对于气体系统来说，用压强 p、温度 T 和气体所占的体积 V 这三个状态参量即可以表示气体的宏观状态。

当系统的各状态参量有确定的值，并且不随时间变化时，称系统达到了**平衡态**（equilibrium state）。处于平衡态的系统不受外场的作用，与外界没有能量交换，系统内部也没有能量转移。热力学平衡可以分为热平衡、力学平衡、化学平衡和相平衡。当气体内部温度均匀且与周围环境温度相同时，气体处于热平衡；当气体不受外场作用，且内部压强相同时，气体达到了力学平衡；当气体内部化学成分均匀，且化学反应和逆反应达到平衡时，则气体达到化学平衡；对于多相系统来说，当各相的性质和数量均不随时间变化时，称系统达到了相平衡。当气体从一个状态变成另一个状态时，气体的各状态参量要发生改变，若此过程进行的足够缓慢，使得各中间状态都无限接近于平衡态，那么这个过程称为**平衡过程**（equilibrium process）。

我们通常用**状态方程**（equation of state）来描述一个处于平衡态的系统，对于处于平衡态的气体来说，其压强 p、体积 V 和温度 T 之间满足一定的关系，状态方程可表达为

$$f(p,V,T)=0 \tag{3-1}$$

本节我们将实际气体简化，抽象出理想气体模型，并利用统计规律，求出气体分子各微观量的统计平均值，从而建立系统宏观量与微观统计平均值之间的关系，并揭示各宏观量的物理意义。

理想气体（ideal gas）是气体在压强趋于零时的极限情况，理想气体的微观模型主要包含如下条件：

（1）气体分子的间距大约是气体分子大小的 10 倍，因此与气体分子的距离相比较，可以忽略气体分子大小；

（2）气体分子之间，以及气体分子与器壁之间的碰撞是完全弹性碰撞，分子碰撞后总动能不变；

（3）除碰撞瞬间外，忽略气体分子之间，以及气体分子与器壁之间的相互作用；

（4）由于气体分子处于永不停息的热运动中，分子的动能远大于其势能，因此也忽略重力的影响。

处于平衡态的**理想气体状态方程**可表达为

$$pV=\frac{M}{\mu}RT \tag{3-2}$$

式中，p、V、T 分别为气体的压强、体积和温度，M 为气体质量，μ 为气体的**摩尔质量**，$R=8.314\mathrm{J\cdot mol^{-1}\cdot K^{-1}}$ 称为**摩尔气体常数**，M/μ 为气体分子的摩尔数，国际上将 12g 碳 12 中的碳原子的集合（6.022×10^{23} 个原子）称为 1mol，并把 $N_A=6.022\times10^{23}\mathrm{mol^{-1}}$ 称为**阿伏伽德罗常数**。

根据理想气体状态方程可以画出理想气体的等温线，由式（3-2）可知，当温度 T 一定时，p-V 曲线应是一条等轴双曲线，如图 3-1 所示，其中纵坐标代表气体压强，横坐标代表气体体积。由此可见当体积相同时，温度越高的理想气体其压强越大；同样地，当压强相同

时，温度越高的理想气体其体积越大。图中每一点代表一个平衡状态，每一条曲线代表一个平衡过程。

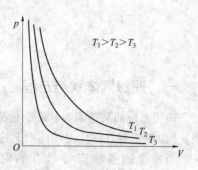

图 3-1　理想气体等温线

二、理想气体动理论基本方程

由于气体分子处于永不停息的无规则热运动之中，因此气体分子不可避免地要与其他分子或器壁发生碰撞，对某一个分子来说，它的每一次碰撞都是完全随机的，但是对大量分子而言，气体分子与器壁之间的碰撞呈现某种统计规律性。下面我们利用统计方法，对大量分子的微观量取平均值，从而揭示气体压强的统计意义。所谓压强，即是大量无规则热运动的分子与器壁碰撞的宏观结果。

我们考虑一个边长分别为 l_1、l_2、l_3 的长方形容器，如图 3-2 所示，容器内的气体处于平衡态，气体分子数为 N，每个分子的质量均为 m。考虑其中一个分子与 A_1 面的作用，设此分子速度为 v，沿 x、y、z 方向上的速度分量分别为 v_x、v_y、v_z。那么分子碰撞器壁 A_1 后，由于是完全弹性碰撞，气体分子沿 x 方向的速度由 v_x 变为 $-v_x$，其动量改变 $-2mv_x$，即分子通过碰撞施加给 A_1 面的冲量为 $2mv_x$。假设气体分子无碰撞地穿过容器碰到器壁 A_1，则此分子在与 A_1

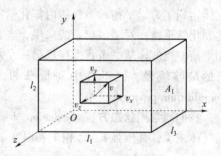

图 3-2　理想气体的压强

面做连续 2 次碰撞之间经过的路程为 $2l_1$，所经历的时间为 $2l_1/v_x$，碰撞频率为 $v_x/2l_1$，因此 1s 内此气体分子作用在 A_1 面上的总冲量，即此分子作用在 A_1 面上的力为

$$2mv_x \cdot \frac{v_x}{2l_1} = \frac{mv_x^2}{l_1} \tag{3-3}$$

事实上容器内的所有分子与 A_1 面都有碰撞，使 A_1 面受到连续均匀的作用力，容器内 N 个气体分子施加于 A_1 面上的力为

$$F = \frac{m}{l_1}(v_{1x}^2 + v_{2x}^2 + \cdots + v_{Nx}^2) \tag{3-4}$$

式中，v_{ix} 表示第 i 个分子在 x 方向上的速度分量。因此 A_1 面所受到的压强 p 为

$$p = \frac{F}{l_2 l_3} = \frac{m}{l_1 l_2 l_3}(v_{1x}^2 + v_{2x}^2 + \cdots + v_{Nx}^2) = \frac{Nm(v_{1x}^2 + v_{2x}^2 + \cdots + v_{Nx}^2)}{V} = nm\overline{v_x^2} \tag{3-5}$$

式中，$V = l_1 l_2 l_3$ 为容器体积，$n = N/V$ 为气体的分子数密度，$\overline{v_x^2}$ 为 N 个分子沿 x 方向速度分量平方的平均值。值得注意的是，统计假设告诉我们，平衡态时气体密度均匀，分子沿各个方向运动的机会相等，没有任何一个方向气体的分子运动更占优势，这说明分子速度的平均值在各个方向上都相等，即

$$\overline{v_x^2} = \overline{v_y^2} = \overline{v_z^2} = \frac{\overline{v^2}}{3} \tag{3-6}$$

最终理想气体的压强公式可写为

$$p = \frac{1}{3}nm\overline{v^2} = \frac{2n}{3} \cdot \frac{1}{2}m\overline{v^2} = \frac{2}{3}n\overline{\varepsilon} \tag{3-7}$$

式中，$\bar{\varepsilon} = m\bar{v}^2/2$ 为分子的平均平动动能。由于平衡状态下，器壁各处所受的压强完全相同，因此计算 A_1 面上所受的压强即可代表器壁的压强。由上述理想气体压强公式可知，理想气体的压强与分子数密度和分子的平均平动动能成正比，并且压强公式将宏观的压强 p 与微观的分子平均平动动能 $\bar{\varepsilon}$ 之间建立了联系，这其中各参数 p、n、$\bar{\varepsilon}$ 均为统计平均量，因此理想气体的压强公式是一个统计规律，而非力学规律。

三、分子的平均平动能

利用理想气体的状态方程和压强公式，可以得到理想气体的温度公式，即给出宏观的温度与微观的分子平均平动动能之间的关系，从而揭示温度的统计意义。我们将摩尔质量 $\mu = N_A m$ 和气体质量 $M = Nm$ 代入理想气体物态方程 $pV = MRT/\mu$，可得

$$p = \frac{N}{V}\frac{R}{N_A}T = nkT \tag{3-8}$$

式中，k 为**玻尔兹曼常数**，$k = R/N_A = 1.38 \times 10^{-23} \text{J} \cdot \text{K}^{-1}$，式（3-8）称为阿伏伽德罗定律，由式（3-8）可知，当压强和温度相同时，任何气体的分子数密度都相同。

将式（3-8）与理想气体压强公式 $p = 2n\bar{\varepsilon}/3$ 联立，消去压强 p，可得分子的平均平动动能

$$\bar{\varepsilon} = \frac{1}{2}m\bar{v}^2 = \frac{3p}{2n} = \frac{3}{2}kT \tag{3-9}$$

上式也称为**理想气体的温度公式**，由式（3-9）可知，对于任何理想气体，气体分子的平均平动动能 $\bar{\varepsilon}$ 仅与温度 T 有关，与气体的具体性质无关。这说明在相同温度下，一切理想气体分子的平均平动动能都相等，且温度越高，气体分子的平均平动动能越大，即气体分子运动的剧烈程度越大。气体温度的意义是对大量气体分子平均平动动能的量度，是大量气体分子热运动的集体表现，因此温度也是一个统计量。由式（3-8）可知，绝对零度 $T = 0$ 时，理想气体分子热运动应当停止，但是实际上气体分子的热运动是永不停息的，因此气体的温度只能无限趋近于零，但永远达不到绝对零度。

█ 课堂互动

1. 什么是理想气体？理想气体模型相比于实际气体做了哪些简化？
2. 压强和温度与气体分子平均平动动能的关系是什么？这其中包含了什么统计意义？

第三节　能量按自由度均分定理

一、自由度

对于一个力学系统来说，确定其具体空间位形所需要的独立坐标个数称为**自由度**（degree of freedom）。自由度可分为平动自由度、转动自由度和振动自由度，分别对应于气体分子的平动、转动，以及气体分子内原子之间由于相互作用产生的振动。值得注意的是，常温下我们

可不考虑气体分子的振动自由度，即可以认为组成分子的原子之间距离不变。

单原子分子或理想气体分子可以简化为一个没有几何大小的质点，这是由于通常热运动所发生的碰撞不会改变原子的内部结构，因此3个平动自由度即可确定分子的空间位置。对于多原子分子，我们需要考虑其大小和内部结构。双原子分子可以看成是彼此间距固定的双质点系统，其自由度包含3个平动自由度和2个转动自由度。多原子分子（原子数 $n \geq 3$）可以看成是由 n 个质点组成的刚体系统，即分子的形状和转动不能忽略，而形变（原子间的振动）可以忽略，这时气体分子的自由度为6，包含3个平动自由度和3个转动自由度。在某些情况下，原子间的振动自由度也不能忽略，此时气体分子不能当作刚体系统处理，因此考虑分子的热运动能量时需将这些自由度的贡献都包括进去。

二、能量均分定理

由前文可知，理想气体分子的平均平动动能为

$$\bar{\varepsilon} = \frac{1}{2}m\overline{v^2} = \frac{3}{2}kT \tag{3-10}$$

理想气体分子有3个平动自由度，可用直角坐标系 x、y、z 表示，平衡态时气体分子沿这三个方向运动的概率相等，没有哪个方向的运动更占优势，即 $\overline{v_x^2} = \overline{v_y^2} = \overline{v_z^2} = \overline{v^2}/3$。因此每个自由度上的平均平动动能应相等，均为

$$\frac{1}{2}m\overline{v_x^2} = \frac{1}{2}m\overline{v_y^2} = \frac{1}{2}m\overline{v_z^2} = \frac{1}{3} \cdot \frac{1}{2}m\overline{v^2} = \frac{1}{2}kT \tag{3-11}$$

上式表明理想气体分子的平均平动动能 $3kT/2$ 在3个平动自由度之间均匀分配，每一个自由度上的分子平均平动动能都为 $kT/2$。这种能量按自由度均分的情况，称为**能量均分定理**（equipartition theorem）。能量均分定理也是一个统计规律。虽然个别气体分子之间的动能差异可能很大，但是气体分子无规则的热运动保证了气体分子之间，以及气体分子与器壁之间存在持续的碰撞，能量正是通过这频繁的碰撞进行传递，从而均匀地分配到每个自由度上。因此平衡态时，气体分子每一自由度上的平均动能都应相等，即无论是平动、转动或振动自由度，每一自由度上的平均热运动动能都等于 $kT/2$。

由上述讨论可知，对于刚性气体分子，每个平动自由度上有 $kT/2$ 的平均动能，每个转动自由度上也有 $kT/2$ 的平均动能。而对于非刚性气体，分子还存在振动自由度，不同于平动和转动自由度的是，气体分子的每一个振动自由度上除了包含 $kT/2$ 的平均动能，还有 $kT/2$ 的平均势能，即平衡状态下分子每个振动自由度上有 kT 的平均能量。若气体分子的平动自由度数记为 t，转动自由度数记为 r，振动自由度数记为 s，那么由能量均分定理可知，平衡状态下此气体分子平均热运动能量为

$$\bar{\varepsilon} = (t + r + 2s)\frac{1}{2}kT \tag{3-12}$$

■ 课堂互动

1. 什么是自由度？自由度可分为几类？
2. 能量均分定理的统计意义是什么？

第四节 分子的速率

一、分子速率的统计分布

气体分子存在着永不停息的无规则热运动，每一个分子的运动都是杂乱无章的，其速率也在不断改变，因此，想要确定特定时刻下某个具体分子的运动方向和速率是不可能的。但是平衡状态下，大量分子的速率分布却遵循着一定的统计规律。麦克斯韦在 1859 年首次给出气体分子速率分布的理论规律，相关实验验证也在 20 世纪二三十年代完成，我们首先讨论麦克斯韦的速率分布律。

若速率分布在 $v \sim v+dv$ 区间内的分子数为 dN，占总分子数的百分比为 dN/N，显然此百分比应与所选取的速率区间 dv 的大小成正比，同时相同区间内不同速率的气体分子百分比应不同，这说明此百分比还是气体分子速率 v 的函数，因此有

$$\frac{dN}{N} = f(v)\,dv \tag{3-13}$$

上式中函数 $f(v) = dN/(Ndv)$ 称为气体分子的**速率分布函数**（speed distribution function），表示速率在 v 附近单位速率区间内的分子数占总分子数的百分比，对于一个分子来说，$f(v)$ 表示此分子速率落在 v 附近单位速率区间内的概率，因此 $f(v)$ 也称为分子热运动速率的概率密度函数。既然是百分比或者概率，一定存在着如下归一化条件

$$\int_0^\infty f(v)\,dv = 1 \tag{3-14}$$

上式表示速率在 0 到无穷大之间的分子数应占总分子数的百分之百，对于一个分子来说，则表示此分子速率落在 0 到无穷大之间的概率为百分之百。

1859 年，麦克斯韦用统计的方法推导出速率分布函数的表达形式为

$$f(v) = 4\pi \left(\frac{m}{2\pi kT}\right)^{3/2} \cdot e^{-mv^2/(2kT)} \cdot v^2 \tag{3-15}$$

式中，m 为气体分子质量，T 为气体温度，k 为玻耳兹曼常数，式（3-15）称为**麦克斯韦速率分布函数**（Maxwell speed distribution function）。将式（3-15）代入式（3-13），可得速率在 $v \sim v+dv$ 区间内的分子数为

$$dN = f(v)\,Ndv = 4\pi N \left(\frac{m}{2\pi kT}\right)^{3/2} \cdot e^{-mv^2/(2kT)} \cdot v^2\,dv \tag{3-16}$$

若以速率 v 为横坐标，以 $f(v)$ 为纵坐标，可由速率分布函数画出速率分布曲线，如图 3-3 所示。速率分布曲线有如下两个特点：

首先，图中阴影部分面积 $f(v)\,dv$ 表示速率在 $v \sim v+dv$ 区间内的分子数占总分子数的百分比，而整个曲线下的面积则表示分子在整个速率区间的概率总和，根据归一化条件，应等于 1。由图 3-3 可知，速率较低和较高的气体分子数较少，中等速率的分子数多，或者说气体分子速率在中间区域的概率较大。我们可以求出概率最大的气体分子速率，称**最概然速率**

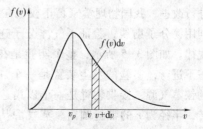

图 3-3 麦克斯韦速率分布函数

（most probable speed）v_P 对应于速率分布曲线的峰值，即

$$\frac{df(v)}{dv}\Big|_{v=v_P}=0 \tag{3-17}$$

将式（3-15）代入上式，可求得

$$v_P=\sqrt{\frac{2kT}{m}}=\sqrt{\frac{2RT}{\mu}}\approx1.41\sqrt{\frac{RT}{\mu}} \tag{3-18}$$

式中，$k=R/N_A$，$m=\mu/N_A$，R 为摩尔气体常数，μ 为气体分子的摩尔质量，N_A 为阿伏伽德罗常数。最概然速率 v_P 表示对于相同的速率间隔，v_P 附近气体分子个数的百分比最大，亦即气体分子速率在 v_P 附近的概率最大。

速率分布曲线的另一个特点是随着温度升高，气体分子速率普遍增大，因此最概然速率逐渐向较大速率方向偏移。并且随着温度升高，最概然速率的峰值降低，但是由于归一化条件的限制，曲线下方的面积保持不变，因此曲线变得越来越平坦，如图 3-4 所示。这说明温度较高时气体分子运动剧烈，速率分布较分散，无序性较高，而温度低时分子速率分布集中，无序性较低。

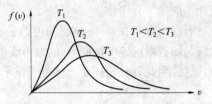

图 3-4　温度不同时的速率分布曲线

根据速率分布函数可求得气体分子的平均速率和方均根速率。其中**平均速率**（mean speed）$\bar{v}$ 是气体分子速率大小的算术平均值

$$\bar{v}=\int_0^\infty vf(v)\,dv=\sqrt{\frac{8kT}{\pi m}}=\sqrt{\frac{8RT}{\pi\mu}}\approx1.60\sqrt{\frac{RT}{\mu}} \tag{3-19}$$

而根据

$$\overline{v^2}=\int_0^\infty v^2f(v)\,dv \tag{3-20}$$

可得气体分子的**方均根速率**（root mean square speed）

$$\sqrt{\overline{v^2}}=\sqrt{\frac{3kT}{m}}=\sqrt{\frac{3RT}{\mu}}\approx1.73\sqrt{\frac{RT}{\mu}} \tag{3-21}$$

由此可知最概然速率、平均速率和方均根速率都与 $\sqrt{T}$ 成正比，与 $\sqrt{\mu}$ 成反比，并且它们之间满足 $\sqrt{\overline{v^2}}>\bar{v}>v_P$。

二、分子速率的实验测定

分子速率分布的实验验证最早在 1920 年由斯特恩完成，后来许多科学家在此基础上进行改进，我国物理学家葛正权也在 1934 年利用铋分子射线，验证了气体分子速率分布规律。如图 3-5 所示，整个实验是在真空状态下进行，实验的发生装置是一个加热形成的铋蒸气源，接收装置是一个以角速度 ω 旋转，半径为 r 的带缝圆筒。蒸气源从缝 A 处射出蒸气分子，经狭缝 S 后形成一定向的分

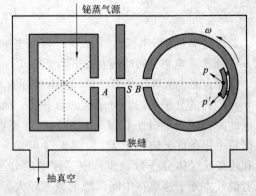

图 3-5　葛正权速率分布实验

子射线束，经圆筒上的小缝 B 后，被圆筒上的弯曲玻璃板吸收。当圆筒不转时，分子射线直接穿过狭缝 S 和 B，射到玻璃板上的 p 处。当圆筒旋转时，分子束落到玻璃板上 p' 处，分子束中速率为 v 的分子从狭缝 B 到 p' 的时间 $2r/v$，应等于圆筒转过 pp' 弧度所经历的时间，即

$$t = \frac{2r}{v} = \frac{l}{r\omega} \tag{3-22}$$

式中，l 为 pp' 的弧长，由此可得

$$l = \frac{2 r^2 \omega}{v} \tag{3-23}$$

上式说明当圆筒的半径 r 和速率 ω 给定时，不同速率的气体分子沉积在玻璃板上的弧长 l 不同，通过测量玻璃板上各处所沉积的分子层厚度，即可得到分子射线束中各种速率的分子数的相对比值，从而得到气体分子的速率分布规律。

课堂互动

　　1. 对于宏观气体分子和单个气体分子来说，麦克斯韦速率分布函数的意义分别是什么？
　　2. 什么是归一化条件？归一化条件在速率分布曲线中是如何体现的？

第五节　真实气体

一、真实气体的等温线

　　由理想气体状态方程 $pV = (M/\mu) RT$ 可知，当温度一定时，理想气体的压强和体积成反比关系，其等温线是一条双曲线。而理想气体是气体在压强趋于零时的极限情况，当压强较大或温度较低时，真实气体的等温线相比于理想气体有着明显的差异。

　　1869 年，英国物理学家安德鲁斯利用等温压缩的方法，得到了 CO_2 气体在不同温度下的等温线，如图 3-6 所示。我们首先注意 $T = 13℃$ 时的等温线 $DBAG$，其中 AG 段的压强与体积成反比，行为类似于理想气体。当继续压缩 CO_2 的体积，可见在 AB 范围内 CO_2 的压强保持不变，呈液气共存的饱和蒸气状态，此时的压强称为饱和蒸气压，其中 A 点是液化的开始点。而到 B 点时 CO_2 已完全液化，此后随着体积的微小压缩，压强迅速增大，BD 段几乎与纵坐标平行，这也符合液体体积不易压缩的特点。随着温度逐渐升高，由图可知，等温线的行为与 $T = 13℃$ 时类似，只是对应的饱和蒸气压随之升高，而液气共存的平直区域逐渐缩小，直至 $T = 31℃$ 时缩为一点，此点记为临界点 C，C 点

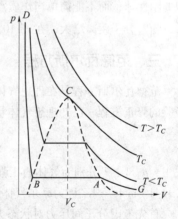

图 3-6　CO_2 等温线

对应的体积和压强记为临界体积和临界压强，而 $31℃$ 称为临界温度 T_C。当温度继续升高，此时无论如何加压都无法使 CO_2 液化，温度越高，等温线的行为越接近于双曲线，即气体的性质越类似于理想气体，可近似用理想气体状态方程描述。

　　CO_2 等温线的以上行为也适用于其他真实气体，它们都存在着临界点和临界温度 T_C，而

这是理想气体模型中未曾出现过的。当 $T>T_c$ 时，系统处于气态，此时系统的热力学行为可近似用理想气体模型来描述。当 $T<T_c$ 时，系统存在着一段压强不变的液气共存状态 AB，A 点是液化开始点，B 点是液化结束点，将各条等温线上液化开始和结束的点连在一起，可形成如图 3-6 所示的类三角形虚线区域 ACB，在此区域内部系统都处于液气共存状态；在此区域的右边，即对应于每条等温线的 AG 段，系统处于气态，其行为可以用理想气体描述；而在此区域的左边，即对应于每条等温线的 BD 段，系统处于液态。

由此可见，在压强较高或温度较低时，理想气体模型并不完全适用于真实气体，因此我们需要在理想气体模型的基础上做适当的修正，这就要引入分子力的概念。

二、分子力

理想气体模型有两个主要假设，即理想气体分子可以看成没有几何大小的质点，以及除碰撞瞬间外，理想气体分子之间没有相互作用。然而，真实的气体分子不仅有体积，彼此之间还有分子力作用。分子能形成稳定的固态或液态物质，是因为分子之间有吸引力，而固体或液体很难被压缩，说明分子之间还存在排斥力。吸引力和排斥力统称为分子力，它们都是短程力，且引力的力程大于斥力。作用力 F 与两分子距离 r 有关，如图 3-7 所示，其中 $F>0$ 代表斥力，$F<0$ 代表引力。由图可知，在 $r\sim10^{-10}$ m 处存在一个 r_0，$r=r_0$ 时分子所受的引力和斥力大小相等，相互抵消，此时分子的势能最小，分子状态最稳定。当 $r<r_0$ 时，分子力中斥力占主导，并且此时曲线很陡，即分子间

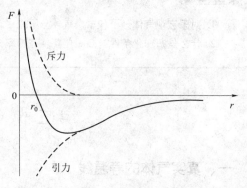

图 3-7 分子力

距 r 越小，它们彼此之间的斥力越大，这说明分子不能无限压缩，因此分子应看成是有一定体积的刚性球，而不能简单当作质点处理。当 $r>r_0$ 时，分子力中引力占主导，但由于引力是短程力，随着分子距离增大，在 $r\sim10^{-8}$ m 附近引力很快减小并趋于零。

三、范德瓦尔斯方程

范德瓦尔斯方程是在理想气体状态方程的基础上考虑了分子间的斥力和引力而得到的半经验的修正方程。已知理想气体状态方程为

$$pV=\frac{M}{\mu}RT=vRT \qquad (3-24)$$

式中，p、V、T 分别为气体的压强、体积和温度，M 为气体质量，μ 为气体的摩尔质量，$R=8.314$ J·mol^{-1}·K^{-1} 称为摩尔气体常量，$v=M/\mu$ 为气体分子的摩尔数。

首先考虑分子间斥力对状态方程的修正，斥力使分子不能无限靠近，相当于分子拥有一定的其他分子无法占据的体积，因此可以将分子看成刚性球，球的半径为斥力的作用范围。所以单个分子能活动的空间由理想气体时的 V 减小为 $V-vb$，其中 b 为一摩尔分子的刚性球体积之和。因此状态方程修改为

$$p(V-vb)=vRT \qquad (3-25)$$

这样系统的压强为

$$p = \frac{vRT}{V-vb} \quad\quad (3-26)$$

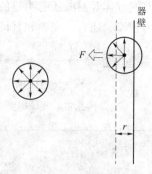

其次考虑分子间的引力。这里我们需要引入分子引力作用球的概念，取一半径为 r 的同心球包住气体分子，令 r 处分子间引力为零，因此只有与此分子距离小于 r 的分子才对其有引力作用。如图 3-8 所示，在气体内部，一个分子所受其他分子的引力是均匀的，可以相互抵消，分子所受合力为零。而当一个气体分子运动到与器壁的距离小于 r 时，分子受其他气体分子的引力则不能抵消，表现为受一个指向气体内部的合力 f。这导致气体分子对器壁碰撞的作用力减小，即系统的压强减少，可写为

图 3-8　气体分子受力

$$p = \frac{vRT}{V-vb} - \Delta p \quad\quad (3-27)$$

式中，Δp 称为内压强。Δp 应正比于单位时间碰撞单位面积器壁的分子数 n，同时 Δp 正比于 f，而 f 正比于分子数密度 n。结合以上两方面，有 $\Delta p \propto n^2$，而 $n \propto v/V$。因此分子的内压强 Δp 可写为

$$\Delta p = a \left(\frac{v}{V} \right)^2 \quad\quad (3-28)$$

系数 a 与气体性质有关，可由实验确定，将式（3-28）代入式（3-27）并整理可得

$$\left(p + \frac{v^2 a}{V^2} \right) (V - vb) = vRT \quad\quad (3-29)$$

上式即 **范德瓦尔斯方程**（van der waals equation），可见相比于理想气体状态方程，范德瓦尔斯方程是气体体积 V 的三次方程，并且多了两个参数 a、b，其中参数 a 与分子间引力有关，参数 b 与分子间斥力有关，二者都与分子性质有关，对于某种确定气体来说都是常数，可由实验确定。

根据范德瓦尔斯方程可画出一组等温线，如图 3-9 所示。类似于真实气体，范德瓦尔斯等温线也存在临界点和相应的临界现象，临界温度记为 T_c。当 $T > T_c$ 时，范德瓦尔斯气体和真实气体的热力学行为类似，均可用理想气体模型进行描述。当 $T < T_c$ 时，范德瓦尔斯曲线的两端 DP 和 QE 段的行为和真实气体相同，且都是稳定相。而不同于真实气体实验时出现的气液两相共存且蒸气压不变的水平线段 POQ，范德瓦尔斯等温线在此范围内却表现为弯曲线段 $PMONQ$。其中 EQ 段和 MP 段压强与体积成反比，都是实验中可能存在的亚稳态，分别代表缺乏凝结核的过饱和蒸气和缺乏汽化核的过热液体；而 MON 段系统压强与体积成正比，这违背了热力学稳定条件，在实验中是无法存在的。

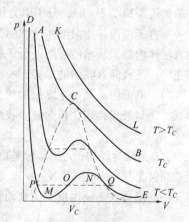

图 3-9　范德瓦尔斯等温线

由此可见，以理想气体模型为基础，范德瓦尔斯气体模型考虑分子间吸引和排斥力后所做的修正在一定程度上可以体现真实气体的部分性质，如临界现象等。但范德瓦尔斯等温线

与真实气体等温线还有明显的区别，尤其是在温度较低时，因此它只能作为研究真实气体的参考模型，还有不完善和有待改进之处。

第六节 液体的表面性质

一、表面张力和表面能

表面张力（surface tension）**是一种能使液体的液面收缩成最小表面积的力**，荷叶上的露珠、吹出来的肥皂泡成球形都是表面张力的作用，因为相同体积下球形的表面积最小。

表面张力产生的原因与分子间的相互作用有关，由前文可知，分子间斥力的作用范围小于 10^{-10}m，引力的作用范围大于斥力，约在 $10^{-10} \sim 10^{-9}$m，若分子间距大于 10^{-9}m，则可忽略它们之间的相互作用。我们沿用分子引力作用球的概念，取一半径为 r 的同心球包住气体分子，令 r 处分子间引力为零，因此只有与此分子距离小于 r 的分子才对其有引力作用。如图 3-10 所示，当液体分子与液面的距离大于 r 时，此分子受其他分子的引力是均匀的，可以相互抵消，分子所受合力为零。而当液体分子

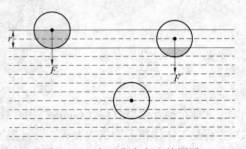

图 3-10 表面张力产生的原因

与液面的距离小于 r 时，分子引力作用球上方有一部分露出液面，液体分子所受引力不均匀，受一垂直于液面并指向液体内部的合力，此合力在 $r=0$ 时最大。因此液面附近的分子可能被拉入液体内部，从而使液面处分子数密度降低，分子间距变大，这时液面处的分子之间引力占主导，使液面有收缩的趋势。

若在液面附近画一条虚拟的周界线，表面张力的大小应与周界线成正比，方向垂直于周界线，并与液面相切，指向液面收缩的内侧而非液体内部。表面张力可以表达为

$$T=\alpha L \tag{3-30}$$

式中，L 是周界线的长度，α 即是单位长度的表面张力，称为表面张力系数，其大小与液体的性质和温度有关，单位是 $N \cdot m^{-1}$。表面张力系数 α 越小，液体的表面积改变越容易。表 3-1 给出了一些液体在不同温度下的表面张力系数。

表 3-1 几种液体在不同温度下的表面张力系数

液体	温度（℃）	$\alpha(N \cdot m^{-1})$	液体	温度（℃）	$\alpha(N \cdot m^{-1})$
水	0	0.0756	苯	20	0.0288
水	20	0.0728	氯仿	20	0.0271
水	100	0.0589	甘油	20	0.0634

续表

液体	温度（℃）	α（N·m^{-1}）	液体	温度（℃）	α（N·m^{-1}）
肥皂液	20	0.025	胆汁	20	0.048
乙醚	20	0.017	全血	37	0.058
水银	20	0.436	尿（正常人）	20	0.066
甲醇	20	0.0266	尿（黄疸病人）	20	0.055

由于表面张力使液体液面有收缩成最小表面积的趋势，这其中的机制是通过将液面处分子拉向液体内部，从而增加液面处分子间吸引力来实现的。这说明液面收缩的过程即是降低内能，使系统趋于稳定的过程，即液面处的分子有较高的势能，我们称之为表面能。因此要想增加液体的表面积，需要把分子从液体内部拉到液体表面而做功。如图3-11所示，将金属框浸入液体中再拿出，框中将蒙上一层液膜，金属框的一边 AB 可滑动，若以外力 F 将 AB 杆向外拉动距离 Δx 至

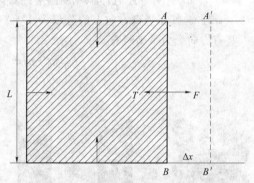

图 3-11　克服表面能做功

$A'B'$ 处，则需要克服表面张力做功 $W = F\Delta x = 2T\Delta x$，其中 T 为液体的表面张力 $T = \alpha L$，由于液膜有前后两面，因此拉力 $F = 2T$。同样考虑到液膜的前后两面，则此过程中液面的表面积增大了 $\Delta S = 2L\Delta x$。因此增加单位液面面积所做的功为

$$\frac{W}{\Delta S} = \frac{F\Delta x}{2L\Delta x} = \frac{2\alpha L\Delta x}{2L\Delta x} = \alpha \tag{3-31}$$

由上式可知，表面张力系数还等于增加单位液面面积所做的功，因此表面张力系数的单位除了 N·m^{-1}，还可以是 J·m^{-2}。

二、表面活性物质和表面吸附

不仅液体本身的性质与表面张力系数 α 有关，在液体中加入不同成分或不同浓度的杂质也会大幅度改变液体原先的表面张力系数。若某种物质能使液体的表面张力系数降低，我们称为**表面活性物质**；反之，若某种物质能使液体的表面张力系数升高，则称为**表面非活性物质**。例如水的表面活性物质有肥皂、胆盐、卵磷脂以及醚、酸、醛等有机物等，而盐、糖类、淀粉等是水的表面非活性物质。值得注意的是，表面活性或表面非活性物质并不是绝对的，若一种物质对于某种液体来说是表面活性物质，对于另一种液体，它可能就是表面非活性物质。

表面活性物质的作用机制并不是均匀溶解在液体内部，而是在溶液表面聚集并伸展成薄膜，这种现象称为表面吸附。因此少量的表面活性物质即可有效地聚集在液体表面，使液体的表面张力和表面能降低，增加系统的稳定性。

三、弯曲液面的附加压强

不同于静止液体的表面一般为水平面，气泡、液滴或者固体与液体接触处的表面通常是弯曲的。这是由于液体表面张力导致液面内外压强不等所致，我们把液面内外的压强差 $\Delta p =$

$p_{液内}-p_{液外}$ 称为弯曲液面的**附加压强**。如图 3-12 所示，若 $\Delta p<0$，即液内压强小于液外，此时液面呈凹球形，例如毛细管中的水面；若 $\Delta p>0$，即液内压强大于液外，此时液面呈凸球形，例如毛细管中的水银面。

下面从受力角度定量地分析附加压强与哪些因素有关。我们从图 3-12（c）中的凸形液面上取一小块体积元，由于液面很薄，其质量忽略不计。如图 3-13 所示，体积元的曲率半径和液面相同，记为 R，所张的圆锥角为 θ，其底面半径 $r=R\sin\theta$。我们分析此体积元的受力情况，首先体积元受竖直向下的大气压力，大小为 $F_1=p_0\pi r^2$，其次受内部液体对体积元向上的压力 $F_2=p_{内}\pi r^2$，另外还有体积元周围液面对体积元沿切线方向并指向体积元外部的表面张力 $T=\alpha L=\alpha 2\pi r$，其在竖直方向上的分量为 $T'=T\sin\theta=2\pi r\alpha\cdot\sin\theta$，其中 α 为液体的表面张力系数。竖直方向受力平衡时有

$$p_{内}\pi r^2-p_0\pi r^2-2\pi r\alpha\cdot\sin\theta=0 \tag{3-32}$$

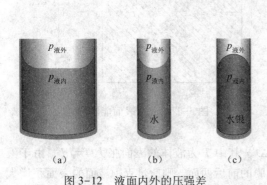

图 3-12　液面内外的压强差

（a）$p_{液内}=p_{液外}$；（b）$p_{液内}<p_{液外}$；（c）$p_{液内}>p_{液外}$

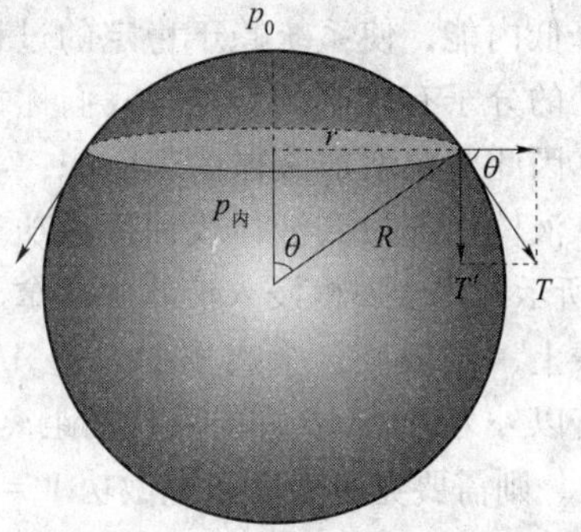

图 3-13　球形液面体积元受力分析

由此可得

$$\Delta p=p_{内}-p_0=\frac{2\pi r\alpha\cdot\sin\theta}{\pi r^2}=2\alpha\frac{\sin\theta}{r}=\frac{2\alpha}{R} \tag{3-33}$$

上式称为**球形液面的拉普拉斯公式**，这说明弯曲液面的附加压强仅与液面的曲率半径 R 和液体表面张力系数 α 有关，与体积元大小 θ，r 无关。同样可以证明，对于凹形液面，液体内外的压强差为 $\Delta p=-2\alpha/R$。

四、毛细现象

在介绍毛细现象之前，我们首先需要了解润湿和不润湿现象。所谓润湿现象，是指液体可以附着于固体表面并延展开来，例如玻璃板上的水；而**不润湿现象**是指液体在固体表面上不扩展而形成球形，例如玻璃板上的水银、荷叶上的水珠。润湿和不润湿现象是液体分子之间的内聚力和液体与固体分子之间的附着力相互竞争的结果。若附着力大于内聚力，则出现润湿现象，此时液面的切线和固体之间的接触角 θ 小于 90°，如图 3-14（a）所示。且附着力越大，接触角越小，当 $\theta=0°$，称液体完全润湿固体。反之，若内聚力大于附着力，液体则不润湿固体，此时接触角 θ 大于 90°，如图 3-14（b）所示。且内聚力越大，接触角越大，当 $\theta=180°$ 时，称液体完全不润湿固体。接触角 θ 的大小与液体、固体的性质以及固体表面的光滑洁净程度有关。

所谓**毛细现象**（capillary action），是指将毛细管插入液体中，毛细管内外液面高度不同的

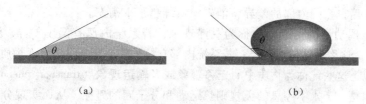

图 3-14　润湿现象与接触角
（a）润湿；（b）不润湿

现象。毛细现象是表面张力与润湿现象共同作用的结果，若液体润湿毛细管壁，则液面升高且液面呈凹球状，若液体不润湿毛细管壁，则液面降低且呈凸球状。下面我们分析液面升高或降低的幅度 h 与哪些因素有关。以润湿现象导致的液面升高为例，此时液面呈凹球形，如图 3-15 所示，液面的曲率半径为 R，液面切线与毛细管壁的夹角为 θ，则液面的内半径 $r=R\cdot\cos\theta$。由上一部分弯曲液面的附加压强可知，凹球形液面的附加压强是负值，即

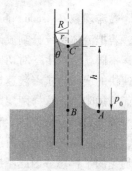

$$\Delta p=p_C-p_0=-\frac{2\alpha}{R} \tag{3-34}$$

图 3-15　毛细现象

因此 C 处的压强

$$p_C=p_0+\Delta p=p_0-\frac{2\alpha}{R}=p_0-\frac{2\alpha\cdot\cos\theta}{r} \tag{3-35}$$

并且根据液体静力学原理，B 处与 C 处的压强关系满足 $p_B=p_C+\rho gh$，其中 ρ 为液体密度。

另外与水平面等高 B 处的压强应等于水平面处的大气压强，即 $p_B=p_A=p_0$。结合以上两点，并将式（3-35）代入，可得

$$p_B=p_C+\rho gh=p_0-\frac{2\alpha\cdot\cos\theta}{r}+\rho gh=p_A=p_0 \tag{3-36}$$

由上式可解得毛细管内外液面的高度差为

$$h=\frac{2\alpha\cdot\cos\theta}{\rho gr} \tag{3-37}$$

由此可知，毛细管内外液面的高度差 h 与表面张力系数成正比，与毛细管的半径和液体密度成反比。另外式（3-37）对于不润湿现象的情形也同样适用，若液体不润湿毛细管壁，则接触角 θ 大于 $90°$，因此毛细管内外液面高度差 $h<0$。

课堂互动

1. 表面张力产生的原因是什么？
2. 为什么说毛细现象是表面张力与润湿现象共同作用的结果？

第七节　物质中的迁移现象

之前我们讨论的都是平衡态时气体的各种热力学性质，对于非平衡态的孤立系统，由于系统内部各处的宏观性质不同，会出现各部分之间粒子、能量、动量或电荷的宏观流动，经

过足够长的时间后，系统内部的差异将消失，系统趋于平衡态。具体地说，若系统内部有速度差异，将会出现动量的传递，这称为黏滞现象；若系统内部有温度差异，将会出现热量（能量）的传递，这称为热传导现象；若系统内部有粒子数差异，将会出现物质的传递，这称为扩散现象。以上这些统称为物质中的**迁移现象**或者**输运现象**（transport phenomenon）。迁移现象产生的原因是分子永不停息的无规则热运动和分子间的碰撞，从而实现分子的转移和能量、动量的传递，最终使系统达到均匀的热平衡状态。

一、黏滞现象

黏滞现象（viscous phenomenon）是流体内部各部分之间运动速度不同造成的。为简单起见，若把流体系统分割成许多平行层面，每层流体的运动速度不同，那么相邻两层之间由于流速不同就会产生一对切向的等值反向摩擦力，此现象称为**黏滞性**或者**内摩擦性**（viscosity）。流速快的层面会拉着流速慢的层面向前运动，而流速慢的层面又在速度反方向上对流速快的层面施加阻力，这样两层之间由于摩擦力的作用而彼此交换动量，从而使其速度能够达到趋于一致的目的。从整体上看，系统各层由于流速不同，在垂直于层面的方向上存在着速度梯度，动量正是在垂直于流速的方向上向流速小的层面传递，经过足够长的时间系统将达到流速均匀的平衡态。因此摩擦力应与垂直于速度方向上的速度梯度 dv/dx 成正比，同时正比于各流速层面的横截面大小 dS，即

$$dF = \pm\eta\frac{dv}{dx}dS \tag{3-38}$$

上式称为牛顿黏滞定律，其中 η 为**黏滞系数**，单位为 Pa·s，其大小与流体性质和温度有关，而正负号表示摩擦力总是成对出现。

二、热传导现象

传递热量有三种方式：对流、辐射、热传导。其中对流和热传导需要介质，对流现象常发生在气体和液体中，热传导在气、液、固体中都可以进行，而辐射传热则无须介质即可进行热量的传递。我们这里主要讨论气体中的热传导现象。**热传导现象**（heat conduction phenomenon）是由于气体内部各部分之间温度不同造成的，温度高的部分气体分子的平均动能大，温度低的部分分子的平均动能小，这样当分子从温度高处运动到温度低处，就会带去较多的能量，反之温度低处的分子运动到温度高处会带去较少的能量。另一方面，两分子由于热运动而发生碰撞时，彼此的能量会发生交换和传递。从整体上看，系统各部分由于温度不同，从而存在着温度梯度，热量（能量）正是在沿着温度梯度的方向上向温度低的部分传递，经过足够长的时间系统将达到温度均匀的平衡态。对于热传导现象，单位时间内通过单位面积传递的热量应正比于温度梯度 dT/dx，即

$$\frac{dQ}{dT} = -\kappa\frac{dT}{dx}dS \tag{3-39}$$

上式称为傅里叶定律，其中 κ 为**热导率**，单位为 W·m^{-1}·K^{-1}，而负号表示热量的传递是由高温到低温进行的，与温度梯度的方向相反。

三、扩散现象

扩散现象（diffusion phenomenon）是由于气体内各部分的粒子种类不同，或同一种气体在

容器内粒子数密度不均匀造成的。简单起见，我们考虑同种气体粒子数不均匀的情况，单位体积内高密度区的分子数多，低密度区的分子数少，因此通过热运动从高密度区扩散到低密度区的分子数应大于从低密度区扩散到高密度区的分子数，看起来有一个质量向低密度区的净输运，从而使两区域的粒子数密度趋于平衡。从整体上看，系统各部分由于粒子数密度不同，从而存在着密度梯度，粒子正是在沿着密度梯度的方向向密度低的部分传递，经过足够长的时间后，系统将达到粒子数密度均匀的平衡态，对于两种气体来说，即各处的总分子数密度相同。这种密度不均匀的粒子从高密度区向低密度区迁移，或者两种粒子之间相互渗透混合的现象称为扩散现象。单位时间内通过单位面积传递的粒子质量应正比于密度梯度 $\mathrm{d}\rho/\mathrm{d}x$，即

$$\frac{\mathrm{d}M}{\mathrm{d}T}=-D\frac{\mathrm{d}\rho}{\mathrm{d}x}\mathrm{d}S \tag{3-40}$$

式中，D 为**扩散系数**，单位为 $\mathrm{m}^2 \cdot \mathrm{s}^{-1}$，而负号表示气体分子从密度大的地方向密度小的地方迁移，与密度梯度的方向相反。扩散过程的快慢取决于气体分子热运动的剧烈程度，或者分子之间碰撞的频率，而这些都与气体温度有关。

由以上黏滞现象、热传导现象和扩散现象的讨论可知，迁移过程有着明显的单方向性，分子之间通过永不停息的热运动和不断的碰撞交换着动量、能量和质量，从而使系统趋于平衡态。

课堂互动

1. 迁移现象产生的原因是什么？
2. 黏滞现象、热传导现象和扩散现象的公式有何共同之处？这其中所体现的意义是什么？

案例分析

球形液膜的压强差

作为第六节中关于弯曲液面附加压强的应用，我们考虑如图 3-16 所示的球形液膜，它具有两个与空气接触的表面，其内外半径分别为 R_1、R_2，利用球形液面的拉普拉斯公式可知泡内任一点 3 处的压强 p_3 与液膜任一点 2 处的压强 p_2 之间满足 $p_3-p_2=2\alpha/R_1$，以及 p_2 与泡外任一点 1 处的压强 p_1 之间满足 $p_2-p_1=2\alpha/R_2$，由此可得球形液膜内外的压强差

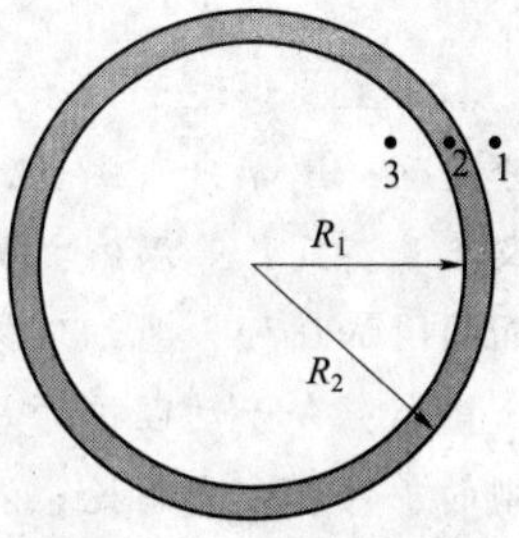

$$\Delta p=p_3-p_1=2\alpha\left(\frac{1}{R_1}+\frac{1}{R_2}\right) \tag{3-41}$$

图 3-16　球形液膜内外压强差

由于液膜很薄，可取近似 $R_1=R_2=R$，因此有

$$\Delta p=p_3-p_1=\frac{4\alpha}{R} \tag{3-42}$$

由上式可知，球膜的半径越小，膜内压强 $p_0+4\alpha/R$ 越大。假如我们将大小不等的两个气泡用细管连通，由于小气泡内的压强大于大气泡内的压强，因此小气泡会越来越小，大气泡会越来越大，直至大气泡的曲率半径与小气泡在管口处剩余液面的曲率半径相等时，二者之间才达到压强平衡而停止变化。

肺表面活性物质

　　人体的肺是由约三亿个大小不同的肺泡相互连通所组成的，其主要作用是在呼吸时交换氧气和二氧化碳。由于肺泡大小有别，且相互连通，根据弯曲液面附加压强的知识可知，相互连通的大小肺泡由于尺度不同，泡内存在着压强差，会造成小肺泡越来越小，大肺泡越来越大。但是人体的大小肺泡之间却是稳定共存的，这其中的原因是肺泡的表面有一种肺表面活性物质，主要成分为二棕榈酰卵磷脂（DPPC），它的主要作用在于：①降低肺表面张力，使肺泡易于扩张，增加肺顺应性；②维持大小肺泡容积的稳定性，防止肺泡萎缩。由第五节可知弯曲液面的附加压强 $\Delta p = p_{液内} - p_{液外} = 2\alpha/R$ 与液体的表面张力系数 α 成正比，与液面的曲率半径 R 成反比。当肺泡扩张时，其曲率半径增加，但单位液面上的肺表面活性物质减少，这导致肺泡的表面张力系数升高，从而保持肺泡内的附加压强维持稳定。同样地，小肺泡虽然曲率半径小，但肺表面活性物质分布较密，表面张力系数更小。因此大小肺泡内的压强基本相等，二者连通时，大肺泡不会扩张，小肺泡也不会萎缩，大小肺泡能够保持稳定。母体内的胎儿肺泡是萎缩的，临产时虽然肺泡可以分泌表面活性物质，但新生儿仍需要大声啼哭以撑开众多肺泡而获得呼吸。孕龄少于32周早产儿会因为肺泡未发育成熟，肺表面活性物质产出不够而患上呼吸窘迫综合征（NRDS），需要人工替补肺表面活性物质。

本 章 小 结

　　本章主要讲述了分子动理论的基本思想；理想气体模型及其压强公式和温度公式；能量均分定理；速率分布函数，麦克斯韦速率分布函数及其实验验证；范德瓦尔斯模型和等温线，以及与真实气体等温线之间的关系；液体的表面性质，包括表面张力、表面活性物质、弯曲液面的附加压强、毛细现象；物质中的迁移现象，包括黏滞现象、热传导现象和扩散现象。

　　重点：分子动理论的基本思想，如何建立起宏观量与微观量统计联系的方法；理想气体模型的条件和主要结论；液体的各种表面性质及其在日常生活中的应用。

　　难点：分子速率分布函数的统计意义；范德瓦尔斯气体模型的建立，以及它与真实气体的差异；迁徙现象产生的原因，以及各种迁徙现象之间的内在联系。

练习题三

　　3-1　在容积为40L的容器内有128g氧气，当温度为27℃时容器内压强为多少？分子数密度为多少？

　　3-2　一个封闭的圆筒被导热、不漏气的活塞分隔为两部分，最初活塞位于筒中央，圆筒两侧长度 $l_1 = l_2$。当两侧各充以 $T_1 = 680K$，$p_1 = 1.013 \times 10^5 Pa$ 与 $T_2 = 280K$，$p_2 = 2.026 \times 10^5 Pa$ 的相同气体后，问达到平衡时活塞将在什么位置上？

　　3-3　容器内装有质量为0.1kg，压强为 $10 \times 10^5 Pa$，温度为47℃的氧气，由于容器漏气，经若干时间后压强降到原来的 5/8，温度降到 27℃。求容器的容积以及漏去了多少氧气？

3-4 计算在 300K 的温度下，氢、氧和水银蒸气分子的方均根速率和平均平动动能。已知摩尔质量为氢 $2×10^{-3}kg·mol^{-1}$，氧 $32×10^{-3}kg·mol^{-1}$，水银 $200×10^{-3}kg·mol^{-1}$。

3-5 求质量为 $2×10^{-3}kg$，压强为 $1.013×10^5Pa$，体积为 $1.54×10^{-3}m^3$ 的氧气分子的平均平动动能。

3-6 容器内有 1mol 的某种气体，现从外界输入 $2.09×10^2J$ 的热量，测得其温度升高 10K，求该气体分子的自由度。

3-7 已知某理想气体分子的压强为 $1.013×10^5Pa$，其方均根速率为 $400m·s^{-1}$，求气体的密度。

3-8 若 N 个粒子的速率分布函数为 $f(v)=\begin{cases} C, & 0<v<V_0 \\ 0, & v>V_0 \end{cases}$，求常数 C 以及粒子的平均速率和方均根速率。

3-9 有两根竖直插入水中的玻璃管，两管水面的高度差为 2cm，两管的直径分别为 1mm 和 3mm，水与玻璃的接触角为零。求水的表面张力系数。

3-10 吹半径为 1cm 的水泡及肥皂泡各需要做多少功？已知水的表面张力系数为 $0.0728N·m^{-1}$，肥皂液的表面张力系数为 $0.0250N·m^{-1}$。

3-11 求半径为 1cm 的肥皂泡的内外压强差，已知肥皂液的表面张力系数为 $0.025N·m^{-1}$。

3-12 水沸腾时，若有一直径为 $10^{-2}mm$ 的蒸气泡恰好在水面下，求该气泡内的压强。已知水在 100℃时的表面张力系数 $\alpha=0.0589N·m^{-1}$。

第四章　静　电　场

学习导引

1. **掌握**　电场强度和电势的概念及计算方法；高斯定理及应用；电偶极子与电偶层的概念及其电场中电势分布的特点。
2. **熟悉**　电容和电场能量密度的概念；静电场与电介质的相互作用。
3. **了解**　心电图形成的物理学原理及其在临床诊断中的意义。

电的现象普遍地存在于自然界及人类生活的各个方面。人体的所有功能都以某种方式涉及电。人体产生的电波用于控制和驱动神经、肌肉和器官。人脑的活动基本是电的活动，出入大脑的所有信号都包含有电流。因此，要想深入了解人体的生命现象和有效地使用现代医学仪器，掌握电的基本理论是必要的。本章主要讨论静电场的基本性质与规律，其中包括描述静电场性质的两个基本物理量——电场强度和电势及其相互关系；反映静电场基本规律的场的叠加原理、高斯定理以及场的环路定理等；静电场与电介质的相互作用规律以及静电场的能量等内容。鉴于电偶极矩的概念对理解心电图是必不可少的，因此也讨论了与电偶极子有关的内容以及心电知识。

第一节　电场强度　高斯定理

一、电场与电场强度

1. 电场　自然界中只有两种电荷——正电荷和负电荷。**电荷**（electric charge）表示物质的带电属性，用电量作为电荷的量度。它的单位是库仑（C）。

1785 年，法国科学家库仑通过实验总结出真空中两个点电荷之间相互作用的基本规律，称为库仑定律。其内容可表述为：在真空中两个点电荷（形状和大小可以忽略的带电体）间相互作用力 F 的大小与两个点电荷的电量 q_1、q_2 的乘积成正比，与它们之间距离 r 的平方成反比。作用力的方向沿着它们的连线，同号电荷相斥，异号电荷相吸。数学公式为

$$F = k\frac{q_1 q_2}{r^2}r_0 \tag{4-1}$$

式中，r_0 是单位矢量。在国际单位制中，比例系数 $k = 9.0 \times 10^9 \text{N} \cdot \text{m}^2 \cdot \text{C}^{-2}$。在电磁学中为了简化一些公式的表达形式，常用另一个常数 ε_0 替代 k，$k = \dfrac{1}{4\pi\varepsilon_0}$，$\varepsilon_0 = 8.85 \times 10^{-12}\text{C}^2 \cdot \text{N}^{-1} \cdot \text{m}^{-2}$，称为**真**

空电容率（permittivity of vacuum）或真空介电常数。

近代物理认为在带电体的周围存在着一种特殊物质——**电场**（electric field）。带电体通过它的电场对位于电场中的另一带电体施力，这种力称为**电场力**（electrostatic force）。任何电荷都在它周围空间产生电场。电荷之间的相互作用正是通过电场实现的。库仑力即是电场力。建立电场的电荷通常称为**场源电荷**（charge of field source）。静止电荷所产生的场是不随时间而变化的稳定电场，通常称为**静电场**（electrostatic field）。

电场有两个重要的性质。一是，它具有力的性质，放在电场中的任何电荷都受到电场力的作用。二是，它具有能量的性质，当电荷在电场中移动时，电场力对电荷做功。

2. 电场强度　为了进一步研究电场的性质，我们引入试探电荷 q_0。试探电荷必须满足两个条件：①本身所带电量 q_0 尽可能小，它的引入不会影响原来电场的情况。②它的线度应当小到可以将它视为点电荷，这样才能借助它来确定电场中每一点的性质。由库仑定律可知，试探电荷 q_0 在电场中某点所受的力 F 不仅与该点所在的位置有关，而且与 q_0 的大小有关。比值 F/q_0 则仅由电场在该点的客观性质而定，与试探电荷无关。我们定义这一比值为描述电场具有力的性质的物理量，称为**电场强度**（electric field intensity），简称**场强**，用符号 E 来表示，则

$$E = \frac{F}{q_0} \tag{4-2}$$

式中，E 是矢量，其量值等于单位正电荷在该点所受电场力；其方向与单位正电荷在该点所受电场力的方向相同。在 SI 制中，电场强度的单位是牛顿每库仑（$N \cdot C^{-1}$）或伏特每米（$V \cdot m^{-1}$）。空间各点的 E 都相等的电场称为均匀电场或匀强电场。

3. 场强叠加原理　电场力是矢量，服从矢量叠加原理。以 F_1、F_2、$\cdots$、F_n 分别表示点电荷 q_1、q_2、$\cdots$、q_n 单独存在时的电场施于空间同一点上试探电荷 q_0 的力，则它们同时存在时的总电场施于该点试探电荷的力 $F = F_1 + F_2 + \cdots + F_n$。将此式除以 q_0 得

$$E = \frac{F}{q_0} = \sum_{i=1}^{n} \frac{F_i}{q_0} = \sum_{i=1}^{n} E_i \tag{4-3}$$

可见点电荷系在空间所建立的电场中任一点的场强等于每一个点电荷单独存在时在该点建立的场强的矢量和，这就是场强叠加原理。只要知道点电荷的场强和场源系统的电荷分布情况，便可计算出点电荷系电场的场强。此原理对于任意带电体系电场的叠加都是正确的。

4. 场强的计算

（1）点电荷电场中的场强　设真空中有一场源点电荷 q，在它所建立的电场中任意一点 P 的场强可由库仑定律求得。设点 P 与场源电荷间的距离为 r，将试探电荷 q_0 置于 P 点上，它所受的电场力 $F = \dfrac{1}{4\pi\varepsilon_0} \dfrac{qq_0}{r^2} r_0$。由场强定义知

$$E = \frac{F}{q_0} = \frac{q}{4\pi\varepsilon_0 r^2} r_0 \tag{4-4}$$

式中，r_0 是由 q 指向 P 的单位矢量。当场源电荷 q 为正时，E 与 r_0 同方向，如图 4-1 所示；当 q 为负时，E 与 r_0 反方向。该式表明点电荷的电场以其场源为中心呈球形对称分布。

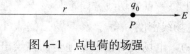

图 4-1　点电荷的场强

（2）连续分布电荷电场中的场强　在研究分析一个宏观带电体周围的电场时，需要引入

电荷的体密度、面密度、线密度等概念。当电荷在带电体内呈空间分布状态时，我们应用电荷体密度的概念。所谓电荷的体密度就是单位体积内的电量。在一些物理状况下，电荷仅分布在带电体的表面附近很薄的层面内，如果层面的厚度对场的分析可忽略不计，那么就可把带电层面抽象为一个几何面。所谓电荷的面密度，就是每单位面积带电面所含的电量。有时电荷分布在某根细线或某细棒上，如果所讨论的电场与电荷在线或棒截面中的电荷分布无关，那么可把带电体抽象为一条几何线，每单位长带电线上含有的电量叫作带电体的线电荷密度。

对于电荷连续分布的带电体，可先将带电体分割为无穷多个电荷元 dq，每一个电荷元均可视为一个点电荷，对 dq 的场强 $d\boldsymbol{E}$ 进行积分，即可得出整个带电体电场中的场强

$$\boldsymbol{E} = \int d\boldsymbol{E} = \int \frac{dq}{4\pi\varepsilon_0 r^2}\boldsymbol{r}_0 \tag{4-5}$$

式（4-5）中 $\boldsymbol{r}_0$ 是由可视为点电荷的电荷元 dq 指向场点方向的单位矢量。

例 4-1： 试计算均匀带电圆环轴线上任一给定点 P 处的场强。设圆环半径为 a，所带电量为 $+q$，P 点至圆环中心的距离为 x。

解： 如图 4-2 所示，取圆环的轴线为 x 轴，圆环中心 O 为坐标原点。带电圆环的线密度为 $\lambda = \frac{q}{2\pi a}$。将圆环分割为许多极小的线元 dl，线元 dl 的带电量为 λdl，它在 P 点的场强大小为

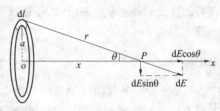

图 4-2　例 4-1

$$dE = \frac{1}{4\pi\varepsilon_0} \cdot \frac{\lambda dl}{r^2}$$

方向如图 4-2 所示。根据对称分析可知，圆环上各线元在 P 点的场强大小相同，它们虽方向各异，但与 x 轴之间的夹角 θ 为常量。所以各线元场强的垂直于 x 轴方向分量的叠加结果为零，合场强的方向沿 x 轴的正方向，合场强大小为

$$E = \int dE_x = \int dE \cdot \cos\theta$$

积分在整个圆环上进行。

$$E = \oint \frac{1}{4\pi\varepsilon_0} \cdot \frac{\lambda dl}{r^2} \cdot \cos\theta = \frac{1}{4\pi\varepsilon_0} \cdot \frac{\lambda}{r^2} \cdot \cos\theta \oint dl = \frac{1}{4\pi\varepsilon_0} \cdot \frac{\cos\theta}{r^2} \cdot 2\pi a\lambda$$

$$\frac{1}{4\pi\varepsilon_0} \cdot \frac{qx}{(x^2+a^2)^{3/2}}$$

结果表明：当 $x=0$ 时，环心处的场强 $E=0$；当 $x \gg a$ 时，$E \approx \frac{1}{4\pi\varepsilon_0} \cdot \frac{q}{x^2}$，即某点远离带电圆环时，计算此点的电场强度，可将带电圆环视作电量全部集中在环心的点电荷来处理。

二、电场线和电通量

1. 电场线　为了形象地描绘电场的分布情况，我们在电场中作一系列的曲线，使这些曲线上每一点的切线方向都与该点场强的方向一致，且通过垂直于场强的单位面积的曲线数目（电场线密度）等于该点场强的大小，即 $\Delta\Phi_E/\Delta S_\perp = E$。这些曲线称为**电场线**（electric field line）。电场线可以形象地全面描绘出电场 $\boldsymbol{E}$ 的分布状况。

静电场中的电场线具有下列特性：①电场线起自正电荷（或来自无穷远处），止于负电荷（或伸向无穷远处），但它不会中途中断，也不会形成闭合曲线；②电场线之间不会相交。因

为任何一点的场强都只有一个确定的方向。

2. 电通量 通过电场中任一给定面积的电场线总数称为通过该面积的**电通量**（electric flux），用 Φ_E 表示。根据对电场线画法的规定，可以计算通过任意面积的电通量。下面我们分几种情况来讨论 Φ_E 的计算方法。

在匀强电场（电场线是一束均匀分布的平行直线）中有一平面 S 与场强 E 垂直，如图4-3（a）所示，则通过该面积的电通量显然应为 $\Phi_E=ES$。如果平面 S 的法线 n 与场强 E 成一角度 θ，如图4-3（b）所示，则通过 S 的电通量应为

$$\Phi_E=ES\cos\theta=\boldsymbol{E}\cdot\boldsymbol{S} \tag{4-6}$$

在非均匀电场中对任意曲面而言，可以把曲面分成许多无限小的面积元 dS，并认为每一面元均为平面，且其电场是均匀的。假定某面元 dS 的法线 n 的方向与该处场强 E 的方向成 θ 角［如图4-3（c）］，则通过该面元的电通量为

$$d\Phi_E=E\cos\theta dS=\boldsymbol{E}\cdot d\boldsymbol{S} \tag{4-7}$$

通过整个曲面 S 的电通量可沿曲面积分求得

$$\Phi_E=\int d\Phi_E=\iint_S E\cos\theta dS=\iint_S \boldsymbol{E}\cdot d\boldsymbol{S} \tag{4-8}$$

当 S 为闭合曲面（如球面）时，通过闭合曲面的电通量可表示为

$$\Phi_E=\oiint_S E\cos\theta dS=\oiint\boldsymbol{E}\cdot d\boldsymbol{S} \tag{4-9}$$

通常我们规定闭合面的法线方向是由面内指向面外。当面元的方向与场强的方向间的夹角 $\theta<\pi/2$ 时电通量为正值，这时电场线由曲面内穿出面外；反之，$\theta<\pi/2$ 时，电通量为负值，这时电场线由曲面外穿入面内。

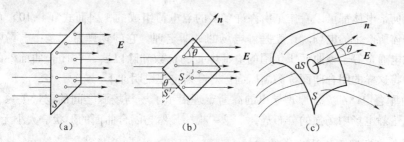

图4-3 电通量的计算

三、高斯定理及应用

1. 高斯定理 高斯定理（Gauss's theorem）给出了在静电场中任一闭合曲面上所通过的电通量与这一闭合曲面所包围的场源电荷之间的量值关系，是静电场的基本规律之一。现在我们就真空中的情况推导这一定理。

首先，我们考虑场源是点电荷的情形。在点电荷 q 所产生的电场中，作一个以 q 所在的位置为中心，以任意长 r 为半径的球面 S，如图4-4（a）所示。显然，球面上各点的场强大小均为 $E=\dfrac{1}{4\pi\varepsilon_0}\dfrac{q}{r^2}$，方向沿着半径向外，处处都与球面垂直。由式（4-9）可求出通过球面 S 的电通量

$$\Phi_E = \oiint_S E cos\theta dS = E\oiint_S dS = \frac{1}{4\pi\varepsilon_0} \frac{q}{r^2} \cdot 4\pi r^2 = \frac{q}{\varepsilon_0}$$

上式表明通过球面的电通量只与球内点电荷的电量有关，与球面半径的大小无关。

如果围绕点电荷 q 作任意形状的闭合面 S'［如图 4-4（a）］则通过 S' 的电通量仍为 q/ε_0，与这闭合面的形状无关。若闭合面所包围的电荷是 $-q$ 时，则电场线是进入闭合面，通过闭合面的电通量为 $-q/\varepsilon_0$。若作一闭合面 S'' 不包含此点电荷，则由图 4-4（b）可看到穿出与穿入此闭合面的电场线数相同，亦即通过此闭合面的电通量为零。

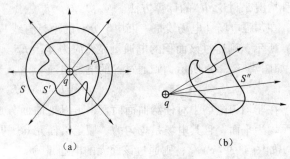

（a）　　　　　　　　（b）

图 4-4　推导高斯定理用图

现在，我们再考虑场源是任意点电荷系的情形。在场中作一任意闭合曲面，第 1 至第 n 个点电荷在其面内，自第 $n+1$ 至第 N 个点电荷在其面外。由于上述分析适用于任意一个点电荷，那么总电通量应为

$$\Phi_E = \sum_{i=1}^{N} \Phi_{Ei} = \sum_{i=1}^{n} \frac{q_i}{\varepsilon_0} + 0$$

综合上式与式（4-9），得出

$$\Phi_E = \oiint_S E cos\theta dS = \frac{1}{\varepsilon_0} \sum_{i=1}^{n} q_i \qquad (4-10)$$

由于任何带电体都可以看作是由许许多多的点电荷组成的，因而式（4-10）可以推广到任何带电物体所产生的电场。这就是静电场的高斯定理。它的物理意义是：电场中通过任一闭合曲面的电通量等于该曲面所包围的电荷电量的代数和除以 ε_0，与闭合曲面外的电荷分布无关。通常将这样的闭合曲面称为高斯面。对高斯定理说明如下：

（1）由库仑定律和叠加原理导出的高斯定理揭示了场与场源之间的定量关系，即以积分的形式给出了静电场中场强的分布规律。这一规律显然与闭合曲面的形状、大小无关。

（2）虽然高斯定理表达式中的 $\sum q_i$ 只限于闭合面所包围的电荷的电量，但场强 E 却是由闭合面内、外电荷所产生的总场强。也就是说，闭合面外的电荷对通过闭合面的电通量的贡献虽然等于零，但它可以改变闭合面上电通量的分布。

2. 高斯定理的应用　对于一些电荷作对称分布的特殊带电体，当电场具有一定的对称性时，利用高斯定理可以很方便地计算出场强。

（1）均匀带电球壳的场强　设有一半径为 R 并且均匀带电的球壳，它所带的电量为 q，求壳内、外各点的场强（如图 4-5）。

由于带电球壳电荷分布具有球对称性，所以电场分布也应具有球对称性。也就是说在任何与带电

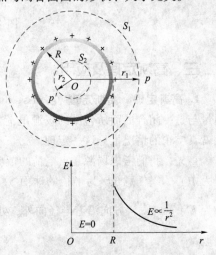

图 4-5　带电球壳的电场

球壳同心的球面上各点场强大小相等，方向沿半径呈辐射状。设 P 为球壳外任一点，取过 P 点与球壳同心的球面 S_1 为高斯面，P 点至球心的距离为 r_1。此球面上各点的场强均与 P 点的场强大小相同，方向与球面法线方向一致，即 $\theta = 0$。由高斯定理知，通过高斯面 S_1 的电通量

$$\Phi_E = \oiint_{S_1} E\cos\theta \mathrm{d}S = E\oiint_{S_1} \mathrm{d}S$$

$$= E \cdot 4\pi r_1^2 = \frac{1}{\varepsilon_0}\sum_{i=1}^{n} q_i$$

而高斯面 S_1 所包围的总电量为 q，故有

$$E \cdot 4\pi r_1^2 = \frac{q}{\varepsilon_0}$$

$$E = \frac{1}{4\pi\varepsilon_0} \cdot \frac{q}{r_1^2}$$

这表明均匀带电球壳在壳外任一点产生的场强与球壳上的电荷全部集中在球心时在该点产生的场强相同。

如果 P' 点在球壳内，即 $r_2 < R$，同样选过 P' 点与球壳同心的球面 S_2 为高斯面，由于高斯面内无电荷，所以 $\Phi_E = E \cdot 4\pi r_2^2 = 0$，则

$$E = 0$$

这表明：均匀带电球壳内部空间的场强处处为零。图 4-5 中的 $E-r$ 曲线表示均匀带电球壳内外场强随 r 的变化情况。在 $r = P$ 时，场强有个突变。均匀带电球壳内部场强为零，是静电屏蔽的依据。所谓 **静电屏蔽**（static electric screening），就是空心导体使在其中的物体不受外界电场的干扰。一般电子仪器都装有金属外壳，就是为了防止外界的电干扰。在电生理研究中常用到屏蔽室，是因为人体的生物电一般都是很微弱的，如脑电只有几十微伏至几百微伏，这样微弱的电信号比通常外界的干扰信号小得多。要测绘脑电等电信号，就需要将人置于用金属网做成的屏蔽室内，才能测得正确的结果。金属网都要与大地相连，使金属网与大地一样保持稳定的零电势。

（2）无限大均匀带电平面的场强　设有一电荷面密度为 $+\sigma$ 的无限大均匀带电平面，求其周围电场的场强。

由对称分析得知：平面两侧距平面等远点的场强大小一样，方向与平面垂直并指向平面两侧。我们选取两个底面 S_1 与 S_2（面积为 S）分别在带电平面两侧、与带电平面平行且等距离的闭合柱面为高斯面，如图 4-6 所示。高斯面与带电平面相截之面积亦为 S，对高斯面的两底面均有 $\theta = 0$，侧面 $\theta = \pi/2$，通过两底面的电通量均为 ES，通过其侧

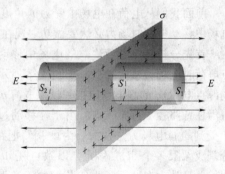

图 4-6　无限大带电平面的电场

面的电通量则为零。通过所选高斯面的总的电通量 $\Phi_E = \oiint E\cos\theta \mathrm{d}S = 2ES = \dfrac{\sigma S}{\varepsilon_0}$，得

$$E = \frac{\sigma}{2\varepsilon_0} \tag{4-11}$$

计算结果表明，无限大均匀带电平面产生的场强与场点到平面的距离无关。

利用这个结论可求出两块均匀带等量异号电荷、互相平行的无限大平面（或者说板面线

度比起两板间的距离大得多的平行板）间的场强。如图 4-7 所示，每一块带电平面所产生的场强为 $\sigma/2\varepsilon_0$，在两板之间电场线方向相同，场强为

$$E = \frac{\sigma}{2\varepsilon_0} + \frac{\sigma}{2\varepsilon_0} = \frac{\sigma}{\varepsilon_0}$$

在两板之外，电场线方向相反，所以场强为零。表明这两块平行带电平面的电场完全集中在它们之间的空间，而且是均匀的。这正是平行板电容器为我们提供了均匀电场的缘故。

从上面的例子可以看出，在应用高斯定理时必须先分析场强对称性，再根据对称性恰当地选择高斯面：使 E 大小相等的地方，高斯面的法线方向恒与这里的场强方向平行，从而使

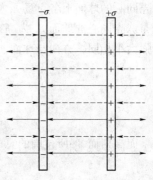

图 4-7　无限大均匀带电平行
平面的场强

$\cos\theta = 1$。在无法判断场强大小是否相等的地方，使高斯面的法线方向处处与场强方向垂直，从而使 $\cos\theta = 0$。同时高斯面的大小也应易于计算。能够满足这些条件时才能用这定理计算电场的强度。

■ 课堂互动

1. 电场强度与试探电荷有关吗？
2. 如何选择合适的高斯面？

第二节　电　势

一、静电场的环路定理

前面我们从电荷在电场中受力的角度讨论了电场性质。既然电荷要受场力的作用，则在电场中移动电荷时场力必然要做功。现在我们就来讨论电场力做功的问题。

首先分析在点电荷建立的电场中移动另一点电荷时电场力所做的功。如图 4-8 所示，在场源点电荷 $+q$ 的静电场中把一试探电荷 q_0 从 a 点沿任意路径 L 移至 b 点。由于在移动过程中 q_0 受到的静电场力是变力。为此我们把路径 L 分割成无限多个 $\mathrm{d}l$ 位移元，以致可视 $\mathrm{d}l$ 为直线，并且认为在这无限小的范围内，场强的大小和方向的变化都可忽略不计。这样，试探电荷 q_0 在位移 $\mathrm{d}l$ 时电场力所做的元功 $\mathrm{d}A$ 为

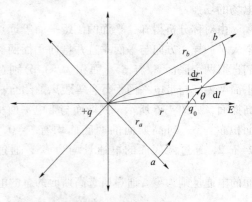

图 4-8　静电场力做功

$$\mathrm{d}A = q_0 \boldsymbol{E} \cdot \mathrm{d}\boldsymbol{l} = q_0 E\cos\theta\mathrm{d}l$$

式中，θ 为位移元 $\mathrm{d}l$ 与该处场强 $\boldsymbol{E}$ 之间的夹角。由图 4-8 知 $\cos\theta\mathrm{d}l = \mathrm{d}r$ 且 $E = \dfrac{1}{4\pi\varepsilon_0}\dfrac{q}{r^2}$。由此得 q_0 从 a 移动到 b 时电场力所做的总功为

$$A_{ab} = \int_a^b \mathrm{d}A = \int_a^b q_0 E\cos\theta \mathrm{d}l = \frac{q_0 q}{4\pi\varepsilon_0}\int_{r_a}^{r_b}\frac{\mathrm{d}r}{r^2} = \frac{q_0 q}{4\pi\varepsilon_0}\left(\frac{1}{r_a} - \frac{1}{r_b}\right) \tag{4-12}$$

式中，r_a、r_b 分别表示场源电荷 q 到路程的起点 a 和终点 b 的距离。可见试探电荷 q_0 在点电荷的电场中移动时，场力所做的功只与起、止点的位置和试探电荷的电量有关，与它的路径无关。

当场源电荷不是点电荷时，我们可以把它看成是由许多点电荷所建立的电场叠加而成，电场力所做的总功是各点电荷单独建立的电场对 q_0 所做之功的代数和，也与 q_0 经过的路径无关。即电荷在任何静电场中移动时，电场力所做的功与电荷移动的路径无关，只决定于电荷所带的电量与它的起点和终点的位置。静电场的这一性质和重力场一样，因而静电场也是保守力场或有势场，静电力是保守力。

根据静电场力做功与路径无关的特性，若将试探电荷 q_0 从静电场中某点出发经任意闭合路径 L，最后回到该点，则在此过程中静电场力对 q_0 所做的总功应为零。即 $q_0 \boldsymbol{E} \cdot \mathrm{d}\boldsymbol{l} = 0$，但 $q_0 \neq 0$，因此必有

$$\oint \boldsymbol{E} \cdot \mathrm{d}\boldsymbol{l} = 0 \tag{4-13}$$

上式表明在静电场中场强沿任意闭合路径的线积分恒等于零。这一重要结论称为**静电场的环路定理**（circuital theorem of electrostatic field）。它是静电场保守性的一种等价说法、是与高斯定理并列的静电场的基本定理之一。高斯定理说明静电场是有源场，环路定理说明静电场是有势场。

二、电势能和电势

1. 电势能 静电场是保守力场，我们可以像在重力场中引入重力势能那样，在静电场中也引入**电势能**（electric potential energy）的概念。电荷在静电场中一定的位置具有一定的电势能，以 W 表示。电势能的改变是通过电场力对电荷所做的功来量度的，因此有

$$W_a - W_b = A_{ab} = \int_a^b q_0 \boldsymbol{E} \cdot \mathrm{d}\boldsymbol{l} \tag{4-14}$$

式中，W_a、W_b 分别表示试探电荷 q_0 在起点 a、终点 b 的电势能，单位是焦耳（J）。

由于电势能是相对量，为说明其大小，必须先假定一个参考位置处的电势能为零。通常规定 q_0 在离场源电荷为无限远处的电势能为零，即 $W_\infty = 0$，这样 q_0 在电场中 a 点处的电势能为

$$W_a = A_{a\infty} = q_0\int_a^\infty \boldsymbol{E} \cdot \mathrm{d}\boldsymbol{l} \tag{4-15}$$

上式的物理意义为：试探电荷 q_0 在电场中某点 a 处所具有的电势能 W_a 在量值上等于把 q_0 从 a 点移至无限远处时电场力所做的功。电场力所做的功可正可负，因此电势能也有正有负。

2. 电势 电势能是电场和电荷 q_0 整个系统所具有的能量，它与 q_0 的大小成正比，因而不能用它来描述电场的性质。但 $\dfrac{W_a}{q_0}$ 这一比值却只由电场中各点的位置而定，因此这一比值可用来表征静电场中各点的性质，称为**电势**（electric potential），用 U_a 表示场中 a 点的电势。

$$U_a = \frac{W_a}{q_0} = \int_a^\infty \boldsymbol{E} \cdot \mathrm{d}\boldsymbol{l} = \int_a^\infty E\cos\theta \mathrm{d}l \tag{4-16}$$

由上式可知：电场中某点的电势在数值上等于单位正电荷在该点所具有的电势能。也等于把

单位正电荷由此点经任意路径移至无限远处时电场力所做的功。在实际工作中常以大地或电器外壳的电势为零。电势是标量，在国际单位制中，电势的单位为伏特（V），$1V = 1J \cdot C^{-1}$。

静电场中两点间电势之差称为**电势差**（electric potential difference）或**电压**（voltage）。

$$U_{ab} = U_a - U_b = \int_a^\infty \boldsymbol{E} \cdot \mathrm{d}\boldsymbol{l} = \int_b^\infty \boldsymbol{E} \cdot \mathrm{d}\boldsymbol{l} = \int_a^b \boldsymbol{E} \cdot \mathrm{d}\boldsymbol{l} = \frac{A_{ab}}{q_0} \qquad (4-17)$$

上式表明 a、b 两点间的电势差就是场强由 a 点到 b 点的线积分，在量值上等于将单位正电荷由 a 移到 b 时电场力所做的功。

静电场力的功与电势差之间的关系为

$$A_{ab} = q_0 (U_a - U_b) \qquad (4-18)$$

由此可见，在静电场力的推动下，正电荷将从电势高处向电势低处运动。应注意，电势差与电势不同，它是与参考点位置无关的绝对量。

3. 电势叠加原理 根据场强叠加原理和电势的定义，可以得到对于任意带电体系，其静电场在空间某点 a 的电势

$$U_a = \int_a^\infty \boldsymbol{E} \cdot \mathrm{d}\boldsymbol{l} = \sum_{i=1}^n \int_a^\infty \boldsymbol{E}_i \cdot \mathrm{d}\boldsymbol{l} = \sum_{i=1}^n U_{ai} \qquad (4-19)$$

即任意带电体系的静电场中某点的电势等于各个电荷元单独存在时的电场在该点电势的代数和。这就是**电势叠加原理**（superposition principle of electric potential）。式（4-19）从原则上给出了求任意带电体系电场中电势的方法。

4. 电势的计算

（1）点电荷电场中的电势 利用式（4-16）计算真空中孤立点电荷 q 的电场在距其 r_a 远处一点 a 的电势。由于积分路线可以任意选择，现选沿电场线方向积分以使 $\theta = 0$，则 $\cos\theta\mathrm{d}l = \mathrm{d}r$，同时注意到点电荷的场强 $E = \dfrac{q}{4\pi\varepsilon_0 r^2}$，有

$$U_a = \int_a^\infty E\cos\theta\mathrm{d}l = \int_a^\infty \frac{q\mathrm{d}r}{4\pi\varepsilon_0 r^2} = \frac{q}{4\pi\varepsilon_0} \int_a^\infty \frac{\mathrm{d}r}{r^2} = \frac{q}{4\pi\varepsilon_0 r_a} \qquad (4-20)$$

显然，当场源电荷 q 为正时，其周围电场的电势为正；当 q 为负时，其周围电场的电势为负。式（4-20）表明，点电荷电场中的电势是以点电荷为中心而呈球形对称分布的。

（2）点电荷系电场中的电势 任意点电荷系在空间某点的电势，可从式（4-20）及电势叠加原理得到

$$U = \sum_{i=1}^n \frac{q_i}{4\pi\varepsilon_0 r_i} \qquad (4-21)$$

式中，r_i 是点电荷系中 q_i 到该点的距离。

（3）连续分布电荷电场中的电势 对于电荷连续分布的带电体，其周围电场中任意点的电势可由式（4-21）得到类似式（4-5）的公式

$$U = \int \mathrm{d}U = \int \frac{\mathrm{d}q}{4\pi\varepsilon_0 r} \qquad (4-22)$$

式中，r 是电荷元 $\mathrm{d}q$ 到场点的距离。

例4-2：求均匀带电球壳内外电场中电势的分布。如图4-9所示，设带电球壳半径为 R，总带电量为 q。

解：前面我们已用高斯定理求得均匀带电球壳内外场强的分布为

$$E = \begin{cases} \dfrac{1}{4\pi\varepsilon_0} \cdot \dfrac{q}{r^2} & r>R \\ \\ 0 & r<R \end{cases}$$

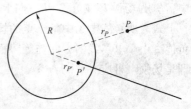

球壳外场强方向沿球半径延长线向外辐射。应用式 (4-16)，选择球半径及其延长线为积分路径。设 P 为球壳外任一点，它至球心的距离为 r_P。

图4-9 均匀带电球壳电势分布

$$U_P = \int_a^{\infty} \frac{1}{4\pi\varepsilon_0} \cdot \frac{q}{r^2} \mathrm{d}r = \frac{1}{4\pi\varepsilon_0} \cdot \frac{q}{r_P}$$

若 P' 点在球壳内，由于球壳内外场强函数不相同，积分需分段进行

$$U_P{}' = \int_{r_P}^{\infty} E\cos\theta \mathrm{d}r = \int_{P'}^{R} 0 \cdot \mathrm{d}r + \int_R^{\infty} \frac{1}{4\pi\varepsilon_0} \cdot \frac{q}{r^2} \mathrm{d}r = \frac{1}{4\pi\varepsilon_0} \cdot \frac{q}{R}$$

三、电场强度与电势的关系

1. 等势面   静电场中由电势相等的点所连成的曲面称为**等势面**（equipotential surface），且规定任何两个相邻曲面间的电势差值都相等。等势面形象地描绘了静电场中电势的分布状况，其疏密程度则表示电场的强弱。静电场的等势面有以下两个特点：①在静电场中沿等势面移动电荷，电场力不做功。②等势面与电场线处处正交。

等势面对于研究电场是极为有用的。许多实际电场都是先用实验方法测出其等势面分布，然后根据上述特点再画出电场线的。当然，电场线与等势面都不是静电场中的真实存在，而是对电场的一种形象直观的描述。

2. 场强与电势的关系   场强和电势是从不同角度描述静电场性质的两个物理量，电势的定义式（4-16）给出了场强与电势之间的积分关系，现在我们来研究场强与电势之间的微分关系。

在静电场中任取两个靠得很近的等势面1和2，如图4-10所示，它们的电势分别为 U 和 $U+\mathrm{d}U$（$\mathrm{d}U>0$）。在 a 处作等势面1的法线，且规定沿电势增高的方向为其正方向，$\pmb{n}_0$ 为单位矢量。显然在 a 处沿 $\pmb{n}_0$ 方向有最大的电势增加率 $\mathrm{d}U/\mathrm{d}n$，我们定义 $\dfrac{\mathrm{d}U}{\mathrm{d}n}\pmb{n}_0$ 为 a 处的**电势梯度**（electric potential gradient）矢量，通常记作 $\mathrm{grad}U$

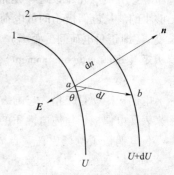

$$\mathrm{grad}U = \frac{\mathrm{d}U}{\mathrm{d}n}\pmb{n}_0 \tag{4-23}$$

即电场中某点的电势梯度，在方向上与该点处电势增加率最大的方向相同，在量值上等于沿该方向上的电势增加率。

图4-10 电势梯度与场强的关系

将试探电荷 q_0 从等势面1的 a 点沿 $\mathrm{d}l$ 移到等势面2的 b 点。考虑到1、2两面相距很近，在这很小的范围内可以认为场强 E 是均匀的，则电场力做功为

$$\mathrm{d}A = q_0 E\cos\theta \mathrm{d}l$$

θ 为位移 $\mathrm{d}\pmb{l}$ 与场强 $\pmb{E}$ 之间的夹角。由电势差的定义知

$$\mathrm{d}A = q_0 \left(U-U-\mathrm{d}U\right) = -q_0\mathrm{d}U$$

比较以上两式，可有

$$E_l = E\cos\theta = -\frac{\mathrm{d}U}{\mathrm{d}l}$$

式中，E_l 为场强 E 在位移 dl 方向上的分量。

上式表明：静电场中某一点的场强在任意方向上的分量等于电势在该点沿该方向变化率的负值。由于电场线的方向与等势面的法线都垂直于等势面，故场强在等势面法线方向的分量即是场强，且应有

$$E = -\frac{dU}{dn}\boldsymbol{n}_0 = -\mathrm{grad}U \tag{4-24}$$

即静电场中某点的场强在数值上等于该处电势梯度的负值。可见场强是与电势的空间变化率相联系的。场强越强的地方，电势在该处改变得越快，式中的负号表示场强是沿等势面法线指向电势降落的方向。场强的单位 $V \cdot m^{-1}$ 正是由式（4-24）而来的。由场强与电势之间的微分关系计算场强可避免复杂的矢量运算而只需解决好求电势分布函数对哪一个变量的导数问题。

课堂互动

1. 电场力做功的特点是什么？
2. 电势能与电势的区别？

第三节　电偶极子　电偶层

一、电偶极子电场的电势

两个等量异号点电荷 $+q$ 和 $-q$ 相距很近时所组成的电荷系统称为**电偶极子**（electric dipole）。所谓"相距很近"是指这两个点电荷之间的距离比起要研究的场点到它们的距离是足够小的。从电偶极子的负电荷作一矢径 l 到正电荷，称为电偶极子的**轴线**（axis）。轴线的长度 l（即正负电荷间的距离）和电偶极子中一个电荷所带电量 q 的乘积定义为电偶极子的**电偶极矩**（electric dipole moment），简称**电矩**，写作

$$p = ql \tag{4-25}$$

电偶极矩 p 是矢量，它的方向与矢径 l 的方向相同，它的大小只取决于电偶极子本身，是用来表征电偶极子整体电性质的重要物理量。

设电偶极子电场中任一点 a 到 $+q$ 和 $-q$ 的距离分别是 r_1 和 r_2，如图 4-11 所示，两点电荷在 a 点产生的电势分别是：$U_+ = \frac{1}{4\pi\varepsilon_0} \cdot \frac{q}{r_1}$，$U_- = -\frac{1}{4\pi\varepsilon_0} \cdot \frac{q}{r_2}$。

根据电势叠加原理，a 点电势应是

$$U_a = U_+ + U_- = \frac{q}{4\pi\varepsilon_0}\left(\frac{1}{r_1} - \frac{1}{r_2}\right) = \frac{q}{4\pi\varepsilon_0} \cdot \frac{r_2 - r_1}{r_1 r_2}$$

设 r 为电偶极子轴线中心到 a 点的距离，θ 是电偶极子中心至 a 点的矢径与轴线所夹的角，由电偶极子的定义知 $r \gg l$，可近似认为 $r_1 r_2 \approx r^2$，$r_2 - r_1 \approx l\cos\theta$，则

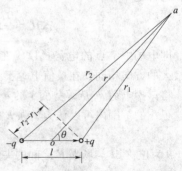

图 4-11　电偶极子电场中的电势

$$U_a = \frac{q}{4\pi\varepsilon_0} \cdot \frac{l\cos\theta}{r^2} = \frac{1}{4\pi\varepsilon_0} \cdot \frac{p\cos\theta}{r^2} \tag{4-26}$$

上式是电偶极子电场的电势表达式。电偶极子电场中任一点的电势与电矩 p 成正比，与该点到电偶极子轴线中心的距离 r 的平方成反比，还与该点所处的方位有关。当 $\theta = 90°$ 或 $270°$ 时，它的余弦函数为 0，因此在电偶极子的中垂面上各点的电势均为零，又因余弦函数在一、四象限为正值，在二、三象限为负值，所以在包含 $+q$ 的中垂面一侧电势为正，在包含 $-q$ 的中垂面一侧电势为负。了解电偶极子的电场的电势分布对理解心电图是很有帮助的。

二、电偶层

电偶层（electric double layer）是指相距很近、互相平行且具有等值异号面电荷密度的两个带电表面，这是生物体中经常遇到的一种电荷分布。如图 4-12 所示，电偶层的面积为 S，两面相距为 δ，各层上的电荷面密度分别为 $+\sigma$ 和 $-\sigma$。现在我们来求出电偶层的电场中任意一点 a 处的电势。

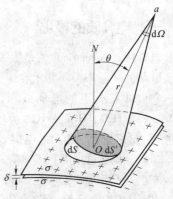

图 4-12　电偶层电势

电偶层在空间所产生的电势可以用电势叠加原理来计算。在电偶层上取一面积元 dS，所带电量为 σdS。由于 dS 极小，所以该偶层元可看作是一个电偶极子，相应的电偶极距为 $\sigma dS \cdot \delta$，电矩的方向为负电荷指向正电荷的方向，与该面积元的法线方向一致。应用电偶极子的电势表达式，dS 面积元在电偶层的电场中任一点 a 处的电势为

$$dU = \frac{1}{4\pi\varepsilon_0} \frac{\sigma dS \cdot \delta}{r^2} \cos\theta$$

式中，r 为面积元 dS 至 a 点的距离，即 $r = Oa$，θ 为面积元 dS 的法线 ON 与 r 之间夹角。把电荷面密度 σ 与电偶层层距 δ 的乘积用 p_S 表示，它表示单位面积电偶层的电偶极矩。将 $p_S = \sigma\delta$ 代入上式，得

$$dU = \frac{1}{4\pi\varepsilon_0} \frac{p_S dS}{r^2} \cos\theta \tag{4-27}$$

由图 4-12 可知，ON 和 Oa 分别是 dS 和 dS' 的法线，两者的夹角为 θ，所以面积元 dS 与面积元 dS' 的关系是：$dS' = dS\cos\theta$。根据立体角的定义，面积元 dS 对 a 点所张立体角 $d\Omega = \frac{dS}{r^2}\cos\theta$，于是式（4-27）可改写为

$$dU = \frac{1}{4\pi\varepsilon_0} p_S d\Omega$$

整个表面积为 S 的电偶层在 a 点的电势为

$$U = \int_S dU = \frac{p_S}{4\pi\varepsilon_0} \int_S d\Omega = \frac{1}{4\pi\varepsilon_0} p_S \Omega \tag{4-28}$$

式中，Ω 是电偶层的整个表面积 S 对 a 点所张的立体角。由式（4-28）可知，当单位面积的电偶极矩 $p_S = \sigma\delta$ 不变时，电偶层在其周围任一点的电势只决定于电偶层至该点所张的立体角，与电偶层的形状无关。

1. 电偶极子电场的电势如何分布？
2. 为什么具有同样电荷分布的闭合曲面的电偶层，在其周围远处所形成的电势为零？

第四节 静电场中的电介质

一、电介质的极化

电介质（dielectric）就是绝缘体。它可分为两类：一类电介质的分子其正电荷的"重心"与负电荷的"重心"不相重合。我们可以把这类分子看成是一对等值异号电荷组成的电偶极子，它们具有一定的电偶极矩，称为分子的固有电矩。这类分子称为**有极分子**（polar molecule），H_2O、HCl、NH_3、CO 等都属于有极分子。另一类电介质的分子，其正、负电荷的"重心"恰好重合，相应的电偶极矩为零，这类分子称为**无极分子**（nonpolar molecule），H_2、N_2、CH_4 等均属这一类。

有极分子组成的电介质在无外电场作用时由于分子的热运动，各分子电矩的方向是杂乱无章的，因而从宏观上看来，整个介质的分子电矩的矢量和为零，对外界呈电中性［如图 4-13（a）］。当电介质处在外电场中时，每个分子电矩都受到力矩作用性［如图 4-13（b）］，使分子电矩方向转向外电场方向，但由于分子热运动的缘故，这种转向并不完全，各分子电矩的方向与外电场的方向只能大体一致。当然，外电场越强，分子电矩的方向越接近于外场的方向。从宏观上看电介质两端面分别出现了正、负电荷性［如图 4-13（c）］。这种电荷与导体在电场中的感应电荷不同，这类电荷始终与介质的分子联系在一起，不能脱离介质分子而自由移动，因此称为**束缚电荷**（bound charge）。外电场越强，出现的束缚电荷也越多。这种现象称为**电介质极化**（dielectric polarization）。由于这种极化是分子电矩转向的结果，因此称为**取向极化**（orientation polarization）。

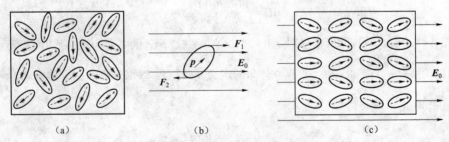

（a）　　　　　　　　　　（b）　　　　　　　　　　（c）

图 4-13　有极分子取向极化示意图

对于无极分子构成的电介质，由于每个分子电矩均为零，在无外电场存在时，正、负电荷的"重心"重合，电介质不显电性［如图 4-14（a）］。当电介质处在外电场中时，在场力作用下每一分子的正、负电荷"重心"错开了，形成了一个电偶极子［如图 4-14（b）］，分子电矩不再为零，其电矩的方向与外电场的方向一致。这样在垂直于外电场方向的介质端面上也出现了束缚电荷［如图 4-14（c）］，电介质为电场所极化。由于这种极化是正、负电荷的"重心"发生位移而引起的，称为**位移极化**（displacement polarization）。外电场越强，极化的程度也越高。无论是取向极化还是位移极化，当外电场撤消后，这种极化现象也就随之消失。

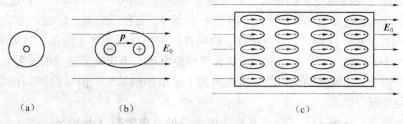

图 4-14 无极分子位移极化示意图

二、极化强度和极化电荷

1. 电极化强度 电介质极化就是使分子电矩沿外电场方向取向并增大的过程。这两类电介质电极化的微观过程虽有不同，但宏观结果，即在电介质中出现束缚电荷（或极化电荷），却是一样的。因此，在对电介质的极化作宏观描述时，就没有区别两种极化的必要。为描述电介质的极化程度，取单位体积内分子电矩的矢量和 $P = \sum P_i / \Delta V$，定义为**电极化强度**（electric polarization）矢量，在 SI 制中 P 的单位是 $C \cdot m^{-2}$。若电介质中各处的 P 都相同，则称其为均匀极化。P 的取值由该处场强与电介质性质决定，在各向同性均匀介质中有

$$P = \chi_e \varepsilon_0 E \tag{4-29}$$

式中，χ_e 是与电介质性质有关的比例系数，称**电极化率**（electric susceptibility）。它是一个没有单位的纯数，不同的电介质，有不同的 χ_e 值。

2. 电介质内部的电场强度 电场可以使电介质极化而产生束缚电荷，束缚电荷在电介质内部也产生一个电场，称为**极化电场**（polarization electric field），记作 E_P。因此，电介质内部的场强应等于外场强和极化场强的矢量和。图 4-15 表示匀强电场中均匀电介质内部的电场，E_0 表示没有电介质时的场强，E_P 表示极化场强，E 则表示有电介质存在时的场强。显然，电介质中的电场强度为

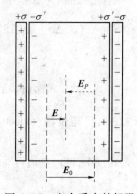

$$E = E_0 + E_P \tag{4-30}$$

在均匀外电场中，这三个矢量互相平行，可写成 $E = E_0 - E_P$。若图中两平行带电极板间距为 d，其间的两层束缚电荷可视为一系列均匀排列的电偶极子，其电矩总和为 $\sigma' Sd$，由电极化强度定义可知

图 4-15 电介质中的场强

$$P = \frac{\sum P_i}{\Delta V} = \frac{\sigma' Sd}{Sd} = \sigma' \tag{4-31}$$

代入上式 $E = E_0 - E_P = E_0 - \dfrac{\sigma'}{\varepsilon_0} = E_0 - \dfrac{P}{\varepsilon_0} = E_0 - \dfrac{\chi_e \varepsilon_0 E}{\varepsilon_0} = E_0 - \chi_e E$

因此有 $E = \dfrac{1}{1 + \chi_e} E_0$

令 $1+\chi_e=\varepsilon_r$，代入上式并注意到矢量的方向得

$$E=\frac{1}{\varepsilon_r}E_0 \qquad (4-32)$$

式中，比例系数 ε_r 称为电介质的**相对介电常数**（relative dielectric constant），它也是一个没有量纲的纯数，其值由电介质的性质决定。真空中 ε_r 为1，其他所有电介质的 ε_r 都大于1。

式（4-32）表明：同样的场源电荷在各向同性均匀电介质中产生的场强减弱为在真空中产生的场强的 $1/\varepsilon_r$。这一结果正是电介质极化后对原电场产生影响所造成的。需要指出的是，上式虽然仅适用于各向同性的均匀电介质充满整个静电场的情形，但"减弱"的影响对于各种电介质却是普遍存在的。

为了简化公式，现令 $\varepsilon=\varepsilon_0\varepsilon_r$，将其称为电介质的**介电常数**（dielectric constant），具有与 ε_0 相同的单位。引入它可使充有电介质的静电场公式得到简化。

三、电位移、有电介质时的高斯定理

高斯定理是建立在库仑定律和场强叠加原理的基础上，在有电介质存在时它也成立，只不过在计算总电场的电通量时，应涉及高斯面内所包含的自由电荷 q_0 和束缚电荷 q'。对任一闭合曲面 S，利用高斯定理

$$\oint_S \boldsymbol{E} \cdot \mathrm{d}\boldsymbol{S} = \frac{1}{\varepsilon_0}\sum q_i = \frac{1}{\varepsilon_0}\left(\sum q_1 + \sum q_i'\right) \qquad (4-33)$$

然而在解决具体问题时，束缚电荷难以确定，为此对式（4-33）作如下变换处理。

以两平行带等量异号电荷的金属板间充以电介质为例。如图 4-16 所示的虚线封闭柱形高斯面 S，其底面与带电平板平行，面积为 ΔS。由式（4-33）得

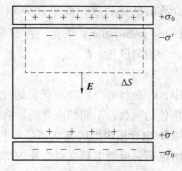

图 4-16　有电介质时的
高斯定理的推导

$$\oint_S \boldsymbol{E} \cdot \mathrm{d}\boldsymbol{S} = \frac{1}{\varepsilon_0}(\sigma_0\Delta S - \sigma'\Delta S) = \frac{1}{\varepsilon_0}(\sigma_0 - \sigma')\Delta S = \frac{1}{\varepsilon}\sigma_0\Delta S \qquad (4-34)$$

由于 $E=E_0-\dfrac{P}{\varepsilon_0}$，所以 $P=\varepsilon_0(E_0-E)=(\varepsilon-\varepsilon_0)E$。写成矢量形式，并令**电位移**（electric displacement）矢量

$$\boldsymbol{D} = \varepsilon_0\boldsymbol{E} + \boldsymbol{P} = \varepsilon\boldsymbol{E} \qquad (4-35)$$

则式（4-34）左边可写为

$$\oint_S \boldsymbol{E} \cdot \mathrm{d}\boldsymbol{S} = \frac{1}{\varepsilon}\oint_S \boldsymbol{D} \cdot \mathrm{d}\boldsymbol{S}$$

故引入 $\boldsymbol{D}$ 后式（4-34）可写为

$$\oint_S \boldsymbol{E} \cdot \mathrm{d}\boldsymbol{S} = \sigma_0\Delta S$$

式中，$\varPhi_D = \oint_S \boldsymbol{E} \cdot \mathrm{d}\boldsymbol{S}$ 称为通过高斯面 S 的**电位移通量**（electric displacement flux），$\sigma_0\Delta S$ 则正是高斯面 S 所包围的自由电荷的代数和，一般情况下以 $\sum q_{0i}$ 表示，则上式可写成

$$\varPhi_D = \oint_S \boldsymbol{E} \cdot \mathrm{d}\boldsymbol{S} = \sum_{i=1}^n q_{0i} \qquad (4-36)$$

式（4-36）说明通过任意闭合曲面的电位移通量等于该闭合曲面所包围的自由电荷的代数和。这一关系式称为介质中的高斯定理。虽然是从特例中导出，但它是普遍成立的，是电磁学的基本规律之一。由于通过闭合曲面的电位移通量只与面内的自由电荷 q_0 有关，与束缚电荷 q' 无关，通常自由电荷 q_0 的分布比较容易得到。因此，在计算有介质时的电场强度，常常是通过自由电荷 q_0 的分布先求解电介质中的 D，再利用式（4-35）求解 E。

■ 课堂互动

1. 以无极分子的电极化为例，讨论电介质表面的面束缚电荷与电极化强度的关系。

2. 电介质的介电常数受哪些因素影响？

第五节　电　容

一、孤立导体的电容

电容是电学中一个重要的物理量，也是导体重要特性之一。我们首先讨论一个远离其他物体的**孤立导体的电容**。设某孤立导体带电荷为 Q 时，电势为 U。理论和实验都证明，当导体上所带电量增加时，它的电势也随之增加，且两者比值为恒量，与导体所带电荷无关。我们把这个量定义为孤立导体的电容（isolated conductor capacitance），用 C 表示，即

$$C = \frac{Q}{U} \tag{4-37}$$

导体的电容是表征导体储电能力的物理量，它在数值上等于使导体每升高一个单位电势时所必须给导体提供的电量。电容的大小取决于导体的尺寸、形状等。在国际单位制中，电容的单位为 F（法拉，简称法）。实际应用时常用较小的 μF（微法）表示，$1\mu F = 10^{-6} F$。

在真空中，带电量为 Q，半径为 R 的孤立导体球，其电势为 $U = \dfrac{Q}{4\pi\varepsilon_0 R}$，其电容为：$C = \dfrac{Q}{U} = 4\pi\varepsilon_0 R$。

二、电容器的电容

能储存电量，彼此绝缘而又靠近的导体系统称为**电容器**（condenser）。电容器通常由两个彼此接近而又隔离的导体构成，它们分别叫做电容器的两个极板。电容器经过充电后使两极板分别带有等量异号的电量 $+Q$ 与 $-Q$，它们之间形成电势差 U_{AB}，其大小与电量 Q 成正比，其比值定义为电容器的**电容**（capacitance），写作 C

$$C = \frac{Q}{U_{AB}} \tag{4-38}$$

电容器的电容值仅决定于电容器本身的结构（形状，大小）与两极板之间的电介质，而与电容器极板所带电量及两板间之电压无关。

三、电容器电容的计算

1. 平行板电容器　平行板电容器是最常见的，它的两板之间可以是空气，也可以是电介

质。两板之间的电场强度 $E=\dfrac{\sigma}{\varepsilon}=\dfrac{Q}{\varepsilon S}$，由式（4-24）知两板之间的电势差 $U_{AB}=Ed=\dfrac{Qd}{\varepsilon S}$，将此式代入式（4-38）有

$$C=\frac{\varepsilon S}{d} \tag{4-39}$$

电容器的电容 C 与两极板的相对面积 S 成正比，而与两极板之间的距离 d 成反比。一个电容器，在其两极板间放入电介质之后的电容 $C=\varepsilon S/d$ 和放入之前的电容 $C_0=\varepsilon_0 S/d$ 的比值为 ε_r，表明在两极板间加入电介质后，电容将增大 ε_r 倍。

2. 圆柱形电容器 圆柱形电容器由两个同轴的圆柱面极板构成，如图 4-17 所示，圆柱面极板的半径分别为 R_A 和 R_B，长度为 L，极板间充满介电常数为 ε 的电介质。若内、外极板分别带电 $+Q$ 和 $-Q$，由于极板的长度 L 较极板间的距离（R_A-R_B）大得多，所以电荷均匀分布，沿轴向单位长度的电荷量为 $\lambda=Q/L$。

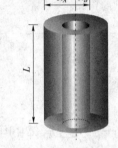

图 4-17　圆柱形电容器

利用介质中的高斯定理，两圆柱面极板间的场强为

$$E=\frac{\lambda}{2\pi\varepsilon r}(R_B<r<R_A)$$

两极板的电势差为

$$U_{BA}=\int_{R_B}^{R_A}\frac{\lambda}{2\pi\varepsilon r}\mathrm{d}r=\frac{\lambda}{2\pi\varepsilon}\ln\frac{R_A}{R_B}$$

依据电容的定义

$$C=\frac{Q}{U_{BA}}=\frac{\lambda L}{U_{BA}}=\frac{2\pi\varepsilon L}{\ln\dfrac{R_A}{R_B}} \tag{4-40}$$

可见，圆柱越长，电容 C 越大；两圆柱面间的间隙越小，电容 C 也越大。

课堂互动

1. 一导体球上不带电，其电容是否为零？
2. 讨论在什么条件下可以把圆柱形电容器当作平行板电容器？

第六节　静电场的能量

一、电容器的能量

任何带电系统在带电的过程中，总要通过外力做功，把其他形式的能量转换为电能储存在电场中。电容器的充电过程就是储存能量的过程。

电容器充电过程可以认为是电源把一个极板的正电荷不断挪到另一极板做功的过程。设以 $+q$ 和 $-q$ 表示充电过程某一时刻两极板上所带电量，u 表示此时刻两极板间的电势差。充电结束时，两极板的带电量分别为 $+Q$ 和 $-Q$，两极板间的电势差为 U，若电容为 C，则有 $Q=CU$。充电时电源把电荷 $\mathrm{d}q$ 从负极板转移到正极板，反抗电场力所做的功为

$$dA = u\,dq = \frac{q}{C}\,dq$$

在整个充电过程中外力所做的总功为

$$A = \int_0^Q dA = \int_0^Q \frac{1}{C} q\,dq = \frac{1}{2}\frac{Q^2}{C}$$

这个功就是储存在电容器中的能量。故带电电容器具有的能量 W 为

$$W = \frac{1}{2}\frac{Q^2}{C} = \frac{1}{2}QU = \frac{1}{2}CU^2 \tag{4-41}$$

式（4-41）反映了电容器的储能与电荷量、电容和电压间的关系。当电势差一定，电容大的储能多，从这个意义上说，电容 C 也是电容器储能本领大小的标志，对某个电容器来讲，电势差越大储能越多，但电压不能超过电容器的耐压值，否则电容器就会被击穿而毁坏。

二、电场的能量和能量密度

既然电能定域在电场中，有必要将计算电能的公式用描述电场的特征量来表示。下面我们以平行板电容器为例来研究。设极板的面积为 S，极板间距离为 d，极板间充满介电常数为 ε 的电介质。对于平行板电容器，由于 $C = \dfrac{\varepsilon S}{d}$ 及 $U = Ed$，故式（4-41）可写成

$$
\begin{aligned}
W &= \frac{1}{2}CU^2 = \frac{1}{2}\frac{\varepsilon S}{d}E^2 d = \frac{1}{2}\varepsilon E^2 Sd \\
&= \frac{1}{2}\varepsilon E^2 V
\end{aligned}
\tag{4-42}
$$

式中，$V = Sd$ 为平行板电容器电场的体积。

上式表明：电容器储存的能量与场强的平方及电场的体积成正比。这说明电能是电场所具有的，并储存在电场中。所谓带电体系的能量或电容器的能量，实质上是这一体系所建立的电场的能量。

单位体积电场的能量称为电场的**能量密度**（energy density），以 w_e 表示为

$$w_e = \frac{W}{V} = \frac{1}{2}\varepsilon E^2 \tag{4-43}$$

上述结果虽然是从平行板电容器这一特例中导出的，但它普遍适用任意电场。式（4-43）表明电场的能量密度仅仅与电场中的场强及电介质有关，而且是点点对应的关系。这进一步说明电场是电能的携带者。

非均匀电场的能量密度随空间各点而变化。欲计算某一区域中的电场能量，则需用积分的方法

$$W = \int_V w_e\,dV = \int_V \frac{1}{2}\varepsilon E^2\,dV \tag{4-44}$$

例 4-3：一个半径为 R 的金属球，带有电荷 Q，处于真空中，计算储存在球周围空间的总能量。

解：在距球心为 r （$r>R$）处的场强为

$$E = \frac{1}{4\pi\varepsilon_0} \cdot \frac{Q}{r^2}$$

在半径为 r 处的能量密度为

$$w_e = \frac{1}{2}\varepsilon_0 E^2 = \frac{Q^2}{32\pi^2 \varepsilon_0 r^4}$$

因为，处于半径为 $r \sim r+dr$ 球壳的体积为 $4\pi r^2 dr$ 故其能量 dW 为

$$dW = 4\pi r^2 \cdot dr \cdot w_e = \frac{Q^2}{8\pi \varepsilon_0} \cdot \frac{dr}{r^2}$$

总能量为

$$W = \int dW = \int_R^\infty \frac{Q^2}{8\pi \varepsilon_0} \cdot \frac{dr}{r^2} = \frac{Q^2}{8\pi \varepsilon_0 R}$$

■ 课堂互动

1. 讨论电能应该随电荷相伴而生，还是定域在电场中？

2. 吹一个带有电荷的肥皂泡。电荷的存在对吹泡有帮助还是有妨碍（分别考虑带正电荷和带负电荷）？试从静电能量的角度加以说明。

第七节 心电原理及描记

一、心肌细胞的除极与复极

心肌细胞具有细长的形状，每个细胞都被一层厚度为 8~10nm 的细胞膜所包围，膜内有导电的细胞内液，膜外为导电的细胞间液。心肌细胞与其他可激细胞一样，当处于静息状态时，在其膜的内、外两侧分别均匀聚集着等量的负离子和正离子，形成一均匀的闭合曲面电偶层。此电偶层外部空间各点电势为零。就整个细胞而言，在无刺激时心肌细胞是一个电中性的带电体系，对外不显示电性。细胞所处的这种状态称为**极化**（polarization），如图 4-18（a）所示。当心肌细胞受到刺激（不论是电的、热的、化学的或机械的）处于兴奋状态时，细胞膜对离子的通透性发生极大改变，致使膜两侧局部电荷的电性改变了符号，膜外带负电，膜内带正电。于是细胞整体的电荷分布不再均匀而对外显示出电性。此时正、负离子的电性可等效为两个位置不重合的点电荷，而整个心肌细胞等效于一个电偶极子，形成方向向右的电偶极矩。刺激在细胞中传播时这个电矩是变化的，这个过程称为**除极**（depolarization），如图 4-18（b）所示。除极由兴奋处开始，沿着细胞向周围传播。当除极结束时，整个细胞的电荷分布又是均匀的，对外不显电性，如图 4-18（c）所示。在除极出现后，细胞膜对离子的通透性几乎立即恢复原状，即紧随着除极将出现一个使细胞恢复到极化状态的过程，这一过程称为**复极**（repolarization）。复极的顺序与除极相同，先除极的部位先复极。显然，这一过程中形成一个与除极时方向相反的变化电矩，如图 4-18（d）所示，心肌细胞对外也显示出电性。当复极结束时，整个细胞恢复到原来的内负外正的极化状态，又可以接受另一次刺激，如图 4-18（e）所示。

综上所述，心肌细胞在除极与复极过程中，细胞膜内、外正负电荷的分布是不匀称的，其所形成的电偶极矩对外显示电场，并引起空间电势的变化。这时的电偶极矩可以用向量（即矢量）表示，这个向量称为心肌细胞的极化向量，它的方向与心肌细胞除极、复极的方位有关。

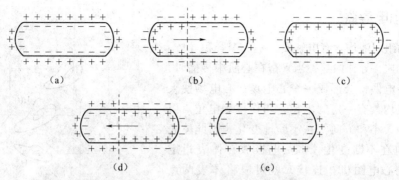

图 4-18　心肌细胞的除极、复极示意图

二、心电向量和心电向量环

1. 瞬时心电向量　由于心脏是由几块心肌组成的，而心肌又是由大量的心肌细胞所组成，因此，一块心肌的除极与复极过程，实质是大量心肌细胞的同时除极与复极过程。大量心肌细胞除极与未除极部分的交界面称为除极面。心肌除极是以除极面向前扩展的形式进行的，每个心肌细胞极化向量的方向总是与除极面相垂直的。所谓**瞬时心电向量**（twinkling electrocardiovector）是指当除极波面在某一瞬时传播到某一处时，除极波面上所有正在除极的心肌细胞极化向量的矢量和。如果用 P_S 表示心肌细胞的极化向量，M 表示瞬时心电向量，则 $M = \sum P_S$。瞬时心电向量代表的大电偶称为**心电偶**（cardio-electric dipole），心电偶在空间产生的电场称为**心电场**（cardio-electric field）。

2. 空间心电向量环　心肌分为两类，一类是具有收缩功能的普通心肌，另一类是具有产生和传递兴奋刺激功能的特殊心肌，它们构成心脏的传导系统。心脏按兴奋传导系统的程序以及一般心肌细胞传递兴奋的纵向、横向扩展，以除极波面的形式向前传播，各瞬间除极波面的方位以及波面上极化向量的数目都不相同。因此，瞬时心电向量的方向和大小都是随时间和空间变化的。为了描述瞬时心电向量随时间和空间的变化规律，我们将瞬时心电向量相继平移，使向量尾集中在一点上，对向量头的坐标按时间、空间的顺序加以描记形成**空间心电向量环**（spatial electrocardiovector loop），如图 4-19 所示，环上的箭头表示向量变化的顺序。空间心电向量环可分为心房除极心电向量环（P 环），心室除极心电向量环（QRS 环），心室复极心电向量环（T 环）。

3. 平面心电向量环　空间心电向量环在 xy、yz、zx 三个平面上的投影所形成的平面曲线叫作平面心电向量环。平面心电向量环又称为向量心电图，如图 4-20 所示。它可分为平面 QRS 环、平面 QRS 环和平面 T 环三种。这三种环每一种又都包括横面 P、QRS、T 环，额面 P、QRS、T 环及侧面 P、QRS、T 环。

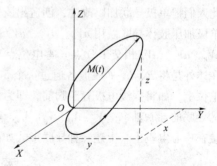

图 4-19　空间心电向量环

三、心电导联

人体的组织液均含有电解质，是一个容积导体，心脏就处在这一导体内部。当兴奋在心肌中传播时，人体内的心电偶便会形成一个心电场。心电场使人体表面各点均具有一定的电位，叫作体表电位。由于心电偶的大小和方向都在不断地变化，因此体表各点电位也在不断变化。将两电极放在体表指定位置，并与心电图机相连接，就可以将体表两点间的电位差或一点的电位变化导入心电图机。导入体表电位差或体表电位的线路连接方式称为心电导联。所记录下的心电变化曲线叫作**心电图**（electrocardiogram）。下面我们先介绍导联轴的概念，然后再介绍常用的心电导联方式。

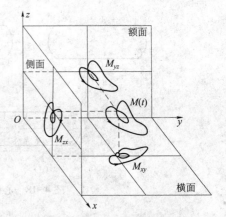

图 4-20　平面心电向量环

1. 导联轴由心电图机的负极　（无关电极）所连接部位到心电图机的正极（探测电极）所连接部位画一条由负极指向正极的矢线，称其为导联轴。一般情况下心电图机的负极接在零电位点上，以零电位为界由心电图机负极到正极所接部位画的矢线称为导联轴正侧，相反方向称为导联轴的负侧（即导联轴的反向延长线）。

2. 标量心电图导联　标量心电图导联主要有标准导联（双极肢体导联）、加压导联（单极加压肢体导联）和胸导联（单极心前胸部导联）。

如果以 R 代表右上肢，L 代表左上肢，F 代表左下肢，那么 RL 是标准导联 I 的导联轴，RF 与 LF 则是标准导联 II、III 的导联轴。由于标准导联是个双极导联，它所测得的电位差须由两个电极上的电位决定。这样，心电图机描绘出来的电位差变化，不能单独的反映出某特定部位的电位变化，而在临床上有时需研究每个肢体电极部位在心脏激动时电位的变化，就要采用所谓的单极导联。实际上，只要把一电极置于体表要探测的部位，另一电极连到零电位处，这就可以测量到一点的电位变化了。单极导联测出的心电图波幅较小，不易观察。为此人们把单极导联加以改进，创造出既能保持单极导联的特点又能使心电图波幅增加50%的单极加压肢体导联。用 aV_R、aV_L、aV_F 表示，简称加压导联。加压导联的三个导联轴分别是 aV_R、aV_L、aV_F 相交于 O 点（零电位点）。O 点称为中心电端，它在体内相当于心电偶的中心，在体外是将 R、L、F 三肢各通过一个 $50\sim300k\Omega$ 的高电阻用导线连接于一点，使其稳定在零电位上。如将探测电极置于胸前，即为单极胸导联，简称 V 导联，在临床上常用于六个部位。胸导联的导联轴 V_1、V_2、V_3、V_4、V_5、V_6 分别表示心电图机的正极接在心前胸的位置，负极接在中心电端上。上述三种导联形式如图 4-21 所示。

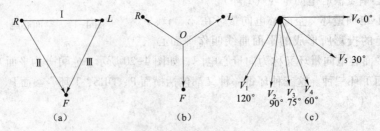

图 4-21　标量心电图导联

3. 额面六轴系统和横面六轴系统 额面六轴系统是由标准导联和加压导联的六个导联轴组成，将三个标准导联的导联轴保持原方向平移到加压导联的零电位点上就组成了额面六轴系统，如图 4-22 所示。胸导联组成横面六轴系统。

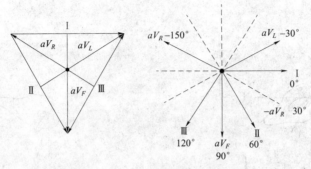

图 4-22 六轴系统

四、心电图的形成原理及描记

由空间心电向量环经过第一次投影在额面、横面、侧面上成为平面心电向量环，即向量心电图，第二次投影是把向量心电图投影到各导联轴上形成标量心电图。这里我们主要介绍环体分割投影法，即平面心电向量环在导联轴上的投影形成标量心电图的方法。设有平面心电向量环，如图 4-23（a）所示。现在求与环同平面内某一探查点 a 的电位波形，方法如下：首先从心电偶中心（零电位点）作导联轴 Oa，然后再经 O 点作导联轴 Oa 的垂线，叫作分割线。分割线把环体分为左右两部分。环体在分割线右侧的部分，其所有向量都投影在导联轴 Oa 的正侧，故 a 点的电位都是正值，且投影值越大，电位越高；环体在分割线左侧的部分，其向量都投影在导联轴 Oa 的负侧，这时 a 点的电位均为负值，且投影越长，电位越低。当心电向量自 O 点开始沿心电向量环上箭头所示的方向变动时，描绘出 a 点的电位变化波形如图 4-23（b）所示：由于 OK 段部分的向量投影在导联轴 Oa 的负侧，电位为负值，得到一个从零开始的小负向波 I；KMN 段部分的向量均投影在导联轴 Oa 的正侧，故电位都是正值，与之对应的就是一个较大的正向波 II；NO 段部分的向量都是投影在导联轴 Oa 的负侧，所以电位也是负值，得到的是一个较小的负向波 III。若将探查点改在 b 点，同样的方法可得到如图 4-23（c）所示的电位随时间变化的波形图。可见，同样的平面向量环在不同的观察点波形不同。

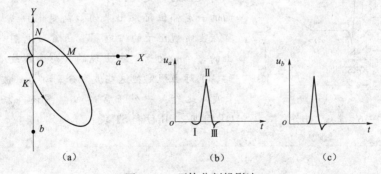

图 4-23 环体分割投影法

　　标准导联和加压导联，其心电图形成的原理是额面向量环在六轴系统各导联轴上的投影，如图 4-24 所示。胸导联心电图形成的原理是横面向量环在心前各导联轴上的投影，如图 4-25 所示。心电图的波形反映心肌传导功能是否正常，广泛用于心脏疾病的诊断。

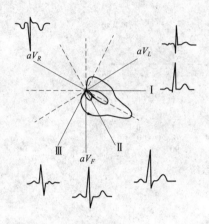

图 4-24　额面肢体导联心电图形成

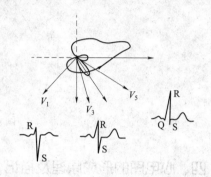

图 4-25　横面心前导联心电图形成原理

课堂互动

1. 你知道中心电端的设计依据吗？
2. 你能证明加压导联的加压原理吗？

知识拓展

　　心脏是人体血液循环的动力器官，它始终保持着有节律的周期性搏动，并能产生周期性变化的电信号叫作心电。心脏本身的生物电变化通过心脏周围的导电组织和体液，反映到身体表面上来，使身体各部位在每一心动周期中也都发生有规律的电变化活动。将测量电极放置在人体表面的一定部位记录出来的心电变化曲线，就是目前临床上常规记录的心电图。正常心电图（图 4-26）上的每个心动周期中出现的波形曲线改变是有规律的，国际上规定把这些波形分别称为 P 波、QRS 波、T 波。此外，一个正常的心电图还包括 PR 间期、QT 间期、PR 段和 ST 段。

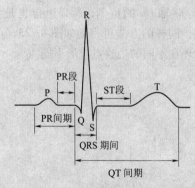

图 4-26　常规心电图

课堂互动

1. 你知道心电图形成的原理吗？
2. 你知道心电图是如何描记出来的吗？
3. P 波、QRS 波、T 波各代表什么？
4. PR 间期、QT 间期、PR 段和 ST 段指的是什么？

由空间心电向量环经过第一次投影在额面、横面、侧面上形成平面心电向量环，即向量心电图，第二次投影是把向量心电图投影到各导联轴上形成标量心电图。利用环体分割投影法可以描绘出平面心电向量环在任一导联轴上某点的电位变化波形。P 波是心房除极时产生的 P 环在导联轴上的投影所形成的心房的除极波，QRS 波群是左、右心室除极时产生的 QRS 环在导联轴上的投影所形成的心室除极波的总称，T 波是 T 环在导联轴上的投影形成的心室的复极波。PR 间期代表心房开始除极至心室开始除极的时间，即由窦房结产生的兴奋经由心房、房室交界和房室束到达心室，并引起心室开始兴奋所需的时间；PR 段代表心房激动通过房室交界区下传至心室的时间；QT 间期从 QRS 波群起点到 T 波终点的时间，反映心室除极和复极的总时间；ST 段从 QRS 波群终点到 T 波起点的线段，反映心室早期复极过程电位和时间的变化，ST 段代表心室各部分已全部进入去极化状态，心室各部分之间没有电位差存在，曲线又恢复到基线水平。

知识链接

心电图机制的发现者——埃因托芬

1924 年，埃因托芬（Willem Einthoven）因发现心电图机制而获诺贝尔生理学和医学奖。

心电图检查现在已经成为临床上十分普及的一种对心脏功能的基本检查，但其基本原理及结构却是在近 100 年前才由荷兰科学家埃因托芬发明的。当他还在乌得勒支大学医学院学习期间，院长唐达斯十分赏识他的才能，并根据自己的长期经验向他指出，人类对心脏的研究还十分肤浅。这番教导促使埃因托芬立下了终身的志向。

他在 1903 年首次设计成功了弦线电流计，1906—1921 年，他又逐步使之完善。这就是当时的心电图机的原形，在医院里获得了广泛应用，而现代的心电图描记器正是根据相同原理制造的。

他在自己的论文中写道：弦线电流计系由一根置于磁场中的拉直成弦的极细的导线所构成。这根导线一旦通电，便以 90° 的幅度从静止位置偏向磁感应线，偏离的度数与流经该导线的电流强度成正比，因而能够极其精确地测量电流强度。因为心脏肌肉的每次收缩同样会产生电流，这台仪器就可用来测量偏移值，从而获得一条称之为心电图的曲线。

1908~1913 年，他对记录在曲线上的每一个复杂波形都做出了解释。整整一代心脏病医师利用这套仪器详细地分析了心脏病的症状，从而迅速可靠地做出了正确的诊断，特别是许多由冠状动脉血栓形成的疑难病例，即现在被称为心肌梗死的病例。

有鉴于此，诺贝尔基金会表彰埃因托芬并不是因他发明了心电图仪，而是因为他发现了心电图机制。

本 章 小 结

本章主要讲述了从静电场性质的两个基本物理量——电场强度和电势，静电场基本规律的场的叠加原理、高斯定理和场的环路定理等；静电场与电介质的相互作用规律、电容、静电场的能量以及心电知识等内容。

重点：场强和电势的计算；电偶极子电场的电势分布特点；心电的向量原理及心电图的形成与描记。

难点：高斯定理及应用；电偶层；静电场与电介质的相互作用规律。

练习题四

4-1　点电荷 q 和 $4q$，相距 L。试问在何处，放置一个什么样的电荷方能使这三个电荷处于受力平衡态。

4-2　在一个边长为 a 的正三角形的三个顶点各放置有电量为 $+Q$ 的点电荷，求三角形重心处的场强和电势。

4-3　两个同心金属球壳，大球半径为 R_1，小球半径为 R_2，大球带电量为 $+Q$，小球带电量为 $-Q$，求：

（1）大球外场强；

（2）小球内场强；

（3）大球与小球间场强。

4-4　电荷 q 均匀地分布在半径为 R 的非导体球内，求球内任意一点的电势。

4-5　一半径为 R 的均匀带电圆盘，圆盘的面电荷密度为 σ，求过圆盘中心，垂直于圆盘面的轴线上，距盘面 x 远处一点的场强。

4-6　试求无限长均匀带电圆柱面内、外的场强。圆柱直径为 D，电荷的面密度为 σ。

4-7　匀强电场 E 中，有一个截面与场强方向垂直的半球壳，若球壳半径为 R，试求通过半球壳的总的电通量。

4-8　有一均匀带电的球壳，其内、外半径分别是 a 与 b，电荷的体密度为 ρ。试求从中心到球壳外各区域的场强。

4-9　求均匀带正电的无限长细棒的场强，设棒上线电荷密度为 λ。

4-10　一长为 L 的均匀带电直线，电荷线密度为 λ。求在直线延长线上与直线近端相距 R 处 P 点的电势与场强。

4-11　神经细胞膜内、外侧的液体都是导电的电解液，细胞膜本身是很好的绝缘体，相对介电常数约等于7。在静息状态下膜内、外侧各分布着一层负、正离子。现测得膜内、外两侧的电势差为 -70mV，膜的厚度为 6nm。求：

（1）细胞膜中的场强；

（2）膜两侧的电荷密度。

4-12 在半径为 R 的金属球外，包有一半径为 R' 的均匀电介质层，设电介质的相对介电常数为 ε_r，金属球带电量 Q。求：

（1）电介质内、外的场强分布与电势分布；

（2）金属球的电势；

（3）电介质内电场的能量。

4-13 球形电容器两极板分别充电至 $+Q$，内、外半径为 R_1、R_2，两极板间充满介电常数为 ε 的电介质。试计算此球形电容器内电场所储存的能量。

4-14 有一平行板空气电容器的极板面积为 S，间距为 d，用电源充电后，两极板上带电分别为 $+Q$。断开电源后再将两极板的距离匀速地拉开到 $2d$。求：

（1）外力克服两极板相互吸引力所做的功；

（2）两极板之间的相互吸引力。

4-15 标准导联的 I、II、III 及加压导联的 aV_R、aV_L、aV_F 是如何与肢体连接的？

4-16 标准导联、加压导联和胸导联所记录的电位有什么不同？试画出额面六轴系统及横面六轴系统。

第五章　直流电路

学习导引

1. **掌握**　一段含源电路的欧姆定律、基尔霍夫定律及解决复杂电路的基本方法。
2. **熟悉**　电流密度矢量、电流连续性原理以及形成恒定电流的条件；理解电源电动势的概念。
3. **了解**　温差电现象、电容器的充电和放电。

第一节　恒定电流

由静电场知识可知，在导体内建立电场，则导体中的自由电荷在电场力的作用下定向运动形成电流。我们把大小和方向都不随时间变化的电流称为**恒定电流**（steady current），也称**直流**（direct current）。把直流电源接在电路中形成的电路称为**直流电路**（DC circuits）。直流电路广泛应用在日常生活和生产中。

一、电流强度和电流密度

电荷在电场力的作用下做定向运动形成电流。电荷的携带者可以是金属导体中的自由电子；电解液中的正、负离子；半导体中的电子或空穴等载流子。我们规定正电荷在电场力做用下的移动方向为电流方向。电流大小用**电流强度**（electric current intensity）来描述，用字母 I 表示，定义为单位时间内通过导体截面的电量。设在 Δt 时间内通过导体某一截面的电量为 Δq，则电流强度为

$$I = \frac{\Delta q}{\Delta t} \tag{5-1}$$

若电流的大小和方向随时间而变化，则称为瞬时电流。用 i 表示

$$i = \lim_{\Delta t \to 0} \frac{\Delta q}{\Delta t} = \frac{\mathrm{d}q}{\mathrm{d}t} \tag{5-2}$$

电流强度是标量，其单位是安培（A），$1A = 1C/s$，常用的单位还有毫安（mA）和微安（μA）。

$$1A = 10^3 mA = 10^6 \mu A$$

通常情况下，当电流在导体中流动时认为流经导体各处的电流强度相同。它决定于单位时间内通过任一横截面的电量，它只能描述导体中通过任一横截面电流的整体特征，但不能

说明导体的各个截面内电流的方向和大小的分布情况。当电流通过任意形状的大块导体（如人体、任意容器中的电解液）时，导体中各处电流强度的大小和方向就不完全相同。为了具体地描述导体内部各点的电流分布情况，需要引入**电流密度**（current density）这个物理量。

如图 5-1 所示，在通有电流强度为 I 的导体内任取一面积元 ΔS，使 ΔS 的法线方向与所在处场强 E 的方向相同。如果通过 ΔS 的电流强度为 ΔI，则电流密度 J 定义为垂直通过单位截面积的电流强度，即单位时间内通过单位垂直面积的电量。

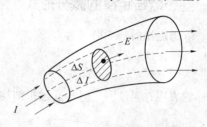

图 5-1 电流密度矢量

$$J = \lim_{\Delta S \to 0} \frac{\Delta I}{\Delta S} = \frac{dI}{dS} \qquad (5-3)$$

电流密度 J 是矢量，其方向与该点场强 E 的方向相同，单位是安培每平方米（$A \cdot m^2$），它是描述电流分布的基本物理量。

若在导体内任意取一闭合曲面 S，规定闭合曲面向外法线方向为正。在没有分支的电路中，如果通过的是恒定电流，则通过导体中任意两个横截面的电流强度一定相等，即在单位时间内通过闭合曲面向外流出的电荷，应等于此闭合曲面内单位时间所减少的电荷。则有

$$I = \oint_S J \cdot dS = -\frac{dQ}{dt} \qquad (5-4)$$

此式称为电流的**连续性原理**（principle of continuity）。

导体中要产生恒定电流的必须具备的条件是：①导体内有可以移动的自由电荷；②导体两端有恒定的电势差。这就要求导体内部必须存在恒定不变的电场，电场在空间的分布与电荷在空间的分布情况有关，在导体中任意取一闭合曲面 S，如果此闭合曲面内电荷分布不随时间变化，即任意闭合曲面内的电量为常量，$\frac{dQ}{dt} = 0$，由式（5-4）可得

$$\oint_S J \cdot dS = 0 \qquad (5-5)$$

此式称为**电流的恒定条件**。此式表明在单位时间内通过闭合曲面 S 流入的电量等于从闭合曲面 S 内流出的电量，也就是电流连续地穿过任一闭合曲面。所以，在恒定电流的情况下，导体内通过任一横截面的电流强度将不随时间改变。

下面简单讨论导体的电流、电流密度和载流子的平均**漂移速度**之间的关系。假设导体中存在一种载流子，且载流子为正电荷，以 n 表示导体中单位体积内的载流子数目，Z 表示载流子的价数，$\bar{v}$ 表示载流子在电场力作用下的平均**漂移速度**（drift velocity），则在 dt 时间内，通过 ΔS 的载流子数为 $\Delta S \bar{v} n dt$，电量 $\Delta Q = Zen \cdot \bar{v} dt \cdot \Delta S$，则 $\Delta I = \Delta Q / dt = Zen \bar{v} \cdot \Delta S$，将 ΔI 值代入到式（5-3）并取极限，得

$$J = \lim_{\Delta S \to 0} \frac{\Delta I}{\Delta S} = Zen\bar{v}$$

J 和 $\bar{v}$ 都是矢量，故上式可写成矢量式

$$J = Zen\bar{v} \qquad (5-6)$$

上式表明：电流密度在数值上等于导体中的载流子的数密度 n、所带电量 Ze 和平均漂移速度 $\bar{v}$ 的乘积。

虽然电荷定向运动的平均漂移速度远远小于电流在导体中的传播速度（即光速）。但是电流在导体中的传播速度是电场在导体中的传播速度。在实际电路中，当在导体两端加上电势

差的瞬间，以光速传播的电场就迅速地在导体中建立起来，驱使所有的自由电子做定向漂移，因此导线中的电流几乎是同时产生。

二、欧姆定律的微分形式

欧姆定律的一般形式为

$$I = \frac{V_A - V_B}{R} = \frac{U_{AB}}{R}$$

它表明在温度一定时，通过粗细均匀导体中的电流与导体两端的电势差成正比。上式中的 R 为导体的电阻，它与导体的材料和几何形状有关。

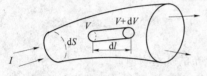

图 5-2　欧姆定律的微分形式

对于形状不均匀导体，我们需要了解导体内部各点的导电情况。如图 5-2 所示，我们在导体内沿电流方向取长度为 dl、底面积为 dS 的圆柱形体积元，其两端的电势分别为 V 和 $V+dV$。由欧姆定律可知，通过圆柱体积元的电流强度为

$$dI = \frac{V - (V + dV)}{R} = -\frac{dV}{R}$$

圆柱体元的电阻为 $R = \rho \frac{dl}{dS}$，代入上式可得

$$dI = -\frac{dV}{R} = -\frac{1}{\rho}\frac{dV}{dl}dS$$

即

$$\frac{dI}{dS} = -\frac{1}{\rho}\frac{dV}{dl}$$

因为 $\dfrac{dI}{dS} = J$，$E = -\dfrac{dV}{dl}$，所以

$$J = \frac{E}{\rho} = \gamma E \tag{5-7}$$

电阻率的倒数 $\gamma = \dfrac{1}{\rho}$，称为**电导率**（conductivity），单位是西门子每米（$S \cdot m^{-1}$）。由于电流密度 J 和场强 E 都是矢量，且方向相同，因此式（5-7）可写成矢量式

$$\boldsymbol{J} = \frac{E}{\rho} = \gamma \boldsymbol{E} \tag{5-8}$$

式（5-7）、式（5-8）都是**欧姆定律的微分形式**（differential formulation of Ohm law），它表明通过导体中任一点的电流密度与该点的电场强度成正比。此关系常用来分析容积导体中的电流分布，它揭示了大块导体中的电场和电流分布之间的函数关系，它适用于任何导体以及非稳恒电场。

三、电解质导电

电解质是溶于水溶液中或在熔融状态下就能够导电（自身完全或部分电离成阳离子与阴离子）的化合物。在水溶液中或熔融状态中，完全电离的电解质称为强电解质，部分电离的电解质称为弱电解质。强酸强碱，活泼金属氧化物和大多数盐一般是强电解质，如碳酸钙、

硫酸铜。也有少部分盐不是电解质。弱酸、弱碱，一些具有极性键的共价化合物一般是弱电解质，如醋酸、一水合氨（$NH_3 \cdot H_2O$），以及少数盐，如醋酸铅、氯化汞。另外，水是极弱电解质。

离子化合物在水溶液中或熔化状态下能导电；某些共价化合物也能在水溶液中导电；但也存在固体电解质，其导电性来源于晶格中离子的迁移。强弱电解质导电的性质与物质的溶解度无关。

决定强、弱电解质的因素较多，如键型、键能、溶解度、浓度和溶剂等因素对电解质电离都有影响。有时一种物质在某种情况下是强电解质，而在另一种情况下，又可以是弱电解质。强电解质和弱电解质，并不是物质在本质上的一种分类，而是由于电解质在溶剂等不同条件下所造成的区别，彼此之间没有明显的界限。

电解质导电机制：金属是依靠自由电子的定向运动而导电，称为电子导体，除金属外，石墨和某些金属氧化物也属于电子导体。这类导体的特征是当电流通过时，导体本身不发生任何化学变化。电解质的导电机制与金属的导电机制不同。电解质的导电则依靠离子的定向运动，称为离子导体。但这类导体在导电的同时必然伴随着电极与溶液界面上发生的得失电子反应。一般而言，阴离子在阳极上失去电子发生氧化反应，失去的电子经外线路流向电源正极；阳离子在阴极上得到外电源负极提供的电子发生还原反应。只有这样整个电路才有电流通过，并且回路中的任一截面，无论是金属导线、电解质溶液，还是电极与溶液之间的界面，在相同时间内，必然有相同的电量通过。

电解质溶液中的离子，在没有外力作用时，时刻都在进行着杂乱无章的热运动。在一定时间间隔内，粒子在各方向上的总位移为零。但是在外力作用下，离子沿着某一方向移动的距离将比其他方向大些，因此产生了一定的净位移。如果离子是在外电场力作用下发生的定向移动，我们称为电迁移。离子的电迁移不但是物质的迁移，而且也是电荷的迁移，所以离子的电迁移可以在溶液中形成电流。由于正负离子沿着相反的方向迁移，所以它们的导电效果是相同的，也就是说正负离子沿着同一方向导电。电解质溶液的导电过程。必须既有电解质溶液中离子的定向迁移过程，又有电极上物质发生化学反应的过程，两者缺一不可，否则就不可能形成持续的电流。

影响电解质溶液导电性的因素：

1. 加其他电解质　①一般来说，强电解质溶液中加强电解质，导电能力变化不大，如氯化钠溶液中加硝酸钾，但氢氧化钡溶液中加硫酸或硫酸铜时，在增加电解质的过程中会出现难导电的极点，因为它们能相互反应生成沉淀和难电离物质，出现极点后，继续增加电解质，溶液的导电性又会增强。②一般来说，弱电解质溶液中加弱电解质，导电能力变化不大，如醋酸溶液中加冰醋酸，但氨水中加冰醋酸时，溶液的导电性会显著增强，因为它们相互反应生成强电解质醋酸铵；亚硫酸溶液中加入氢硫酸时，溶液的导电性会显著减弱，因为它们相互反应生成弱电解质水和单质硫。③强电解质溶液中加弱电解质，导电能力变化不大。④弱电解质溶液中加强电解质，导电能力显著增强。

2. 加水稀释　一般来说，加水稀释电解质溶液的导电性是减弱的，但浓醋酸在加水稀释时，有一段时间内导电性会略为增强，因为浓醋酸的电离度很小，加水后的一段时间内，醋酸电离度的增加是主要变化，溶液体积增加是次要变化。

3. 升高温度　一般来说，电解质溶液升高温度时，导电能力增强，因为温度高离子运动速率大，其中弱电解质溶液变化尤为明显，如醋酸溶液，但不会是温度越高，导电能力越强，因为高温时，弱电解质可能会挥发。值得注意的是，金属的导电性随着温度的升高而减弱，因为温度高时电阻大。

4. 亚硫酸溶液 中通以氯气时导电能力增强，亚硫酸溶液露置于空气中一段时间后，导电性也增强，因为亚硫酸具有还原性，与氯气、氧气反应生成硫酸等。

第二节 一段含源电路的欧姆定律

一、电源的电动势

导体中产生恒定的电流条件是在导体内维持一个恒定不变的电场，即导体两端的电势差不变。而一段导体在电场力的作用下，原来电势高的一端，其正电荷在减少，而电势低的一端正电荷在增多，故仅靠静电力的作用是不能形成恒定电流的。要获得恒定电流，就必须有另外一条通路连接导体两端，使得正电荷在静电力作用下从电势高的一端移动到电势低的一端的同时，低电势端的等量正电荷在另一种非静电力的作用下移动到高电势端，从而形成恒定电流。提供这种非静电力的装置称为**电源**（power source）。电源的作用是一种把其他形式的能量转化为电能。不同类型的电源中，非静电力的本质是不同的。常用的有化学电池、光电池等电源。

电源有正极和负极。电源内部的电路称为内电路，电源以外的部分电路称为外电路，内、外电路组成闭合电路。正电荷由正极流出，经过外电路流入负极，然后在电源内的非静电力作用下，正电荷从负极经电源内部流到正极。在电源的作用下，电荷在闭合电路中不断的流动，形成恒定电流。

用 E_k 表示单位正电荷在电源中所受的非静电力，我们把**通过电源内部将单位正电荷由负极移到正极时非静电力所做的功称为电源的电动势，用符号 ε 表示**。即

$$\varepsilon = \int E_k \cdot \mathrm{d}l \tag{5-9}$$

式中，ε 为电动势，单位为伏特（V）。电动势是标量，通常规定电动势方向为从电源负极经电源内部指向正极的方向。每个电源具有一定的电动势，而与外电路无关。电源电动势的大小只取决于电源本身的性质。

由于非静电力只存在于电源内部，将式（5-9）改写成绕闭合回路一周的环路积分，其积分值不变，即

$$\varepsilon = \oint E_k \cdot \mathrm{d}l \tag{5-10}$$

它表明电源的电动势在数值上等于单位正电荷绕闭合回路一周时，非静电力所做的功。式（5-10）还表明非静电力 E_k 沿闭合路径的环路积分不为零，这说明非静电力与静电力有本质的区别。

二、含源电路的欧姆定律

对包含有一个或几个电源的一段电路称为一段含源电路。在电路计算中，经常遇到需要计算一段含源电路的端电压的问题。图5-3中，ACB 就是一段含源电路。我们先讨论 A、B 两点的电势差，先选定电流的参考方向和绕行方向，电流参考方向如图5-3所示，绕行方向由 $A \rightarrow B$，然后用电路上电势变化来处理，求得 A、B 两点的电势差。即沿着选定的绕行方向

$(A \to B)$，当通过某一电路元件（电源或电阻）时发生电势降，则其电压值记为正；若为电势升，则其电压值为负。图 5-3 中 A、B 两点的电势差为

$$U_A - U_B = U_{AB} = I_1R_1 + \varepsilon_1 + I_1r_1 - \varepsilon_2 - I_2r_2 - I_2R_2 + \varepsilon_3 - I_2r_3$$

即 $\qquad U_{AB} = (\varepsilon_1 - \varepsilon_2 + \varepsilon_3) + (I_1R_1 + I_1r_1 - I_2r_2 - I_2R_2 - I_2r_3)$

归类写成普遍形式为

$$U_{AB} = \sum \varepsilon + \sum IR \qquad (5\text{-}11)$$

此式表明：**在复杂含源电路中任意两点的电势差等于这两点间所有电阻的电势降落的代数和** $\sum IR$，**加上所有电源电势降落的代数和** $\sum \varepsilon$。这就是**一段含源电路的欧姆定律**。在应用这一公式时，需注意 $\sum \varepsilon$ 和 $\sum IR$ 是按电势降落的约定来进行计算的。即当选定的绕行方向先经过电源的正极再到负极，则电源的电势降为正，记为 $+\varepsilon$，反之为 $-\varepsilon$；当选定的绕行方向与电阻的电流参考方向一致时，电阻的电势降为正，记为 $+IR$，反之为 $-IR$。电源内阻 r 的电势降处理方法与外电阻 R 完全相同。

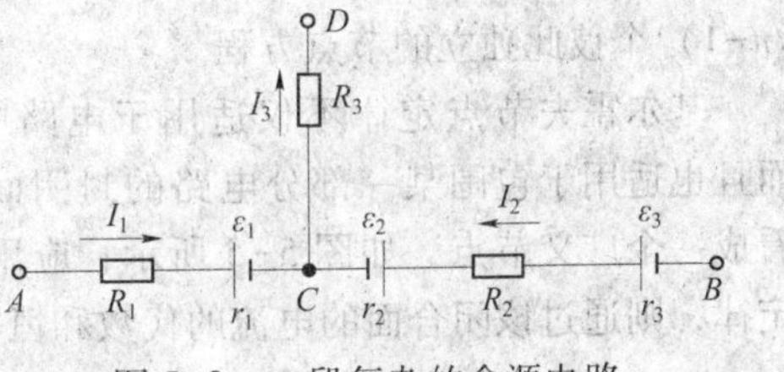

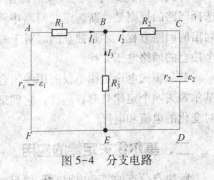

图 5-3　一段复杂的含源电路

第三节　基尔霍夫定律及其应用

　　用欧姆定律只能处理一些简单电路问题。而在许多实际电路中，经常需要解决一些比较复杂的电路问题。如图 5-4 所示是一个多回路电路也称分支电路。解决这类电路问题，如果应用**基尔霍夫**（G. R. Kirchhoff）**定律**计算，就比较方便。基尔霍夫定律由基尔霍夫第一定律和基尔霍夫第二定律组成。

一、基尔霍夫定律

　　通常由多个电源和多个电阻连接而成的直流电路称为复杂电路，我们把由电源及电阻串联而成的通路称为**支路**（branch）。在同一支路中通过每一元件的电流强度处处相等。在图 5-4 电路中包含三条支路：$BAFE$、BE、$BCDE$。把三条或更多支路的联结点称为**节点**（node），图中 B 点和 E 点为节点。两条或更多条支路构成的闭合通路称为**回路**（loop），图中的支路组成三个回路：$ABEFA$、$BEDCB$ 及 $ABCDEFA$。总之，在复杂电路中，相互联结的支路形成多个节点及多个回路。

　　1. 基尔霍夫第一定律　在恒定的直流电路中，根据电流的连续性原理得到，**所有流向节点的电流之和应该与所有从该节点流出的电流之和相等**。如果我们规定：流进节点的电流前面写正号，从节点流出的电流前面写负号，则汇于节点的各支路电流的代数和为零。若汇于节点的电流有 n 个，那么

$$\sum_{i=1}^{n} I_i = 0 \qquad (5\text{-}12)$$

图 5-4　分支电路

式（5-12）所表示的就是**基尔霍夫第一定律**（Kirchhoff first law）**或节点电流定律**（node current law）。

对于图5-4中B点，可以写出电流方程

$$I_1 - I_2 + I_3 = 0$$

对于E点可以写出电流方程

$$-I_1 + I_2 - I_3 = 0$$

显然这两个方程中只有一个独立方程。一般说来，如果电路有n个节点，则可以写出$(n-1)$个彼此独立的节点方程。

基尔霍夫节点定律不仅适用于电路中的任何一个节点，而且也适用于包围某一部分电路的封闭面，一个封闭面可以看成一个广义节点，如图5-5所示，应用基尔霍夫节点电流定律，则通过该闭合面的电流的代数和恒等于零。即

$$I_1 - I_2 + I_3 = 0$$

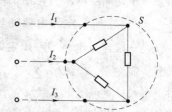

图5-5　包围部分电路的闭合面

2. 基尔霍夫第二定律　把关于一段含源电路的欧姆定律（式5-11）应用到闭合回路上，假设回来闭合即A、B两点重合，$U_{AB} = 0$，可得

$$\sum_i I_i R_i + \sum_j \varepsilon_j = 0 \tag{5-13}$$

上式表明，**沿任意闭合回路绕行一周回到出发点时，回路中各元件的电势降落的代数和为零**。这称为**基尔霍夫第二定律**（Kirchhoff second law），**也称回路电压定律**（loop voltage law）。

在应用式（5-13）时，首先要选定回路的绕行方向，沿绕行方向确定各项前面的正负号。其符号规则与应用式（5-11）的规定相同。对于图5-4中的三个回路，根据回路电压定律，选顺时针方向绕行可写出三个方程

$$-\varepsilon_1 + I_1 r_1 + I_1 R_1 - I_3 R_3 = 0 \qquad ①$$
$$-\varepsilon_2 + I_2 r_2 + I_3 R_3 + I_2 R_2 = 0 \qquad ②$$
$$-\varepsilon_1 + I_1 r_1 + I_1 R_1 + I_2 R_2 - \varepsilon_2 + I_2 r_2 = 0 \qquad ③$$

将式①加式②可得到式③。即由式①与式②的线性组合得式③，因此式③不是独立的。选择回路的规则是：新选定的回路中，至少应有一段电路在已选过回路中未曾出现过。这样列出的回路方程，才是独立的。对于一个具有n个节点和p条支路的电路，总共有$(p-n+1)$个独立的回路电压方程。

基尔霍夫电压定律不仅应用于闭合回路，也可以推广应用于回路的部分电路。应当注意，基尔霍夫两个定律具有普遍性，它们适用于由各种不同元件所构成的电路，也适用于任一瞬时变化的电流和电压。

二、基尔霍夫定律的应用

解决有分支的复杂电路常见题目是已知全部电源及电阻的数据，求各支路的电流强度。因此，支路的条数即为未知电流个数。如果节点为n，则根据基尔霍夫第一定律就可写出$(n-1)$个独立节点方程。设未知电流数为p，可适当选择$(p-n+1)$个闭合回路，根据基尔霍夫第二定律列出回路方程。联立解此代数方程组就可以求出各支路的电流。

应用基尔霍夫定律解分支电路的步骤如下：

（1）先假设汇于各节点的所有分支电路中的电流强度参考方向；

（2）对选定的闭合回路确定一个绕行方向，电路中 $\sum \varepsilon$ 和 $\sum IR$ 各项的符号按上一节的规定处理；

（3）根据基尔霍夫第一、第二定律列出方程组，它们应是彼此独立的，其方程个数应与未知数个数相等，然后解方程组。

例 5-1：求图 5-6 所示电路中的电流强度 I_1、I_2 和 I_3，以及 A、D 两点电势差 $U_A - U_D$。

解：假定的电流参考方向及闭合回路的绕行方向如图所示。应用基尔霍夫第一定律于 B 点，得

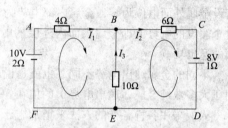

$$I_2 = I_1 + I_3 \qquad ①$$

应用基尔霍夫第二定律于闭合回路 $BEFAB$ 和 $BCDEB$，得

图 5-6 基尔霍夫定律应用举例

$$4I_1 - 10I_3 + 2I_1 - 10 = 0 \qquad ②$$

$$10I_3 + 6I_2 + I_2 - 8 = 0 \qquad ③$$

联立解式①、式②、式③，得

$$I_1 = \frac{125}{86}\text{A}; \quad I_2 = \frac{57}{43}\text{A}; \quad I_3 = -\frac{11}{86}\text{A}$$

在实际问题中，某些支路中电流的方向往往事先难于判断，可以暂时对每一支路的电流给一个假定的参考方向，但必须保证每一支路只有一个电流方向。如果某一支路中电流的计算结果为正值，说明事先假定的方向与电流的实际方向一致；如果算出某一支路的电流得负值，就说明事先假定的方向恰与电流的实际方向相反。在上述结果中 I_3 带有负号，说明实际电流方向与图中原来假定的参考方向相反。

计算 $U_A - U_D$ 时，选取从 A 到 D 的走向可以是 $ABCD$ 或 $ABED$ 或 $AFED$。现在以 $ABCD$ 走向为例来计算 $U_A - U_D$。

$$U_A - U_D = 4I_1 + 6I_2 + I_2 - 8$$

$$= 4 \times \frac{125}{86} + 6 \times \frac{57}{43} + \frac{57}{43} - 8 = \frac{305}{43}\text{V}$$

若以 $ABED$ 走向来计算，可得同样结果

$$U_A - U_D = 4I_1 - 10I_3 = 4 \times \frac{125}{86} - 10 \times \left(-\frac{11}{86}\right) = \frac{305}{43}\text{V}$$

第四节　温差电现象及其应用

一、电子的逸出功

虽然金属中的自由电子是做无规则的热运动，但一般自由电子不能逸出金属表面，只有具有较大的热运动能量的少数电子，可能逸出金属表面。这表明在金属表面存在一种阻止电子逸出的阻力。产生这种现象的原因是金属中只要有电子逸出，金属表面就会出现等量的正电荷，逸出的电子受到这些正电荷吸引作用而动能减少，停留在贴近金属表面的附近，于是

金属表面实际上形成一层电子气层。这个电子层与金属表面产生的正电荷层共同形成一个指向金属外面的电场，这个电场阻碍其他自由电子逸出金属表面。所以，金属内的自由电子必须克服这个电场力做功才能逸出。

金属中自由电子从金属表面逸出所必须做的功叫做电子**逸出功**（work function）。由于金属阻止内部自由电子逸出，电子带负电，所以金属表面层内的电位一定高于表面层外的电位。若设金属外面电位为零，金属内部电势为 V，电子的逸出功 $W=Ve$（e 取电子电量的绝对值）。这个假设的电势 V 即金属表面内外层的电势差叫作电子的逸出电势，通常用逸出电势表示金属的逸出功。

不同的金属逸出电势不同，也就是说电子从不同的金属中逸出克服电场力所做的功不同。对于大多数纯金属，逸出电势 V 的值在 3～4.5V，个别金属如铂的逸出电势超过 5V。

人们采用各种各样的方法来增加电子的动能，如给金属升温产生热电子发射，用光照射金属产生光电效应等方法，使电子逸出金属表面，飞向空间。

二、接触电势差

意大利物理学家伏打 1797 年发现，当两种不带电的金属相互接触时，在接触面会分别出现等量的正、负电荷，因而在两种金属接触表面处产生电势差，这种电势差称为**接触电势差**（contact potential difference）。接触电势差的大小与金属的性质和温度有关，一般在十分之几伏到几伏之间。伏打还发现如果金属排列序列为铝、锌、锡、铬、铅、锑、铋、汞、铁、铜、银、金、铂、钯等，则序列中任意两种金属相接触时，排序在前者带正电，后者带负电。

接触电势差产生的原因之一是由于两种金属的逸出电势不同，故从金属表面逸出的自由电子数不同。假设两种金属 A 和 B 在温度相同、自由电子数密度相同的条件下相接触，逸出电势分别为 V_A 和 V_B，并假设 $V_A<V_B$，在两者相互接触时，那么电子从金属 A 中逸出要比从金属 B 中逸出容易些，使得从 A 到 B 的电子数多于从 B 到 A 的电子数。迁移的结果导致 B 中有带较多的电子而带负电，A 中因缺少电子而带正电，这样在 A、B 接触处产生电势差 U'_{AB}，形成了电场。此电场阻止电子从金属 A 移向金属 B，使得从 A 运动到 B 的电子数减少；对从金属 B 移向金属 A 的电子产生促进作用，使电子从 B 移动到 A 数目增加。最终将达到一个动态平衡的过程，即两者迁移的电子数目相等。这样在金属 A、B 接触面处形成一个恒定的电势差 U'_{AB}，如图 5-7 所示，可以证明这个电势差就等于两种金属的逸出电势之差。

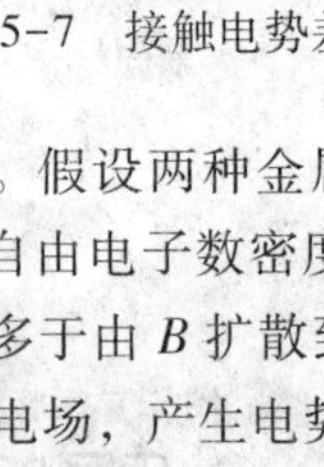

图 5-7 接触电势差

$$U'_{AB}=V_B-V_A \tag{5-14}$$

接触电势差产生的原因之二是因为两种金属中自由电子数密度的不同。假设两种金属 A 和 B 在温度相同、自由电子数密度的不同条件下相接触，设金属 A 和 B 的自由电子数密度分别为 n_A 和 n_B，并且 $n_A>n_B$，由电子的自由扩散，则从 A 扩散到 B 的电子数多于由 B 扩散到 A 的电子数。结果导致金属 A 带正电，金属 B 带负电，在 A、B 接触处就形成电场，产生电势差 U''_{AB}，这个电场将阻碍电子继续扩散，最终电子的扩散达到动态平衡，在金属 A 和 B 的接触处又形成一个恒定的电势差 U''_{AB}。可以通过理论计算证明

$$U''_{AB}=\frac{kT}{e}\ln\frac{n_A}{n_B}$$

式中，k 是玻耳兹曼常数，e 是电子电量，T 是热力学温度。

综上所述，两种金属接触时总的电势差 U_{AB} 等于 U'_{AB} 与 U''_{AB} 的代数和，即

$$U_{AB} = U'_{AB} + U''_{AB}$$

一般可写作

$$U_{AB} = V_B - V_A + \frac{kT}{e} \ln \frac{n_A}{n_B} \tag{5-15}$$

由于任何两种金属的自由电子数密度相差都很小，实际上 $U''_{AB} \ll U'_{AB}$，通常 U''_{AB} 可忽略不计。

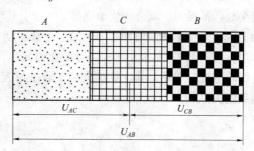

如图 5-8 所示，如果在相同温度下把金属 C 连接在金属 A 和 B 之间，实验表明 A 和 B 之间的电势差仍和它们直接接触时相同，即

$$U_{AB} = U_{AC} + U_{CB}$$

由此说明接触电势差与中间的金属存在与否无关。

图 5-8　接触电势差与中间金属无关

三、温差电现象及其应用

上面讨论了两种金属接触时存在接触电势差。在相同温度下，若把两种或两种以上的金属组成一个闭合回路，实验得出，沿整个闭合回路一周，各接触电势差的代数和等于零。如图 5-9 所示，当 A、B 两种金属组成闭合回路时，有

$$U_{AB} + U_{BA} = 0$$

然而两种不同的金属相接触，串联成闭合回路，当接触处温度不同时，回路中有电动势产生，这种现象称为**温差电现象**，此电动势称为**温差电动势**，回路称为温差电偶。

如图 5-10 所示，金属 A 和金属 B 组成一个闭合回路，它们有两个接触处 1 和 2。在这两个接触处都要产生接触电势差。在相同温度下，因为 U_{AB} 和 U_{BA} 大小相等而方向相反，接触电势差的代数和等于零。

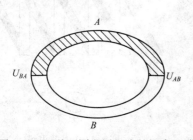

图 5-9　两种不同金属组成的闭合回路

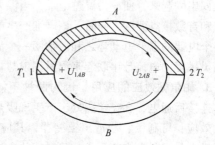

图 5-10　温差电动势

在闭合回路里两接触点处的温度不同时，1 与 2 两个接触点产生的接触电势差不相等。设接触点 1 处和 2 处的热力学温度分别为 T_1 和 T_2，并且 $T_1 > T_2$，产生的接触电势差分别为 U_{1AB} 和 U_{2AB}，则有

$$U_{1AB} = V_B - V_A + \frac{kT_1}{e} \ln \frac{n_A}{n_B} \qquad U_{2AB} = V_B - V_A + \frac{kT_2}{e} \ln \frac{n_A}{n_B}$$

由上两式可知，$T_1 > T_2$ 时，$U_{1AB} > U_{2AB}$，由温差产生的电动势 ε 为

$$\varepsilon = U_{1AB} - U_{2AB} = V_B - V_A + \frac{kT_1}{e}\ln\frac{n_A}{n_B} - \left(V_B - V_A + \frac{kT_2}{e}\ln\frac{n_A}{n_B}\right)$$

$$\varepsilon = \frac{k}{e}(T_1 - T_2)\ln\frac{n_A}{n_B} \tag{5-16}$$

上式表明：两种不同的金属串联而成的闭合回路中，如果将一个接头放入高温源，另一接头放入低温源，就会产生电动势 ε，这个电动势称为温差电动势。此式粗略地解释了温差电动势成因。在不考虑两种金属中的电子数密度 n_A 和 n_B 与温度有关的情况下，得出 ε 与两接触点温度差 (T_1-T_2) 成正比；实际上比值 n_A/n_B 也是温度的函数，故上式中 ε 与 (T_1-T_2) 并不是简单的比例关系。其计算结果与实验结论有严重的缺陷，实际的温差电动势 ε 与温度间更精确的关系式为

$$\varepsilon = a(T_1 - T_2) + \frac{1}{2}b(T_1 - T_2)^2 \tag{5-17}$$

式中，a 和 b 是与金属性质有关的实验常数。

帕尔帖在 1834 年发现，当电流通过由两种不同金属串联而成的电路时，在两金属接头处，分别产生吸热和放热现象，即温差电现象的逆现象，叫作**帕尔帖效应**。可以利用它制造致冷器。

下面介绍温差电现象的应用：

1. 温度的测量 利用温差电动势与温度的关系，设计成温差电偶温度计，可测量温度和辐射强度。由于金属的热容量小，测试接头的温度很快就能达到待测物体温度，所以温差电偶温度计特别适合测量温度的变化。其测量的范围也很广，可测量 $-200 \sim 2000℃$ 的温度范围。它还具有测量灵敏度很高的优点，可测出 $10^{-4}℃$ 级的温度差。还可根据需要任意设计温差电偶温度计的形状和大小，利用这一特点可设计制造出测量小孔及小缝里的温度计。如在医学上，将细金属丝制成的温差电偶温度计插入人体的血管或肌肉中，即可测量血液温度和肌肉温度。还可用温差电偶温度计测皮肤及人体其他部位的温度。

2. 温差电堆的应用 如图 5-11 所示，若将很多温差电偶串联起来，便成为温差电堆。当温差电堆的偶数接点和奇数接点温度不同时，该电堆产生的总电动势等于各个电偶的温差电动势之和。常用一个温差电堆和一个高灵敏度的电流计串联起来测量辐射热。

3. 帕尔帖效应的应用 因为两种不同的导体或半导体连接后通电，会在接头处产生现吸热和放热的帕尔帖效应，可利用它制造出致冷器，其应用日益广泛。在医学上如眼科白内障手术、显微切片冷冻台等都是在应用帕尔帖效应。在半导体中，帕尔帖效应比较显著，利用这一原理设计的半导体冰箱，可获得 $-70℃$ 的低温。

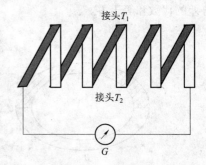

图 5-11 温差电堆

第五节 电容器的充电和放电

前面讨论的是只含有电源和电阻的电路，这节我们将在此电路中加入电容元件，讨论电容在充电和放电时的规律。

从一个稳定状态（稳态）转变到另一个稳态的过程称为过渡过程。电路的过渡过程与稳态相比，时间短暂，通常是瞬间进行的，这种瞬间的电路状态称为暂态。**暂态过程**（transient state process）是由电容器的充、放电来完成的，主要是利用电容器储存电荷的本领。

一、电容的充电

电容器的充、放电电路如图 5-12 所示。当开关 K 扳向 1 时，电动势为 ε 的电源通过电阻 R 向电容器 C 充电，设充电电压为 u_c，充电电流为 i_c。根据基尔霍夫定律可得

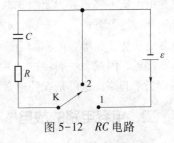

图 5-12 RC 电路

$$\varepsilon = i_c R + u_c \tag{5-18}$$

将电流定义式 $i_c = \dfrac{dq}{dt} = C\dfrac{du_c}{dt}$，代入上式，得

$$\varepsilon = RC\frac{du_c}{dt} + u_c \tag{5-19}$$

式（5-19）为 RC 电路在充电过程中电容器两端电压的微分方程式，此方程的解为

$$u_c = \varepsilon + Ae^{-\frac{t}{RC}} \tag{5-20}$$

式（5-20）中，常数 A 由初始条件确定，即 $t=0$，$u_c=0$ 时，代入上式得 $A=-\varepsilon$，所以

$$u_c = \varepsilon(1 - e^{-\frac{t}{RC}}) \tag{5-21}$$

式（5-21）表明，在电容电路的充电过程中电容器 C 两端的电压 u_c 随时间 t 按指数规律上升。

将式（5-21）代入式（5-18）可得充电电流为

$$i_c = \frac{\varepsilon - u_c}{R} = \frac{\varepsilon}{R}e^{-\frac{t}{RC}} \tag{5-22}$$

式（5-22）表明，电容电路的充电电流 i_c 随时间 t 按指数规律下降。

图 5-13 和图 5-14 给出了电容电路的 $u_c \sim t$ 曲线和 $i_c \sim t$ 曲线。从图中可以看出，$t=0$ 时电流具有最大值，随着充电时间的延续，电容器上积累的电荷逐渐增加，电容器两端的电压 u_c 也逐渐增大，而这时的充电电流 i_c 则随 u_c 的增大而按负指数衰减，而当 $u_c = \varepsilon$ 时，$i_c = 0$，充电过程结束。

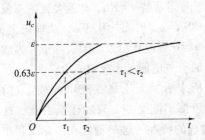

图 5-13 RC 电路充电时的 u_c-t 曲线

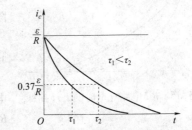

图 5-14 RC 电路充电时的 i_c-t 曲线

由上面的分析可知，电容器充电快慢由电路参数电阻 R 和电容 C 决定，我们把 R 和 C 的乘积称为电路的**时间常数**（time constant），用 τ 来表示，$\tau = RC$。R 的单位为欧姆（Ω），C 的单位为法拉（F），τ 的单位为秒（s）。τ 越大，充电越慢；反之，充电越快。当 $t=\tau$ 时，有

$$u_c = \varepsilon(1 - e^{-1}) = 0.63\varepsilon \tag{5-23}$$

$$i = \frac{\varepsilon}{R}e^{-1} = 0.37\frac{\varepsilon}{R} \tag{5-24}$$

由上两式可知，τ 是电容电路充电时电容器上的电压从零上升到 ε 的 63% 所经历的时间，或充电电流下降到最大值的 37% 时所经历的时间。

从理论上分析，$t = \infty$ 时，$u_c = \varepsilon$，表明只有充电时间足够长时，电容器两端电压 u_c 才能与电源电动势 ε 相等。但实际上，$t = 3\tau$ 时，$u_c = 0.95\varepsilon$，当 $t = 5\tau$ 时，$u_c = 0.99\varepsilon$。这时 u_c 与 ε 已基本接近，因此，一般经过 $3\tau \sim 5\tau$ 的时间，充电过程就已基本结束。此时充电电流 $i_c = 0$，电路相当于开路，这就是我们通常所说的电容在电路中有阻隔直流的作用。

二、电容电路的放电

在图 5-12 所示的电路中，如果把开关 K 与 2 接通，电容器 C 将通过电阻 R 放电。接通瞬间，电容器极板上的电荷将随时间的增加而逐渐减少。根据基尔霍夫定律可得

$$u_c = i_c R \tag{5-25}$$

在电容器放电过程中电荷是逐渐减少，故电荷变化率为负，因此 $i_c = -\dfrac{dq}{dt} = -C\dfrac{du_c}{dt}$，将其代入上式得

$$\frac{du_c}{dt} + \frac{u_c}{RC} = 0$$

此一阶微分方程的解为

$$u_c = Ae^{-\frac{t}{RC}}$$

将初始条件 $t = 0$，$u_c = \varepsilon$ 代入上式，可得常数 $A = \varepsilon$，则上式变为

$$u_c = \varepsilon e^{-\frac{t}{RC}} \tag{5-26}$$

利用放电过程中电压与电流的关系，将式（5-26）代入式（5-25），可得放电电流 i_c 为

$$i_c = \frac{u_c}{R} = \frac{\varepsilon}{R}e^{-\frac{t}{RC}} \tag{5-27}$$

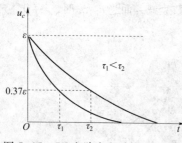

图 5-15　RC 电路充电时的 i_c-t 曲线

由式（5-25）和式（5-26）得出，在电容电路的放电过程中，u_c、i_c 均随时间 t 按指数规律衰减。且衰减的快慢取决于时间常数 $\tau = RC$，τ 越大衰减越慢，如图 5-15 所示。当 $t = \tau$ 时，$u_c = 0.37\varepsilon$，从理论上分析，只有 $t = \infty$ 时，$u_c = 0$ 放电才结束。但实际中，当放电时间经过 $3\tau \sim 5\tau$ 时，放电便基本结束。

从上面分析来看，无论是在充电或放电过程中，电容器上的电压都不能突变，只能逐渐变化。这就是 RC 电路暂态过程的特性，这一特性在医学工程中有着广泛的应用。人体中的电传导常常被模拟为 RC 电路。例如，细胞膜的电特性以及神经传导等。

案例分析

案例：心脏除颤器治疗严重心律失常的原理是什么？怎样的电路对除颤效果较好？

分析：心脏除颤器治疗严重心律失常、消除心室颤动的原理是利用电容电路的充放电过程。

除颤时，将充电后的电容器通过电极接至人体，用放电电流对心脏进行电击。瞬间的强电流电击心脏后，使心肌纤维处于除极化状态，造成暂时性心脏停搏，消除杂乱兴奋，以使自律性最强的窦房结重新成为起搏点并控制整个心搏，从而恢复窦性心律的正常状态。

心脏除颤器的电路为电容充放电电路。但纯 RC 电路放电时能量过分集中，易对心肌组织造成损伤，除颤效果不是很好。通常采用电容直流电阻尼放电法，即在放电回路中用电感线圈 L 代替电阻 R，与电容串联组成 LC 放电回路。LC 电路放电电流比 RC 电路放电电流的脉冲宽，能量相对分散，对组织的损伤小，通过选择 L 值来控制放电时间，除颤效果好。

课堂互动

生活中，我们闭合电路中开关时，离电源很远的电灯会立刻亮起来，用你学到的知识解释此现象。

知识链接

基尔霍夫两个定律适用于由各种不同元件所构成的电路，请同学们查找基尔霍夫定律在电子电路中的应用，验证晶体管的基极电流、集电极电流和发射极电流之间满足关系：$I_c + I_b = I_e$。

本章小结

本章主要讲述了电流强度的概念、电流密度概念、电流连续性原理、恒定电流的条件、欧姆定律的微分形式、电源电动势的概念、一段含源电路的欧姆定律、基尔霍夫定律及其应用、温差电现象、电容器的充电和放电。

重点：一段含源电路的欧姆定律、基尔霍夫定律。

难点：电流密度概念、基尔霍夫定律的应用。

练习题五

5-1 同种材料横截面积不同的两根导线串联接在一电源上，问：

（1）通过细导线和粗导线内的电流强度是否相同？

（2）通过细导线和粗导线内的电流密度是否相同？

5-2 解释电路中开关一闭合，离电源很远的电灯会立刻亮起来的原因。

5-3 电势与电动势的单位都是伏特，它们的本质区别是什么？

5-4 温差电动势是如何产生的？

5-5 在横截面积为 $2 \times 10^{-6} \text{m}^2$ 的铜导线中，通以 5A 的电流，铜导线中自由电子数密度为 $8 \times 10^{28} \text{m}^{-3}$，求电子的平均漂移速度。

5-6 一蓄电池以 5A 电流充电时，端电压为 2.05V，该蓄电池以 2A 电流进行放电时，端电压为 1.98V，求该蓄电池的电动势和内阻。

5-7 如图 5-16 所示，$\varepsilon_1 = 12\text{V}$，$\varepsilon_2 = 9\text{V}$，$\varepsilon_3 = 8\text{V}$，$r_1 = r_2 = r_3 = 1\Omega$，$R_1 = R_2 = R_3 = R_4 = R_5 = 2\Omega$。求：（1）$a$、$b$ 两点间的电势差；（2）c、d 两点间的电势差；（3）如果 c、d 两点短路，则 a、b 两点间的电势差是多少？

5-8 在图 5-17 所示的电路中，求电池 1 的电动势 ε_1。安培计 A 的读数为 0.5A，电流方向如图。（注意：当电源、安培计的内电阻未指明时，可认为电源、安培计是理想的，即无内阻。）

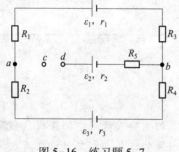

图 5-16 练习题 5-7

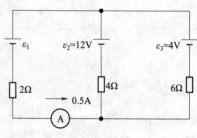

图 5-17 练习题 5-8

5-9 如图 5-18 所示电路中，$\varepsilon_1 = 2\text{V}$，$\varepsilon_2 = \varepsilon_3 = 4\text{V}$，$R_1 = R_3 = 1\Omega$，$R_2 = 2\Omega$，$R_4 = R_5 = 3\Omega$，求：（1）各支路中的电流；（2）$A$、$B$ 两点间的电势差 U_{AB}。

5-10 如图 5-19 所示，$\varepsilon_1 = 12\text{V}$，$\varepsilon_2 = 6\text{V}$，$R_1 = 1\Omega$，$R_2 = 2\Omega$，$R_3 = 3\Omega$，$r_1 = r_2 = 1\Omega$，求：

（1）电路中的电流；

（2）A、B 两点间的电势差。

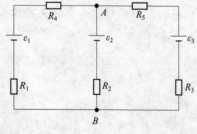

图 5-18 练习题 5-9

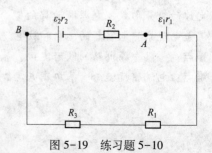

图 5-19 练习题 5-10

5-11　在图 5-20 中，$\varepsilon_1 = 12V$，$\varepsilon_2 = 6V$，$R_1 = R_2 = 5\Omega$，$R_3 = 10\Omega$，电源内阻忽略不计，求各支路电流。

5-12　在图 5-21 中，当 $R_1 = R_2 = R_3 = R_i$ 时，试证明：$U_{R_i} = \dfrac{1}{4}(\varepsilon_1 + \varepsilon_2 + \varepsilon_3)$。

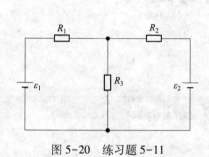

图 5-20　练习题 5-11

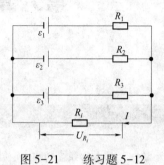

图 5-21　练习题 5-12

第六章　电流的磁场

学习导引

1. **掌握**　磁感应强度的概念、洛伦兹力公式、安培定律及应用。
2. **熟悉**　毕奥-萨伐尔定律、高斯定理、安培环路定理。
3. **了解**　磁介质。

第一节　磁场与磁感应强度

很早以前人类就发现了磁石（Fe_3O_4）召铁、磁石指南现象。我国 11 世纪的北宋科学家沈括制造了航海指南针，并发现了地磁偏角。

人们很早就认识了磁现象的下列性质：①磁铁具有吸引铁、钴、镍等物质的性质，称为**磁性**（magnetism）。②条形磁铁的两端磁性最强。磁体上磁性特别强的区域称为**磁极**（magnetic pole）。任何磁体都有两极，条形磁铁悬挂起来后，指向地球北极方向的磁极称为**北极**（N 极），指向地球南极方向的磁极称为**南极**（S 极）。磁极总是成对出现的，把条形磁铁分成许多小段，每一小段总是有 N 极和 S 极。③磁铁之间有相互作用，同性相斥，异性相吸。

人们起初并没有把磁现象和电现象它们联系起来，两者是分开研究的。直到丹麦物理学家奥斯特（Oersted）在 1820 年 4 月在做演示实验时，偶然发现电流附近的小磁针发生了偏转。磁针的磁极受力方向与电流方向垂直，而不是他原来想象的顺着电流的方向，如图 6-1 所示。奥斯特电流磁效应的发现震惊了物理学界，并导致了"磁场"的引入。从此突

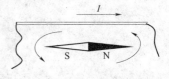

图 6-1　奥斯特实验

破了电学与磁学彼此隔绝的状态，开始了电磁学势如破竹的发展新阶段。

此后经过安培、毕奥等人的研究，知道磁现象和电荷运动是密切联系的。安培在 1822 年提出**"分子电流假说"**，认为磁性物质的分子中存在着分子电流假说，这是一切磁现象的来源。现在已经知道，不管是永久磁铁的磁性，还是电流的磁性，都来源于电荷的运动。

一、磁场

由静电场的研究知道，在静止电荷周围的空间存在着电场，静止电荷间的相互作用是通过电场来实现的。运动电荷和电流间的相互作用是靠什么来实现的呢？经过人们大量的研究

知道，电荷运动时不但在周围空间产生电场，同时还会激发另一种特殊形式的物质。运动电荷或电流在周围空间激发的这种特殊形式的物质称为**磁场**（magnetic field）。磁场的物质性表现在：①对在磁场中运动的电荷或载流导体、永磁体有力的作用；②载流导体在磁场内移动时，磁场将对载流导体做功，即磁场具有能量。因此，运动电荷之间、电流之间、电流与磁体之间的相互作用，都可以看成它们中任意一个所激发的磁场对另一个施加作用力的结果。磁场在空间上有一定的分布规律。

二、磁感应强度

类比于电场，可以从力的角度来研究磁场，我们引入磁感应强度矢量 B 来定量描述磁场的性质。自从认识了运动电荷是磁现象的根源以后，常用磁场对运动电荷、载流导线或载流线圈的作用来描述磁场。下面用磁场对运动电荷的作用来描述磁场。

在磁场中引入一个正的点电荷 q，当它以任意速度 v 通过磁场中某点 P 点时，通过大量实验研究，得出点电荷所受磁场力与电荷的电量、速度及该点磁场性质关系有如下规律：

（1）当运动电荷 q 通过 P 点时，在一般情况下都要受到磁场力的作用，只是在电荷速度的方向平行于某一特定取向通过 P 点时，运动电荷才不受力，$F=0$。

（2）当运动电荷 q 以不同平行于特定方向通过磁场中 P 点时，运动电荷所受的力 F 的方向总是垂直于速度 v 与该特定方向组成的平面。由此可见，磁场给运动电荷的作用力为侧向力，它只改变运动电荷速度的方向，而不改变速度的大小。

（3）当运动电荷的速度方向垂直于该特定方向时，运动电荷受到磁场力最大 F_{max}，而此力与该电荷电量和运动速度成正比。发现比值 $\dfrac{F_m}{qv}$ 仅与电荷所在点的位置有关，对于磁场中 P 点比值 $\dfrac{F_m}{qv}$ 是唯一量值。这个比值代表了该点磁场的强弱。因此把这个比值定义为磁场中某点的**磁感应强度 B** 的大小

$$B=\frac{F_m}{qv} \tag{6-1}$$

它反映了该点磁场本身的性质。

对于**磁感应强度 B 的方向，可以根据右手螺旋法则，由正电荷 q 在该点所受的最大磁力 F_m 和速度 v 的方向来确定。**如图 6-2 所示，右手拇指伸直，四指沿 F_m 的方向沿小于 π 的角度转向速度 v 的方向，拇指的指向即为磁感应强度 B 的方向。

当运动电荷在磁场中 P 点的速度与 B 的夹角为任意 θ 时，则磁场作用于运动电荷的磁力 F 大小为

$$F=qvB\sin\theta$$

因为 F 的方向总是垂直于速度 v 和 B 的方向，所以可写成矢量式

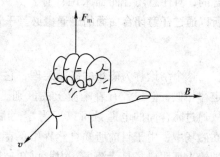

图 6-2　磁感应强度方向的规定

$$F=qv\times B \tag{6-2}$$

综上所述，**磁感应强度 B 是描述磁场性质的物理量，磁场中某点的磁感应强度，在数值上等于单位正电荷以单位速度通过该点时所受到的最大磁场力。其方向由右手螺旋定则确定。**

在国际单位制中，磁感应强度 **B** 的单位是特斯拉（T）。

地球磁场为弱磁场，约为 0.5×10^{-4}T，动物的生物磁场为极弱磁场，大约是 $10^{-10} \sim 10^{-12}$T，核磁共振装置的超导磁体约 2T，大型电磁铁可产生 30T 的磁场，脉冲星上的磁场是目前所知的最强大的天然磁场，约为 10^{8}T。

如果磁场中某一区域内各点的磁感应强度 **B** 方向一致、大小相等，这个区域内的磁场就称为**匀强磁场**。

三、磁通量和磁场高斯定理

类比于电力线描述电场一样，我们在描述磁场时也可以引用**磁感应线**（magnetic induction line）来形象描述。磁感应线是磁场中的一些假想曲线，这些曲线上任意一点的切线方向与该处的磁感应强度 **B** 的方向相同。磁感应线是环绕电流的不相交的闭合曲线，无起点和终点，好像涡旋一样。因此，因此磁场是一种**涡旋场**（vortex field）。这不同于静电场中电力线始于正电荷而终止于负电荷的情况。

为使磁感应线能表示某点磁场的强弱，规定垂直通过磁感应强度 **B** 的单位面积上的磁感应线的条数，等于该处的磁感应强度 B 的大小。

1. 磁通量　通过磁场中某一曲面的磁感应线总数称为通过该曲面的**磁通量**（magnetic flux）。用 $\boldsymbol{\Phi}_m$ 表示，单位为韦伯（Wb）。

设磁场中有一任意曲面 S，在曲面上取面积元 $\mathrm{d}\boldsymbol{S}$，如图 6-3 所示。$\mathrm{d}\boldsymbol{S}$ 的法线方向 **n** 与该处磁感应强度 **B** 的方向之间的夹角为 θ，通过该面积元 $\mathrm{d}\boldsymbol{S}$ 的磁通量为

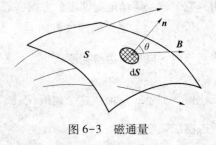

$$\mathrm{d}\boldsymbol{\Phi}_m = \boldsymbol{B} \cdot \mathrm{d}\boldsymbol{S} = B\cos\theta\,\mathrm{d}S$$

通过曲面 S 的磁通量可由积分求得，即

$$\boldsymbol{\Phi}_m = \int_S \mathrm{d}\boldsymbol{\Phi}_m = \iint_S B\cos\theta\,\mathrm{d}S \qquad (6\text{-}3)$$

图 6-3　磁通量

2. 磁场中的高斯定理　对闭合曲面，规定正法线矢量 **n** 的方向垂直于曲面向外。因此对闭合曲面来说，从闭合曲面穿出的磁通量为正，穿入曲面的磁通量为负。由于磁感应线是闭合的，对任意闭合曲面来说，有多少条磁感应线穿入，就一定有相同数量的磁感应线穿出。所以**通过任意闭合曲面的磁通量必等于零**。即

$$\oint_S \boldsymbol{B} \cdot \mathrm{d}\boldsymbol{S} = 0 \qquad (6\text{-}4)$$

这个结论称为**磁场的高斯定理**，它是表明磁场性质的重要定理之一。与静电场中的高斯定律相似，但二者有着本质上的区别。在静电场中，由于自然界中自由电荷能够单独存在，故通过闭合面的电通量可以不为零，说明静电场是有源场，源头是正电荷，源尾是负电荷。在磁场中，由于目前所知自然界中不存在单独磁极，故通过闭合面的磁通量必等于零，这从理论上证明磁场是无源。由此可知磁场和电场是性质不同的场。

第二节　电流的磁场

稳恒电流激发的磁场称为稳恒磁场，在稳恒磁场中，任意一点的磁感应强度仅是空间坐标的函数，与时间无关。本节介绍载流导线激发稳恒磁场的规律和应用。

一、毕奥–萨伐尔定律

在奥斯特发现电流的磁效应之后，法国的毕奥和萨伐尔进一步研究了载流导线对磁针的作用。在数学家拉普拉斯的帮助下，总结出载流导线的电流元产生磁场的基本定律，称为**毕奥–萨伐尔定律**（Biot-Savart law）。

类似静电场中计算任意带电体在某点的电场强度 E 的方法。如图 6-4 所示，把载流导线分成很多小段，任取一小段 dl，将该处的电流方向定义为线元矢量 dl，把电流与线元矢量的乘积 Idl 称为该处的**电流元矢量**。

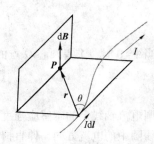

毕奥–萨伐尔定律指出：电流元 Idl 在空间某点 P 处产生的磁感应强度 dB 的大小与电流元 Idl 的大小成正比，与电流元到 P 点的距离 r 的平方成反比，与 Idl 和 r 之间小于 π 的夹角 θ 的正弦成正比。其数学表达式为

图 6-4　电流元产生的磁感应强度

$$dB = \frac{\mu_0}{4\pi} \cdot \frac{Idl\sin\theta}{r^2} \tag{6-5}$$

式中，μ_0 称为**真空的磁导率**（permeability of vacuum），$\mu_0 = 4\pi \times 10^{-7}$ 亨利·米$^{-1}$（H·m^{-1}）。

dB 的方向垂直于 Idl 和 r 所组成的平面，并且 Idl、r 和 dB 三者满足右手螺旋法则：右手四指由 dl 沿小于 π 的角度转到 r，则拇指的指向即为 dB 的方向。

长度为 L 的载流导线由很多电流元组成。根据场的叠加原理，载流导线产生的磁场应该是所有电流元产生的磁场的矢量和，即

$$B = \int_L dB = \int_L \frac{\mu_0}{4\pi} \cdot \frac{Idl\sin\theta}{r^2} \tag{6-6}$$

毕奥–萨伐尔定律是计算电流磁场的基本定律。由毕奥–萨伐尔定律可知，任意形状的电流所产生的磁场等于各段电流元产生磁场的矢量和，据此可计算电流的磁场。这个定律虽然不能由实验直接证明，但由这个定律出发得出的结果都能很好地与实验相符合。

用毕奥–萨伐尔定律计算电流的磁感应强度 B，首先应把电流分成电流元，求出任一电流元在磁场中某点产生的磁感应强度 dB。然后再用场的叠加原理 $B = \int_L dB$ 进行计算。由于是矢量积分，而各电流元在该点产生的 dB 方向不一定相同，在计算中通常先用右手螺旋法则确定电流元 Idl 产生的磁感应强度 dB 的方向，然后建立适当的坐标系，写出 dB 在各坐标方向的分量，如 dB_x、dB_y 等，把矢量积分变为标量积分。从式（6-5）可见，积分变量可能是 l、r 或 θ，具体计算时要选择便于积分的变量。

1. 真空中圆电流轴线上的磁场　如图 6-5 所示，半径为 R、电流强度为 I 的圆电流置于真空中。以轴线为 x 轴，圆心为原点 O，P 为轴线上的一点，则 $OP = x$。在圆电流上对称地取两个电流元，它们在 P 点产生的磁感应强度 dB 和 dB' 以 x 轴为对称，并且在与轴线垂直的方向上的分量相互抵消，而沿轴线方向上的分量互相加强。整个圆电流在 P 点产生的磁感应强度 B 沿 x 轴方向。

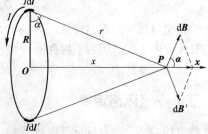

图 6-5　圆电流轴线上的磁场

dB 沿轴线方向的分量为

$$dB_x = dB \cdot \cos\alpha = \frac{\mu_0}{4\pi} \cdot \frac{Idl}{r^2} \cdot \frac{R}{r} = \frac{\mu_0}{4\pi} \cdot \frac{IRdl}{r^3}$$

P 点位置一定，r、α 都是常量

所以真空中圆电流轴线上 P 点的磁场为

$$B = \oint_L dB_x = \frac{\mu_0 IR}{4\pi r^3} \int_0^{2\pi R} dl = \frac{\mu_0}{2} \cdot \frac{IR^2}{(R^2 + x^2)^{3/2}} \qquad (6-7)$$

当 $x = 0$ 时，求得圆心 O 点的磁感应强度大小为

$$B = \frac{\mu_0 I}{2R}$$

圆电流轴线上的磁感应强度方向也可以用右手螺旋定则来判断，即用右手弯曲的四指代表圆线圈中的电流方向，伸直拇指的指向就是轴线上 $\boldsymbol{B}$ 的方向。

2. 真空中长直电流的磁场　设真空中有一直线电流 AB，电流强度为 I，从 A 流向 B。空间某一点 P 到直线电流的距离为 a，如图 6-6 所示。将直线电流分成许多电流元，每个电流元在 P 点产生的磁场方向相同，均垂直于纸面向里。根据毕奥-萨伐尔定律，直线上任一电流元 Idl 在 P 点的磁感应强度 $d\boldsymbol{B}$ 的数值为

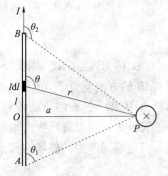

图 6-6　长直电流的磁场

$$dB = \frac{\mu_0}{4\pi} \cdot \frac{Idl\sin\theta}{r^2}$$

考虑统一用变量 θ，从几何关系可得

$$l = a\cot(\pi - \theta) = -a\cot\theta$$

$$dl = -ad(\cot\theta) = a\csc^2\theta d\theta$$

$$r^2 = a^2\csc^2\theta$$

$$dB = \frac{\mu_0}{4\pi} \cdot \frac{Ia\csc^2\theta d\theta}{a^2\csc^2\theta} \cdot \sin\theta = \frac{\mu_0 I}{4\pi a} \cdot \sin\theta d\theta$$

真空中长直电流 AB 在 P 点产生的磁感应强度的数值为

$$B = \int_L dB = \frac{\mu_0 I}{4\pi a} \int_{\theta_1}^{\theta_2} \sin\theta d\theta = \frac{\mu_0 I}{4\pi a}(\cos\theta_1 - \cos\theta_2) \qquad (6-8)$$

若导线 AB 为无限长，则 $\theta_1 = 0$，$\theta_2 = \pi$，由式（6-8）得

$$B = \frac{\mu_0 I}{2\pi a} \qquad (6-9)$$

长直电流周围的磁感应强度 $\boldsymbol{B}$ 与导线中的电流成正比，与距离成反比。磁感应线是一组围绕导线的同心圆。用右手握住直导线，使拇指的方向与电流方向一致，则四指的环绕方向就是磁感应强度的方向。

二、安培环路定律

静电场的一个重要特征是电场线始于正电荷，终止于负电荷，不形成闭合曲线。因此静电场中电场强度沿任何闭合路径 L 的积分等于零，即 $\oint_L \boldsymbol{E} \cdot d\boldsymbol{l} = 0$，这是静电场的环路定理。

它表示静电场是保守力场。而磁感应线是围绕电流的闭合曲线，下面分析在磁场中磁感应强度 $\boldsymbol{B}$ 沿闭合回路的积分 $\oint_L \boldsymbol{B} \cdot \mathrm{d}\boldsymbol{l}$ 的结果。

1. 环路 L 包围电流　如图 6-7 所示，闭合环路 L 围绕一根无限长直载流导线，当环路 L 的走向与电流 I 构成右手螺旋关系时

$$\oint_L \boldsymbol{B} \cdot \mathrm{d}\boldsymbol{l} = \oint_L B\cos\theta\,\mathrm{d}l$$

$$= \oint_L Br\,\mathrm{d}\varphi = \oint_L \frac{\mu_0 I}{2\pi r}r\,\mathrm{d}\varphi = \frac{\mu_0 I}{2\pi}\oint_L \mathrm{d}\varphi = \frac{\mu_0 I}{2\pi} \cdot 2\pi = \mu_0 I$$

如果 I 的方向相反，它所产生的磁感应强度 $\boldsymbol{B}$ 的方向也相反

$$\theta > \frac{\pi}{2}, \quad \cos\theta\,\mathrm{d}l = -r\,\mathrm{d}\varphi, \quad \oint_L \boldsymbol{B} \cdot \mathrm{d}\boldsymbol{l} = -\mu_0 I$$

由此规定电流的正负：**电流方向与积分环路绕行方向构成右手螺旋关系为正，反之为负。**

2. 环路 L 不包围电流　如图 6-8 所示，闭合环路 L 内不包含电流，则

$$\oint_L \boldsymbol{B} \cdot \mathrm{d}\boldsymbol{l} = \oint_L Br\,\mathrm{d}\varphi = \frac{\mu_0 I}{2\pi}\int_{\varphi_1}^{\varphi_2}\mathrm{d}\varphi + \frac{\mu_0 I}{2\pi}\int_{\varphi_2}^{\varphi_1}\mathrm{d}\varphi = 0$$

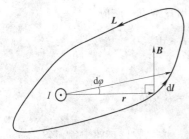

图 6-7　环路 L（围绕电流）

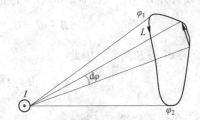

图 6-8　环路 L（不围绕电流）

3. 环路 L 围绕 n 个电流，并且 L 外面还有 k 个电流　根据叠加原理

$$\boldsymbol{B} = \boldsymbol{B}_1 + \boldsymbol{B}_2 + \cdots + \boldsymbol{B}_n + \boldsymbol{B}_{n+1} + \cdots + \boldsymbol{B}_{n+k}$$

则有

$$\oint_L \boldsymbol{B} \cdot \mathrm{d}\boldsymbol{l} = \oint_L \boldsymbol{B}_1 \cdot \mathrm{d}\boldsymbol{l} + \cdots + \oint_L \boldsymbol{B}_n \cdot \mathrm{d}\boldsymbol{l} + \oint_L \boldsymbol{B}_{n+1} \cdot \mathrm{d}\boldsymbol{l} + \cdots + \oint_L \boldsymbol{B}_{n+k} \cdot \mathrm{d}\boldsymbol{l}$$

$$= \mu_0 I_1 + \mu_0 I_2 + \cdots + \mu_0 I_n + 0 = \mu_0 \sum_{i=1}^n I_i$$

表明，**在真空中的稳恒磁场，总磁感应强度 $\boldsymbol{B}$ 沿任意闭合路径积分的值等于它所围绕的电流代数和的 μ_0 倍**，即

$$\oint_L \boldsymbol{B} \cdot \mathrm{d}\boldsymbol{l} = \mu_0 \sum_{i=1}^n I_i \tag{6-10}$$

此关系称为**安培环路定律**（Ampere circuital theorem）。注意等式右端 $\sum I$ 是指闭合环路所围绕的那些电流，而等式左端的 $\boldsymbol{B}$ 是空间所有电流产生的磁感应强度的矢量和，是环路 L 内外的电流共同产生的磁场，只不过环路 L 以外的电流所产生的磁场沿 L 的环路积分为零。不难看出，不管闭合环路外面电流如何分布，只要闭合环路内没有包围电流，或者所包围电流的代数和为零，总有 $\oint_L \boldsymbol{B} \cdot \mathrm{d}\boldsymbol{l} = 0$。但这并不意味着闭合路径上各点的磁感应强度都为零。

无限长直电流可视为在无穷远处闭合，根据毕奥-萨伐尔定律可以证明式（6-10）对任意形状的闭合传导电流和任何形式的平面或非平面内的闭合环路都成立。

对比静电场和磁场可见，电流所产生的磁场的环路积分一般不等于零，磁场是非保守力场，安培环路定律进一步说明磁场是涡旋场。

对电流分布具有一定对称性，其产生的磁场用安培环路定律计算磁感应强度比用毕奥-萨伐尔定律方便。首先根据电流的分布分析磁场分布的对称性；然后选择适当的积分环路 L，使得磁感应强度 $\boldsymbol{B}$ 能以标量形式从 $\oint_L \boldsymbol{B} \cdot \mathrm{d}\boldsymbol{l}$ 中提出积分号外，只需计算 L 包围的电流代数和就可以方便地算出 $\boldsymbol{B}$ 的数值。

例 6-1：真空中无限长直螺线管的磁场

设长度为 l、有 N 匝线圈均匀密绕的长直螺线管，当长度比线圈半径大得多时，可认为是"无限长"。这种螺线管无漏磁，即管外侧磁场可忽略不计，管内是均匀磁场。

选取图 6-9 所示的矩形闭合曲线 $abcda$ 为积分环路 L。ab、cd 与管轴平行，bc、da 与管轴垂直。则

$$\oint_L \boldsymbol{B} \cdot \mathrm{d}\boldsymbol{l} = \int_{ab} \boldsymbol{B} \cdot \mathrm{d}\boldsymbol{l} + \int_{bc} \boldsymbol{B} \cdot \mathrm{d}\boldsymbol{l} + \int_{cd} \boldsymbol{B} \cdot \mathrm{d}\boldsymbol{l} + \int_{da} \boldsymbol{B} \cdot \mathrm{d}\boldsymbol{l}$$

因为螺线管外 $B=0$，线段 bc、da 在管内部分的 $\mathrm{d}\boldsymbol{l}$ 与 $\boldsymbol{B}$ 相互垂直，所以

$$\int_{bc} \boldsymbol{B} \cdot \mathrm{d}\boldsymbol{l} = 0, \quad \int_{cd} \boldsymbol{B} \cdot \mathrm{d}\boldsymbol{l} = 0, \quad \int_{da} \boldsymbol{B} \cdot \mathrm{d}\boldsymbol{l} = 0$$

线段 ab 的 $\mathrm{d}\boldsymbol{l}$ 与 $\boldsymbol{B}$ 同向，因此

$$\oint_L \boldsymbol{B} \cdot \mathrm{d}\boldsymbol{l} = \int_{ab} \boldsymbol{B} \cdot \mathrm{d}\boldsymbol{l} = \int_{ab} B \cdot \mathrm{d}\boldsymbol{l} = B \cdot \overline{ab}$$

螺线管上单位长度线圈匝数 $n = \dfrac{N}{l}$，当线圈通有电流 I 时，应用安培环路定律可得

$$\oint_L \boldsymbol{B} \cdot \mathrm{d}\boldsymbol{l} = B \cdot \overline{ab} = \mu_0 \, \overline{ab} \, \frac{N}{l} I$$

$$B = \mu_0 n I \tag{6-11}$$

例 6-2：真空中环形螺线管的磁场

图 6-10 所示的平均半径为 R，总匝数为 N 的环形螺线管，设环上线圈半径远小于 R，线圈均匀密绕，则管内的磁感应线都是同心圆，且圆周上每一点的磁感应强度大小相等，方向则沿该点的切线方向。因此，取这样的圆周作积分环路。应用安培环路定律

$$\oint_L \boldsymbol{B} \cdot \mathrm{d}\boldsymbol{l} = 2\pi R \cdot B = \mu_0 \sum I$$

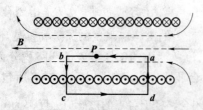

图 6-9　无限长直螺线管内磁感应强度的计算

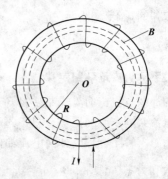

图 6-10　环形螺线管的磁场

（1）螺线管外 $\sum I=0$，$B=0$

（2）螺线管内 $\sum I=NI$

$$B=\frac{\mu_0 NI}{2\pi R}=\mu_0 nI \qquad (6-12)$$

式中，$n=\dfrac{N}{2\pi R}$ 为单位长度上的匝数。上式说明，环形螺线管的平均半径 R 远大于环上线圈半径时，环内各处磁感应强度大小相同。

第三节　磁场对运动电荷的作用

电流可以形成磁场，置于磁场中的电流也会受到磁场力的作用，这一节我们就讨论运动电荷、载流导线和载流线圈在磁场中的受力情况。

一、洛伦兹力

电荷在磁场中运动会受到磁场力的作用，这个力称为洛伦兹力（Lorentz force）。

由式（6-2）可得每个电荷受到的洛伦兹力为

$$f=qv\times B \qquad (6-13)$$

其大小为

$$f=qvB\sin\theta$$

式中，θ 是速度 v 与磁场 B 之间的夹角。洛伦兹力的方向垂直于 v 和 B 所决定的平面，而且 f、v 和 B 三个矢量的方向符合右手螺旋法则：右手四指由 v 以小于 π 的角度转向 B，拇指的指向为力的方向，如图 6-11 所示。

由于洛伦兹力的方向总是与电荷的速度方向垂直，因此对运动电荷不做功，也不会改变电荷的速度大小，而只能改变电荷的运动方向。

当电荷以一定速度 v 进入磁场，它的运动情况可能出现以下三种：

（1）速度方向与磁场方向平行，$v\ /\!/\ B$，洛伦兹力 $f=0$，电荷在磁场中做匀速直线运动。

（2）速度方向与磁场方向垂直，$v\perp B$，电荷受到的洛伦兹力的大小为 $f=qvB$，方向与 v、B 垂直。如果是匀强磁场，该电荷将在与磁场垂直的平面内做匀速圆周运动，如图 6-12 所示。其向心力就是洛伦兹力

$$m\frac{v^2}{R}=qvB$$

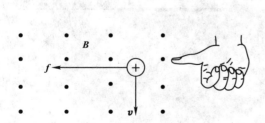

图 6-11　洛伦兹力方向的确定

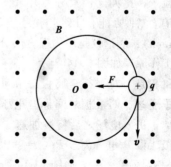

图 6-12　电荷在匀强磁场中做匀速圆周运动

因此，圆周运动的半径也称为**回旋半径**，其大小为

$$R = \frac{mv}{qB} \tag{6-14}$$

可见，在同一磁场中，若电荷的 q、v 相同，质量 m 越大的电荷，回旋半径也越大。

回旋一周所需的时间为电荷的运动周期 T，即

$$T = \frac{2\pi R}{v} = \frac{2\pi m}{qB} \tag{6-15}$$

单位时间内回旋的圈数为回旋频率 v，即

$$v = \frac{1}{T} = \frac{qB}{2\pi m} \tag{6-16}$$

由式（6-16）可见，在同一磁场 B 中，只要电荷的 q、m 相同，其回旋频率 v 相同，与运动速度 v 和回旋半径 R 无关，只是速度较大的粒子回旋半径较大，速度较小的粒子回旋半径较小。如果带正电的粒子，在交变电场和均匀磁场的作用下，多次累积式的被加速而沿着螺线形的平面轨道运动，直到粒子能量足够高时到达半圆形电极的边缘，通过铝箔覆盖的缝，粒子就可以被引出，这个原理在粒子回旋加速器上得到应用。

（3）一般情况下，电荷以与 B 成 θ 角的速度 v 进入匀强磁场。把 v 分解为垂直于 B 的分量 $v_\perp$ 和平行于 B 的分量 $v_{/\!/}$，如图 6-13 所示。

$$v_\perp = v\sin\theta, \quad v_{/\!/} = v\cos\theta$$

垂直分量使电荷受到洛伦兹力 $f = qvB\sin\theta$ 的作用，在垂直于磁场方向的平面做半径为 $R = \frac{mv}{qB}\sin\theta$ 的匀速圆周运动。在与 B 平行的方向上，电荷所受的力为零，电荷以速度 $v_{/\!/}$ 做匀速直线运动，二者叠加，使电荷做螺旋运动。螺矩为

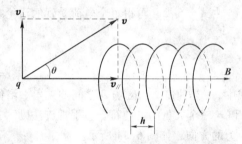

图 6-13　电荷在磁场中的螺旋运动

$$h = v_{/\!/} \cdot T = v_{/\!/} \cdot \frac{2\pi m}{qB} = \frac{2\pi m}{qB} v\cos\theta \tag{6-17}$$

二、质谱仪

带电粒子在同时存在着电场和磁场的真空中运动时，将受到电场力和磁场洛伦兹力的共同作用。利用这种现象，可以把电量相同而质量不同的粒子，比如同位素分离开来，以便进行研究。具有这种功能的仪器称为**质谱仪**（mass spectrograph），质谱仪是用物理方法分析同位素的仪器。工作原理如图 6-14 所示。

S_1 和 S_2 是一对平行金属板，中间有狭缝可让运动离子通过。两极板之间加有电压，初速度不同的正离子进入电场之后将被加速。P_1 和 P_2 是另一对电极，设 P_1 电势高于 P_2。P_1、P_2 之间的空间有一均匀磁场 B_1，方向如图 6-14 所示。加速后

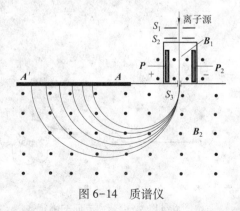

图 6-14　质谱仪

的正离子进入这个区间将受到方向相反的电场力和洛伦兹力作用，只有速度满足

$$qE = qvB_1 \qquad (6-18)$$

即 $v = E/B_1$ 的正离子，才会无偏转地通过 P_1、P_2 之间的区间，并穿过狭缝 S_3，因此这部分也称为**速度选择器**。经过速度选择的正离子进入另一匀强磁场 B_2，方向如图 6-14 所示。正离子将在洛伦兹力作用下做圆周运动。将 $v = E/B_1$ 代入式（6-14），得

$$R = \frac{mE}{qB_1B_2} \qquad (6-19)$$

根据半径 R 的不同，可以识别同一元素的各种同位素。

$$m = \frac{qRB_1B_2}{E}$$

半径越大，同位素的质量越大。在图 6-14 的 AA' 位置上装照相底片，粒子射到底片上形成线状条纹，称为**质谱**，根据条纹的位置可以测量出半径 R，进而计算同位素的质量。根据谱线的感光位置和浓度可以测出不同离子的质量数和同位素的相对丰度。图 6-15 是质谱仪摄得锗元素的五种同位素的质谱，上面标出的数字是各同位素的原子 $x = \dfrac{-b \pm \sqrt{b^2 - 4ac}}{2a}$ 量。质谱仪还能识别不同的化学元素和化合物，也能方便地测出离子的荷质比：

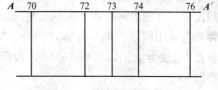

图 6-15　锗同位素的质谱

$$\frac{q}{m} = \frac{E}{RB_1B_2}$$

三、霍耳效应

霍耳在 1897 年发现：在匀强磁场 B 中放入通有电流 I 的导体或半导体薄片，使薄片平面垂直于磁场方向，则在薄片两侧 A、B 会产生横向电势差 U_{AB}，这种现象称为**霍耳效应**（Hall effect）。如图 6-16（a）所示，U_{AB} 称为**霍耳电势差**（Hall potential difference）。

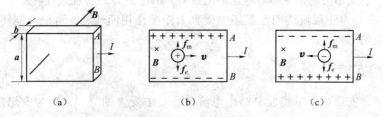

图 6-16　半导体的霍尔效应

设处于磁场中的是 P 型半导体薄片，则多数载流子是带正电的空穴。如图 6-16（b）所示，若平均定向漂移速度为 v，则正电荷受到向上的洛伦兹力 $f_m = qv \times B$ 作用，在薄片的上侧（A 侧）积累正电荷，而下侧（B 侧）相应出现负电荷，建立了从 A 指向 B 的横向电场 E。该电场对正电荷产生向下的作用力 $f_e = qE$。正电荷所受的电场力和洛伦兹力方向相反，当这两个力平衡时，即

$$qE = qvB$$

运动的正电荷受到的合力为零，AB 两侧才停止电荷的积累，形成稳定的**霍耳电场**。电场强度

$$E_H = vB \tag{6-20}$$

若载流子密度为 n，载流子电量为 q，则上式中载流子的漂移速度 v 可以根据电流强度 I 求得

$$I = nqvab$$

$$v = \frac{I}{nqab}$$

设霍耳电场是匀强电场，霍耳电势差为

$$U_{UABU} = Ea = vBa = \frac{I}{nqab} \cdot Ba = \frac{1}{nq} \cdot \frac{IB}{b} = R_U HU \frac{IB}{b} \tag{6-21}$$

可见霍耳电势差与电场强度 I 和磁感应强度 B 成正比，与薄片厚度 b 成反比，比例系数 $R_H = \frac{1}{nq}$ 称为**霍耳系数**（Hall coeffitient）。

金属材料中，自由电子体密度 n 很大，所以 R_H 很小，霍耳电势差也就很小。半导体材料中载流子的体密度 n 很小，霍耳效应显著，可以用来制造产生霍耳效应的器件，也称为**霍耳元件**。当使用的是 N 型半导体时，由于多数载流子是电子，在 A 侧积累的就是负电荷，霍耳电势差 U_{AB} 变为负，如图 6-16（c）所示。所以根据霍耳电势差的正负，可以判断半导体的类型。

根据式（6-21），对一定的霍耳元件，当电流 I 一定时，霍耳电势差 U_{AB} 与磁感应强度 B 成正比。据此可以制造用于测量磁感应强度的**特斯拉计**。霍耳电场是由非静电力的洛伦兹力建立的，霍耳电势差的正负又决定于载流子的正负，因此霍耳效应在测量技术、电子技术和自动化领域都有广泛的应用。如判别材料的导电类型、确定载流子数密度与温度的关系、测定温度、测定磁场、测定电流等。

第四节　磁场对电流的作用　磁矩

自由电荷在导线中定向运动形成电流。载流导线在磁场中时，每一个载流子都受到洛伦兹力的作用，通过导体内部的相互作用表现为载流导体所受的宏观磁场力称为**安培力**（Ampere force）。安培力的微观本质就是洛伦兹力，洛伦兹力的宏观表现就是作用在载流导线上的安培力。安培力使载流线圈在磁场中受到力矩的作用而转动，可把电能转变为机械能，这是电机工作的原理。

一、安培定律

在 1820 年，安培从大量实验总结出电流在磁场中受力的规律，称为**安培定律**（Ampere law）。它指出电流元 Idl 在磁场 $\boldsymbol{B}$ 中所受的磁场作用力为

$$d\boldsymbol{f} = Id\boldsymbol{l} \times \boldsymbol{B} \tag{6-22}$$

力的大小为 $df = BIdl\sin\theta$，方向垂直于 Idl 与 $\boldsymbol{B}$ 决定的平面并且满足右手螺旋法则，如图 6-17 所示。

根据安培定律，可以计算任意载流导线在磁场中所受的力和任意形状的载流线圈在磁场中所受的力和力矩。

在匀强磁场中，电流为 I、长度为 L 的直导线所受的安培力等于各电流元安培力的矢量和，如图 6-18 所示。

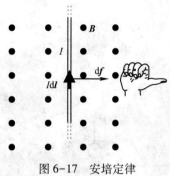

图 6-17　安培定律

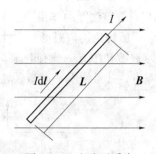

图 6-18　电流元受力

$$F = \int_L \mathrm{d}f = \int_L IB\sin\theta\mathrm{d}l = BIL\sin\theta \qquad (6-23)$$

式中，θ 是 $\mathrm{d}l$ 与 B 的夹角。当 $\theta = 0$ 或 $\theta = \pi$ 时，$F = 0$，这时导线中电流方向与 B 的方向相同或相反，载流导线受力为零。当 $\theta = \dfrac{\pi}{2}$ 时，导线中电流方向与 B 垂直，载流导线受到的安培力最大，$F = BIL$。力的方向由右手螺旋法则决定。

当载流导线为任意形状或处于非均匀磁场中时，各电流元受力的大小和方向都可能不同，对于任意形状载流导线在外磁场中受到的安培力，应等于它的各个电流元所受安培力的矢量和，可用积分式表示为

$$F = \int \mathrm{d}f$$

这时必须把电流元 $I\mathrm{d}l$ 所受的力 $\mathrm{d}f$ 按坐标分解，把矢量积分变成标量积分处理。

二、磁场对电流的作用

1. 两根平行无限长直载流导线的相互作用　设两载流导线之间的垂直距离为 d，电流分别为 I_1 和 I_2，如图 6-19 所示。则导线 1 在导线 2 处产生的磁感应强度为 $B_1 = \dfrac{\mu_0 I_1}{2\pi d}$，方向与导线 2 垂直。导线 2 上的线元 $\mathrm{d}l_2$ 受到安培力的大小为

$$\mathrm{d}f_{21} = I_2 B_1 dl_2 = \frac{\mu_0 I_1 I_2}{2\pi d}dl_2$$

同理，I_2 使导线 1 上的线元 $\mathrm{d}l_1$ 受到安培力的大小为

$$\mathrm{d}f_{12} = \frac{\mu_0 I_1 I_2}{2\pi d}\mathrm{d}l_1$$

单位长度导线所受作用力的大小为

$$f = \frac{\mathrm{d}f_{21}}{\mathrm{d}l_2} = \frac{\mathrm{d}f_{12}}{\mathrm{d}l_1} = \frac{\mu_0 I_1 I_2}{2\pi d}$$

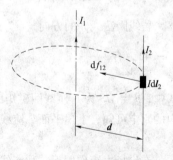

当两电流方向相同时，f 为相互吸引力；当电流方向相反时，f 为斥力。若两电流大小相等，$I_1 = I_2 = I$，则

图 6-19　两无限长直载流导线的相互作用

$$f = \frac{\mu_0 I^2}{2\pi d}$$

国际单位制中电流强度单位"安培"就是以这样的两根平行无限长直载流导线的相互作

用来定义的:当 $d=1\text{m}$,$f=2\times10^{-7}\text{N}\cdot\text{m}^{-1}$,则规定 $I=1\text{A}$。

2. 磁场对载流线圈的作用　通电线圈在磁场中能发生转动,说明磁场有磁力矩作用在通电线圈上。下面讨论均匀磁场对刚性的平面矩形载流线圈的作用。

设均匀磁场 $\boldsymbol{B}$ 中有一载有电流 I 的矩形线圈 $abcd$,$da=bc=l_1$,$ab=cd=l_2$,ab、cd 这组对边与磁场垂直,并且线圈平面与磁场 $\boldsymbol{B}$ 的夹角为 θ,如图 6-20(a)所示。

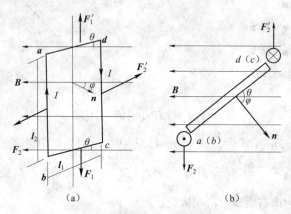

图 6-20　平面载流线圈所受的磁力矩

由式(6-23)可知,对边 da 和 bc 受力分别为

$$F_1=Il_1B\sin\theta$$

和
$$F_1'=Il_1B\sin(\pi-\theta)=Il_1B\sin\theta$$

两个力在同一直线上,大小相等,方向相反,所以作用相互抵消。

而对边 ab 和 cd 受力如图 6-20(b)所示。

$$F_2=F_2'=IBl_2$$

两个力也是大小相等,方向相反,但不在一条直线上,因此形成力偶使线圈转动。作用在线圈上的力矩为

$$M=F_2l_1\cos\theta=BIl_1l_2\cos\theta=ISB\cos\theta \tag{6-24}$$

式中,$S=l_1l_2$ 是线圈的面积。

若线圈法线 n 的方向与磁场 B 方向的夹角为 φ,则 $\theta+\varphi=\dfrac{\pi}{2}\theta+\varphi=\dfrac{\pi}{2}$。对 N 匝线圈,由式(6-24),有

$$M=NISB\sin\varphi=p_mB\sin\varphi$$

式中,$p_m=NIS$ 为 N 匝线圈磁矩的大小。磁矩矢量 p_m 的方向是载流线圈的法线方向。由力矩方向的判定可知,上述平面载流线圈在磁场所受的力矩可用矢量式表示

$$\boldsymbol{M}=\boldsymbol{p}_m\times\boldsymbol{B} \tag{6-25}$$

在磁场力矩作用下,载流线圈将发生转动。当线圈法线 n 与磁场 B 方向一致时,$\varphi=0$,通过线圈的磁通量最大,线圈所受力矩 $M=0$,线圈处于稳定的平衡状态。如果这时外界扰动使线圈稍有偏转,在磁力矩作用下线圈将回到平衡位置。当二者方向相反,$\varphi=\pi$ 时,虽然也是 $\boldsymbol{M}=0$,但线圈处于非稳定状态。如果有外界扰动使线圈稍有偏转,线圈将转动到二者方向一致为止。当二者互相垂直,$\varphi=\dfrac{\pi}{2}$ 时,$\sin\varphi=1$,磁力矩有最大值 $M=NISB$。

式（6-25）不仅对矩形线圈成立，在均匀磁场中，任意形状的平面线圈同样适用。在匀强磁场中的平面线圈所受安培力的合力为零，仅受到磁力矩的作用。故刚性线圈只发生转动，不发生平移。磁场对载流线圈有磁力矩的作用是制造电动机、动圈式电磁仪表等的基本理论依据。

原子核外电子的绕核运动，形成环形电流，它与电流所包围的面积的乘积，称为电子的**轨道磁矩**（orbital magnetic moment）。另外，根据量子力学的概念，电子和原子核分别具有电子的**自旋磁矩**（spin magnetic moment）和原子核的**自旋磁矩**。这些概念对研究磁介质、原子和分子光谱、核磁共振现象都是有用的。

例6-3：无限长直电流 I_1 位于半径为 R 的半圆电流 I_2 的直径上，半圆可绕该直径转动，如图6-21所示。求半圆电流 I_2 受到的磁场力和磁力矩。

解：作用在 I_2 的磁场由直线电流 I_1 产生。半圆电流 I_2 受到的磁场力的分布是以 y 轴为对称，故 x 方向的合力 $F_x = 0$，如图6-21所示。

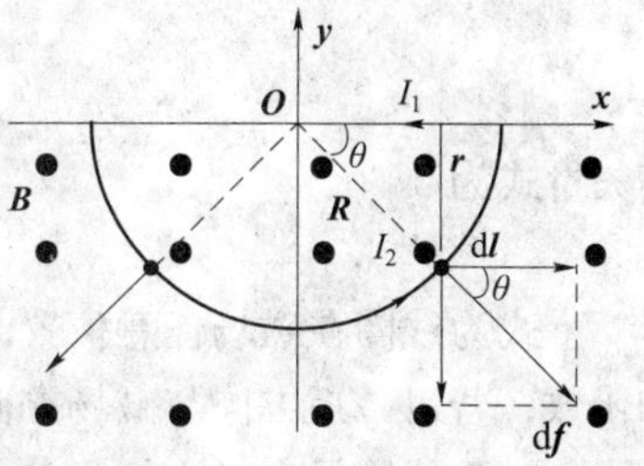

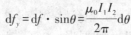

图6-21 半圆弧电流受磁场作用力

半圆电流 I_2 每一小段 dl 受力为

$$df = I_2 B dl = I_2 \frac{\mu_0 I_1}{2\pi r} dl$$

其中 $r = R\sin\theta$，$dl = Rd\theta$，所以

$$df = \frac{\mu_0 I_1 I_2}{2\pi R\sin\theta} Rd\theta = \frac{\mu_0 I_1 I_2}{2\pi\sin\theta} d\theta$$

$$df_y = df \cdot \sin\theta = \frac{\mu_0 I_1 I_2}{2\pi} d\theta$$

半圆电流 I_2 所受合力指向 y 轴负方向，其大小为

$$F = F_y = \int_0^\pi \frac{\mu_0 I_1 I_2}{2\pi} d\theta = \frac{1}{2}\mu_0 I_1 I_2$$

由于各电流元受的磁力都过 O 点，故磁力矩 $M = 0$。

例6-4：氢原子中的电子以 $v = 2.2\times10^6 \text{m} \cdot \text{s}^{-1}$ 的速度在半径 $r = 5.3\times10^{-11}\text{m}$ 的圆周上做匀速运动，求电子的轨道磁矩。

解：电子做圆周运动时每秒通过轨道上任一点的次数

$$n = \frac{v}{2\pi r}$$

产生的电流

$$I = ne = \frac{ve}{2\pi r}$$

故电子的轨道磁矩

$$p_m = IS = \frac{ve}{2\pi r} \cdot \pi r^2 = \frac{1}{2}ver$$

$$= \frac{1}{2}\times2.2\times10^6\times(-1.6\times10^{-19})\times5.3\times10^{-11} = -9.3\times10^{-24}\text{A} \cdot \text{m}^2$$

负号表示电子轨道磁矩方向与电子转动的角速度方向相反。

三、磁力矩的功 附加能量

在前面讨论中知道，磁场虽然不具有保守性，但在磁场对载流线圈作用时，当线圈磁矩 M 在外磁场中改变取向时，磁场或外力对它做功，从而就有相应的附加能量。载流导体在磁场中的附加能量是该载流导体与所在磁场共同具有的，是一种相互作用能。这个附加能的零值位置可以任意选取。

线圈在任意位置 φ 处的附加能定义为：使这个线圈由附加能零值的位置转到 φ 的过程中，磁力矩所做的功。

即

$$E_M = A = \int_{\frac{\pi}{2}}^{\varphi} M\mathrm{d}\varphi = \int_{\frac{\pi}{2}}^{\varphi} mB\sin\varphi\mathrm{d}\varphi$$

$$= mB\int_{\frac{\pi}{2}}^{\varphi}\sin\varphi\mathrm{d}\varphi = -mB\cos\varphi$$

其矢量式为

$$E_M = -\boldsymbol{M}\cdot\boldsymbol{B} \tag{6-26}$$

上式为线圈在磁场任意位置时具有的附加能表达式。磁矩在磁场中的附加能是位置（φ）的函数，若以磁矩方向与磁场方向垂直（即 $\varphi = \pi/2$）时的位置为零附加能点，则当磁矩与磁场平行时，线圈具有最小的附加能 $E_M = -mB$，此时线圈最稳定；而当磁矩与磁场反向时，线圈具有最大的附加能 $E_M = mB$。若使线圈在 $0 \sim \pi$ 逆时针转动，外力需克服磁力做功，此时附加能增加，反之，磁力做功，附加能减少，这是符合功能关系的。

通过讨论可知，磁场不具有保守性，但在磁场中仍可引入附加能的概念。磁场中的附加能不仅可以是位置坐标的函数，还可以是时间的函数。在磁场中引入附加能的概念，有利于对磁力做功与磁场能量变化的理解，同时使得磁场做功与电场做功及其相应的能量变化有较好的类比性。

第五节 磁 介 质

前面讨论的是运动电荷或电流在真空中激发磁场的性质和规律，而实际上运动电荷的周围存在着各种各样的物质，这些物质与磁场是会相互影响的。能够影响磁场的物质称为**磁介质**（magnetic medium）。因各种物质对磁场都有影响，故所有物质都是磁介质。很多磁性物质在生命活动的过程中都具有重要的功能。通过研究物体的磁性变化，测量其磁化率，可以了解物体结构与功能关系的一些信息。磁介质在磁场 B_0 作用下会产生附加磁场 B'，使原有磁场发生变化，这种现象称为**磁化**（magnetization）。物质中的磁场是两者的叠加，即

$$B = B_0 + B' \tag{6-27}$$

不同的物质磁化后磁场的强弱有不同的变化，据此可以把磁介质分为三类：

1. 顺磁质（paramagnetic substance） B' 与 B_0 同向，$B > B_0$，如钠、铝、锰、铬、氮、氧等。

2. 抗磁质（diamagnetic substance） B' 与 B_0 反向，$B < B_0$，如铜、铅、铋、银、水、氯、氢等。

3. 铁磁质（ferromagnetics） B' 与 B_0 同向，但 $B \gg B_0$，主要是铁、钴、镍及其合金。

实验表明，顺磁质和抗磁质产生的附加磁场 $B' \ll B_0$，对磁场的影响很小，称为**弱磁质**。

铁磁质对磁场影响很大，称为**强磁质**。

一、磁介质的磁化机制

一切物质都由分于、原子组成，分子或原子中每一个电子的运动都产生磁效应，同时产生电子的轨道磁矩和自旋磁矩。分子的各个电子对外界产生的磁效应的总和，可以用一个等效圆电流表示，称为**分子电流**（molecular current），所具有的磁矩称为**分子磁矩**（molecular mafnetic moment），以 p_m 表示。正常情况下，分子磁矩 $p_m = 0$ 的物质就是抗磁质；$p_m \neq 0$ 的物质是顺磁质。铁磁质是一种特殊的顺磁质。

当物质置于外磁场 B_0 中，原子中的每一个电子除具有轨道磁矩和自旋磁矩外，由于受到磁场力矩 $M = p_m \times B_0$〔见式（6-25）〕的作用，引起以外磁场方向为轴线的进动，而产生了**附加磁矩**（additional magnetic moment），其原理与第一章中刚体的进动相似。如图 6-22（a）所示是电子沿逆时针方向运动的情况，电子带负电，所以轨道磁矩 p_m 和轨道角动量 L 方向相反。外磁场对电子的力矩 M 使电子获得角动量增量 $\Delta L = M \Delta t$，电子将出现逆时针方向的进动，因而产生与外磁场 B_0 方向相反的附加磁矩 Δp_m。图 6-22（b）是电子沿顺时针方向运动的情况，外磁场对电子的力矩 M 也使电子出现逆时针方向的进动。可见，不管电子原来的运动方向如何，面对外磁场 B_0 的方向看，进动的方向总是逆时针的，所产生的附加磁矩总是与 B_0 相反。

分子中各个电子由进动而产生的附加磁矩的总和，可以用一个等效的分子电流的磁矩 Δp_m 表示，并且 Δp_m 总是与 B_0 方向相反。Δp_m 也称为附加磁矩。

顺磁质中每个分子都具有一定的磁矩 p_m，没有外磁场时，由于热运动，大量分子的磁矩在空间的取向是杂乱无章、没有规律的。对磁介质中任何一个体积都有 $\sum p_m = 0$，对外不显磁性。如果置于外磁场下，受到磁力矩的作用和分子之间的碰撞，分子磁矩 p_m 的方向与外磁场 B_0 方向趋向一致，$\sum p_m \neq 0$，并远大于附加磁矩 Δp_m，因此 $B > B_0$，如图 6-23 所示。

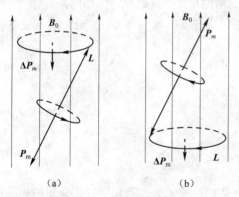

图 6-22　电子在磁场中的运动

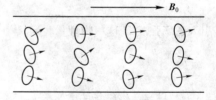

图 6-23　顺磁质的磁化

抗磁质由于每个分子的磁矩 p_m 为零，没有外磁场时，介质中任何一个体积有 $\sum p_m = 0$，对外不显磁性。如果置于外磁场下，由于产生了与外磁场 B_0 方向相反的附加磁矩 Δp_m，所以 $B < B_0$。

实验表明，电子的轨道磁矩与自旋磁矩的大小同数量级，原子核的磁矩则比电子磁矩小很多，因此研究磁介质的磁化时可以忽略原子核的磁矩。另外电子的自旋角动量在外磁场 B_0 中只有两种取向：与 B_0 同向或反向。根据鲍利不相容原理和能量最小原理，自旋方向与 B_0 同

向的电子数和与 B_0 反向的电子数相等。因此，从总体来看，自旋磁矩不会对外磁场 B_0 产生影响。在研究介质磁化时，也不考虑电子的自旋磁矩。

二、磁导率、磁场强度

在给定的载流导线所产生的磁场中，当充有不同的磁介质时，由于磁化过程不同，会产生不同的磁感应强度。这种情况与静电场中在给定自由电荷分布时，充有不同的电介质，产生不同的电场强度的情况相类似。在研究电场时，引入了电位移矢量 D 这一物理量。在无限大均匀电介质中 D 只与自由电荷分布有关，而与电介质的性质无关。与此相似，对于磁场也可以引入一个**磁场强度**（magnetic field intensity）的新物理量，用 H 表示。在无限大均匀磁介质中，磁场强度只与产生磁场的电流分布有关，而与磁介质的性质无关，这样就可以方便地处理有磁介质的磁场的问题。

1. 磁导率　磁介质的磁化对磁场的影响，可以通过实验测量。真空中无限长直导线外距导线为 a 处的磁感应强度

$$B_0 = \frac{\mu_0 I}{2\pi a} \tag{6-28}$$

如果让空间充满不同的均匀磁介质，测量同一点的磁感应强度 B，实验表明

$$B = \mu_r B_0 \tag{6-29}$$

即磁介质中的磁感应强度与真空中的磁感应强度成正比。比例系数 μ_r 称为磁介质的**相对磁导率**（rela tive permeability），它是没有单位的纯数，取决于磁介质的种类和状态。真空的 $\mu_r = 1$；顺磁质 $\mu_r > 1$；抗磁质 $\mu_r < 1$；铁磁质 $\mu_r \gg 1$。

无限长直导线外距导线为 a 处的磁介质中的磁感应强度为

$$B = \mu_r B_0 = \mu_r \mu_0 \frac{I}{2\pi a} = \mu \frac{I}{2\pi a} \tag{6-30}$$

式中，$\mu = \mu_r \mu_0$ 称为磁介质的**磁导率**（permeability），单位与真空的磁导率 μ_0 相同，都是亨利·米$^{-1}$（H·m^{-1}）。磁导率是常量的材料称为线性介质，磁导率随磁场强弱而变化的材料是非线性介质，铁磁质如硅钢就是非线性介质。

2. 磁场强度　比较式（6-28）和式（6-30），可得

$$\frac{B_0}{\mu_0} = \frac{B}{\mu} = \frac{I}{2\pi a}$$

引入**磁场强度** H 这一物理量，定义为

$$H = \frac{B}{\mu} \tag{6-31}$$

则 $H = \frac{I}{2\pi a}$，只与产生磁场的电流分布有关，与磁介质的性质无关，简化了有磁介质的磁场问题。从式（6-30）可见，磁场中充满各向同性的均匀磁介质时，磁场强度 H 和磁感应强度 B 的方向相同，大小成正比。H 的单位是安培·米$^{-1}$（A·m^{-1}）。上式也可以写为

$$B = \mu H \tag{6-32}$$

磁场强度的定义对任何类型的磁场都适用。

三、铁磁质

铁磁质的磁化具有特殊性。显著的特点是磁导率很大，而且随磁场强度而变化。另外，

磁化过程有明显的磁滞现象。

图 6-24 是硅钢在磁化时，相对磁导率 μ_r 随磁场强度 H 的变化曲线。可以看到，H 较小时，μ_r 随 H 的增加而迅速增大。当 H 增大到一定值时，μ_r 达到最大值。然后随着 H 值继续增加，μ_r 反而减小。可见铁磁质的磁导率 $\mu = \mu_r\mu_0$ 不是常量，是随磁场强度 H 而变化的。

铁磁质的磁化规律，即磁感应强度 B 与磁场强度 H 的关系曲线可以由实验测定，如图 6-25 所示。

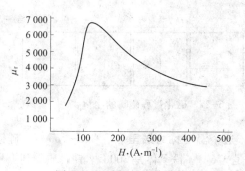

图 6-24 硅钢的磁化曲线

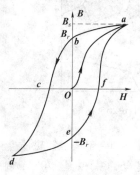

图 6-25 磁滞回线

1. 起始磁化曲线 曲线的 Oa 段，铁磁质从完全未被磁化的状态 0（$B=0$，$H=0$）开始，当 H 很小时，B 与 H 成线性关系；之后 B 随着 H 的增大而迅速增大，曲线斜率很大；当 H 增大到一定值时，B 随着 H 的增大而缓慢增加，曲线斜率变小；最后斜率变为零，B 不再随 H 的增大而增加，$B=B_S$，称为**磁饱和状态**。

2. 磁滞回线 铁磁质被磁化达到磁饱和状态后，如果 H 减小，B 不沿原来的曲线 Oa 下降，而是沿另一条曲线 ab 下降，B 减小时比增大时的变化要慢得多。当 H 减小到零，B 还保留一定数值 B_r，称为**剩磁**（remanent magnetization）。要使 B 减小到零，必须加上反向磁场，即曲线的 bc 段，磁场强度 H_c 称为**矫顽力**（coercive force）。如果继续增大反向磁场，沿 cd 段到达 d 点，又可达到反方向的磁饱和。以后逐渐减小反向磁场，当 $H=0$ 时，$B=-B_r$。再加上正向磁场，B 继续增大，最后构成闭合曲线 $abcdefa$。这条闭合曲线称为**磁滞回线**（hysteresis loop）。在铁磁质反复磁化过程中，磁滞回线的形状保持不变。磁感应强度 B 的变化总是落后于磁场强度 H 的变化，这种现象称为**磁滞**。磁滞回线包围的面积称为**磁滞损耗**（hysteresis loss），损耗的能量以热的形式放出。

根据磁滞回线的特点，不同的铁磁质有不同的剩磁和矫顽力，可以把铁磁质分为三类。硅钢、软铁等软磁材料的磁滞回线包围的面积比较小，磁滞损耗小，矫顽力也小，容易磁化也容易去磁，适合制造变压器、电磁铁和电动机的铁芯。碳钢、镍钢、铝镍钴合金等硬磁材料的磁滞回线包围的面积大，矫顽力大，外磁场去掉后能保留很强的剩磁，适合于制造扬声器和仪表中的永久磁铁。还有一类磁滞回线呈矩形的矩磁材料，其剩磁 B_r 几乎和磁感应强度 B_s 相同，矫顽力不强，在两个方向磁化后的剩磁总是 B_r 或 $-B_r$，可以用来表示计算机二进制的两个数码 "0" 和 "1"，制成记忆元件。

铁磁质的磁化过程如此特殊，需要用磁畴理论解释。

铁磁质可以分为许多体积约为 $10^{-12} \sim 10^{-8}\,\text{m}^3$ 的小区域，每个小区域内的分子磁矩都向同一方向整齐排列，这些小区域称为**磁畴**（magnetic domain）。如图 6-26 所示。无外磁场时，磁畴因热运动作无规则排列，宏观上不显磁性。在外磁场作用下，铁磁质的磁化曲线可以用图 6-27

所示的磁畴结构变化进行解释。外磁场 H 较小时，顺着 H 方向的磁畴范围增大，逆着 H 方向的磁畴范围缩小，磁感应强度 B 缓慢增加；H 继续增强，磁畴逐渐转向外磁场方向，磁性迅速增加；在强磁场作用下，所有磁畴都转到外磁场方向，达到磁饱和状态。当外磁场减小时，由于磁畴间的相对运动而存在摩擦等原因，使 B 的变化滞后于 H 的变化，形成磁滞回线。一部分磁化能量转化为分子无规则运动而形成磁滞损耗。

图 6-26　磁畴

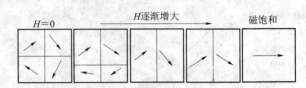

图 6-27　磁化过程磁畴的变化

温度升高到一定值，铁磁质会退化为顺磁质，这个温度称为**居里点**（Curie point）。硅钢的居里点是 660℃，铁是 770℃，钴是 1117℃，镍是 376℃，铁氧体是 300℃。铁磁质受到强烈振动，磁畴也会瓦解变成顺磁质。量子力学认为，温度不太高时，铁磁质内邻近的原子之间的交换作用使得电子自旋磁矩在小范围内作平行排列而形成磁畴。温度升高后，当原子的不规则运动足以破坏原子的交换作用时，磁畴就被瓦解。

案例分析

案例：在医学中用到的电磁泵的工作原理和优点是什么？应用在哪些方面？

分析：电磁泵是一种输送血液或导电液体的装置，这种装置可用于帮助心脏病人辅助泵送血液，因此也称为血泵。电磁泵有植入式和非植入式两种。其工作原理都是通过外加电磁场的作用，通过安培力直接作用在血液或导电液体上，使带电液体定向流动。植入式血泵是将"叶轮-永磁转子体"植入动脉腔，在体外通过可以控制的交变磁场穿透人体的主动脉壁来驱动，不断的将血液由左心室提升到主动脉，从而达到辅助心脏供血的目的。由于血泵的非接触式动力传递，其好处是避免了密封，渗漏等问题及人体的排异性；又不经皮导线，则可避免内外贯通，大大降低了感染机会。非植入式血泵可用在人工心肺机、人工肾的工作中。

课堂互动

质谱仪是如何实现同位素分离的？

知识链接

生物体也具有磁性，请从互联网上查询了解人体生物磁场的形成和特点及磁学研究在医学上的应用。

本 章 小 结

本章主要讲述了磁场、磁感应强度等概念、电流的磁场、磁场对运动电荷的作用、磁场对电流的作用、磁矩、磁介质。

重点： 磁感应强度的概念、毕奥-萨法尔定律、洛伦兹力公式、安培定律。

难点： 磁场对运动电荷的作用、磁场对电流的作用、磁矩、磁介质的磁化机制。

练习题六

6-1　在匀强磁场中，正方形载流线圈应怎样放置才能使其各边所受到的磁场力大小相等？

6-2　如图 6-28 所示，载流导线在 O 点产生的磁感应强度 B 的大小是多少。

6-3　如图 6-29 所示，I 为两根平行的无限长直载流电流，电流方向垂直纸面向里，求 O 点的磁感应强度 B。

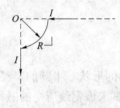

图 6-28　练习题 6-2

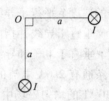

图 6-29　练习题 6-3

6-4　如图 6-30 所示，电流回路是由圆弧形导线 ACB 和直导线 BA 组成的，$R = 0.12\text{m}$，其中通以电流 $I = 5.0\text{A}$，求 O 点的磁感应强度 B。

6-5　一根载有电流 I 的长直导线沿半径方向接到半径为 r 的均匀铜环的 A 点，然后从铜环的 B 点沿半径方向引出，如图 6-31 所示，求环中心 O 点的磁感应强度。

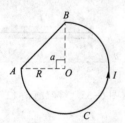

图 6-30　练习题 6-4

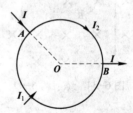

图 6-31　练习题 6-5

6-6　有一空心长直螺线管半径为 1.0cm，长 20cm，共绕 500 匝，通有 1.5A 的电流，求通过螺线管的磁通量。

6-7　真空中有一半径为 R 的无限长直金属圆棒通有电流 I，若电流在导体横截面上均匀分布，求：（1）导体内、外磁感应强度的大小；（2）导体表面磁感应强度的大小。

6-8　在图 6-32 中，有一匀强磁场，其大小 $B = 2.0\text{T}$，方向沿 X 轴正方向。试求：

（1）通过 $aeoda$ 面的磁通量；

（2）通过 $abcda$ 面的磁通量；

（3）通过 $bcoeb$ 面的磁通量。

6-9 电流 I 均匀地流过半经为 R 的圆形长直导线，试计算单位长度导线内通过图 6-33 中所示剖面的磁通量。

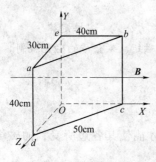

图 6-32 练习题 6-8

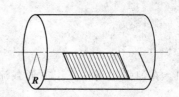

图 6-33 练习题 6-9

6-10 一长直导线载有电流 30A，离导线 3.0cm 处有一电子以速率 $2.0 \times 10^7 \mathrm{m \cdot s^{-1}}$ 运动，求以下三种情况下作用在电子上的洛伦兹力：

（1）电子的速度 v 平行于导线；

（2）速度 v 垂直于导线并指向导线；

（3）速度 v 垂直于电子和导线所构成的平面。

6-11 一条通有 2.0A 电流的铜线，弯成如图 6-34 所示的形状。半圆的半径 $R = 0.12\mathrm{m}$，放在 $B = 1.5 \times 10^{-2}\mathrm{T}$ 的均匀磁场中，磁场方向垂直纸面向里，试求该铜线所受的磁场力。

6-12 一条无限长直载流导线通有电流 I_1，另一载有电流 I_2、长度为 l 的直导线 AB 与它互相垂直放置，A 端与长直导线相距为 d，如图 6-35 所示。试求导线 AB 所受的安培力。

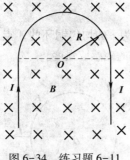

图 6-34 练习题 6-11

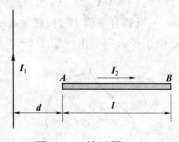

图 6-35 练习题 6-12

6-13 如图 6-36 所示，一根长直导线载有电流 $I_1 = 30\mathrm{A}$，与它同一平面的矩形线圈 $ABCD$ 载有电流 $I_2 = 10\mathrm{A}$。试计算作用在矩形线圈的合力。

6-14 图 6-37 中，一个电子在 $B = 5.0 \times 10^{-4}\mathrm{T}$ 的均匀磁场中做圆周运动，圆周半径 $r = 2.2\mathrm{cm}$，磁感应强度 B 垂直于纸面向外。当电子运动到 A 点时，速度方向如图所示。

（1）求出运动速度 v 的大小；

（2）求出电子的动能 E_k。

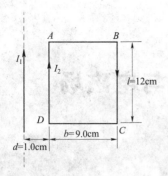

图 6-36　练习题 6-13

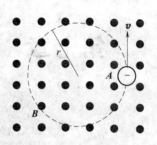

图 6-37　练习题 6-14

6-15　如图 6-38 所示，一铜片厚度为 $d = 1.0$mm，放在 $B = 1.5$T 的均匀磁场中，磁场方向与铜片表面垂直。已知铜片内的自由电子数密度为 $8.4×10^{22}/m^3$，每个电子的电量 $e = -1.6×10^{-19}$C，在铜片中通以 $I = 200$A 电流时，试求铜片两侧的电势差 U_{ab}。

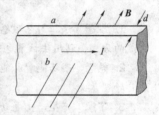

图 6-38　练习题 6-15

6-16　一个铁芯环形螺线管，中心线长为 20cm，均匀密绕 400 匝，当通以 2.0A 电流时，测得环内的磁感应强度为 1.0T。试求：（1）放入和移去铁芯时，环内的磁场强度；（2）该铁芯的相对磁导率。

第七章　电磁感应与电磁场

学习导引

1. **掌握**　法拉第电磁感应定律和楞次定律，并会利用楞次定律判定感应电动势和感应电流的方向，利用法拉第电磁感应定律求感应电动势的大小。

2. **熟悉**　磁场能量和能量密度的概念及计算；熟悉位移电流的概念、麦克斯韦方程组及其物理意义。

3. **了解**　产生动生电动势的微观机制。理解有旋电场和涡电流的概念；自感现象、RL 电路的特点，理解自感系数的定义，掌握自感的计算；LC 振荡电路及电磁波的产生方法；电磁波的性质，电磁波的能流密度；超导现象及其特点和应用。

电流能在其周围空间产生磁场，那么反过来利用磁场能不能产生电流呢？实验发现，让穿过闭合导体回路的磁通量发生变化，回路中就会有电流产生。这就是电磁感应现象。它揭示了电场和磁场是相互关联的，在一定条件下是可以相互转换的。它揭示了电和磁之间的内在联系，使人们更加了解电磁现象的本质。从而使人们有可能把其他形式的能转变成电能，极大地促进了工业革命的发展。

麦克斯韦在总结前人工作的基础上，提出了著名的电磁场理论。他指出变化的电场和变化的磁场形成了统一的电磁场，预言电磁波的存在。赫兹验证了麦克斯韦的学说，为电学和光学奠定了统一的基础。麦克斯韦的经典电磁场理论是人类对电磁规律的历史性总结，是 19 世纪物理学发展的最辉煌成就，在物理学发展史上是一个重要的里程碑。

本章首先介绍电磁感应现象的基本定律、自感现象和磁场的能量，然后介绍麦克斯韦电磁场理论的基本内容及其规律，最后简述电磁波的产生及传播。

第一节　电磁感应

一、电磁感应定律

（一）电磁感应的基本定律

在 1820 年，丹麦物理学家奥斯特发现"电能够产生磁"以后，一些科学家从朴素的唯物主义和自发的辩证法思想出发，很快就开始提出"磁能否产生电"的问题。英国杰出的物理学家、化学家法拉第（M. Faraday）经过多年的反复实验和研究，终于在 1831 年得到了肯定的答案，发现了电磁感应现象，并总结得出电磁感应的基本定律。

法拉第根据实验指出：不论用什么方法，只要使穿过闭合导体回路的磁通量发生变化，回路中就会有电流产生。这种现象叫作**电磁感应**（electromagnetic induction）现象。回路中产生的电流叫作**感应电流**（induction current），感应电流产生的原因是闭合回路的磁通量发生了变化。

在法拉第研究的基础上，德国科学家楞次（Heinrich Friedrich Ernie Lenz）通过大量实验于 1833 年得出判断感应电流方向的规律：**闭合回路中产生的感应电流具有这样的方向，它总是使感应电流的磁场阻碍引起感应电流的磁通量的变化。**这个结论就是**楞次定律**（Lenz law）。楞次定律实际上是能量转换和守恒在电磁感应现象中的体现。应用这一定律，可以确定感应电流的方向。

闭合回路中感应电流的出现表明回路中存在着电动势。这种由于磁通量的变化产生的电动势叫作**感应电动势**（induction electromotive force；induction e. m. f. ）。感应电动势的产生与电路是否闭合无关。法拉第对电磁感应现象作了定量研究，根据大量实验结果，总结得出感应电动势与磁通量变化之间的关系，就是法拉第电磁感应定律：**穿过闭合回路的磁通量发生变化时，回路中产生的感应电动势 ε_i 的大小与磁通量的变化率成正比**，即

$$\varepsilon_i = -\frac{\mathrm{d}\Phi}{\mathrm{d}t} \tag{7-1}$$

式中，负号表示感应电动势的方向总是对抗引起感应电动势的磁通量的变化，也就是楞次定律的数学表示。为了便于说明式中负号与感应电动势 ε_i 的方向关系，首先规定回路绕行的正方向，再用右手螺旋法则确定回路法线正方向 n，即右手四指沿绕行正方向弯曲，伸直的大拇指方向就是法线 n 的正方向。当磁感应强度 B 与 n 的夹角为锐角时，穿过回路的磁通量 Φ 为正；当磁感应强度 B 与 n 的夹角为钝角时，穿过回路的磁通量 Φ 为负；根据 Φ 的变化情况，确定 $\frac{\mathrm{d}\Phi}{\mathrm{d}t}$ 的正负。如果 $\frac{\mathrm{d}\Phi}{\mathrm{d}t}>0$，则 $\varepsilon_i<0$，表示感应电动势的方向与规定的回路绕行正方向相反；相反，如果 $\frac{\mathrm{d}\Phi}{\mathrm{d}t}<0$，则 $\varepsilon_i>0$，表示感应电动势的方向与规定的回路绕行正方向相同。用式（7-1）确定的感应电动势的方向与用楞次定律确定的方向是完全一致的。

如果线圈不是只有一匝，而是有 N 匝，那么当磁通量 Φ 变化时，每匝线圈中都产生相同的感应电动势，并且是串联关系。因此，整个线圈中所产生的感应电动势就等于各匝线圈所产生的电动势之和，则有

$$\varepsilon_i = -N\frac{\mathrm{d}\Phi}{\mathrm{d}t} = -\frac{\mathrm{d}(N\Phi)}{\mathrm{d}t} \tag{7-2}$$

式中，$N\Phi$ 叫作线圈的**磁通匝链数**（magnetic flux linkage），简称**磁链**。

迈克尔·法拉第（Michael Faraday）英国物理学家、化学家，也是著名的自学成才的科学家。他出生于英格兰伦敦郊区一个贫苦铁匠家庭，虽然只上过小学，13 岁就在一家书店当送报和装订书籍的学徒，但他从小热爱科学，有强烈的求知欲，挤出一切休息时间力图把他装订的一切书籍内容都读一遍。在化学家戴维的帮助下，法拉第 24 岁时担任了皇家学院助理实验员，1825 年任皇家学院实验室主任，1833 年任皇家学院化学教授。1831 年，法拉第首次发现电磁感应现象，在电磁学方面做出了伟大贡献，永远改变了人类文明。他的发现奠定了电磁学的基础，为麦克思韦电磁场理论奠定了基础。

例 7-1：如图 7-1 所示的均匀磁场中，$B = 0.25\mathrm{Wb} \cdot \mathrm{m}^{-2}$，方向垂直纸面向里。导体棒 ab

沿着矩形金属框以 $v = 0.8\text{m}\cdot\text{s}^{-1}$ 的速度向右做切割磁感线运动，导体棒 ab 长 $l = 10\text{cm}$。求导体棒 ab 中产生的感应电动势。

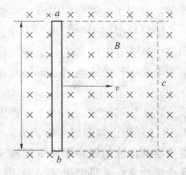

图 7-1　直导线在磁场中运动

解：设金属棒在 dt 的时间里移动的距离是 dx，则闭合回路面积的变化为 ldx，

得回路磁通量的变化量

$$d\Phi = Bldx$$

当金属棒向右运动时，穿过回路的磁通量增加，因此，

$$\frac{d\Phi}{dt} = Bl\frac{dx}{dt} = Blv$$

根据法拉第电磁感应定律得感应电动势的大小为

$$\varepsilon_i = -\frac{d\Phi}{dt} = -Bl\frac{dx}{dt} = -Blv \tag{7-3}$$

$$= -0.25 \times 0.1 \times 0.8 = -0.02 \ (\text{V})$$

负号表示 ε_i 的方向是由 b 到 a，感应电流的方向与感应电动势的方向相同。感应电流的磁场与原磁场方向相反，阻碍磁通量的增加。

当然也可以用楞次定律判断感应电流的方向。由于金属棒向右运动时穿过回路的磁通量增加，感应电流在回路中产生的磁场方向与原磁场方向相反，即垂直于纸面向外，由安培定则可知，感应电流的方向为逆时针方向。运动的金属棒 ab 可以看作一个电源，a 端相当于电源的正极，b 端想到与电源的负极。即 a 端电势高于 b 点。可见由楞次定律判断出的感应电流方向与用法拉第电磁感应定律判断出的感应电流方向是一致的。

（二）动生电动势

由电磁感应现象可知，只要穿过回路的磁通量发生变化，在回路中就会产生感应电动势。按照引起磁通量变化方式的不同，感应电动势可以分为两种类型。一种是在稳恒磁场中导体运动产生的感应电动势，称为**动生电动势**（motional electromotive force）。如例 7-1 中产生的电动势。另一种是导体不动，因磁场变化而产生的感应电动势，称为**感生电动势**（induced electromotive force）。

下面来分析动生电动势产生的原因。

如图 7-2 所示，在磁感应强度为 $\boldsymbol{B}$ 的均匀磁场中，放置一矩形金属框。金属棒 ab 在金属框上以速度 v 向右滑动时，它里面的电子也随之向右运动，由于线框处于外磁场中，ab 导体内向右做定向运动的电子就要受到洛伦兹力 f 的作用，

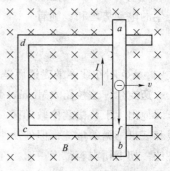

图 7-2　动生电动势的产生

$$f = -ev \times B$$

式中，e 为电子电量的绝对值。电子受到的洛伦兹力 f 向下。自由电子在力 f 的作用下沿导线向下端 b 聚集，结果使 b 端带负电，a 端带正电。当把运动导体 ab 看成是电源时，则 b 端为负极，a 端为正极，电源中的非静电力就是洛伦兹力。设作用在单位正电荷上的洛伦兹力为 E_k，则

$$E_k = \frac{f}{-e} = v \times B$$

于是，动生电动势

$$\varepsilon_i = \int_-^+ E_k \cdot \mathrm{d}l = \int_b^a (v \times B) \cdot \mathrm{d}l$$

式中，$\mathrm{d}l$ 为将正电荷从 a 移动到 b 中的一小段位移，$(v \times B)$ 为单位正电荷受的力的大小，由于 $v \perp B$，$(v \times B)$ 的方向与的 $\mathrm{d}l$ 方向一致，所以上式积分为

$$\varepsilon_i = \int_b^a (v \times B) \cdot \mathrm{d}l = \int_b^a vB\mathrm{d}l = Blv \tag{7-4}$$

式中，l 为运动导体 ab 的长度，v 是 ab 导体在单位时间内通过的距离。这与例7-1应用法拉第电磁感应定律得到的结果一致。此外也不难看出，根据洛伦兹力判断出的动生电动势的方向也与楞次定律一致。

从上面的讨论中还可以看出，动生电动势只可能存在于运动的这一段导体上，而不动的那一部分导体上则没有电动势，它只是提供电流可通行的通路。如果仅一段导体在磁场中运动而没有回路，在这一段导体上虽然没有感应电流，但仍可能有动生电动势，这取决于导体在磁场中的运动情况，只有 v 与 B 的夹角不等于零，且 $(v \times B)$ 的方向与 $\mathrm{d}l$ 方向的夹角不等于 $\frac{\pi}{2}$ 时，才一定有动生电动势产生。洛伦兹力正是动生电动势出现的原因。

上面讨论的是直导线、匀强磁场且导线垂直于磁场运动的特殊情况。对任意形状导线 L 在任意磁场中运动产生的电动势，可将导线分成许多无限小的线元 $\mathrm{d}l$，$\mathrm{d}l$ 的运动速度是 v，所在处磁场的磁感应强度为 B，则线元 $\mathrm{d}l$ 中产生的动生电动势为

$$\mathrm{d}\varepsilon_i = (v \times B) \cdot \mathrm{d}l$$

则整个导线 L 中产生的动生电动势为

$$\varepsilon_i = \int_L \mathrm{d}\varepsilon_i = \int_L (v \times B) \cdot \mathrm{d}l \tag{7-5}$$

使用上式计算时，若 $\mathrm{d}l$ 与 $v \times B$ 间夹角是锐角，ε_i 为正，与原来选定的 $\mathrm{d}l$ 方向相同；若 $\mathrm{d}l$ 与 $v \times B$ 间夹角是钝角，ε_i 为负，与原来选定的 $\mathrm{d}l$ 方向相反。

例7-2：如图7-3所示，在一通有电流 $I = 10\text{A}$ 的无限长直线的磁场中，有一长 $b = 0.2\text{m}$ 的金属导体棒 CD 以 $v = 2\text{m/s}$ 的速度平行于长直线做匀速直线运动。导体棒距导线近的一端与导线间距 $a = 0.1\text{m}$。求导体棒 CD 中的动生电动势。

解：金属棒 CD 处在通电直线的非均匀磁场中。在金属棒 CD 上距离长直导线 l 处选一段小线元 $\mathrm{d}l$，设 $\mathrm{d}l$ 沿 CD 方向，线元 $\mathrm{d}l$ 所在处的磁感应强度可以看作是均匀的，其大小为 $B = \frac{\mu_0 I}{2\pi l}$，方向垂直于纸面向里。由式（7-5）可得 $\mathrm{d}l$ 中产生的动生电动势为

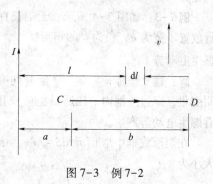

图7-3　例7-2

$$\mathrm{d}\varepsilon_i = (v \times B) \cdot \mathrm{d}l = vB\sin 90°\mathrm{d}l\cos 180° = -vB\mathrm{d}l = -\frac{\mu_0 vI}{2\pi l}\mathrm{d}l$$

式中，负号表示 $\mathrm{d}\varepsilon_i$ 的方向为由 D 到 C。则金属棒中总的动生电动势的大小为

$$\varepsilon_i = \int_a^{a+b} -\frac{\mu_0 vI}{2\pi}\frac{dl}{l} = -\frac{\mu_0 vI}{2\pi}\ln\frac{a+b}{b}$$

$$= -\frac{4\pi \times 10^{-7} \times 2 \times 10}{2\pi}\ln\frac{0.1+0.2}{0.1} = -4.4\times 10^{-6}\ (\text{V})$$

二、有旋电场

由前面的讨论可知，洛伦兹力是动生电动势产生的根源。而对于线圈不动、通过线圈回路的磁通量变化产生感生电动势的情况，导体中电子不受洛伦兹力的作用，不能用洛伦兹力解释。那么这种情况下的感生电动势是怎样产生的呢？麦克斯韦分析了这种现象以后，提出如下假说来解释：这是因为变化的磁场在它的周围空间会激发电场，这种电场叫作**感生电场**或**有旋电场**（curl electric field）。只要空间有变化的磁场，无论导体或回路是否存在，这种电场总会存在。产生感生电动势的非静电场正是这有旋电场 $E_{旋}$。在有旋电场的作用下，感生电动势等于单位正电荷沿闭合回路 L 移动一周有旋电场所做的功，即

$$\varepsilon_i = \oint_L \boldsymbol{E}_{旋} \cdot d\boldsymbol{l}$$

由法拉第电磁感应定律得

$$\varepsilon_i = \oint_L \boldsymbol{E}_{旋} \cdot d\boldsymbol{l} = -\frac{d\Phi}{dt} \tag{7-6}$$

有旋电场与静电场共同的性质是都对电荷有力的作用；不同的是：静电场是由静止电荷产生的，而有旋电场是变化的磁场产生的；静电场中电力线是起始于正电荷终止于负电荷的不闭合曲线，所以静电场的环流等于零，即 $\oint_L \boldsymbol{E}_{静} d\boldsymbol{l} = 0$，$E_{静}$ 表示静电场。而有旋电场的电力线是闭合的，无头无尾，像旋涡一样，所以有旋电场的环流不为零，即 $\oint_L \boldsymbol{E}_{旋} d\boldsymbol{l} = -\frac{d\Phi}{dt} \neq 0$。

麦克斯韦提出的有旋电场的存在，从理论上揭示了电磁场的内在联系，并已被许多实验结果所证实，如电子感应加速器的建成与运行、电磁波的发射与传播都是有旋电场存在的例证。

例 7-3：如图 7-4 所示，无限长直导线通有 $I=I_0 \sin\omega t$ 的交变电流。与长直导线共面且平行放置一宽为 a，长为 h 的矩形线框，线框最近的边距导线为 l，求 $t=0$ 时矩形线框内产生的感生电动势。

解：建立坐标 x。电流 I 随时间变化，则磁场也随时间变化，穿过线框内的磁通量也就变化，因此矩形线框内有感生电动势产生。

在矩形线框中取面元 $dS = hdx$，该处的的磁感应强度大小为

$$B = \frac{\mu_0 I}{2\pi x} = \frac{\mu_0 I_0}{2\pi x}\sin\omega t$$

方向垂直于纸面向里。

由上式可以看出，直导线的磁场是非均匀磁场，与 x 有关。

通过矩形线框的磁通量为

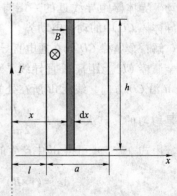

图 7-4　例 7-3

$$\Phi_m = \int_S d\Phi_m = \int_S B \cdot dS = \int_l^{l+a} \frac{\mu_0 Ih}{2\pi x} dx = \frac{\mu_0 Ih}{2\pi} \int_l^{l+a} \frac{dx}{x} = \frac{\mu_0 Ih}{2\pi} \ln \frac{l+a}{l}$$

根据法拉第电磁感应定律，线圈中感生电动势的大小为

$$\varepsilon = -\frac{d\Phi_m}{dt} = -\frac{\mu_0 I_0 h}{2\pi} \ln \frac{l+a}{l} \cos\omega t$$

可见，线圈中的感应电动势与交变电流 $I = I_0 \sin\omega t$ 一样随时间 t 变化。当 $t = 0$ 时，线圈中的感生电动势的大小为

$$\varepsilon = -\frac{\mu_0 I_0 h}{2\pi} \ln \frac{l+a}{l}$$

此时，矩形线框内的磁通量增加，磁感应强度的方向垂直于纸面向里，用楞次定律判断可知感生电动势为逆时针方向。

三、涡电流

当大块金属导体放在变化的磁场中或相对于磁场运动时，在这块金属导体内部也会出现感应电流。由于金属导体内部处处可以构成回路，任意回路所包围面积的磁通量都在变化，所以这种电流在金属导体内可自成闭合回路，形成的电流如水中的旋涡。因此叫作**涡电流**（eddy current）。涡电流是法国物理学家 J. B. L. 傅科发现的，所以，也叫作**傅科电流**。

下面来分析涡流产生的原因。如图 7-5 所示，金属导体外面绕有线圈，当线圈中通以交变电流时，就在竖直方向产生变化的磁场，通过金属导体任一截面的磁通量都在发生变化，从而在金属导体横截面上产生交变的有旋电场。金属导体中的自由电子在有旋电场的作用下定向移动，在金属导体中产生了一圈圈的感应电流，也就是涡电流。

由于整块金属导体内部的电阻通常很小，故其内部的涡电流常常很大。这样在金属导体中就会产生很多的热量，这正是感应加热的原理。我们生活中用的电磁灶就是利用烹饪铁锅底部形成强大涡电流，发出大量的焦耳热，来达到对食物加热的目的。电磁灶所用的频率仅为 30kHz，与普通广播频率差不多，不会对人体产生任

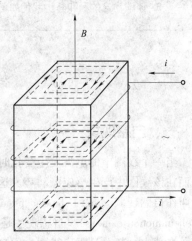

图 7-5　电流增大时产生涡电流

何危害，是一种安全、卫生、高效节能的炊具。工业上利用涡流加热和熔炼金属。如工业上用涡流来熔化、冶炼金属的高频感应炉。这种冶炼方法速度快，温度容易控制，而且污染少，适应冶炼特种合金和特种钢。用不同频率的交变电流可得到不同的加热深度，这是因为涡流在金属内不是均匀分布的，越靠近金属表面层电流越强、频率越高，这种现象越显著，称为**趋肤效应**。

导体在磁场中运动时，感应电流使导体受到安培力的作用，安培力的方向总是阻碍导体的运动，这种现象称为**电磁阻尼**。电表中的电磁阻尼器就是利用这一原理制成。当电表通有电流时，指针偏转，由于惯性，指针会在新的平衡位置附近摆动，影响读数。为了让指针在新的平衡位置快速地停下来，可以在指针的转轴上装一金属片。这个金属片在随指针一起摆动时会产生涡电流，从而在磁场中有受到一个较大的阻力，使指针较快停下来。

涡电流也有有害的时候。例如电动机、变压器的线圈都绕在铁芯上，铁芯如果是块状的，线圈中流过变化的电流时，在铁芯中产生的涡流就会使铁芯发热，这不仅浪费了能量，还可能损坏电器。为减少涡流损耗，交流电机、变压器的铁芯不用整块材料，而是广泛采用相互绝缘的薄硅钢片叠压制成的铁芯，这样涡流就被限制在狭窄的薄片之内了。磁通穿过薄片的狭窄截面时，这些回路中的感应电动势较小，回路的长度较大，回路的电阻很大，涡流大为减弱。再由于这种薄片材料的电阻率大（硅钢的涡流损失只有普通钢的 $1/5 \sim 1/4$），从而使涡流损失大大降低。

磁涡流热疗系统（魔术手 ET-FTH）：磁涡流热疗系统是目前治疗肿瘤的一项新的设备。治疗时通过向人体注射纳米级的磁流体粉或者是植入热籽材料，然后利用系统在外界施加交变磁场，由于植入体内的铁磁颗粒居里点温度恒定，因此随着温度变化铁磁颗粒具有自动调温功能。利用计算机制订的治疗计划，经过验证后，通过交变磁场实施，使肿瘤细胞定向高温杀灭，达到治疗目的。这个设备的研制成功标志着在国际上磁流体技术第一次真正意义上用于肿瘤治疗。

课堂互动

1. 如何求感应电动势的大小和方向？
2. 有旋电场和静电场有何异同？
3. 谈谈涡流的利和弊。我们如何去加以利用？如何去防止？

第二节 自 感

一、自感现象

当一个线圈中的电流发生变化时，它所激发的磁场穿过这个线圈自身的磁通量也在变化，从而在该线圈中产生感应电动势。这种由回路自身电流变化而在回路中产生感应电动势的现象叫作**自感现象**（self-induction phenomena）。自感现象中产生的感应电动势叫作**自感电动势**（self-induction e. m. f.）。自感现象是一种特殊的电磁感应现象，它是由于自身电流变化而引起的。自感电动势总是阻碍线圈中原来电流的变化，当原来电流在增大时，自感电动势产生的自感电流与原来电流方向相反；当原来电流减小时，自感电动势产生的自感电流与原来电流方向相同。

二、自感系数

根据毕奥-萨伐尔定律，电流在其周围空间任意一点产生的磁感应强度与回路中通有的电流强度 I 成正比，因此穿过线圈的磁通量 Φ 也与线圈中通有的电流 I 成正比，即

$$\Phi = LI \tag{7-7}$$

式中，L 叫作**自感系数**（self-inductance coefficient），简称**自感**或**电感**。它的大小与线圈的几何形状、尺寸、匝数及周围的介质有关，与线圈内通有的电流 I 无关。若令 $I=1$，则 $L=\Phi$，即**回路的自感系数在数值上等于回路中通以单位电流时，通过回路的磁通量**。

根据法拉第电磁感应定律，线圈中的自感电动势为

$$\varepsilon_L = -\frac{d\Phi}{dt} = -\frac{d(LI)}{dt} = -\left(L\frac{dI}{dt} + I\frac{dL}{dt}\right) \tag{7-8}$$

如果线圈几何形状、尺寸、匝数和磁介质的磁导率都保持不变，则 L 为常量，$\frac{dL}{dt}=0$，上式可写成

$$\varepsilon_L = -L\frac{dI}{dt} \tag{7-9}$$

式中，负号是楞次定律的数学表示，它表示自感电动势的方向与回路中电流变化的方向相反。即当回路中原来的电流增大时，自感电动势产生的自感电流与原来的电流方向相反，阻碍电流的增加；当回路中原来的电流减小时，自感电动势产生的自感电流与原来的电流方向相同，阻碍电流的减小。自感的作用是阻碍回路中电流的变化。回路的自感系数越大，这种阻碍的作用也越大，回路中的电流也越不容易改变。所以，回路的自感系数具有使回路保持原有电流不变的性质，类似于物体的惯性。可以认为，自感是回路本身"电磁惯性"大小的量度。

如果回路有 N 匝线圈，设通过每一匝线圈的磁通量都是 Φ，则整个回路的自感电动势为

$$\varepsilon_L = -N\frac{d\Phi}{dt} = -\frac{d(N\Phi)}{dt} = -\frac{d(LI)}{dt} = -L\frac{dI}{dt}$$

由上式可以看出

$$LI = N\Phi \tag{7-10}$$

如果 $I=1$，则

$$L = N\Phi \tag{7-11}$$

上式表示**线圈的自感系数 L 在数值上等于通有单位电流时线圈的磁链。**

在国际单位制中，自感系数的单位为亨利，符号 H。1H 是指当电流 1s 变化 1A，产生的自感电动势为 1V 时，回路的自感系数。

自感现象在各种电器设备和无线电技术中有广泛的应用。如利用线圈有阻碍电流变化的特性，可以稳定电路中的电流；无线电设备中常用自感线圈和电容器组成共振电路或滤波器等。比如日光灯上镇流器就是利用线圈的自感现象来工作的。

自感现象也有不利的一面，在自感系数很大而电流又很强的电路（如大型电动机的定子绕组）中，在切断电路的瞬间，由于电流强度在很短的时间内发生很大的变化，会产生很大的自感电动势，使开关的闸刀和固定夹片之间的空气电离而变成导体，形成电弧。这会烧坏开关，甚至危害到人员安全。因此，切断这段电路时必须使用带有灭电弧结果的特制安全开关。

例 7-4：如图 7-6 所示，一长直螺线管，线圈密度为 n，长度为 l，横截面积为 S，插有磁导率为 μ 的磁介质，求线圈的自感系数 L。

解：设线圈中通有电流 I，则长直螺线管内的磁感应强度为

$$B = \mu n I$$

线圈中的磁通量为

$$\Phi_m = BS = \mu n I S$$

线圈中的自感系数 L 为

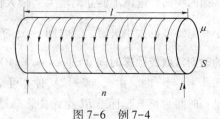

图 7-6　例 7-4

$$L=\frac{N\Phi_m}{I}=\frac{N\mu nIS}{I}=\mu n^2 lS=\mu n^2 V$$

式中，匝数 $N=ln$，体积 $V=lS$。

可见，螺线管的自感系数 L 与它的体积 V、线圈密度 n 的平方及管内介质的磁导率为 μ 成正比。所以，需要获得自感系数大的螺线管时，可用较细的导线密绕，以增加单位长度上的匝数，同时在管内放上磁导率大的磁介质。

三、RL 电路

在图 7-7 所示的 RL 串联电路中，由自感线圈 L 和电阻 R 串联组成电路。如果在 $t=0$ 时，将开关 K 合到位置 1 上，电路即与一恒定电动势为 ε 的电源接通，电路中的电流为 i。由于自感电动势的存在，当接通电源时，电流由零增到稳定值要有一个过程；同样，切断电源时，电流由稳定值减小到零，也需一个过程。这些过程叫作 **RL 电路的暂态过程**（transient process）。

电路中的自感电动势的大小为 $\varepsilon_L=-L\dfrac{\mathrm{d}I}{\mathrm{d}t}$。根据基尔霍夫电压定律，可列出 $t\geqslant 0$ 时的电路的微分方程

$$L\frac{\mathrm{d}i}{\mathrm{d}t}+iR=\varepsilon$$

分离变量，得

$$\frac{\mathrm{d}i}{\dfrac{\varepsilon}{R}-i}=\frac{R}{L}\mathrm{d}t$$

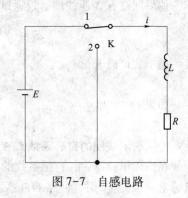

图 7-7　自感电路

两边积分得

$$\ln\left(\frac{\varepsilon}{R}-i\right)=-\frac{R}{L}t+C$$

上式中，C 为积分常数。当 $t=0$ 时，初始值 $i=0$，则 $C=\ln\dfrac{\varepsilon}{R}$。代入上式，可得

$$i=\frac{\varepsilon}{R}\ (1-\mathrm{e}^{-\frac{R}{L}t}) \tag{7-12}$$

当 $t\to\infty$ 时，$i\to\dfrac{\varepsilon}{R}=I_0$，电路中的电流达到稳定值。由上式可知，在 RL 电路中，开关 K 接通的瞬间，电流不能立刻增大到最大值，而是要经过一段时间。时间的长短由电阻 R 的大小和电感 L 的大小决定。当时间 $t=\dfrac{L}{R}$ 时，电流 i 增大为最大值的 63.2%，$\dfrac{L}{R}=\tau$ 叫作 RL 电路的 **时间常数或弛豫时间**（relaxation time）。即 τ 等于电流从零增大到最大值的 63.2% 所需的时间。当 $t=5\tau$ 时，由式（7-12）计算可得 $i=0.994I_0$，可以认为此时暂态过程已基本结束。可见，时间常量 τ 是标志 RL 电路中暂态过程持续时间长短的特征量。L 越大，R 越小，则时间常量越大，电流增大得越慢。

图 7-8 表示了 RL 电路中电流增大的规律。

当电路中的电流达到稳定值即最大值 $i_0=\dfrac{\varepsilon}{R}$ 后，将开关 K 换到位置 2 上，这时电路中没有

电源，回路中的电流减小也需要经过一段时间。根据基尔霍夫定律，得

$$-L\frac{\mathrm{d}i}{\mathrm{d}t}=iR$$

分离变量，得

$$\frac{\mathrm{d}i}{i}=-\frac{R}{L}\mathrm{d}t$$

两边积分得

$$\ln i=-\frac{R}{L}t+C$$

当 $t=0$ 时，初始值 $i=0$，则 $C=\ln\dfrac{\varepsilon}{R}$。代入上式，可得

$$i=\frac{\varepsilon}{R}\mathrm{e}^{-\frac{R}{L}t} \tag{7-13}$$

上式表明，电源撤去后，电路中的电流也不能立刻减小到零，而是要经过一段时间。时间的长短依然是由电阻 R 的大小和电感 L 的大小决定。当时间 $t=\dfrac{L}{R}=\tau$ 时，电流 i 减小为最大值的 36.8%。图 7-9 表示了 RL 电路中电流减小的规律。

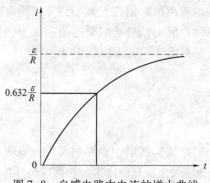

图 7-8　自感电路中电流的增大曲线

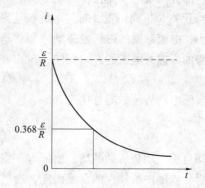

图 7-9　自感电路中电流的减小曲线

总之，RL 电路中的电流不能立刻变化，变化快慢用时间常量 τ 来标志。时间常量 τ 的大小反映了电路电流变化过程时间的长短。τ 越大电流变化过程越长；τ 越小电流变化过程越短。

课堂互动

1. 一个线圈自感系数的大小决定于哪些因素？
2. 用金属丝绕制而成的标准电阻要求是无自感的，怎样绕制自感系数为零的线圈？

第三节　磁场能量

磁场和电场一样，也具有能量。下面以自感现象为例，分析回路中电流增大过程中能量的转换情况，导出磁场能量的表达式。

在图 7-7 中，开关 K 闭合前，回路中的电流 $I=0$。当开关 K 扳向位置 1 时，自感为 L 的线圈与电源接通，由于线圈自感电动势的作用，线圈中的电流由零增大到恒定值 I 有一个短暂过程。随着电流的增大，电流激发的磁场也从零逐渐增强。在这个过程中，电源一部分为电路中产生焦耳热而做功，另一部分为克服自感电动势而做功。克服自感电动势做功所消耗的能量，即转化为磁场的能量。

电路接通后，设 i 为 t 时刻线圈中的电流，则在 dt 的时间内，电源克服自感电动势 ε_L 所做的元功为

$$dA = -\varepsilon_L i dt$$

式中，负号表示自感电动势的方向与电流的方向相反，阻碍电流的增大。而 ε_L 为

$$\varepsilon_L = -L\frac{di}{dt}$$

所以

$$dA = Lidi$$

线圈中电流从零增大到恒定值 I 的过程中，电源克服自感电动势所做的功为

$$A = \int_0^I Lidi = \frac{1}{2}LI^2$$

这部分功就等于储存在线圈中的能量，叫作**自感磁能**，用 W_m 表示。

当开关 K 扳向位置 2 时，电源被切断，线圈中的电流由恒定值逐渐减小到零。随着电流的减小，电流激发的磁场也逐渐减弱。这时，线圈中的自感电动势会阻碍电流的减小，自感电动势的方向与电流的方向相同。在 dt 的时间内，自感电动势 ε_L 所做的元功为

$$dA' = \varepsilon_L idt = -Lidi$$

自感电动势所做的总功为

$$A' = \int_I^0 -Lidi = \frac{1}{2}LI^2$$

即自感电动势所做的功，恰好等于自感中达到恒定电流时线圈中储存的磁能。表明切断电源后，线圈中所储存的自感磁能，通过自感电动势做功又全部释放出来，转化成焦耳热。

由上面的讨论可知，自感系数为 L 的线圈，通有电流为 I 时，所储存的磁能 W_m 为

$$W_m = \frac{1}{2}LI^2 \tag{7-14}$$

自感磁能在实际中有多中用途。如电感储能焊接，是让线圈中储存的能量在较短时间释放出来，通过耦合作用在需要焊接的工件局部产生大量焦耳热，从而将工件焊接上。

下面以一长直螺线管为例，由上面的自感磁能公式推导出磁场的能量公式。对于长直螺线管，自感系数 $L=\mu n^2 V$。当螺线管中通有电流 I 时，管内的磁感应强度 $B=\mu nI$，所以 $I=\dfrac{B}{\mu n}$。代入磁能的公式，得

$$W_m = \frac{1}{2}LI^2 = \frac{1}{2}(\mu n^2 V) \cdot \left(\frac{B}{\mu n}\right)^2 = \frac{B^2}{2\mu} \cdot V \tag{7-15}$$

式中，V 为长直螺线管的体积。由上式可知，在均匀磁场中，磁场能量与磁场的体积成正比。磁场中，单位体积的磁场能量叫作磁场能量体密度，用 w_m 表示

$$w_m = \frac{W_m}{V} = \frac{1}{2}\frac{B^2}{\mu}$$

对各向同性的均匀介质，有 $B=\mu H$，代入上式，得

$$w_m = \frac{1}{2}\mu H^2 = \frac{1}{2}BH \tag{7-16}$$

上面的式子虽然是由螺线管内均匀磁场特例导出的，但它适用于一切磁场。它指出磁场的能量体密度只与该点的磁感应强度和介质的性质有关。

在非均匀磁场中，可将磁场存在的空间划分为无数个体积元 dV，在每个体积元内，可以把 B 和 H 看作是均匀的，体积元中的磁能为

$$dW_m = w_m dV = \frac{1}{2}BHdV$$

在有限体积 V 内，整个磁场的能量为

$$W_m = \int_d W_m = \frac{1}{2\mu}\int_V B^2 dV = \frac{1}{2}\int_V BHdV \tag{7-17}$$

例 7-5： 如图 7-10 所示，同轴电缆中金属芯线的半径为 a，共轴金属圆筒的半径为 b，两者之间充以磁导率 $\mu=\mu_0$ 的磁介质。若芯线与圆筒分别和电池两极相接，芯线与圆筒上的电流大小相等、方向相反。设可略去金属芯线内的磁场，求：（1）两导体间磁场的磁感应强度；（2）此同轴电缆芯线与圆筒之间单位长度上的磁场能量；（3）该段电缆的自感系数。

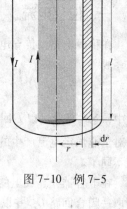

图 7-10　例 7-5

解：（1）根据安培环路定理，在内圆柱的内部和外圆柱壳的外部，磁感应强度均为零。只有在两导体间的空间才有磁场。距轴心为 r 处的磁感应强度可根据安培定理求出。

$$\oint_l \boldsymbol{B} \cdot d\boldsymbol{l} = \mu_0 I$$
$$B \cdot 2\pi r = \mu_0 I$$

得

$$B = \frac{\mu_0 I}{2\pi r}$$

（2）磁场能量可通过对磁场能量体密度积分求得。由于在内圆柱的内部和外圆柱壳的外部，磁感应强度均为零。所以计算磁场能量时，只需要对两导体间的磁场进行积分。

根据式（7-16）可知，在芯线与圆筒之间 r 处附近，磁场的能量密度为

$$w_m = \frac{B^2}{2\mu_0} = \frac{1}{2}\mu_0\left(\frac{I}{2\pi r}\right)^2 = \frac{\mu_0 I^2}{8\pi^2 r^2}$$

取单位长度的体积元 dV，它由半径为 r 到 $r+dr$、长为一个单位的薄圆柱壳构成，$dV = 1 \times 2\pi r dr = 2\pi r dr$，则该体积元中所具有的磁场能量为

$$dW_m = \omega_m dV = \frac{\mu_0 I^2}{8\pi^2 r^2} \times 2\pi r dr = \frac{\mu_0 I^2}{4\pi}\frac{dr}{r}$$

积分，得单位长度同轴电缆内磁场所具有的的能量为

$$W_m = \int dW_m = \int_a^b \frac{\mu_0 I^2}{4\pi}\frac{dr}{r} = \frac{\mu_0 I^2}{4\pi}\ln\frac{b}{a}$$

（3）自感系数可根据公式 $W_m = \frac{1}{2}LI^2$，通过磁场能量来求得

$$W_m = \frac{1}{2}LI^2 = \frac{\mu_0 I^2}{4\pi}\ln\frac{b}{a}$$

得

$$L = \frac{\mu_0}{2\pi}\ln\frac{b}{a}$$

同样也可以由 $\Phi = LI$ 求得自感系数。

第四节　电磁场及其传播

法拉第发现了电磁感应定律后，人们认为已基本了解了电磁场的基本规律。当麦克斯韦提出"变化的磁场产生有旋电场"和"变化的电场（位移电流）产生磁场"两个假设，并用一组方程概括了全部电场和磁场的性质和规律后，发现其中的矛盾只有加上他称之为"位移电流"一项，方程式才是彼此相容的。麦克斯韦因此建立了完整的电磁场理论，并预言了电磁波的存在。

一、位移电流

在稳恒电路中传导电流是处处连续的。在这种电流产生的稳恒磁场中，安培环路定理可以写成

$$\oint \boldsymbol{H} \cdot \mathrm{d}\boldsymbol{l} = \sum_i I_i$$

式中，$\sum_i I_i$ 是穿过以 L 回路为边界的任意曲面 S 的传导电流（电荷定向移动形成的电流）。那么对于非恒定电流产生的磁场，安培环路定律还适用吗？例如在接有电容器的电路中，情况就不同了。

在电容器充、放电的过程中，在电容器的一个极板周围取一闭合回路 L，并以 L 为边界作两个曲面 S_1 和 S_2，如图 7-11 所示。S_1 与导线相交，S_2 通过电容器两极板间，不与导线相交。设通过导线的传到电流强度为 I，这个电流在电容器两极板间中断，所以通过 S_1 的电流为 I，通过 S_2 的电流为零。分别把安培环路定理应用于曲面 S_1 和曲面 S_2 上，对曲面 S_1，因有传到电流通过，所以有

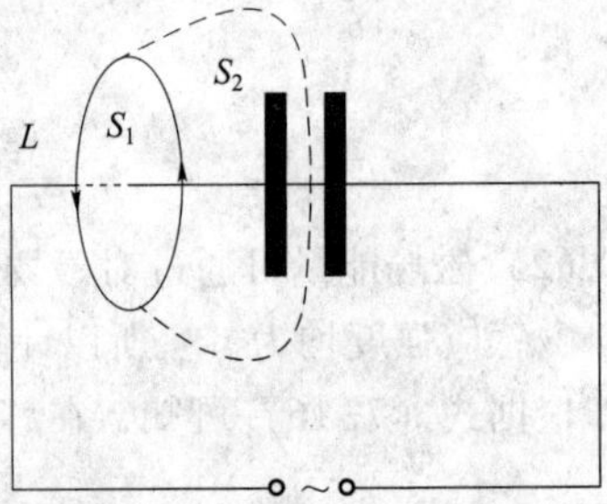

$$\oint_L \boldsymbol{H} \cdot \mathrm{d}\boldsymbol{l} = I$$

图 7-11　电容器充、放电的过程

对曲面 S_2，因通过的电流为零，所以有

$$\oint_L \boldsymbol{H} \cdot \mathrm{d}\boldsymbol{l} = 0$$

即把安培环路定理应用到以同一闭合曲线 L 为边界的不同曲面时，得到的结果完全不同。显然，这两个式子是矛盾的。这表明稳恒磁场的安培环路定理不适用于变化电磁场。

为了解决电流的不连续问题，并在非稳恒电流产生的磁场中使安培环路定理也能成立，麦克斯韦提出了位移电流的概念。麦克斯韦认为上述矛盾的出现，是由于认为 $\boldsymbol{H}$ 的环流唯一由传导电流决定，而传导电流在电容器两极板间却中断了，不连续了。他通过对电容器充、放电过程的分析发现，虽然传导电流在电容器两个极板之间中断了，但是与此同时，由于两

个极板上的电量 q 和电荷密度 σ 随时间变化而在两极板间产生了变化的电场，把变化的电场看作电流的论点正是麦克斯韦所引入的位移电流的概念。

设平行板电容器的极板面积为 S，极板上自由电荷面密度为 σ，则极板上所带的总电量 $q=\sigma S$，两极板间电位移 $D=\sigma$，则两极板间的电位移通量为

$$\Phi_D=D\cdot S=\sigma\cdot S=q$$

电位移通量对时间的变化率为

$$\frac{\mathrm{d}\Phi_D}{\mathrm{d}t}=\frac{\mathrm{d}}{\mathrm{d}t}(\sigma S)=\frac{\mathrm{d}q}{\mathrm{d}t}$$

式中，$\frac{\mathrm{d}q}{\mathrm{d}t}$ 为导线中的传导电流。上式表明，通过曲面 S_2 的电位移通量变化率 $\frac{\mathrm{d}\Phi_D}{\mathrm{d}t}$ 与通过曲面 S_1 的传导电流 $\frac{\mathrm{d}q}{\mathrm{d}t}$ 相等。麦克斯韦把 $\frac{\mathrm{d}\Phi_D}{\mathrm{d}t}$ 叫作位移电流强度（intensity of displacement current），用 I_D 表示。即

$$I_D=\frac{\mathrm{d}\Phi_D}{\mathrm{d}t} \tag{7-18}$$

即电场中某截面处的位移电流强度等于通过此截面的电位移通量对时间的变化率。把电位移 D 对时间的变化率叫作**位移电流密度**（density of displacement current），用 j_D 表示，即

$$j_D=\frac{\partial D}{\partial t} \tag{7-19}$$

即电场中某点的位移电流密度等于此点电位移矢量对时间的变化率。

引入位移电流的概念后，在电容器两极板间中断的传导电流 I 用位移电流 I_D 连接，从而电路中电流得以保持连续。传导电流和位移电流之和叫作**全电流**（full current）。引入位移电流后，电流连续性就具有普遍意义了，全电流总是保持连续的。上面讨论的安培环路定理出现问题的原因就在于电流的不连续，现在有了位移电流和全电流，回路电流保持了连续，这样稳恒磁场的安培环路定理在变化电磁场的情况下就要推广为

$$\oint_L H\cdot\mathrm{d}l=I+I_D \tag{7-20}$$

上式叫作全电流安培环路定理。它表明不仅传导电流能产生磁场，位移电流也能产生磁场。

位移电流的引入，表明变化的电场能产生有旋磁场，深刻揭示了电场和磁场的内在联系，变化的电场和变化的磁场互相联系着形成了统一的电磁场。这正是电磁波产生的理论基础。电磁波的存在已为实验证实，也为位移电流的假说提供了有力的证据。

需要注意的是，位移电流和传导电流虽然在产生磁场方面是等效的，但它们有着截然不同的地方。首先，传导电流是有电荷的实际定向运动，而位移电流是电场的变化效果，不是有真实的电荷在运动。我们之所以把电位移矢量对时间的变化率叫作电流，仅仅是因为它产生磁场这一点上和传导电流一样。其次，传导电流通过导体时一般要产生焦耳热，而位移电流不产生热效应。再次，传导电流只存在于导体中，而位移电流即可在导体中存在，也可以在电介质甚至真空中存在。

麦克斯韦位移电流假设的实质是"变化的电场能产生磁场"。

例 7-6：如图 7-12 所示，一平行板电容器，两极板面积均为 S。将它连接到一个交变电源上，极板上的电荷按规律 $Q=Q_0\sin\omega t$ 变化，忽略边缘效应。求两极板间任意点的位移电

流 I_d。

解：因两极板上的电荷随时间变化，所以两极板
间的电场也随时间变化

$$D = \sigma = \frac{Q}{S} = \frac{Q_0 \sin\omega t}{S}$$

根据位移电流的定义式，得

$$I_d = \frac{\mathrm{d}\Phi_D}{\mathrm{d}t} = \frac{\mathrm{d}\ (DS)}{\mathrm{d}t} = \frac{\mathrm{d}\ (Q_0\sin\omega t)}{\mathrm{d}t} = Q_0\omega\cos\omega t$$

可见，位移电流也随时间变化。

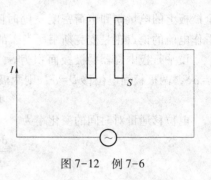

图 7-12　例 7-6

二、麦克斯韦电磁场基本方程

麦克斯韦（Maxwell james Clerk），是 19 世纪伟大的英国物理学家、数学家。经典电磁理论的奠基人，气体动理论创始人之一。

麦克斯韦 1831 年出生于爱丁堡。16 岁进入爱丁堡大学学习数学和物理。三年后转入剑桥大学学习数学，1854 年毕业留校任教。两年后到苏格兰的马里沙耳学院任自然哲学教授，1860 年到伦敦国王学院任教，1861 年选为伦敦皇家学会会员。1871 年受聘筹建剑桥大学卡文迪许实验室，并任第一任主任直到 1879 年逝世。

麦克斯韦主要从事电磁理论、分子物理学、统计物理学、光学、力学、弹性理论方面的研究。1859 年，28 岁的麦克斯韦就以新颖的物理思想，用概率论推导出气体分子速度的分布规律。尤其是他建立的电磁场理论，将电学、磁学、光学统一起来，预言了电磁波的存在，并确认光也是一种电磁波，从而创立了经典电动力学。电磁场理论是 19 世纪物理学发展最光辉的成果，是科学史上最伟大的综合之一。

麦克斯韦严谨的科学态度和科学研究方法是人类极其宝贵的精神财富。

麦克斯韦在稳恒场理论的基础上，提出了有旋电场和位移电流的概念，再经过理论上的抽象、概括和推广，将稳恒场的理论上升为经典电磁场理论。他的电磁场理论的实质就是电场和磁场的相互激发，即变化的磁场周围产生有旋电场，变化的电场周围产生有旋磁场；电场和磁场相互联系、相互激发组成一个统一的电磁场。麦克斯韦进一步将电场和磁场的所有规律综合起来，建立了完整的电磁场理论体系。这个电磁场理论体系的核心就是麦克斯韦方程组。麦克斯韦方程组由四个方程组成，包括反映电磁场性质的电场环路定理和高斯定理及磁场环路定理和高斯定理。下面介绍它们的积分形式。

麦克斯韦为了得到电磁场的四个基本方程，首先从静电场和稳恒磁场的基本规律，即静电场的高斯定理和安培环路定理、稳恒磁场的高斯定理和磁场的安培环路定理四条基本定理出发，然后引入有旋电场和位移电流两个重要概念，将这几个定理修改为适用于一般电场的电磁场的四个基本方程，即得麦克斯韦方程组。具体分别如下。

1. 电场的性质——电场的高斯定理　静电场是有源场，用 $D^{(1)}$ 表示，它的电位移线是不闭合的，自由电荷是产生电场的源。前面学过静电场的高斯定理，通过任意闭合曲面的电位移通量等于它所包围的自由电荷量的代数和，即

$$\oint_S D^{(1)} \cdot \mathrm{d}S = \sum q$$

变化的磁场产生有旋电场，用 $D^{(2)}$ 表示，它的电位移线是闭合的。因此，它通过任意闭合

曲面的电位移通量等于零。即

$$\oint_S \boldsymbol{D}^{(2)} \cdot \mathrm{d}\boldsymbol{S} = 0$$

一般情况下，电场既包括自由电荷产生的静电场 $D^{(1)}$，也包括变化磁场产生的有旋电场 $D^{(2)}$，电位移是两种电场电位移的矢量和。即 $D = D^{(1)} + D^{(2)}$，则有

$$\oint_S \boldsymbol{D} \cdot \mathrm{d}\boldsymbol{S} = \sum q \tag{7-21}$$

上式表明，在任意电场中，通过任意闭合曲面的电位移通量等于这个闭合面所包围的自由电荷量的代数和。

2. 磁场的性质——磁场的高斯定理 根据麦克斯韦的假说，位移电流、传导电流和运流电流一样，都可以产生磁场。所有的磁场都是有旋场，磁力线都是闭合的。因此，**通过任何闭合曲面的磁通量都总是等于零**，即磁场中的高斯定理。公式为

$$\oint_S \boldsymbol{B} \cdot \mathrm{d}\boldsymbol{S} = 0 \tag{7-22}$$

3. 变化电场和磁场的关系——全电流的安培环路定理 由传导电流或运流电流产生的恒定磁场 $H^{(1)}$ 满足安培环路定理

$$\oint_L \boldsymbol{H}^{(1)} \cdot \mathrm{d}\boldsymbol{l} = \sum I$$

对位移电流产生的磁场 $H^{(2)}$，也可以用安培环路定理

$$\oint_L \boldsymbol{H}^{(2)} \cdot \mathrm{d}\boldsymbol{l} = I_d$$

麦克斯韦认为，一般情况下，磁场既包括传导电流或运流电流产生的磁场 $H^{(1)}$，也包括位移电流产生的磁场 $H^{(2)}$，磁场强度 H 是两种磁场磁场强度的矢量和，即 $H = H^{(1)} + H^{(2)}$。于是的全电流的安培环路定理，即

$$\oint_L \boldsymbol{H} \cdot \mathrm{d}\boldsymbol{l} = \sum I + I_d \tag{7-23}$$

上式表明，在任意磁场中，磁场强度沿任意闭合曲线的线积分等于通过闭合曲线所包围面内的全电流。

4. 变化磁场和变化电场的关系——电场的安培环路定理 对自由电荷产生的电场 $E^{(1)}$，满足静电场的环路定理，即

$$\oint_L \boldsymbol{E}^{(1)} \cdot \mathrm{d}\boldsymbol{l} = 0$$

而变化磁场产生的电场 $E^{(2)}$ 由法拉第电磁感应定律得

$$\oint_L \boldsymbol{E}^{(2)} \cdot \mathrm{d}\boldsymbol{l} = -\frac{\mathrm{d}\Phi}{\mathrm{d}t} = -\int_S \frac{\partial \boldsymbol{B}}{\partial t} \cdot \mathrm{d}\boldsymbol{S}$$

在一般情况下，电场既包括自由电荷产生的静电场 $E^{(1)}$，也包括变化磁场产生的有旋电场 $E^{(2)}$，电场强度是两种电场电场强度的矢量和。即 $E = E^{(1)} + E^{(2)}$，根据上面的两个式子，可得

$$\oint_L \boldsymbol{E} \cdot \mathrm{d}\boldsymbol{l} = -\frac{\mathrm{d}\Phi}{\mathrm{d}t} = -\int_S \frac{\partial \boldsymbol{B}}{\partial t} \cdot \mathrm{d}\boldsymbol{S} \tag{7-24}$$

上式表明，在任意电场中，电场强度沿任意闭合曲线的线积分等于通过此闭合曲线所包围面内的磁通量对时间的变化率的负值。

上面的四个式子，就是麦克斯韦方程组的积分形式。它们以数学的形式概括了电磁场的基本性质和规律。它们适用于一定范围（如一个闭合回路）的电磁场，而不能用于某一点的

电磁场。但可以将积分方程组变换为相应的微分方程组而予以解决。

麦克斯韦方程组的四个方程，全面系统地反映了电场和磁场的基本性质，并把电磁场作为一个统一的整体，用统一的观点阐明了电场和磁场之间的联系。因此，麦克斯韦方程组是对电磁场基本规律所作的总结性、统一性的简明而完美的描述。由此可见，电场和磁场互相激发形成统一的场——电磁场。变化的电磁场 可以以一定的速度向周围传播出去。这种交变电磁场在空间以一定的速度由近及远的传播即形成电磁波。因此，麦克斯韦预言了电磁波的存在，说明了电磁场是以波的形式传播，他还指出光波也是一种电磁波，从而将光现象和电磁现象联系起来。

三、电磁波的产生和传播

根据麦克斯韦统一的电磁场理论可知，如果空间存在变化的磁场，那么在它临近的空间就会产生变化的电场，这变化的电场又要在较远的空间产生新的变化的磁场，接着就在更远的空间产生变化的电场……这样，变化的电场和变化的磁场就会交替产生，并由近向远地在空间传播。如图 7-13 所示。麦克斯韦预言，这种变化的电磁场携带着能量由发生区域向远处的空间传播就形成了**电磁波**（electromagnetic wave）。麦克斯韦还提出电磁波是横波，传播的速度等于光速，根据它跟光波的这些相似性，指出"光波是一种电磁波"。20 多年后，赫兹用实验证实了电磁波的存在，测得它传播的速度等于光速，与麦克斯韦的预言符合得相当好，证实了光的电磁说是正确的。

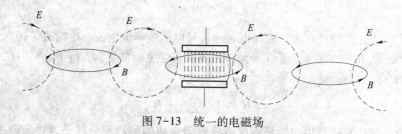

图 7-13　统一的电磁场

工程技术上实际发生电磁波的装置叫作天线。不管什么形式的天线，本质上都可以看成是一个 *LC* **振荡电路**（oscillating circuit）。如图 7-14 所示，它是由一个电容器和一个自感线圈组成的。电容器充电后，和自感线圈组成闭合回路，这时，由于电路中的电容器的充、放电和自感的作用，电容器两极板上的电荷和线圈中的电流都会随时间做周期性的变化，同时电能与磁能也随之周期性地相互转化。这种电路中电荷

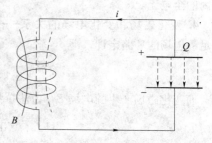

图 7-14　电磁振荡电路

和电流的周期性变化，就叫作**电磁振荡**（electromagnetic oscillating）。若没有能量损失，电磁振荡会一直进行下去，振幅会保持不变。振荡的周期和频率分别为

$$T = 2\pi \sqrt{LC} \tag{7-25}$$

$$v = \frac{1}{T} = \frac{1}{2\pi \sqrt{LC}} \tag{7-26}$$

式中，当 L 的单位为 H，C 的单位为 F 时，周期 T 的单位为 s，频率 v 的单位为 Hz。

在上面讨论的 *LC* 组成普通振荡电路中，因电容和电感都较大，所以振荡的频率较低，产

生的电磁场能量主要集中在电容器和自感线圈内，不利于电磁波向外发射。电磁波的发射，首先要有足够高的振荡频率。频率越高，发射电磁波的本领越大。为了提高振荡电路的固有频率，根据 $C=\dfrac{S}{\varepsilon_0 d}$ 知道可通过缩小电容器极板面积和拉大电容器极板间距离来减小电容 C，如图 7-15（a）所示，同时由 $L=\mu_0 n^2 V$ 知道可通过减少线圈匝数并逐渐将线圈拉开，最后拉直成一根直线来减小自感系数 L。其次振荡电路的电场和磁场必须分散到尽可能大的空间，才能有效地把电磁场的能量传播出。最后电容器极板缩小成两个小球，线圈成一直线，形成发射电磁波的天线，电容器两个极板就是天线的"天"和"地"。如图 7-15（b）所示。这样开放电磁场后既能使电磁场分布到空间去，又增加了辐射功率，电磁波就更容易向远处发射。

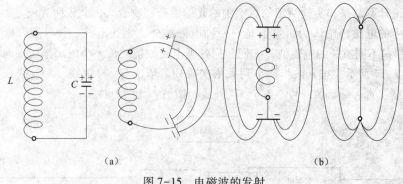

（a）　　　　　　　　　　　（b）

图 7-15　电磁波的发射

当然，在实际中，要实现稳定电磁波的发射，还必需通过适当的辅助电路，不断地给天线补充因辐射而损失的电磁能量。

麦克斯韦指出，电磁波在传播的过程中，可以用平面波方程来表示电场和磁场的变化，即

$$E=E_m \cos\omega\left(t-\frac{x}{u}\right) \tag{7-27}$$

$$H=H_m \cos\omega\left(t-\frac{x}{u}\right) \tag{7-28}$$

式中，E_m、H_m 分别表示电场强度和磁场强度的振幅，x 为电磁波产生处到空间某点的距离，u 为电磁波在介质中传播的速度，ω 为电磁波的角频率。

上面两个式子表明，电磁波在传播的过程中，电场强度 E 和磁场强度 H 都随时间作余弦函数变化，而且它们相位相同，方向总是垂直，并且它们都与电磁波的传播方向垂直，因此，**电磁波是横波**（transversal wave）。如图 7-16 所示。

在空间任意一点处，电场强度 E 和磁场强度 H、x 三个矢量的方向相互垂直，并且符合右手螺旋法则，即右手四指从 E 的方向沿小于 180° 的角转到 H 的方向，拇指的指向即为电磁波的传播方向。

由电磁场理论可得出电磁波在介质中传播的速度 u 决定于介质的电容率 ε 和磁导率 μ，即

$$u=\frac{1}{\sqrt{\varepsilon\mu}}$$

电磁波在真空中的传播速度跟光速相等，即

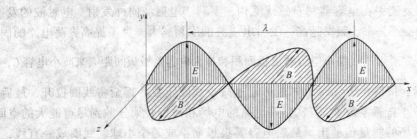

图 7-16　电磁波是横波

$$c = \frac{1}{\sqrt{\varepsilon_0 \mu_0}} = \approx 2.9979 \times 10^8 \, \mathrm{m \cdot s^{-1}}$$

由于理论计算结果和实验测定的真空中的光速恰巧相吻合，因此说明光波是一种电磁波。

麦克斯韦的电磁理论认为，除了光是一种电磁波外，无线电波、红外线、紫外线、X 射线、γ 射线都是不同波长的电磁波。人们常把各类电磁波按波长大小依次排成一列，称为**电磁波谱**。如图 7-17 所示。按其波长从小到大依次排列，依次有：γ 射线、X 射线、紫外线、可见光（紫、蓝、青、绿、黄、橙、红）、红外线、微波、无线电波等。

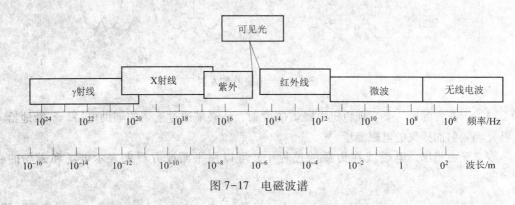

图 7-17　电磁波谱

在电磁波谱中不存在空隙。随着科学技术的发展，各波段都已进入邻近波段的范围，这就是波谱中相邻波段相重叠的原因。

四、电磁波的能量

在电磁波传播时，其中电磁场的能量也随之传播。以电磁波的形式将能量传播出去。电磁波中电场能量和磁场能量的总和叫作电磁波的能量，亦称为**辐射能**（radiant energy）。

已知电场和磁场的能量体密度分别为

$$w_e = \frac{1}{2}\varepsilon E^2, \qquad w_m = \frac{1}{2}\mu H^2$$

所以电磁场总的能量体密度为

$$w = w_e + w_m = \frac{1}{2}\varepsilon E^2 + \frac{1}{2}\mu H^2 \tag{7-29}$$

上式说明，电磁场能量是电场强度 E 和磁场强度 H 的函数。辐射能的传播速度也就是电磁波的传播速度，辐射能的传播方向也就是电磁波的传播方向。而且电场强度 E 和磁场强度 H 之间有以下关系。

$$\sqrt{\mu} H = \sqrt{\varepsilon} E \qquad\qquad (7-30)$$

设 dA 为垂直于电磁波传播方向上的一个面积元，在介质不吸收电磁能量的条件下，在 dt 时间内通过面积元 dA 的电磁波能量应为 $wdAudt$。电磁波传播时，**在单位时间内通过单位面积的辐射能**，叫作**辐射强度**（radiation intensity）或**能流密度**（energy-flux density）。用 S 表示，则

$$S = \frac{wdAudt}{dAvdt} wu = \frac{u}{2} \left(\varepsilon E^2 + \mu H^2 \right) \qquad\qquad (7-31)$$

将 $u = \dfrac{1}{\sqrt{\varepsilon\mu}}$ 和 $\sqrt{\mu} H = \sqrt{\varepsilon} E$ 代入上式，得

$$S = \frac{1}{2\sqrt{\varepsilon\mu}} (\sqrt{\varepsilon} E \sqrt{\mu} H + \sqrt{\mu} H \sqrt{\varepsilon} E) = EH \qquad\qquad (7-32)$$

因电磁波能量的传播方向、E 的方向和 H 的方向三者互相垂直，通常将能流密度用矢量式表示为

$$S = E \times H \qquad\qquad (7-33)$$

S 和 E、H 组成右旋直角坐标系，如图 7-18 所示，S 的方向就是电磁波的传播方向。能流密度矢量 S 也叫作**坡印亭矢量**（Poynting vector）。

实验证明，电磁波具有波的所有性质，如遇到介质会反射、折射，能发生干涉、衍射等现象。电磁场具有能量、质量、动量等物质具有的所有性质。因此，电磁场是一种特殊的物质。

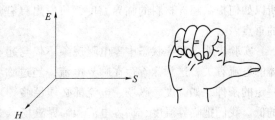

图 7-18 S 和 E、H 组成右旋直角坐标系

课堂互动

1. 什么是位移电流？什么是全电流？试比较位移电流和传导电流的异同。

2. 证明电位移通量对时间的变化率 $\dfrac{d\Phi}{dt}$ 具有电流的量纲。

第五节　超导电性和超导磁体

一、零电阻现象

1911 年，荷兰物理学家昂尼斯（Heike Kamerlingh-Onnes）在研究水银电阻与温度变化的关系时发现，当温度降到 4.15 K 附近时，已凝成固态的水银电阻突然降为零，当温度回到 4.15K 以上，水银又重新恢复电阻性。这种某些金属、合金和化合物，在温度降到绝对零度附近某一特定温度时，它们的电阻率突然减小到无法测量的现象叫作零电阻现象或超导现象。物质在超低温下失去电阻的性质称为**超导电性**（superconductivity），具有这种性质的物质叫作**超导体**（superconductor）。这种以零电阻为特征的状态叫作**超导态**（superconducting state）。电

阻突然转变为零时的温度叫作**超导临界温度**（superconducting critical temperature）。

目前已发现许多金属、合金和化合物具有超导电性。不同的材料具有不同的临界温度。表 7-1 列出了一些典型的超导材料和它们的临界温度 T_c 的值。

表 7-1　部分超导材料的临界温度

材料	T_c/K	材料	T_c/K
汞	4.15	锡	3.72
铅	7.19	铟	3.40
铌	9.25	V_3Ga	14.4
铝	1.20	Nb_3Sn	18.1
钒	5.30	Nb_3Ge	23.2
金	4.15	钡基氧化物	90

某些物质临界温度非常低，例如汞为 4.15K，不具有太大的应用价值。而有的超导材料的临界温度比较高，达到几十开甚至上百开，随着临界温度的提高，其应用价值也大大提高。所以如何提高超导材料的临界温度，研发出具有常温下工作能力的高温超导材料是人们关注的重点。

实验表明，超导状态中零电阻现象不仅与超导体温度有关，还与外磁场强度和通过超导体的电流有关，这意味着存在临界电流，超过临界电流就会出现电阻。即实现超导必须具备一定的条件，如温度、磁场、电流都必须足够的低。我们把临界温度、临界电流和临界磁场叫作超导态的**三大临界条件**，三者密切相关，相互制约。如图 7-19 所示。超导材料的这些参量限定了应用材料的条件，因而寻找高参量的新型超导材料成了人们研究的重要课题。

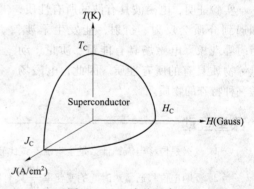

图 7-19　三个临界参量

超导体的电阻准确为零，因此，一旦它内部产生电流，只要保持超导状态不变，其电流就不会减小，这种电流叫作**持久电流**。昂尼斯发现超导电性以后，继续进行实验，他把一个铅制圆圈放入杜瓦瓶中，瓶外放一磁铁，然后把液氦倒入杜瓦瓶中使铅冷却成为超导体，最后把瓶外的磁铁突然撤除，铅圈内便会产生感应电流并且此电流将持续流动下去，这就是昂尼斯持久电流实验。许多人都重复做这个实验，其中电流持续时间最长的一次是从 1954 年 3 月 16 日到 1956 年 9 月 5 日，而且在这两年半时间内持续电流没有减弱的迹象，直到液氦的供应中断实验才停止。持续电流说明超导体的电阻可以认为是零。

后来，费勒和密尔斯利用核磁共振方法测得结果表明：将测量精度作为衰减量，超导电流至少持续时间不少于 10 万年。

二、迈斯纳效应和磁通量子化

1. 迈斯纳效应　当一个磁体和一个处于超导态的超导体相互靠近时，磁体的磁场会使超导体表面中出现超导电流。此超导电流形成的磁场，在超导体内部，恰好和磁体的磁场大小相等，方向相反。这两个磁场相互抵消，使超导体内部的磁感应强度为零，即超导体排斥体内的磁场。这就是迈斯纳效应。

1933年，德国物理学家迈斯纳（W. F. Meissner）发现，超导体一旦进入超导状态，体内的磁通量将全部被排出体外，超导体内的磁感应强度恒为零，且不论对导体是先降温后加磁场，还是先加磁场后降温，只要进入超导状态，超导体就把全部磁通量排出体外，如图7-20所示。这种效应称为**迈斯纳效应**（meissner effect），又叫**完全抗磁性**（perfect diamagnetism）。

迈斯纳效应指明了超导态与进入超导态的途径无关，超导态的零电阻现象和迈斯纳效应是超导态的两个相互独立，又相互联系的基本属性。单纯的零电阻并不能保证迈斯纳效应的存在，但是零电阻效应又是迈斯纳效应的必要条件。因此，衡量一种材料是否是超导体，必须看是否同时具有零电阻现象和迈斯纳效应。

超导体的完全抗磁性会产生磁悬浮现象，磁悬浮现象在工程技术中有许多重要的应用。可以用如图7-21所示的装置来演示磁悬浮。在锡盘上放一条永久磁铁，当温度低于锡的转变温度时，小磁铁会离开锡盘飘然升起，升至一定距离后，便悬空不动了，这是由于磁铁的磁力线不能穿过超导体，在锡盘感应出持续电流的磁场，与磁铁之间产生了排斥力，磁体越远离锡盘，斥力越小，当斥力减弱到与磁铁的重力相平衡时，就悬浮不动了。磁悬浮列车、超导无摩擦轴承和超导重力仪都是根据这个原理制成。

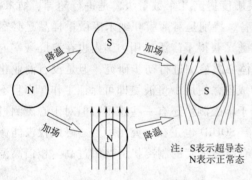

注：S表示超导态
N表示正常态

图7-20 迈斯纳效应

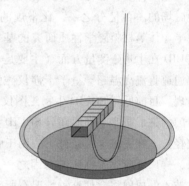

图7-21 磁悬浮示意图

1913年，昂尼斯因发现超导现象而荣膺诺贝尔奖。他在诺贝尔领奖演说中指出：低温下金属电阻的消失"不是逐渐的，而是突然的"，水银在4.2K进入了一种新状态，由于它的特殊导电性能，可以称为"超导态"。

2. 磁通量子化和约瑟夫森效应　对于具有空腔的多连通超导体（如超导环、超导空心圆柱体等），如果在高于临界温度T_c时沿超导环的轴向加以磁场，然后冷却到临界温度T_c以下，这时因为完全抗磁性，超导体内的磁场被排出，但环孔中的磁通量基本不变。即使撤去外磁场，环孔中的磁通量仍然基本不变，这时是由超导体表面的超导电流（持续电流）来维持。这部分因超导电性而永久地维持在环孔中的磁通量叫作**冻结磁通**（freeze flux）。处在超导态的冻结磁通只能是**磁通量子**（fluxon）$\varPhi_0 = \dfrac{h}{2e}$的整数倍，即

$$\varPhi = n\varPhi_0, \quad \varPhi_0 = \frac{h}{2e} = 2.678 \times 10^{-15} \text{Wb}$$

式中，n是整数，h、e分别是普朗克常数和电子电荷量的绝对值。这种性质称**磁通量子化**

（fluxquantization），是一种宏观量子现象。这在实验中也已被证实。这也是超导体具有的基本性质之一。

英国物理学家约瑟夫森（B. D. Josephson）在研究超导电性的量子特性时提出了量子隧道效应理论，也就是今天人们所说的约瑟夫森效应。在两块超导体之间存在一块极薄的绝缘层结构，叫作**约瑟夫森结**（Josephson junction）。约瑟夫森从理论上预言，当绝缘层厚度只有1nm左右时，应会出现如下现象：①当通有的电流小于临界电流值 I_c 时，此直流电流可以无阻碍的通过绝缘层，绝缘薄层上的电压为零，但当电流 $I>I_c$ 时，会从超导态转变为正常态，出现电压降，呈现有阻态。②有外加磁场时，通过约瑟夫森结的直流电流随磁场的增加会周期性地变化，变化的周期决定于穿过绝缘层的磁通量 Φ，当 Φ 是磁通量子 Φ_0 的整倍数时，超导电流为零。③在绝缘层两边加上电压，这时结区会向外辐射频率为 $\dfrac{2eU}{h}$ 的电磁波。上述现象叫作**约瑟夫森效应**（Josephson effect）。**超导量子干涉仪**（Superconducting Quantum Interference Device，SQUID），就是根据超导约瑟夫森效应和磁通量子化现象制成的仪器。SQUID 是一种能测量微弱磁信号的极其灵敏的仪器，就其功能而言是一种磁通传感器，不仅可以用来测量磁通量的变化，还可以测量能转换为磁通的其他物理量，如电压、电流、电阻、电感、磁感应强度、磁场梯度、磁化率等。SQUID 作为探测器，可以测量出 10^{-11} 高斯的微弱磁场，仅相当于地磁场的一百亿分之一，比常规的磁强计灵敏度提高几个数量级，是进行超导、纳米、磁性和半导体等材料磁学性质研究的基本仪器设备，特别是对薄膜和纳米等微量样品是必需的。SQUID 在生物磁测量方面（主要是心磁和脑磁）获得了广泛应用。国内也在磁屏蔽室内使用单通道直流高温超导量子干涉仪磁强计对人体心磁检测进行初步研究，但是没有商业化产品出现。目前低温 SQUID 生物磁图仪已经较为成熟，使用少量液氦即可保证工作，而且不需要专门的磁屏蔽室。高温超导 SQUID 灵敏度对于脑磁测量还有一些难度，但对于心磁测量则比较轻松。在无磁屏蔽条件下应用于临床的高温 SQUID 也正在研究当中。心磁图仪没能像心电图一样广泛应用于临床的原因之一是因为没有与之配套的制冷机，费用过高。相信高温 SQUID 技术的成熟将会使这种情况有所改变。

利用约瑟夫森效应可以测量较弱的磁场强度，而且精度很高，利用该理论制成的磁强计，灵敏度可达 10^{-12} 高斯；还可以来精确测定电压值，并制成精度很高的测压装置，也可以制成保持和比较电动势的装置。此外，人们还利用约瑟夫森效应作辐射源，可以用此来产生和检测波长极短的电磁波。约瑟夫森效应的应用还远不止这些，该效应已成为当代电子技术极为注意的课题之一。迄今为止，它已经在国防、医学、科学研究和工业等各方面都得到了应用，在电压标准、磁场探测等方面的发展则更加迅速。现在，在计算机领域，该效应已经被作为逻辑及记忆元件使用。随着人们研究的不断深入，这种应用将会更加成熟和广泛。

三、超导的研究前景及其应用

超导材料是在低温条件下能出现超导电性的物质。发现超导的几十年来，科学家们一直在寻找临界温度高于液氮温度77K的高温超导材料。1986 年，高温超导材料出现是一大重要突破，冲破了"温度壁垒"。美国 IBM 公司瑞士实验室的研究人员米勒和柏诺兹发现了临界温度为 35K 的钡镧铜氧化物陶瓷超导材料，并因此而获得了 1987 年诺贝尔物理学奖。1987 年，美籍华裔科学家朱经武和中国科学家赵忠贤又制成临界超导温度 90K 以上的主要成分为钡、钒、铜、氧的钡铜氧化物超导材料。自从高温超导材料发现以后，一阵超导热席卷了全球。科学家还发现铊系化合物超导材料的临界温度可达 125K，汞系化合物超导材料的临界温度则可达 135K。如果将汞置于高压条件下，其临界温度将能达到难以置信的 164K。20 世纪90 年代末，法国巴黎工业物理和化学高等学院研制成功千页式超导材料，它的临界温度高达−23℃。从超导材料的发展历程来看，新的更高转变温度材料的发现及室温超导的实现都有可能。

在材料的制备工艺、性能改进和器件的研制上，近几年也取得了很大进展。日本和美国都在积极研究开发新一代超导线材，并取代铋系列超导线材而应用在机器设备上。钇系列超导材料的制造技术已经基本确立起来，正在开发的有蓄电装置和磁分离装置等。目前，两种最有前途的超导电子元件：其一是超导量子干涉元件，其二是单一磁通量子元件。前者由于能够测量极其微弱的磁性，因而可被应用到医学和材料的非接触探伤等方面；后者具有运算速度快、消耗电力少等优异性能，有望被用作新的信息处理元件，但关键是要大幅度提高这种元件的集成度。

利用超导体做电磁铁的超导线圈来产生强磁场，这是近 20 年发展起来的新型技术之一。由于超导材料在超导状态下具有零电阻和完全的抗磁性，因此只需消耗极少的电能，就可以获得 10 万高斯以上的稳态强磁场。而用常规导体做磁体，要产生这么大的磁场，则需要消耗3.5MW 的电能及大量的冷却水，投资巨大。

高速超导磁悬浮列车是超导的又一个应用。在列车下面装上超导线圈，当它通有电流而列车启动后，由于磁体的磁力线不能穿过超导体，磁体和超导体之间会产生排斥力，使列车悬浮在铁轨上方。由于没有摩擦，可以大大提高列车的运行速度。我国第一条磁悬浮列车于2003 年在上海建成开通，其设计最高时速可达 430km·h^{-1}。

超导材料正以其独特的性能，不断地渗透到人们生活的方方面面。怎样将其只能在超低温下特有的性能运用在常温下是全世界科学家致力研究的方向。这就预示着超导材料现今乃至今后的主要研究方向。在高温超导体发现以后，原则上说，凡是低温超导电性能获得应用并显示优越性的领域，高温超导电性也具有同样的优越性。然而高温超导体比低温超导体的最主要优势在于高温。因为高温超导体只需要廉价液氮冷却，而不是昂贵的液氦。有人甚至预言，人类社会将进入超导时代。这是因为高温超导材料如能在一系列重要领域特别是所谓强电，诸如电力输送、电机、受控核聚变、交通、医疗等领域获得应用，可能显示出巨大的优越性，将导致一场新的技术革命。

从先进的信息技术到医学科学，从电力应用到环境保护，从基础科学到交通运输，各种超导装置和器件都将发挥其优势作用。如其他领域一样，超导领域要取得更大进展仍有许多技术上、制造上和市场上的问题有待解决。低温制冷技术是超导体应用的支撑技术，是超导工业未来的关键。

课堂互动

1. 超导态的两个互相独立的基本属性是什么？
2. 什么是超导体的临界温度、临界磁场和临界电流？
3. 何谓迈斯纳效应？超导体与电阻率为零的理想导体有何不同？

物 理 学

电磁感应灯

  2007 年初始，一则新闻吸引了人们的目光，一条是来自《科学时报》的"绿色照明何时点亮中国"，其中提到：2006 年底，北京市政府对天安门广场及东单和西单之间长安街沿线的照明系统进行了升级改造，总长 8km 的道路两旁的水银华灯将全部更换为更加节能环保的电磁感应灯。据介绍，与现有的水银华灯相比，该灯的使用寿命将延长到 10 年，同时节电 50%。

  电磁感应灯又叫作**无极灯**。意为没有电极的灯。大家都知道普通的白炽灯是依靠灯丝来提供光线的，道路照明上用得比较多的高压钠灯、汞灯等都是有电极的，由于绝大多数光源受电极的限制，在制作和使用寿命方面都有很大的局限性。既然绝大多数传统光源的寿命局限在于电极，那是否可以去掉电极呢？随着科学技术的发展，人们终于发现了光、电、磁之间的相互联系，随着深一步的了解和大胆创新的构想，科学家们终于成功研发了电磁感应灯。无极灯没有电极，靠什么来发光呢？靠的就是电磁感应原理。如图 7-22 所示，在环状的灯管外面套着一对铁芯，铁芯上包着绕组，当绕组通交流电后，根据电磁感应原理，铁芯周围就产生了交变的磁场，变化的磁场产生感应电流，再利用合振荡原理将产

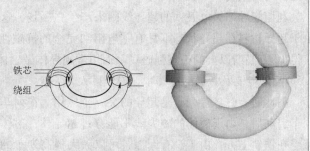

图 7-22　电磁感应灯

生的高频电压注入到真空的玻管里，使低压汞和惰性气体的混合蒸气产生放电，辐射出紫外线，再通过三基色荧光粉转化为可见光，从而避免了电极损耗的问题。

  电磁感应灯是集电子、电磁、真空等技术于一体的国际第四代节能环保型新光源，具有结构简单、无电极、无灯丝、高光效、高显色性和长寿命等特点。由于没有电极，一般来说，电磁感应灯的寿命可以达到 60000h 以上，而且高效节能，可以比一般节能灯节能 45% 左右，比一般的白炽灯节能 85% 以上。虽然无极灯比传统光源有着无比的优越性，但真正投入到产业化并真正服务社会，在技术上还需要更多的完善。比如：由于电磁感应灯的电磁工作原理，所以一定会存在电磁干扰的问题，尤其是在大范围应用中，如何解决这些问题，就成为科研人员主要的攻关课题。近年来，照明科研人员一直致力于电磁兼容指标达标的研究工作，这些在国内及国际上的市场推广都是尤为重要的。

  无疑电磁感应灯将成为今后光源发展的新趋势，带给我们的不仅是源源不断的经济效益，更多的将会是相关的社会效应。据调查，全球每年废弃的节能灯在 5 个亿左右，这给全球带来了严重的环境污染！全球每年要花费大量的资金处理这些污染问题，节能灯的污染已引起了联合国等有关部门的高度重视。电磁感应灯的问世无疑为绿色照明开拓了一条全新的捷径，由于其超长的寿命，因废弃灯泡而造成的污染问题将被缓解甚至完全解决。据统计，全球用在照明上的电量占全部电量的 15% 左右，随着城市照明的增多，家庭对照明的重视，这个数值还在逐年上升。

  电磁感应灯有着广阔的社会潜力和市场潜力，是 21 世纪最有发展前景的一种绿色环保型电光源。

电磁波的生物效应

电磁波既给人类带来了现代化生活，也给人类带来了一定的危害。电磁波的传播形成电磁辐射。电磁辐射是伴随着科技发达和人民生活水平不断提高而产生的新型污染。电厂、广播、电视、通信发射系统以及手机、家用电器都是电磁辐射发射源，电磁辐射污染已成为继空气、水源、噪声等污染之后新的污染。《科技日报》曾经介绍：我国每年出生的 2000 万儿童中，有 35 万为缺陷儿，其中 25 万为智力缺陷。其中电磁波污染的威胁最大。

人体是个导体。电磁辐射到人体可产生电磁感应，并有部分的能量沉积。电磁感应可使电偶极子生成。偶极子在电磁场的作用下的取向将导致生物膜电位异常，从而干扰生物膜上受体的表达酶的活性，从而导致细胞功能的异常及细胞状态的异常。DNA 的复制传递及表达的过程受到电磁波及其他因素干扰时，就会诱发基因突变、促使变异细胞产生。例如诱发癌基因表达，导致癌细胞及其他变异细胞的产生。电磁辐射还会直接将能量传递给原子或分子，使其运动加速，进而在体形成热效应。当微波作用于人的眼睛，眼睛晶状体水份较多，而更易吸收较多的能量，从而损伤眼的房水细胞。晶状体内无血管成分，代谢率低，很难将损伤或死亡的细胞吸收掉，日积月累在晶状体内形成晶核，导致白内障的产生，视力下降。在辐射剂量较低时，人体本身对辐射损伤有一定的修复能力，可对上述反应进行修复，从而不表现出危害效应或症状。但如果剂量过高，超出了人体内各器官或组织具有的修复能力，就会引起局部或全身的病变。

我们周边所有的物体时刻都在进行电磁辐射。注意防护和合理使用家用电器可以有效预防和减少电磁辐射，把电磁辐射降到安全使用的范围内。电磁波危害的预防：①移动电话接通瞬间释放的电磁波容易致癌，所以移动电话响时，接通 3s 后再放到耳边听手机。②手机天线顶端是产生辐射最强的地方，使用时不要让天线对着脑部。因为接通瞬间释放的电磁波很强，对人危害极大。此外，注意尽可能减少打手机的时间。③信号差时手机的功率会自动加大，从而造成其辐射的强度增大。基于同样的道理，在电梯等小而封闭的环境里使用手机也会使其辐射强度增大。④别让电器扎堆。以免使自己暴露在超剂量辐射的危险中。⑤勿在电脑身后逗留。⑥可通过饮食调节来减少电磁波的危害。每天喝 2~3 杯绿茶或菊花茶，多吃一些富含维生素 B 的水果蔬菜，以利于调节人体电磁场紊乱状态，增加机体抵抗电磁辐射污染的能力。

值得注意的是，不同的人或同一个人在不同年龄阶段对电磁辐射的承受能力是不一样的，老人、儿童、孕妇属于对电磁辐射的敏感人群。

本章小结

本章主要讲述了法拉第电磁感应定律、楞次定律；有旋电场和涡电流；自感现象、RL 电路；磁场能量和能量密度；位移电流、麦克斯韦方程组的微分形式；LC 振荡电路及电磁波；

零电阻现象、迈斯纳效应、磁通量子化和约瑟夫森效应等。

　　重点：电磁感应的基本定律；位移电流；麦克斯韦方程组的微分形式。

　　难点：电动势的计算；位移电流；麦克斯韦方程组。

练习题七

　　7-1　一根长度为 L 的铜棒，在磁感应强度为 B 的均匀磁场中，以角速度 ω 在与磁场方向垂直的平面上绕棒的一端 O 做匀速转动，如图 7-23 所示。求铜棒两端之间产生的动生电动势的大小。

　　7-2　有一半圆形金属导线在磁感应强度为 B 的匀强磁场中以速度 v 做切割磁力线运动，如图 7-24 所示，已知半圆的半径为 R，求导线中的动生电动势。

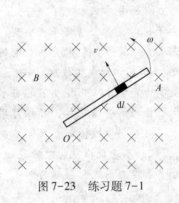

图 7-23　练习题 7-1

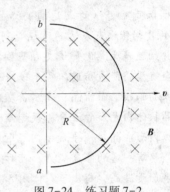

图 7-24　练习题 7-2

　　7-3　边长为 $2a$ 的正方形导体线框，在均匀磁场 B 中，线框绕 oo' 轴以 ω 转动，如图 7-25 所示，已知 $eb = 3ea$，求线框的感应电动势。

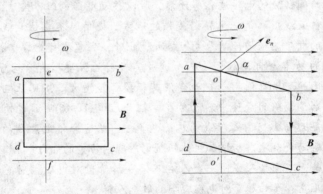

图 7-25　练习题 7-3

　　7-4　如图 7-26 所示，一个由导线绕成的空心螺绕环，单位长度上的线圈匝数 $n = 5000/m$，截面积 $S = 2 \times 10^{-3} \, m^2$，导线、电源和可变电阻串联成闭合电路。环上还套有一个电阻 $R' = 2\Omega$ 的线圈 A，共有 $N = 5$ 匝。改变可变电阻的阻值，使螺绕环的电流 I_1 每秒降低 20A。求：①线圈 A 中的感应电动势和感应电流；②2s 时间内通过线圈 A 的电量。

　　7-5　设某线圈的自感系数 $L = 0.5H$，具有电阻 $R = 5\Omega$，在下列情况下，求线圈两端的电压。

(1) $I = 1\text{A}$，$\dfrac{\mathrm{d}I}{\mathrm{d}t} = 0$；

(2) $I = 1\text{A}$，$\dfrac{\mathrm{d}I}{\mathrm{d}t} = 2\text{A} \cdot \text{s}^{-1}$；

(3) $I = 0$，$\dfrac{\mathrm{d}I}{\mathrm{d}t} = 0$；

(4) $I = 0$，$\dfrac{\mathrm{d}I}{\mathrm{d}t} = 2\text{A} \cdot \text{s}^{-1}$；

(5) $I = 1\text{A}$，$\dfrac{\mathrm{d}I}{\mathrm{d}t} = -2\text{A} \cdot \text{s}^{-1}$。

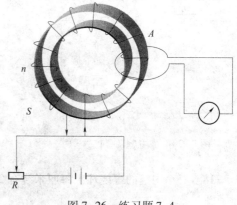

图 7-26　练习题 7-4

7-6　螺线管长为 15cm，共绕 120 匝，截面积为 20cm^2，内无铁芯。当电流在 0.1s 内自 5A 减少为零，求螺线管两端的自感电动势。

7-7　一线圈的自感系数为 $5 \times 10^{-2}\text{H}$，接上电源后，通过电流 $I = 15\sin 100\pi t$ A。问线圈中感应电动势的最大值是多少？

7-8　如图 7-27 所示的同轴电缆，计算同轴电缆单位长度的自感。

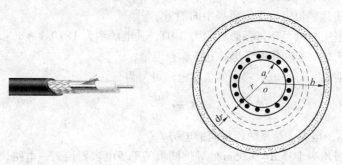

图 7-27　练习题 7-8

7-9　半径为 2.0cm 的螺线管，长 30.0cm，上面均匀密绕 1200 匝线圈，线圈内为空气。求：（1）螺线管中自感；（2）如果在螺线管中电流以 $3.0 \times 10^2 \text{A} \cdot \text{s}^{-1}$ 的速率改变，线圈中产生的自感电动势。

7-10　可利用超导线圈中的持续大电流的磁场储存能量。要储存 $1\text{kW} \cdot \text{h}$ 的能量，利用 1.0T 的磁场，需要多大体积的磁场？若利用线圈中的 500A 的电流储存上述能量，则该线圈的自感系数应多大？

7-11　如图 7-28 所示，线圈自感系数 $L = 3.0\text{H}$，电阻 $R = 6.0\Omega$，电源电动势 $\varepsilon = 12\text{V}$，线圈电阻和电源内阻均略去不计。求：（1）电路刚接通时，电流增长率和自感电动势 ε_L；（2）当电流 $I = 1.0\text{A}$ 时的电流增长率和 A、B 两端的电势差；（3）电路接通后经 0.20s 时电流的瞬时值；（4）当电流达到恒定值时，线圈中储有的磁场能量。

7-12　一个线圈的电阻和电感分别为 $R = 10\Omega$ 和 $L = 58\text{mH}$。当把电路接通加上电压后，经过多长时间，线圈中的电流将等于恒定电流值的一半？

7-13　一同轴电缆由半径为 a 的长直导线和与它同轴的导体圆筒构成，筒的半径为 b，如图 7-29 所示。导线与圆筒间充满电容率为 ε、磁导率为 μ 的均匀介质。当电缆的一端接上负载 R，另一端加上电压时，问 R 应为何值时可使导线与圆筒间的电场能量与磁场能量相等。

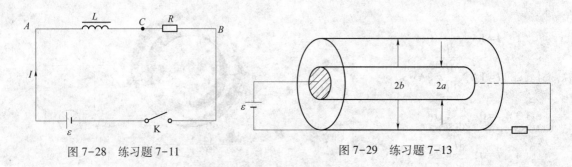

图 7-28　练习题 7-11　　　　　　　　　　　　图 7-29　练习题 7-13

7-14　一个中空的螺绕环上每厘米绕有 20 匝导线，当通以电流 $I = 3A$ 时，求环中的磁场能量密度。

7-15　一条无限长直导线中通有电流 I，I 均匀分布在它的横截面上。证明：此导线内单位长度的磁场能量为 $\dfrac{\mu_0 I^2}{16\pi}$。

7-16　把一个 3.0H 的电感器和一个 10Ω 的电阻串联后，再把一个电动势为 3.0V 的电源突然加在电路上。电路接通后，$t = 0.30s$ 时，求：（1）电源提供的功率；（2）电阻上的焦耳热功率；（3）电流达到恒定值后，磁场中的能量。

7-17　实验室中一般可获得强磁场约为 2.0T，强电场约为 $1 \times 10^6 V \cdot m -1$。求相应的磁场能量密度和电场能量密度。哪种场更有利于储存能量？

7-18　试证明：平行板电容器中的位移电流可写为

$$I_d = C \frac{\mathrm{d}U}{\mathrm{d}t}$$

式中，C 是电容器的电容，U 是两极板间的电势差。

7-19　两极板均为半径 $R = 0.05m$ 的导体圆板的平板电容器接入一电路，当充电时，极板间的电场强度以 $\dfrac{\mathrm{d}E}{\mathrm{d}t} = 10^{13} V \cdot m^{-1} \cdot s^{-1}$ 的变化率增加，若两极板间为真空，忽略边缘效应，求两极板间的位移电流。

第八章 振动和波

学习导引

1. **掌握** 简谐振动的规律及表达式中各物理量的意义；振动的合成，矢量图示法。
2. **熟悉** 波动方程，波的强度、波的能量及波的干涉。
3. **了解** 声波、超声波的医学应用原理。

振动（vibration）是自然界物质的一种普遍而且非常重要的运动形式。物体在某一位置附近来回往复的运动称为**机械振动**（mechanical vibration）。例如心脏的运动、声波传到耳朵里引起鼓膜的运动、琴弦的运动、气缸中活塞的运动等。振动在医疗保健（心脏起搏器）体育运动（跳板跳水）、建筑、机械等方面都有非常重要的作用。

如果把振动这一概念推广，自然界中还存在很多类似于机械振动的现象，广义而言，任何物理量在某个定值附近往复变化，都可称为振动。例如，人体的心电活动、体温的变化，交流电路中的电流和电压的变化、电磁场中的电场强度和磁感应强度的变化等都属于广义的振动。尽管它们和机械振动的物理机制不同，但都具有某种重复性或周期性等一些共同的规律，描述它们的数学表达式是相同的。

波（wave）是振动的传播，是自然界中物质运动的常见形式，唱歌会引起声带的振动，它在空气中以机械波的形式传播，到达鼓膜时引起鼓膜的振动，之后产生的机械波触发神经系统产生电波传到大脑引起听觉。物体表面反射的光波进入我们的眼睛，到达视网膜转化为电波传到大脑引起视觉。波在传播信息的同时，也伴随有能量的传播，医学上利用超声波的能量对某些疾病进行治疗。

本章将讨论研究机械振动和机械波的基本概念和规律，并进一步讨论声波、超声波及其医学应用。

第一节 简谐振动

物体的振动一般都比较复杂，研究表明任何复杂的振动，都可以分解成一系列最简单、最基本的振动，这种最简单、最基本的振动称为**简谐振动**（simple harmonic vibration）。

一、简谐振动的运动方程

弹簧振子是研究简谐振动的理想模型，如图 8-1 所示，光滑的水平面上有一质量为 m 的物体与一端固定劲度系数为 k 的轻弹簧相连，就构成了一个弹簧振子。

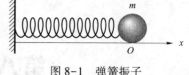

图 8-1　弹簧振子

当物体偏离平衡位置 O 时，会受到弹性力的作用，而在平衡位置 O 附近做周期性运动。弹性力 F 与位移 x 大小成正比，方向始终相反。即

$$F = -kx \tag{8-1}$$

根据牛顿第二定律 $F = ma$，可列出动力学方程为

$$m = \frac{d^2 x}{dt^2} = -kx$$

令 $\omega^2 = k/m$，上式可改写为

$$\frac{d^2 x}{dt^2} + \omega^2 x = 0$$

解上述微分方程可得

$$x = A\cos(\omega t + \varphi) \tag{8-2}$$

式（8-2）为简谐振动的运动学方程。不难看出，简谐振动时，位移是时间的余弦（或正弦）函数。

上式 w 中和 φ 是两个积分常数，A 是物体离开平衡位置的最大位移，称为**振幅**（amplitude）；$(\omega t + \varphi)$ 称为**相位**（phase），反映 t 时刻物体的运动状态；φ 为**初相位**（initial phase），反映初始（$t=0$）时的运动状态；ω 称为**角频率**（angular frequency），由系统自身特性决定，是频率的 2π 倍。

式（8-2）两边对时间求一阶、二阶导数，可分别得到速度、加速度：

$$v = \frac{dx}{dt} = -A\omega\sin(\omega t + \varphi) \tag{8-3}$$

$$a = \frac{d^2 x}{dt^2} = -A\omega^2 \cos(\omega t + \varphi) \tag{8-4}$$

可见，简谐振动物体的速度、加速度也随时间作周期性变化。

简谐振动还可以用旋转矢量的投影表示。如图 8-2 所示，取水平坐标轴 x，由坐标原点 O 引出长度为 A 的矢量 OM，并以角速度 ω 绕 O 点逆时针旋转，开始时（$t=0$），矢量 OM_0 与 x 轴的夹角等于 φ，任意时刻 t，矢量 OM 与 x 轴的夹角等于 $(\omega t + \varphi)$，在 x 轴上的投影 ON 为

$$x = A\cos(\omega t + \varphi)$$

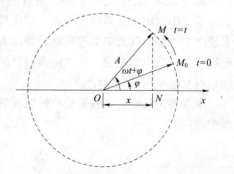

图 8-2　简谐振动的矢量图示法

此投影值与物体沿 x 轴简谐振动的位移表达式（8-2）完全相同。用旋转矢量的投影描述简谐振动，可以把简谐振动的振幅、角频率、相位及初相位非常形象直观地表示出来。简谐振动的旋转矢量表示法广泛应用于振动的合成、波的干涉等的研究。

例 8-1：某简谐振动的 x-t 曲线如图 8-3（b）所示，求：

（1）此简谐振动初相位；

（2）振动方程。

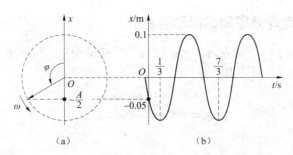

图 8-3　例 8-1

解：（1）画出对应的旋转矢量如图 8-3（a）所示，由此得初相位 $\varphi = \dfrac{2}{3}\pi$

（2）由图（b）可以看出，$A = 0.1\text{m}$，$T = 2\text{s}$，故 $\omega = \dfrac{2\pi}{T} = \pi$

振动方程 $x = 0.1\cos\left(\pi t + \dfrac{2}{3}\pi\right)$（m）

二、简谐振动的能量

仍以弹簧振子为例，任意时刻的弹性势能、动能分别为

$$E_{\text{P}} = \frac{1}{2}kx^2 = \frac{1}{2}kA^2\cos^2(\omega t + \varphi) \tag{8-5}$$

$$E_{\text{k}} = \frac{1}{2}mv^2 = \frac{1}{2}mA^2\omega^2\sin^2(\omega t + \varphi) \tag{8-6}$$

总能量

$$E = E_{\text{P}} + E_{\text{k}} = \frac{1}{2}kA^2 = \frac{1}{2}mA^2\omega^2 \tag{8-7}$$

可见，弹簧振子的弹性势能和动能都随时间作周期性变化，频率相同，是简谐振动的两倍。但相位相反，而总的机械能守恒。物体在平衡位置时速度最大，弹性势能为零，动能最大；当物体位于最大位移处时，速度为零，势能最大，动能为零。

▌ **课堂互动**

1. 如何理解旋转矢量与简谐振动的关系？用旋转矢量求解问题有什么优势？

2. 弹簧振子上的物体由平衡位置移动到位移为 x 时，外力克服弹性力所做的功为多大？与弹性势能有什么联系？

第二节　振动的合成与分解

简谐振动是最简单、最基本的振动，任何振动都可以看成是若干简谐振动的合成。例如，声带的振动发出悠扬悦耳的歌声、琴弦的振动发出美妙的音乐等，都是多种频率的简谐振动合成的结果。振动的合成一般比较复杂，下面分析两种简单情况。

一、两个同方向同频率简谐振动的合成

设一质点同时参与了两个同方向（x）、同频率的简谐振动，角频率均为 ω，振幅分别为 A_1、A_2，初相位分别为 φ_1、φ_2，即

$$x_1 = A_1 \cos(\omega t + \varphi_1)$$
$$x_2 = A_2 \cos(\omega t + \varphi_2)$$

合振动

$$x = x_1 + x_2$$

用旋转矢量法很容易直观得到合振动，如图 8-4 所示，$t=0$ 时，振动 x_1 和 x_2 的对应的旋转矢量分别为 $\boldsymbol{A}_1$、$\boldsymbol{A}_2$，它们的合矢量 $\boldsymbol{A}$ 在 x 轴的投影为两分矢量在 x 轴投影和，即 $x = x_1 + x_2$，由于 $\boldsymbol{A}_1$ 和 $\boldsymbol{A}_2$ 大小不变，而且均以角速度 ω 绕 O 点逆时针转动，$\boldsymbol{A}_1$ 和 $\boldsymbol{A}_2$ 间的夹角保持恒定，矢量合成的平行四边形在旋转过程中形状保持不变，所以合矢量 $\boldsymbol{A}$ 的大小也保持恒定，且以同一角速度 ω 绕 O 点逆时针转动。

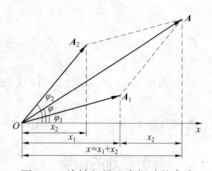

图 8-4　旋转矢量法求振动的合成

从图 8-4 中各矢量的位置关系及余弦定理可以看出，合振动为

$$x = x_1 + x_2 = A \cos(\omega t + \varphi) \tag{8-8}$$

合振动的振幅

$$A = \sqrt{A_1^2 + A_2^2 + 2A_1 A_2 \cos(\varphi_2 - \varphi_1)} \tag{8-9}$$

合振动的初相位

$$\varphi = \tan^{-1} \frac{A_1 \sin\varphi_1 + A_2 \sin\varphi_2}{A_1 \cos\varphi_1 + A_2 \cos\varphi_2} \tag{8-10}$$

可见，两个同方向、同频率的简谐振动的合成仍然是简谐运动。合振动的振幅不仅与分振动的振幅有关，还和两个分振动的初相位差有关，讨论如下：

（1）初相位差 $\Delta\varphi$ 为 π 的偶数倍

$$\Delta\varphi = 2k\pi, (k = 0, \pm1, \pm2, \cdots)$$

即两个分振动同相位，合振幅最大，等于两个分振动振幅之和

$$A = A_1 + A_2$$

（2）初相位差 $\Delta\varphi$ 为 π 的奇数倍

$$\Delta\varphi = (2k+1)\pi, (k = 0, \pm1, \pm2, \cdots)$$

即两个分振动相位相反，合振幅最小，等于两个分振动振幅之差的绝对值

$$A = |A_1 - A_2|$$

（3）一般情况下，$\Delta\varphi$ 不是 π 的整数倍，合振动的振幅

$$(A_1 + A_2) > A > |A_1 - A_2|$$

对于多个同方向同频率简谐振动的合成，可用类似方法逐次叠加。

二、两个相互垂直的简谐振动的合成

设一质点同时参与两个同频率、互相垂直的简谐振动，两振动分别在 x、y 轴上进行，振动方程分别为

$$x = A_1\cos(\omega t+\varphi_1)$$
$$y = A_2\cos(\omega t+\varphi_2)$$

任意时刻 t，物体的位置为 $(x，y)$，两式消去参数 t，可得轨迹方程

$$\frac{x^2}{A_1^2}+\frac{y^2}{A_2^2}-\frac{2xy}{A_1 A_2}\cos(\varphi_2-\varphi_1)=\sin^2(\varphi_2-\varphi_1) \tag{8-11}$$

上式是一个以坐标原点为中心的椭圆方程，轨道限制在以 $2A_1$ 和 $2A_2$ 为边的矩形范围内，物体运动的轨迹及方向由两个分振动的振幅 A_1、A_2 和相位差 $(\varphi_2-\varphi_1)$ 决定。

下面分析几种特殊情况：

（1）若 $\varphi_2-\varphi_1=0$，即两分振动同相位，式（8-11）变为

$$y = \frac{A_2}{A_1}x$$

合振动的运动轨迹是通过坐标原点的直线，其斜率为 A_2/A_1。

物体的位移为

$$r = \sqrt{x^2+y^2} = \sqrt{A_1^2+A_2^2}\cos(\omega t+\varphi)$$

可见合振动还是简谐振动，角频率等于分振动的角频率；合振幅为 $A=\sqrt{A_1^2+A_2^2}$。

（2）若 $\varphi_2-\varphi_1=\pi$，即两分振动反相位，式（8-11）变为

$$y = -\frac{A_2}{A_1}x$$

合振动的运动轨迹仍是通过坐标原点的直线，其斜率为 $-A_2/A_1$。

（3）若 $\varphi_2-\varphi_1=\pm\dfrac{\pi}{2}$，式（8-11）变为

$$\frac{x^2}{A_1^2}+\frac{y^2}{A_2^2}=1$$

合振动运动轨迹是一个以坐标轴为主轴的正椭圆。$\varphi_2-\varphi_1=\dfrac{\pi}{2}$，运动沿顺时针方向；$\varphi_2-\varphi_1=-\dfrac{\pi}{2}$，运动沿逆时针方向。

图 8-5 给出了相位差 $\varphi_2-\varphi_1$ 为某些值时合振动的轨迹。反过来，任何一个直线简谐振动、椭圆运动都可以分解为两个相互垂直的简谐振动。

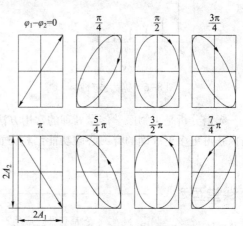

图 8-5　两个相互垂直的简谐振动的合成

三、频谱分析原理

与简谐振动的合成相反，任何一个复杂的周期性振动都可以分解为许多不同频率，不同振幅的简谐振动，即可以看作由许多简谐振动叠加而成。将复杂的周期性振动分解为一系列

简谐振动的方法，称为**频谱分析**。

数学上，任意周期性函数 $x(t)$，都可通过傅里叶变换分解成若干个谐函数的叠加，即式中 ω 为原周期函数的角频率，称为**基频**（fundamental frequency）。各谐函数的频率都是原函数频率的整数倍，$n\omega$ 称为 n 次**谐频**（harmonic frequency）。

下面以锯齿形周期振动函数为例来说明，如图 8-6（a）中所示虚线。根据付里叶变换该函数可表示为

$$x(t)=\frac{1}{\pi}\left(-\sin\omega t-\frac{1}{2}\sin2\omega t-\frac{1}{3}\sin3\omega t-\frac{1}{4}\sin4\omega t-\frac{1}{5}\sin5\omega t+\cdots\right)$$

图 8-6（b）中画出了前六项谐函数，它们的合振动曲线如图 8-6（a）中所示实线，可以看出非常接近"锯齿波"了。

所有谐函数的频率和对应的振幅称为**频谱**（frequency spectrum）。频率和振幅构成的 A-ω 坐标中表示频谱的线称为**频谱图**，图 8-7 所示为锯齿波函数的频谱图。

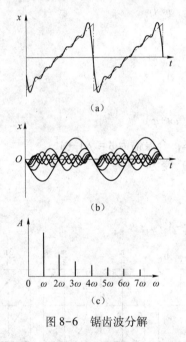

图 8-6　锯齿波分解

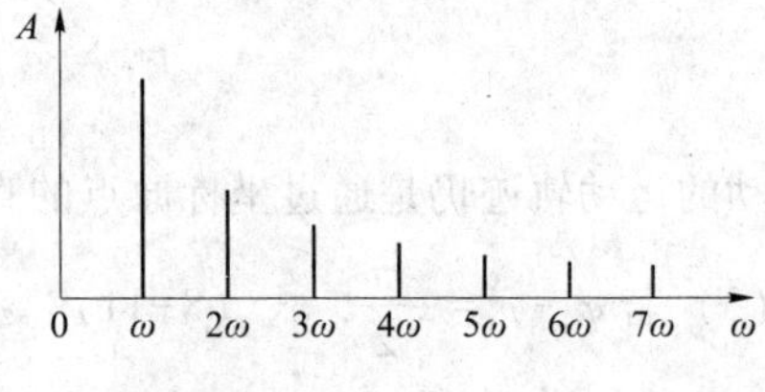

图 8-7　锯齿波频谱图

频谱分析是生物医学信号处理的常用方法，如频谱心电图，通过对心电图进行频谱分析，可以获得更多更准确的有关心脏功能结构方面的信息，对疾病的诊断提供十分有价值的理论依据。

■ 课堂互动

　1. 什么是频谱分析仪？它都有哪些应用？

　2. 频谱心电图与常规心电图相比，有什么优势？

第三节　简谐波

一、机械波的产生和传播

　　机械波（mechanical wave）是机械振动在弹性介质中的传播。例如，音叉振动时引起周围空气的振动，并由近及远地传播而形成声波。机械波的产生需要两个条件：一是产生机械振动的波源；二是能够传播机械波的弹性介质。弹性介质中各质点间以弹性力互相联系在一起，当其中一个质点受到扰动而离开平衡位置而振动时，就会影响到邻近的质点也离开平衡位置振动起来，这样振动状态就会在介质中传播开来，形成机械波。

　　在机械波中，振动方向和波的传播方向垂直的波称为**横波**（transverse wave）；振动方向和波的传播方向平行的波称为**纵波**（longitudinal wave）。纵波传播时会在介质中形成密部和疏部，故又称为疏密波。不论是横波还是纵波，传播的只是振动状态，各质点在各自的平衡位置附近振动，并不"随波逐流"。振动的传播速度称为**波速**（wave speed）。

　　为了形象地描述波在空间的传播，引入波阵面、波线的概念，通常把波在传播过程中某一时刻相位相同的点构成的面称为波阵面或波面，最前面的波阵面称为波前。波阵面是平面的波称为平面波，波阵面是球面的波称为球面波。表示波传播方向的线称为波线，平面波的波线是平行线，球面波的波线是以波源为中心的径向射线，波线与波阵面相互垂直，如图8-8所示。

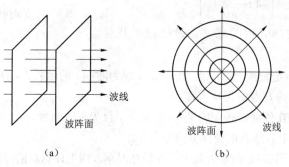

图 8-8　波线与波阵面
（a）平面波；（b）球面波

二、波动方程

　　既然波是振动状态的传播，波的定量描述就应该反映介质中各点的振动状态，即波线上某点 r 的振动位移 y 和时间 t 的函数关系

$$y=f(r,t)=f(x,y,z,t)$$

上述关系通常称为波动方程。

　　若波是沿 x 方向传播的平面简谐波，波动方程应表示为

$$y=f(x,t)$$

　　下面以平面简谐波为例分析讨论，如图8-9所示，波速为 u 的平面简谐波在均匀介质中沿 x 轴正方向传播。坐标原点 O 点振动方程为

$$y_0 = A\cos(\omega t + \varphi)$$

考虑 x 轴上 P 点的振动情况。设 P 点的坐标为 x，振动从 O 点传播到 P 点所需的时间为 $t_0 = \dfrac{x}{u}$，P 点的振动较 O 点的振动延迟 t_0，相位落后 $\omega\dfrac{x}{u}$，因此，波线上 P 点的振动方程为

$$y = A\cos\left[\omega\left(t - \frac{x}{u}\right) + \varphi\right] \tag{8-12}$$

式（8-12）为平面简谐波的 **波动方程**（wave equation）。

上式也可改写成

$$y = A\cos\left[2\pi\left(\frac{t}{T} - \frac{x}{\lambda}\right) + \varphi\right] \tag{8-13}$$

$$y = A\cos\left[2\pi\left(vt - \frac{x}{\lambda}\right) + \varphi\right] \tag{8-14}$$

式中，T 表示波的周期，ν 表示波的频率，λ 表示波长，三者间的关系为

$$\omega = 2\pi v = 2\pi/T, \quad u = \lambda/T = \lambda v$$

由波动方程可以看出，位移不仅和时间 t 有关，还和空间位置 x 有关，涉及两个自变量。如果波沿 x 轴负方向传播，图 8-9 中 P 比 O 点早振动一段时间 $t_0 = \dfrac{x}{u}$，波动方程应为

$$y = A\cos\left[\omega\left(t + \frac{x}{u}\right) + \varphi\right]$$

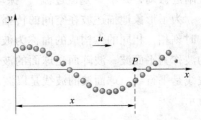

图 8-9 某时刻各质点的位移分布

为了全面理解波动方程的意义，讨论以下几种情况：

（1）当 $x = x_0$，给定波线上某一点 $P(x_0)$，y 仅为时间 t 的函数，$y = f(t)$，此时波动方程表示距离原点 O 为 x 处的 P 点的振动方程。

（2）当 $t = t_0$，波在传播过程中的某一时刻 t_0，y 仅为 x 的函数，$y = f(x)$，波动方程表示该时刻的波形，即波线上各质点的位移 y 的分布。

（3）当 t 和 x 都变化时，波动方程表示在任意时刻波线上任意点的位移分布，即 $y = f(x,t)$。

例 8-2：已知平面简谐波的周期 $T = 0.5\text{s}$，波长 $\lambda = 1\text{m}$，振幅 $A = 0.1\text{m}$，初相位 $\varphi = \dfrac{\pi}{3}$，求：

（1）波动方程；

（2）距波源为 $\lambda/2$ 处的质点的振动方程。

解：（1）已知 $T = 0.5\text{s}$　$\lambda = 1\text{m}$　$A = 0.1\text{m}$　$\varphi = \pi/3$

代入波动方程 $y = A\cos\left[2\pi\left(\dfrac{t}{T} - \dfrac{x}{\lambda}\right) + \varphi\right]$ 可得

$$y = 0.1\cos\left[2\pi\left(\frac{t}{0.5} - \frac{x}{1}\right) + \frac{\pi}{3}\right] = 0.1\cos\left[2\pi(2t - x) + \frac{\pi}{3}\right]\,(\text{m})$$

（2）将 $x = \lambda/2$ 代入上式，可得距波源 $\lambda/2$ 处质点的振动方程

$$y = 0.1\cos\left[2\pi\left(2t - \frac{1}{2}\right) + \frac{\pi}{3}\right] = 0.1\cos\left(4\pi t - \frac{2\pi}{3}\right)\,(\text{m})$$

三、波的能量

1. 波的动能和势能　机械波在弹性介质中传播时，质点由于振动而具有动能，同时质点间相互作用使得介质发生形变而具有弹性势能，随着波的传播能量也向前传播。

设平面简谐波沿 x 轴正方向以速度 u 在弹性介质中传播，其波动方程为：

$$y = A\cos\left[\omega\left(t - \frac{x}{u}\right) + \varphi\right]$$

介质的质量密度为 ρ，介质中取一体积元 ΔV，质量为 $\mathrm{d}m = \rho\Delta V$，动能为

$$\mathrm{d}E_k = \frac{1}{2}(\mathrm{d}m)v^2 = \frac{1}{2}(\rho\mathrm{d}V)A^2\omega^2\sin^2\left[\omega\left(t - \frac{x}{u}\right) + \varphi\right] \tag{8-15}$$

理论证明，因形变而产生的弹性势能与相对形变 $\dfrac{\partial y}{\partial x}$ 的平方成正比，且与该时刻的动能相等，即

$$\mathrm{d}E_p = \frac{1}{2}(\rho\mathrm{d}V)A^2\omega^2\sin^2\left[\omega\left(t - \frac{x}{u}\right) + \varphi\right] \tag{8-16}$$

介质的弹性势能和形变有关，形变越严重，即相对形变 $\dfrac{\partial y}{\partial x}$ 越大，势能越大。如图 8-10 所示的波形曲线，b 点位于平衡位置，振动速度最大，反映该点形变的导数 $\dfrac{\partial y}{\partial x}$ 也最大，对应的动能和弹性势能都最大；a 点位于波峰，振动速度最小，$v = 0$，且该处 $\dfrac{\partial y}{\partial x} = 0$，对应的动能和弹性势均为零。可见机械波的能量集中在平衡位置处，当质点由平衡位置向波峰或波谷运动时，其机械能减小，而从波峰或波谷向平衡位置运动时，其机械能增加。

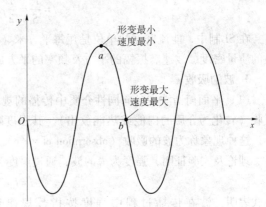

图 8-10　体积元的形变与振动速度

我们知道，质点做简谐振动时，动能和势能都随时间作周期性变化，相位相反，总机械能守恒。但式（8-15）和式（8-16）表明，在波的传播过程中，任一体积元在任何时刻的动能和势能大小均相等，所以总机械能为

$$\mathrm{d}E = \mathrm{d}E_k + \mathrm{d}E_p = (\rho\mathrm{d}V)A^2\omega^2\sin^2\left[\omega\left(t - \frac{x}{u}\right) + \varphi\right] \tag{8-17}$$

由式（8-15）、式（8-16）、式（8-17）可见，任意一点的动能、势能及总机械能都随时间作周期性变化，三者相位相同。波在传播的同时，能量也周期性地进行传播，这就是波动传递能量的机制。

为了描述波的能量分布，引入波的能量密度，即单位体积的能量

$$w = \frac{\mathrm{d}E}{\mathrm{d}V} = \rho A^2\omega^2\sin^2\left[\omega\left(t - \frac{x}{u}\right) + \varphi\right] \tag{8-18}$$

波的能量密度在一个周期内的平均值

$$\overline{w} = \frac{1}{T}\int_0^T w\mathrm{d}t = \frac{1}{2}\rho A^2\omega^2 \tag{8-19}$$

称为波的平均能量密度。

2. 能流和能流密度　波在传播过程中伴随能量传递，我们把单位时间内通过介质中某截面的能量称为该截面的**能流**（energy flux）。

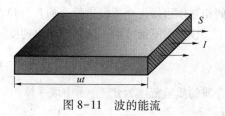

图 8-11　波的能流

如图 8-11 所示，考虑波在单位时间内通过垂直于波传播方向的某截面 S 的平均能量，显然 t 时间内通过截面 S 的平均能量为 $\overline{w}\cdot ut\cdot S$，则通过截面 S 的平均能流为

$$\overline{P} = \overline{w}uS = \frac{1}{2}\rho uA^2\omega^2 S$$

通过垂直于波传播方向单位面积的平均能流，称为平均**能流密度**或**波的强度**（intensity of wave），通常用 I 表示

$$I = \frac{\overline{P}}{S} = \frac{1}{2}\rho uA^2\omega^2 \tag{8-20}$$

在 SI 制中，能流密度的单位是瓦每平方米（$\mathrm{W\cdot m^{-2}}$）。式（8-20）表明，能流密度与介质的质量密度、波速、振幅的平方及频率的平方成正比。

3. 波的吸收

（1）**平面简谐波在各向同性介质中传播的规律**　波在传播的过程中，一部分能量被介质吸收（转化为介质的内能或热能放出），其强度随着传播距离的增加而减弱，振幅也随之减小，这种现象称为**波的吸收**（absorption of wave）。

理论及实验证明，强度为 I_0 的波，通过厚度为 x 的均匀介质，其强度 I 为

$$I = I_0\mathrm{e}^{-\mu x} \tag{8-21}$$

上式表明，波在传播过程中强度按指数规律衰减，称为**朗伯吸收定律**（Lambert law of absorption）。式中 μ 为介质的**吸收系数**（absorption coefficient），它是与介质的性质及波的频率有关的常量。

根据波的强度与其振幅的平方成正比，有

$$A = A_0\mathrm{e}^{-\frac{1}{2}\mu x}$$

平面简谐波在介质中的波动方程应为

$$y = A_0\mathrm{e}^{-\frac{1}{2}\mu x}\cos\left[\omega\left(t - \frac{x}{u}\right) + \varphi\right]$$

（2）**球面简谐波在各向同性介质中传播的规律**　均匀介质中传播的球面波，由于球面波的波阵面不断扩大，使得波的强度逐渐减小。设半径为和 r_2 的两波阵面上波的强度分别为 I_1 和 I_2，振幅分别为 A_1 和 A_2，若不考虑介质对波的吸收，则单位时间通过两球面的能量应该相等，即

$$4\pi r_1^2 I_1 = 4\pi r_2^2 I_2$$

$$\frac{I_1}{I_2} = \frac{r_2^2}{r_1^2} \tag{8-22}$$

式（8-22）表明球面波的强度与离开波源的距离的平方成反比，称为**反平方定律**（inverse

square law）。

又因为波的强度与振幅平方成正比，故

$$\frac{A_1}{A_2}=\frac{r_2}{r_1}$$

即球面波的振幅与离开波源的距离成反比。

令 $r=1$ 处的振幅数值为 a，则距离波源为 r 处的振幅为 $A=\dfrac{a}{r}$，球面波的波动方程为

$$y=\frac{a}{r}=\cos\left[\omega\left(t-\frac{r}{u}\right)+\varphi\right] \qquad (8-23)$$

例 8-3：频率为 5MHz 的超声波在空气中传播的吸收系数为 $\mu_1=10cm^{-1}$，在钢中的吸收系数 $\mu_2=0.04cm^{-1}$，试求此超声波在空气中和钢板中各自传播的距离为多少时，波的强度变为原来的 1%？

解：根据朗伯吸收定律可得

$$\frac{I}{I_0}=e^{-\mu x}$$

整理得

$$x=-\frac{1}{\mu}\ln\frac{I}{I_0}$$

将已知值代入上式，空气中传播的距离 x_1 和钢板中传播的距离 x_2 分别为

$$x_1=-\frac{1}{10}\ln\frac{1}{100}=0.46cm$$

$$x_2=-\frac{1}{0.04}\ln\frac{1}{100}=115cm$$

由此可以看出，超声波很难通过气体，但比较容易通过固体。

课堂互动

1. 弹簧振子的能量和波动能量有什么区别和联系？
2. 如何理解波在传播过程中质点的动能和势能相等，机械能周期性变化而不守恒？

第四节　波的叠加与干涉

一、波的叠加原理

两列圆形水面波在水面上传播，当它们相遇时，并不改变各自的传播方向、频率、波长及振动方向等特性，就好像没有相遇一样，继续保持原来的圆形波纹继续前进。可见，波在传播过程中是独立的，不会因其他波的存在而改变其任何特性，而相遇处质点振动的位移为各列波单独存在时在该点所引起的位移的矢量和。波的这种传播规律，称为波的**叠加原理**（superposition principle）。图 8-12 所示为一列矩形波和一列三角波在介质中相遇，叠加区位移为两列波位移的矢量和，之后仍保持各自独立传播的特性。

二、波的干涉

一般情况下，两列波在空间相遇叠加时非常复杂，但在某些特殊情况下，如两列波的频率相同、振动方向相同，而且相位差恒定时，则相遇点的合振幅不随时间发生变化，具有恒定的值。某些点的振幅最大，振动始终加强，而另一些点的振幅最小，振动始终减弱，这种波叠加后形成的稳定的强度分布现象称为波的**干涉**（interference），产生干涉现象的两列波称为**相干波**（coherent wave），对应的波源称为**相干波源**（coherent sources）。

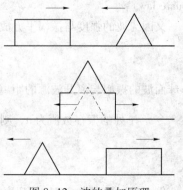

图 8-12　波的叠加原理

图 8-13 所示为水波干涉实验，两个小球装在同一支架上，当支架振动时，两小球以同一周期同步地触动水面，形成两列叠加的水面波，叠加区有的地方振动较强，有的地方振动较弱，甚至完全抵消了，振动的强弱按一定的规律分布，形成水面波的干涉。

下面分析两列相干波在介质中相遇干涉的具体情况。如图 8-14 所示，O_1 和 O_2 分别为两个相干波源，振动表达式分别为

图 8-13　水波的干涉现象

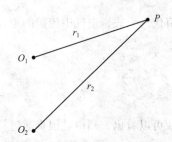

图 8-14　两相干波在空间相遇

$$y_{O1} = A_1\cos(\omega t + \varphi_1)$$
$$y_{O2} = A_2\cos(\omega t + \varphi_2)$$

两列波在同一介质中传播，波速、频率及波长均相同，从两波源 O_1 和 O_2 分别传播 r_1 和 r_2 的距离在 P 点相遇，P 点参与的两振动的表达式分别为

$$y_1 = A_1\cos\left(\omega t + \varphi_1 - 2\pi\frac{r_1}{\lambda}\right)$$

$$y_2 = A_2\cos\left(\omega t + \varphi_2 - 2\pi\frac{r_2}{\lambda}\right)$$

合振动的表达式为

$$y = A\cos(\omega t + \varphi)$$

其中振幅 A 为

$$A = \sqrt{A_1^2 + A_2^2 + 2A_1 A_2\cos\left(\varphi_2 - \varphi_1 - 2\pi\frac{r_2 - r_1}{\lambda}\right)} \tag{8-24}$$

初相位为

$$\varphi = \tan^{-1} \frac{A_1 \sin\left(\varphi_1 - 2\pi \dfrac{r_1}{\lambda}\right) + A_2 \sin\left(\varphi_2 - 2\pi \dfrac{r_2}{\lambda}\right)}{A_1 \cos\left(\varphi_1 - 2\pi \dfrac{r_1}{\lambda}\right) + A_2 \cos\left(\varphi_2 - 2\pi \dfrac{r_2}{\lambda}\right)} \qquad (8-25)$$

两波在 P 点的相位差

$$\Delta\varphi = \varphi_2 - \varphi_1 - 2\pi \frac{r_2 - r_1}{\lambda}$$

讨论：

（1）若 $\Delta\varphi = 2k\pi$，（$k = 0$，± 1，± 2，$\cdots$）

则该点的合振幅有最大值

$$A = A_1 + A_2$$

即相位差 $\Delta\varphi$ 为 π 的偶数倍的那些点，振动最强，称为**相长干涉**（constructive interference）。

（2）若 $\Delta\varphi = (2k+1)\pi$，（$k = 0$，$\pm 1$，$\pm 2$，$\cdots$）

则该点的合振幅有最小值

$$A = |A_1 - A_2|$$

即相位差 $\Delta\varphi$ 为 π 的奇数倍的那些点，振动最弱，称为**相消干涉**（destructive interference）。

（3）其他各点的合振幅 A 在 $A_1 + A_2$ 和 $|A_1 + A_2|$ 之间。

特例：

如果两波源初相位相同，即 $\varphi_1 = \varphi_2$，则 $\Delta\varphi = 2\pi \dfrac{r_1 - r_2}{\lambda}$

$\Delta\varphi$ 只与两波源到 P 点的波程差 $\delta = |r_1 - r_2|$ 有关。

干涉相长的条件简化为

$$\delta = k\lambda = 2k \frac{\lambda}{2}, (k = 0, \pm 1, \pm 2, \cdots)$$

即波程差等于波长的整数倍（或半波长的偶数倍）时，干涉加强。

干涉相消的条件简化为

$$\delta = (2k+1)\frac{\lambda}{2}, (k = 0, \pm 1, \pm 2, \cdots)$$

即波程差等于半波长的奇数倍时，干涉减弱。

图 8-15 画出了两相干波源 O_1 和 O_2 产生干涉波的情形，图中的实线和虚线分别表示某一时刻的波峰和波谷。两实线或两虚线的交点，波程差对应波长的整数倍，两振动同相位，振幅最大；实线和虚线的交点，波程差对应半波长的奇数倍，两振动反相位，振幅最小。而其他各点的振幅则介于

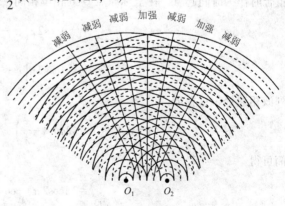

图 8-15　波的干涉现象

最大值和最小值之间，这样形成了稳定的波的干涉图样。

例8-4：同一介质中两相干波源分别位于 O_1 和 O_2 两点，相距为 8m，设两波源振幅均为 2cm，频率为 100Hz，波速为 400ms，初相位相同，P 是 O_1 和 O_2 连线上 O_2 外侧的任意一点。求：

（1）两波源发出的波到达 P 点时的相位差；

（2）P 点的合振动的振幅如何？

解：（1）由题意可知 $\varphi_1 = \varphi_2$，$\lambda = \dfrac{u}{\nu} = 400/100 = 4\text{m}$ $\quad \delta = 8\text{m}$

P 点处的两分振动的相位差为

$$\Delta\varphi = 2\pi\frac{\delta}{\lambda} = 2\pi\frac{8}{4} = 4\pi$$

（2）P 点两振动的相位差为 π 的偶数倍，振动加强，合振幅为

$$A = A_1 + A_2 = 4\text{cm}$$

三、驻波

驻波是一种特殊的干涉现象。图 8-16 是驻波实验的示意图，弹性绳的一端 A 系在音叉上，另一端通过滑轮系一砝码，使弹性绳绷紧。音叉振动时激发绳波，并调节劈尖 B 的位置，当 AB 为某特定长度时，绳上出现纺锤状波形，这时波形虽然随时间变化，但有些点始终静止不动，这些振幅最小的点称为**波节**（wave node）；而另一些点则振动最强，这些振幅最大的点称为**波腹**（wave loop），这就是**驻波**（standing wave）。当音叉振动时，带动弹性绳上的 A 端振动，由 A 端振动所引起的波，沿弹性绳向右传播，波到达 B 点，遇到障碍时产生反射波并沿弹性绳向左传播，向右传播的入射波和向左传播的反射波干涉而形成驻波。

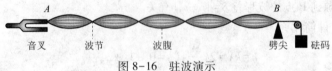

图 8-16 驻波演示

下面推导驻波方程：

考虑两列振幅相同的相干平面波，分别沿 x 轴正方向和 x 轴负方向传播，以它们的波形刚好重合时作为时间起点，在坐标原点 O 处相位相同，则波动方程分别为

$$y_1 = A\cos 2\pi\left(vt - \frac{x}{\lambda}\right)$$

$$y_2 = A\cos 2\pi\left(vt + \frac{x}{\lambda}\right)$$

两列波相遇处位移叠加

$$y = y_1 + y_2 = A\cos 2\pi\left(vt - \frac{x}{\lambda}\right) + A\cos 2\pi\left(vt + \frac{x}{\lambda}\right)$$

化简可得

$$y = 2A\cos 2\pi\frac{x}{\lambda}\cos 2\pi vt \tag{8-26}$$

式（8-26）即为驻波表达式。可见，形成驻波时，x 轴上各点都作频率相同但振幅不同的振

动。振幅为 $\left|2A\cos2\pi\dfrac{x}{\lambda}\right|$，与 x 有关，频率均为 v。图 8-17 给出了不同时刻两行波及它们的叠加形成的驻波波形图。

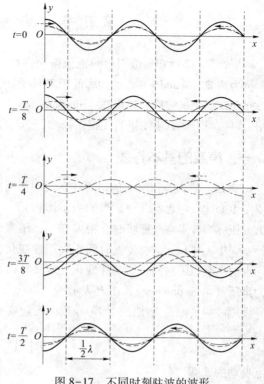

图 8-17　不同时刻驻波的波形

讨论：

（1）波节　振幅为零的那些点（波节）始终静止不动。根据振幅 $\left|2A\cos2\pi\dfrac{x}{\lambda}\right|=0$，所以 x 应满足

$$\cos2\pi\frac{x}{\lambda}=0$$

$$2\pi\frac{x}{\lambda}=(2k+1)\frac{\pi}{2}$$

波节的位置为

$$x=(2k+1)\frac{\lambda}{4},\,(k=0,\pm1,\pm2,\cdots)$$

（2）波腹　振幅最大的那些点（波腹），x 应满足

$$\left|\cos2\pi\frac{x}{\lambda}\right|=1\qquad 2\pi\frac{x}{\lambda}=k\pi$$

波腹的位置为

$$x=k\frac{\lambda}{2},\,(k=0,\pm1,\pm2,\cdots)$$

可见，波节和波腹位置固定，相间分布，相邻两波节或两波腹的距离均为半个波长。其余各点的振幅在零与最大值之间。

在驻波状态下，既不传播振动状态，也不传播能量。各质点达到最大位移时（对应图 8-17 中 $t=0$ 或 $T/2$ 的情况），速度均为零，即动能为零，但介质各点却出现不同程度的形变，波节处形变最严重，此时驻波的能量以弹性势能的形式主要集中于波节附近；当各质点通过平衡位置时（对应图 8-17 中 $T/4$ 的情况），无弹性形变，势能为零，此时速度最大，驻波的能量以动能的形式集中于波腹附近。可见驻波中没有能量的传播，只有波腹附近的动能和波节附近的势能呈周期性交替转化。实际上，每个质点的机械能是变化的，只是波节间所有质点的机械能总和保持不变，能量"驻立"在波节之间，并不传播。

课堂互动

1. 两列波长相同的水波发生干涉，某时刻 A 点恰好为两列波的波峰相遇，B 点恰好为两列波的波谷相遇，下面说法正确吗？

（1）A 点振动加强，B 点振动减弱；（2）A、B 两点振动都加强；（3）A 始终在最大位移处，B 始终在最小位移处。

2. 拨动两端固定张紧的弦，使波通过固定端反射干涉而产生驻波（弦的两固定端必为节点），讨论波长或频率与弦长的关系。

第五节 声波和超声波

频率在 20~20000Hz 范围内的机械振动在弹性介质中产生的波能够引起人耳对声音的感觉，称为**声波**（sound wave）。频率低于 20Hz 的机械波称为**次声波**（infrasonic wave），频率高于 20000Hz 的机械波称为**超声波**（ultrasonic wave）。超声波技术在医学领域有着广泛而重要的应用，可以对人体软组织进行无损伤探测，还可以对一些疾病进行治疗。

一、声波的基本性质

1. 声压　声波是以纵波的形式在空气中传播的，因而声波会引起不同位置的空气密度随时间发生变化。考虑空气中某点的一小体积元，当该点空气受到压缩时，密度变大，压强高于大气压；当该点空气膨胀时，密度变小，压强低于大气压。由此可见，声波在空气中传播时，空气中各体积元的密度随时间作周期性变化，在空气中形成交替变化的疏密区域。显然不同点的压强也随时间作周期性变化。定义有声波传播时的压强与没有声波传播时的压强差值为**声压**（sonic pressure），用 P 表示。

设声波为平面简谐波，在均匀介质中无衰减地沿 x 轴正方向传播，波动方程为

$$y = A\cos\left[\omega\left(t - \frac{x}{u}\right) + \varphi\right]$$

质点振动的速度

$$v = \omega A\cos\left[\omega\left(t - \frac{x}{u}\right) + \varphi \frac{\pi}{2}\right] \tag{8-27}$$

理论证明介质中某点声压

$$P = \rho u w A\cos\left[\omega\left(t - \frac{x}{u}\right) + \varphi \frac{\pi}{2}\right] \tag{8-28}$$

式中，$p_m = pu\omega A$ 称为声压幅，$P_e = \dfrac{P_m}{\sqrt{2}}$ 称为有效声压。

比较式（8-27）、式（8-28）可得振动速度和声压的关系

$$P = \rho u v$$

2. 声阻抗　在声学中，介质的力学特征用声压和振动速度的比来表示，称为介质的**声阻抗**（acoustic impedance），即

$$Z = \frac{P}{v} = \frac{P_m}{v_m} = pu \tag{8-29}$$

声阻抗表征介质的声学特性，反映介质传播声波的能力。在 SI 制中，声阻抗的单位是 $kg \cdot m^{-2} \cdot s^{-1}$，表 8-1 列出了几种人体正常组织的声速、密度和声阻抗。

表8-1　正常人体组织的密度、声速、声阻抗

介质名称	密度/（$10^3 kg \cdot m^{-3}$）	速度/（$m \cdot s^{-1}$）	声阻抗/（$10^6 kg \cdot m^{-2} \cdot s^{-1}$）
脂肪	0.955	1476	1.410
肌肉	1.040	1568	1.630
血液	1.055	1570	1.656

续表

介质名称	密度/（$10^3 kg \cdot m^{-3}$）	速度/（$m \cdot s^{-1}$）	声阻抗/（$10^6 kg \cdot m^{-2} \cdot s^{-1}$）
大脑	1.038	1540	1.599
小脑	1.030	1470	1.514
肝脏	1.050	1570	1.648
胎体	1.023	1505	1.540
羊水	1.013	1474	1.493
眼晶体	1.136	1650	1.874
肺及肠腔气体	0.00129	332	0.000428
颅骨	1.658	3360	5.571

3. 声强 与波的强度的定义一样，单位时间通过垂直于声波传播方向单位面积的平均能量，称为**声强**（intensity of sound），根据式（8-20）可知声强为

$$I = \frac{1}{2}\rho u A^2 \omega^2 \tag{8-30}$$

声强与声压、声阻抗的关系

$$I = \frac{1}{2}\rho u \omega^2 A^2 = \frac{1}{2} Z v_m^2 = \frac{P_m^2}{2Z} = \frac{P_e^2}{Z} \tag{8-31}$$

4. 反射与折射 声波在传播过程中，遇到两种声阻抗不同的介质分界面时，会发生反射和折射现象，反射和折射强度的大小与界面两侧的声阻抗差值有关。理论证明，对于垂直入射的情况：

反射波的强度与入射波强度的比，即反射系数

$$\alpha_{ir} = \frac{I_r}{I_i} = \left(\frac{Z_2 - Z_1}{Z_2 + Z_1}\right)^2 \tag{8-32}$$

透射波的强度与入射波的强度的比，即透射系数

$$\alpha_{ir} = \frac{I_r}{I_i} = \frac{4Z_1 Z_2}{(Z_2 + Z_1)^2} \tag{8-33}$$

可见，两种介质声阻抗差值越大，反射越强，透射较弱；两种介质声阻抗相近时，反射较弱，透射较强。

超声诊断就是利用超声波遇到两种不同声阻抗的介质分界面时的传播特性来实现的。由表 8-1 可知，人体不同组织、脏器的声阻抗一般不同，超声波入射到各组织界面时要产生部分反射波，称为回波，脏器发生形变或有异物时，由于形态、位置及声阻抗的变化，回波的位置和强弱也发生改变，临床上可根据超声回波图像进行诊断。

例 8-5：超声波经由空气传入人体，反射系数为多少？若经蓖麻油（声阻抗为 $1.36 \times 10^6 kg \cdot m^{-2} \cdot s^{-1}$）传入人体，反射系数为多少？

解：超声波经由空气传入人体

$$\alpha_{ir} = \frac{I_r}{I_i} = \left(\frac{Z_2 - Z_1}{Z_2 + Z_1}\right)^2 = \left(\frac{0.000428 \times 10^6 - 1.63 \times 10^6}{0.000428 \times 10^6 + 1.63 \times 10^6}\right) = 99.8\%$$

超声波经由蓖麻油传入人体

$$\alpha_{ir} = \frac{I_r}{I_i} = \left(\frac{Z_2 - Z_1}{Z_2 + Z_1}\right)^2 = \left(\frac{1.36 \times 10^6 - 1.63 \times 10^6}{1.36 \times 10^6 + 1.63 \times 10^6}\right) = 0.8\%$$

计算结果表明，超声波经由空气传入人体时，进入人体的超声波强度只为入射强度的 0.1%，超声波很难由空气进入人体；由蓖麻油传入人体时，进入人体的超声波强度为入射强度的 99.2%，超声波几乎全都进入人体。

在做超声检查时，要在探头表面与人体体表之间涂抹油类物质或液体等耦合剂，排除探头与体表间的空气，使超声波尽量透射入人体内。

二、声强级和响度级

1. 听觉域 频率在 20~20000Hz 的声波，要引起入耳的听觉其声强值必须在某一范围内，如图 8-18 所示，能引起听觉的最小声强刺激量，称为**听阈**（threshold of hearing），不同频率的声波，听阈不同，说明人耳对不同频率的声音灵敏度不同，最为敏感的频率约为 1000~5000Hz，听阈随频率变化的关系曲线，称为**听阈曲线**；当声强增大到一定值时，可引起人耳疼痛的感觉，人耳可忍受的最大声强刺激量，称为**痛阈**（threshold of feeling），各频率的痛阈值大致相等，痛阈随频率变化的关系曲线，称为**痛阈曲线**。频率在 20~20000Hz，声强值在听阈曲线和痛阈曲线之间的声波，才能引起人耳的听觉，称为**听觉域**（auditory region）。

2. 声强级 从图 8-18 可以看出，听阈和痛阈相差很大，例如当频率为 1000Hz 左右时，声强只要达到 10^{-12}W · m^{-2} 即可引起听觉，而声强要达到 1W · m^{-2} 时才能引起痛觉，听阈和痛阈的声强值相差 10^{12} 倍，而人耳不能把这样大的一个范围内的声音由弱到强地分辨出 10^{12} 个等级来。研究表明，人耳对同频率不同声强的声音所产生的强弱感觉近似地与声强的对数成正比，在声学中通常采用对数标度来表示声强的等级，称为**声强级**（intensity level of sound），用 L 表示，单位为分贝，记作 dB，即

$$L = 10 \lg \frac{I}{I_0} \text{dB} \tag{8-34}$$

通常取 1000Hz 声音的听阈值 $I_0 = 10^{-12}$W · m^{-2} 作为标准参考声强。

例 8-6：某种机器工作时，产生噪声的声强为 10^{-8}W · m^{-2}，求：

（1）噪声的声强级为多少分贝？

（2）若同时开动 2 台、10 台机器时，噪声的声强级分别为多少分贝？

解：（1）一台机器工作噪声的声强级为

$$L_1 = 10 \lg \frac{I}{I_0} = 10 \lg \frac{10^{-8}}{10^{-12}} = 40\text{dB}$$

（2）2 台、10 台机器工作的噪声声强级分别为

$$L_2 = 10 \lg \frac{2I}{I_0} = 10 \lg 2 + 10 \lg \frac{10^{-8}}{10^{-12}} = 3 + 40 = 43\text{dB}$$

$$L_{10} = 10 \lg \frac{10I}{I_0} = 10 \lg 10 + 10 \lg \frac{10^{-8}}{10^{-12}} = 10 + 40 = 50\text{dB}$$

3. 响度和响度级 声强、声强级与声波的能量有关，都是客观存在的物理量，可以用仪器测量，但它并不能反映人耳所听到的声音的强弱。我们把人耳对声音强弱的主观感觉称为**响度**（loudness）。声强或声强级相同的声音，主观感觉到的响度可能会因频率的不同而相差很大，声强或声强级不同的声音却可能具有同等的响度。响度的相对量称为**响度级**（loudness level），单位为方（phon）。通常选用 1000Hz 的声音作为参考标准，并规定 1000Hz 纯音的响度级在数值上就等于它的声强级。

不同频率、响度级相同的点连成的曲线构成等响曲线。图 8-18 画出了几条不同响度级的等响曲线。听阈曲线的响度级为 0 方，痛阈曲线的响度级为 120 方。

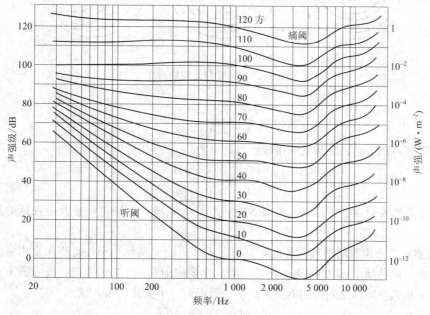

图 8-18 听觉阈和等响曲线

三、多普勒效应

当波源或观察者相对运动时，观察者所收到的频率与波源发射的频率不同，例如，一列鸣笛的火车从站在月台上的观察者身旁驰过，他会发现火车从远而近时汽笛声变响，音调变尖，而火车从近而远时汽笛声变弱，音调变低，音调的变化反映了频率的变化。当声源接近观测者时，声波的波长变短，频率变大，音调就变高；声源离观测者而去时，声波的波长变长，频率变小，音调就变得低沉。音调的变化与声源和观测者之间的相对运动速度有关，这种由于声源和观察者相对运动，观察者接收到的频率发生变化的现象，称作**多普勒效应**（Doppler effect）。

设声源的频率为 ν_0，观察者所接收的频率为 ν，介质中的声速为 u，声源相对介质的运动速度为 v_s，观察者相对介质的速度为 v_o，且声源和观察者在两者连线上运动。下面根据声源、观察者的运动速度分四种情况进行讨论：

1. 声源和观察者相对于介质都静止　如图 8-19（a）所示，s 和 o 分别表示声源和观察者，圆圈表示声波在介质中的波阵面，相邻两波阵面间的距离为波长 λ，设某时刻波阵面刚刚到达观察者，则观察者所接收的频率应当等于单位时间内通过观察者的完整波的数目，即

$$\nu = \frac{u}{\lambda} = \nu_0$$

可见，观察者所接收的频率等于声源的频率。

2. 声源静止观察者向着声源运动　如图 8-19（b）所示，声波相对观察者的速度距离为 $(u+v_o)$，观察者所接收的频率为

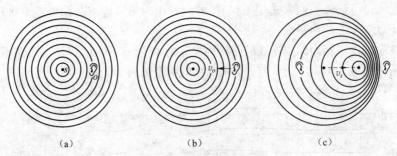

$$\text{(a)} \qquad\qquad \text{(b)} \qquad\qquad \text{(c)}$$

图 8-19　多普勒效应原理图

$$\nu = \frac{u+v_o}{\lambda} = \frac{u+v_o}{u/\nu_0} = \frac{u+v_o}{u}\nu_0 \tag{8-35}$$

若观察者远离声源运动，观察者所接收到的频率为

$$\nu = \frac{u-v_o}{\lambda} = \frac{u-v_o}{u/\nu_0} = \frac{u-v_o}{u}\nu_0 \tag{8-36}$$

可见，由于观察者运动，声波相对观察者的速度增加或减少，使得观察者接收到的频率变大或变小。

3. 观察者静止声源向着观察者运动　如图 8-19（c）所示，声波自声源发出后，在一个周期 T 内，向前传播了 uT 的距离，同时，声源也要向前移动 v_sT 的距离。波阵面不再是同心球面，图中相邻波阵面之间的距离被缩短了，但仍为一个波长，用 λ' 表示，显然

$$\lambda' = uT - v_sT = (u-v_s)T$$

观察者所接收的频率为

$$\nu = \frac{u}{\lambda'} = \frac{u}{u-v_s}\nu_0 \tag{8-37}$$

若声源远离观察者，相邻波阵面之间的距离被拉长了，接收的频率将减小为

$$\nu = \frac{u}{\lambda'} = \frac{u}{u+v_s}\nu_0 \tag{8-38}$$

可见，由于波源运动，导致波长的缩短或伸长，观察者接收的频率变大或变小。

4. 当声源和观察者同时运动时　通过以上分析讨论可以证明，观察者所接收到的频率的一般表达式为

$$\nu = \frac{u \pm v_o}{u \pm v_s}\nu_0 \tag{8-39}$$

上式中，观察者和波源相向运动时，接收到的频率大于波源的频率，分子中的"±"号取"+"号，分母中的"±"号取"-"号；观察者和声源相背运动时，接收到的频率小于波源的频率，分子中的"±"号取"-"号，分母中的"±"号取"+"号。通常，将多普勒效应所引起的接收和发射频率之差 $\Delta\nu = \nu - \nu_0$，称为多普勒频移。

例 8-7：如图 8-20 所示，一汽笛 A 以速度 10m·s^{-1} 远离观察者 O，向一障碍物 B 运动，设汽笛频率均为 1000Hz，声音在空气中的速度为 330m·s^{-1}，求：

（1）观察者听到从声源发射的频率是多少？

（2）观察者听到声波传到障碍物后反射回来的频率是多少？

解：（1）观察者 O 听到从声源 A 发射的频率

$$v_1 = \frac{u}{u+v_s}v_0 = \frac{330}{330+10}\times 1000 = 970.6\text{Hz}$$

（2）观察者 O 听到从 B 反射回来的声波的频率，即障碍物 B 接收到的频率

$$v_2 = \frac{u}{u-v_s}v_0 = \frac{330}{330+-0}\times 1000 = 1031.6\text{Hz}$$

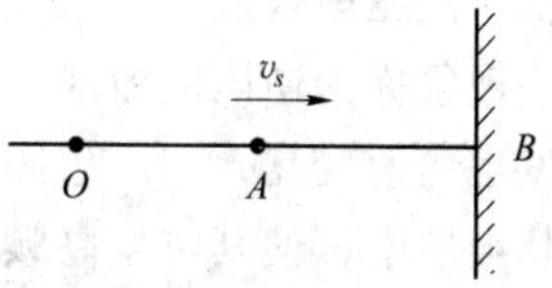

图 8-20　例 8-7

四、超声波

1. 超声波的传播特性

（1）方向性好　由于超声波的频率很高，波长较短，因而衍射现象不明显，可以沿直线传播，具有很好的方向性。

超声波在弹性介质中传播时，充满超声波能量的空间或超声振动所波及的介质，叫超声场。声场也被称为声束，超声波的声束由近场和远场两部分组成，如图 8-21 所示，靠近超声探头（换能器）的部分，声束基本不扩散，称为近场区，长度用 L 表示；远离探头的超声波开始扩散，称为远场区，半扩散角用 θ 表示。L 和 θ 的值与探头的形状和大小有关。理论证明，半径为 a 的圆片形探头，发射波长为 λ 的超声波，则近场区长度

$$L = \frac{a^2}{\lambda} - \frac{\lambda}{4} \approx \frac{a^2}{\lambda} \tag{8-40}$$

远场区半扩散角

$$\theta = \sin^{-1}0.61\frac{\lambda}{a} \tag{8-41}$$

可见，超声波波长越短、探头半径越大，则近场长度越大、半扩散角越小，超声的方向性越好。利用超声波的这一特性，在医学探测时可以起到很好的定位作用。

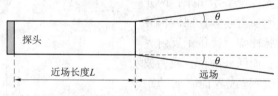

图 8-21　超声场示意图

（2）强度高　由于波的强度与频率的平方成正比，而超声波的频率很高，所以在相同振幅的条件下，超声波比普通声波具有较高的强度。现代超声技术已能产生几百瓦乃至几千瓦功率的超声波，医学上可以利用超声波的高能量击碎脏器中的结石。

（3）穿透力强　超声波虽然在气体中被强烈吸收，但在液体和固体中的吸收却很小，具有较强的穿透力。在超声影像中，利用超声波的穿透性对内部组织进行探测成像。

2. 超声波的产生　对某些特殊材料加载高频交变电信号，使之产生高频机械振荡，从而产生超声波。医用超声波诊断仪主要采用压电换能器。

通过压电换能器将高频电磁振荡转换成高频机械振动，以发射超声波；同时压电换能器也能将高频机械振动转换为电磁振荡，通过信号处理来接收超声波。这种既可以发射超声波也可以接收超声波的器件称为**超声探头**（ultrasound probe）。

当构成探头的压电材料受到压力或拉力时，两表面出现异号电荷，从而产生电势差的现

象称为**正压电效应**；如果在该压电材料的两表面加上电压时，其厚度会沿电场方向发生变化，这一现象称为**逆压电效应**。如图 8-22 所示，将接通高频脉冲发生器，由于逆压电效应，其厚度发生快速变化，即产生高频机械振动，该振动在介质中传播形成超声波；若探压电材料置于超声场中，使其产生高频机械振动，由于正压电效应，两极产生与超声波频率相同的交变电压，将其接入信号处理系统便可实现超声波的接收。

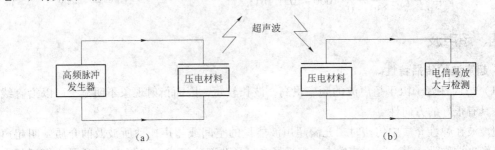

图 8-22　压电效应

3. 超声波成像的基本原理　一般情况下，人体组织和脏器具有不同的密度、声速和声阻抗，超声波在传播中遇到不同声阻抗介质的分界面时发生反射，产生回波信号，通过对回波信号进行接收放大和信号处理，并在显示器上显示出来。

下面简要介绍医学上常用的超声成像仪的原理。

（1）**A 型超声成像仪**　A 型超声成像因其对回波显示采用**幅度调制**（amplitude modulation）而得名。将探头产生的回波电压信号放大处理后加于显像管的垂直偏转板上，而水平偏转板上加锯齿波扫描电压，探头发出的始波和接收到的各界面的回波信号以脉冲幅度形式按时间先后在荧光屏上显示出来，两介质的声阻抗相差越大，则反射越强，回波信号幅度越大。可见，回波脉冲幅度提供了反射界面两侧介质阻抗的信息；而回波的位置或回波之间的距离反映界面的位置或界面之间的距离，所以根据回波位置可获得脏器的厚度、病灶在人体组织中的深度及病灶的大小，如图 8-23 所示。

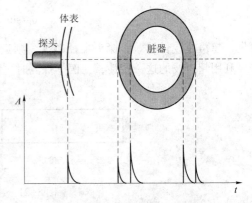

图 8-23　A 型超声诊断仪原理

A 型超声成像仪仅能提供器官的一维信息，而不能显示整个器官的形态图像，而且存在检查运动脏器时波形不稳定的问题，由此除了眼科等特殊检查外，目前很少使用 A 型超声成像仪。

（2）**M 型超声成像仪**　M 型超声成像对回波显示采用**辉度调制**（brightness modulation）。单探头固定在某一探测点不动，周期较长的锯齿波电压加在显像管的水平偏转板上，使荧光屏上的光点自左向右缓慢扫描。深度方向所有界面反射的回波，以光点的形式显示出来，光点的强弱反映回波信号幅度的大小，多个界面形成一系列光点，随着脏器的运动，扫描线上的各点将发生位置上的波动，定时地采集这些回波并按时间先后顺序在屏幕上显示出来，可构成一幅各反射界面活动的曲线图。M 型超声诊断仪特别适用于检查心脏功能，对各种心脏疾病进行诊断，因此其图像又称为超声心动图。图 8-24 所示为心脏搏动时，心脏内各反射界面活动曲线示意图，它能够显示心脏的层次结构及动态变化。

（3）B 型超声成像仪　B 型超声成像与 M 型超声成像一样，采用辉度调制方式显示深度方向所有界面的反射回波，光点的强弱表示回波信号幅度的大小，快速移动发射探头，可逐次获得不同位置深度方向所有界面的回波，得到一幅超声束所在平面二维断面图像，如图 8-25 所示。B 型超声成像是目前超声图像诊断应用最广泛的一种成像方式，它获得的是脏器或病变的二维断层图像，还可以进行实时动态观察。

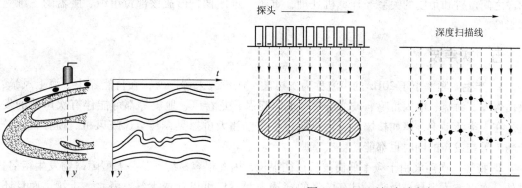

图 8-24　M 型超声诊断仪原理图　　　　图 8-25　B 型超声诊断仪原理

（4）彩色多普勒血流成像仪　**彩色多普勒血流成像**（color Doppler flow imaging）仪，简称彩超，是利用多普勒效应研究超声波由运动物体反射或散射的频率变化，从而获得心脏、血管、血流及胎儿心率等信息的一种技术。

如图 8-26 所示，当使用同一个探头发射和接收信号时，接收频率和发射频率的差值，即多普勒频移近似为

$$\Delta\nu \approx \frac{2v_o\cos\varphi}{u}\nu \tag{8-42}$$

彩色多普勒血流成像系统，根据多普勒频移获得运动器官速度的大小、方向等信息，同时将提取的速度信号转变为红色、蓝色、绿色进行色彩显示。

彩色反映的运动状态：红色表示朝向探头的正向流，蓝色表示离开探头的反向流，红色和蓝色的亮度分别表示正向流和反向流速度的大小，此外，用绿色表示湍流，如图 8-27 所示。

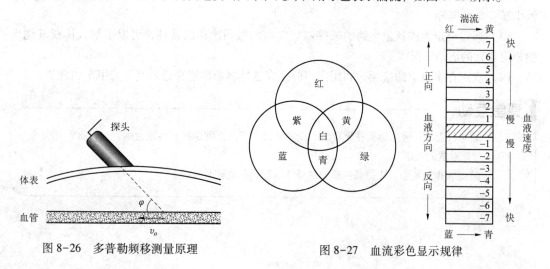

图 8-26　多普勒频移测量原理　　　　图 8-27　血流彩色显示规律

利用先进的实时二维彩色超声多普勒成像系统，可以使彩超与 B 超同时显示，这样既可对心脏及大血管作形态学定性研究，还可进一步对血流动力学进行定量分析，从而为心血管疾病的诊断提供一种全面而可靠的方法。

（5）三维超声成像　随着超声成像技术的发展，三维超声以走向临床，与二维超声成像比较，三维超声提供丰富直观的立体空间信息，使病灶的空间定位更准确。

三维超声成像的原理是从人体的不同位置和角度采集二维图像信息，再将二维图像及各图像之间位置和角度的关系经计算机处理，重建三维图像，形成该部位组织、脏器的三维立体影像。

五、次声波

1. 产生　频率小于 20Hz 的声波称为次声波。次声波来源广泛，在自然界中，海上风暴、火山爆发、海啸、电闪雷鸣、波浪击岸、水中旋涡、龙卷风、地震等都可能伴有次声波的发生。在人类活动中，诸如核爆炸、轮船航行、高楼和大桥摇晃，甚至像鼓风机、搅拌机、扩音喇叭等在发声的同时也都能产生次声波。

2. 特性　次声波由于频率低而波长往往很长，因此很容易绕开某些大型障碍物发生衍射，另外，次声波不容易被吸收，具有极强的穿透力，不仅可以穿透大气、海水、土壤，而且还能穿透坚固的钢筋水泥构成的建筑物。

3. 危害　次声波如果和周围物体发生共振，能放出相当大的能量。人体内脏固有的频率和次声波频率相近似，若次声波的频率与人体内脏的固有频率相近或相同，就会引起人体内脏的"共振"，还会干扰人的神经系统的正常功能，从而产生头晕、烦躁、耳鸣、恶心、呕吐、精神沮丧、恐惧，重者突然晕厥或完全丧失自控能力等一系列症状。特别是当人的胸腔、腹腔发生"共振"时，更易引起人体心脏及其他内脏剧烈抖动、狂跳，以致血管破裂，更强的次声波还可能使人耳聋、昏迷、精神失常甚至死亡。

4. 应用　从 20 世纪 50 年代起，对次声接收、抗干扰方法、定位技术、信号处理和传播等方面的研究都有了很大的发展，次声的应用前景十分广阔，大致有以下几个方面：

（1）研究自然次声的特性和产生机制，预测自然灾害性事件。例如预报台风火山爆发、雷暴等自然灾害。

（2）通过测定次声在大气中传播的特性，可探测某些大规模气象过程的性质和规律。如沙尘暴、龙卷风等。

（3）通过测定人或其他生物的某些器官发出的微弱次声的特性，可以了解人体或其他生物相应器官的活动情况。

（4）次声在军事上的应用，利用次声的强穿透性制造出能穿透坦克、装甲车的武器。

▌课堂互动

1. 超声检查时，医生需要在受检者的皮肤和超声探头之间涂抹一层耦合剂，为什么？如何考虑耦合剂声阻抗的大小？

2. 简述 A 型、B 型、M 型超声成像的基本原理，并比较其异同。

案例分析

案例：用连续型多普勒诊断仪研究心脏壁的运动速率。设超声频率为 5MHz，垂直入射心脏（即入射角为 0°），已知声速为 $1500\text{m} \cdot \text{s}^{-1}$，测得多普勒频移为 500Hz，求此瞬间心脏壁的运动速率大小。

分析：设此时心脏向着探头运动，速度为 v，探头发射超声波的频率为 ν_0，心脏接收到的频率为 ν'，探头接收反射超声波的频率为 ν''，如图 8-28 所示。

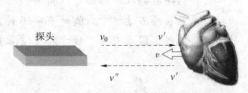

图 8-28　超声波研究心脏运动示意图

当探头发射超声波时，心脏为接收器，收到的超声波频率

$$\nu' = \frac{u+v}{u}\nu_0$$

当探头接收超声波时，心脏为波源

$$\nu'' = \frac{u}{u-v}\nu' = \frac{u+v}{u-v}\nu_0$$

可得

$$v \approx \frac{u(\nu''-\nu_0)}{2\nu_0} = \frac{1500\times500}{2\times5\times10^6} = 7.5\times10^{-2}\text{m} \cdot \text{s}^{-1}$$

知识链接

超声波洗牙

　　超声波洗牙是通过超声波的高频机械振荡作用去除牙石、菌斑等并磨光牙面，以延迟牙石和菌斑的再沉积。超声波洗牙具有高效、优质、省时省力的特点。洁牙过程中有时也会用到喷砂技术，就是洁牙机在高压条件下喷出一种可溶性的钠盐，将牙齿表面的烟斑、茶垢、色素等有效去除，超声波洁牙技术对牙齿还有抛光的作用，使牙齿表面光洁亮丽、口内清爽，定期进行超声波洁牙，可以有效的预防各种口腔疾病的发生。

超声波指纹传感器

　　加州大学的一支研究团队制作出了一种微型超声波成像仪，利用超声波传感器所实现的新型 3D 指纹识别技术，其安全性要大幅领先现有的指纹传感器。传感器的基本原理和医学上使用的超声波成像技术类似。可用于观察指纹近表面的浅层组织。具体来讲，该扫描芯片表面的换能器可以发射出一股超声波脉冲，脉冲在抵达手指表面后会被反射，而传感器则可利用反射回来的脉冲获取到指纹的三维信息。这种新技术除了生物识别和信息安全之外，还可被应用于许多其他的领域，比如应用于廉价医学诊断或个人健康监控设备。

超声波碎石

　　体外主要通过在人体外施加聚焦超声，使得结石产生空化崩解从而被人体自然排出。在有选择的病人中，平均经1~2年的治疗，绝大多数病人的结石可以破碎，被排出体外，约半数病人的结石可以排净。但停止治疗之后很多病人的胆囊结石又会重新出现。而且在排石过程中，随时有碎石掉到胆管中排不出去，从而诱发危险的胆总管结石的可能性，因此采用此种方法应该慎重，权衡利弊。

本 章 小 结

　　本章主要讲述了简谐振动的规律，振动的合成；机械波的波动方程，波的能量、波的强度及波的干涉；声波特性及描述方法、不同类型超声成像原理。

　　重点：深刻理解简谐振动的运动学方程，弹性介质中波动方程的物理意义，并能灵活应用解决实际问题。

　　难点：声波及其在医学上的应用。

练习题八

　　8-1　某质点沿 x 轴做简谐振动，周期为2s，振幅为10cm，质点的位移为5cm且向 x 轴正方向运动时开始计时，求：

　　（1）质点的振动方程；

　　（2）$t=0.5$s 时质点的位移、速度及加速度。

　　8-2　某简谐振动系统的总机械能为 E，振幅为 A，求：

　　（1）当位移为振幅的一半时，系统的动能和势能各为多少？

　　（2）若动能和势能相等时，位移为多大？

　　8-3　平面简谐波沿 x 轴正方向传播，周期 $T=2$s，$t=\dfrac{1}{3}$s 时的波形如图8-29所示，求：

　　（1）该波的波动方程；

　　（2）P 点和 O 点的相位差。

　　8-4　有一列平面简谐波沿 x 轴正方向传播，已知 $t_1=0$ 和 $t_2=0.25$s（$<T$）时的波形如图8-30所示，试求：

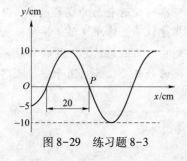

图8-29　练习题8-3

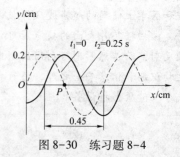

图8-30　练习题8-4

（1）P 点振动方程；

（2）此波的波动方程。

8-5 某点波源的发射功率为 20W，在各向同性介质中发射球面波，若不考虑介质对波的吸收。求：

（1）距离波源 2m 处波的强度为多少？

（2）若距离增加到 4m 强度为多少？

8-6 一列强度为 $2.4 \times 10^{-2} \mathrm{W} \cdot \mathrm{m}^{-2}$，频率为 300Hz 的平面简谐波，沿半径为 8cm 的圆柱管以 $300 \mathrm{m} \cdot \mathrm{s}^{-1}$ 的速度行进，求：

（1）波的平均能量密度是多少？

（2）长度为 3λ 的波段中有多少能量？

8-7 振动方程分别为 $y_A = 0.1\cos\left(2\pi t + \dfrac{2\pi}{3}\right) \mathrm{m}$，$y_B = 0.1\cos\left(2\pi t - \dfrac{\pi}{3}\right) \mathrm{m}$ 的两个相干波源 A、B。两列波在 P 点相遇，AP 为 40cm，BP 为 50cm，已知波速为 $20 \mathrm{cm} \cdot \mathrm{s}^{-1}$，求：

（1）两波传到 P 点时的位相差；

（2）P 点合振动的振幅。

8-8 用聚焦的方法可以在水中产生强度为 $120 \mathrm{kW} \cdot \mathrm{cm}^{-2}$ 的超声波，设超声波频率为 0.5MHz，水的密度为 $10^3 \mathrm{kg} \cdot \mathrm{m}^{-3}$，水中声速为 $1500 \mathrm{m} \cdot \mathrm{s}^{-1}$，求：

（1）水中超声波引起振动的振幅有多大？

（2）声压幅值是多少？

（3）忽略介质中声能的衰减，在一个波长范围内，各点声压的最大差值是多少？

8-9 声源 B 以速度 v 离开观察者 A 沿垂直于墙 E 的方向运动，如图 8-31 所示，声源发射的频率为 $\nu_0 = 2040$Hz。观察者 A 所接收到的拍频 $\Delta\nu = 30$Hz，设空气中的声速为 $u = 340 \mathrm{m} \cdot \mathrm{s}^{-1}$，求声源 B 的运动速度。

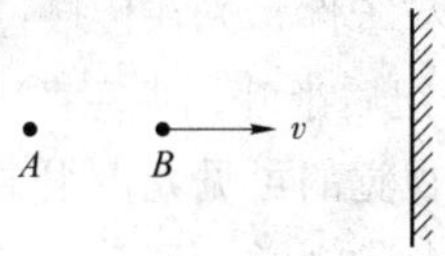

图 8-31 练习题 8-9

8-10 半径为 10mm 的圆形压电晶片，发射超声波的频率为 10MHz，超声波在水中的传播速度为 $1500 \mathrm{m} \cdot \mathrm{s}^{-1}$，求：

（1）超声束的近场长度；

（2）超声束远场的半扩散角。

第九章　光的波动性

学习导引

1. **掌握**　杨氏双缝干涉、薄膜干涉、夫琅禾费单缝衍射、光栅衍射的基本原理和公式；偏振的有关概念、马吕斯定律和物质的旋光性。

2. **熟悉**　相干光源、介质折射率、光程与光程差、半波损失、布儒斯特定律、光的双折射现象等概念。

3. **了解**　圆孔衍射，光学仪器的分辨本领、迈克耳孙干涉仪有关原理以及光的吸收与散射。

光学是物理学的一个重要的组成部分，也是发展较早的一门学科。光的本质既有波动性又有粒子性，光在传播过程中主要表现为波动性，光与物质相互作用时则主要表现为粒子性。19 世纪后半叶，麦克斯韦在电磁波理论的基础上，提出了光是一定波段的电磁波，能引起人感官视觉的可见光占很窄的波谱范围，波长大约为 400~760nm，不同波长的可见光给人以不同颜色的视觉。到 20 世纪初，人们对光的研究已经发展到了包括微波、红外线、紫外线以及 X 射线等更为宽广的波段范围。光在传播过程中遵循波动的一般规律。本章以光的波动性为基础，主要介绍光的干涉、光的衍射以及光的偏振等现象以及特性和基本规律。这些规律不仅在理论上具有重要意义，而且在现代科学技术中也得到了广泛应用。

第一节　光的干涉

干涉现象是波动过程的基本特性之一。满足一定条件的两束光叠加时，在叠加区域光的强度有的地方明有的地方暗，并呈现稳定的分布特征，这种现象称为**光的干涉**（interference of light）。只有波动的叠加才可能产生干涉现象，因此光的干涉现象是其波动性的有利证实。

一、光的相干性

根据波动理论得知：**由两个波源发出的满足频率相同、振动方向相同、相位相同或相位差恒定的两列机械波，在空间相遇时就会产生干涉现象**。由于机械波的波源可以通过连续的振动辐射出不间断的相干波，所以观察机械波的干涉现象比较容易。但对于任意的两个普通光源发出的两列光波，空间叠加时是看不到光的干涉现象的，这说明这两列光波不满足发生干涉的条件，这与普通光源的特殊的发光机制有关。

普通光源的发光是有大量原子或分子单独进行的，每个原子或分子发光持续的时间都非常短（$10^{-8} \sim 10^{-10}$s），各自发出的电磁波是一段长度有限、频率一定和振动方向一定的波列。由于大量原子或分子彼此独立、随机分布，没有任何联系，所以在同一时刻，各原子或分子所发出的波列，频率、振动方向和相位都不一定相同。此外，由于每个原子或分子发光是间歇的，当它们发出一个波列之后，要间隔若干时间才能再发出一个波列。因此，不仅来自两个独立光源的光波不能相互干涉，即使是同一光源不同部分发出的光波也不能产生干涉现象。

要实现光的干涉，可以利用某种方法把同一光源同一点发出的光波设法一分为二，然后使这两束光波经过不同的路程后再相遇，由于这两束光的相应部分实际上都来自于同一原子的同一次发光，即原来的每一个波列都被分成了频率相同、振动方向相同、相位差恒定的两个波列，因而这两束光满足相干条件，就可以产生干涉现象。这样的两束光称为**相干光**（coherent light），相应的光源叫**相干光源**（coherent source）。从同一普通光源获得两束相干光的方法通常有两种：一种叫**分波面法**（parting wave front method），如杨氏双缝干涉、洛埃德镜干涉。另一种叫**分振幅法**（division amplitude method），如薄膜干涉等。

二、杨氏双缝干涉实验

1801 年，英国物理学家、医生托马斯·杨（Thomas Young）首先用实验的方法观察到了光的干涉现象。并且最早以明确的形式确立了光波叠加原理，用光的波动性解释了光的干涉现象。

实验如图 9-1（a）所示，用普通单色光源照射在狭缝 S 上，此时 S 相当与一个线光源，在 S 的前方放置两个相距很近的狭缝 S_1 和 S_2，且 S_1 和 S_2 与 S 平行并等距，按惠更斯原理，S_1 和 S_2 位于线光源 S 所发出光的同一波振面上，波振面上每一点都可以作为新波源向外发出子波，这样 S_1 和 S_2 满足相干条件，构成一对相干光源，从 S_1 和 S_2 发出的光波在空间叠加，将产生干涉现象。如果在双缝后放置一屏幕 E，在屏幕上将出现一组与狭缝平行、明暗相间的干涉条纹，如图 9-1（b）所示。

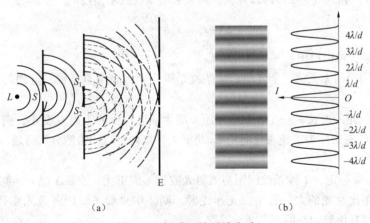

图 9-1　杨氏双缝干涉实验

(a) 双缝干涉；(b) 双缝干涉图样

下面分析屏幕上出现明暗条纹应满足的条件及其分布规律。如图 9-2 所示，设 S_1 和 S_2 之间的距离为 d，M 为双缝的中心，双缝到屏幕 E 的距离为 D，且 $D \gg d$。在屏幕上任意取一点 P，P 与 S_1 和 S_2 间的距离分别为 r_1 和 r_2，则由 S_1、S_2 所发出的光波到达 P 点的波程差为 δ。

$$\delta = r_2 - r_1$$

设 P 到屏幕的中心点 O（M 点在屏幕上的投影）的距离为 x，这里 PM 和 MO 间的夹角（MO 为过 M 且垂直于屏幕 E 的直线）近似与 θ 角相等，因为 $D \gg d$，$D \gg x$，θ 角很小，$\sin\theta \approx \tan\theta$，所以

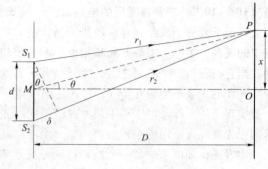

图 9-2　干涉条纹的推导

$$\delta \approx d\sin\theta \approx d\tan\theta = d\frac{x}{D}$$

从波动理论可知，若入射光波长为 λ，P 点出现明条纹的条件为

$$\delta = d\frac{x}{D} = \pm k\lambda \text{，或 } x = \pm k\frac{D}{d}\lambda, k = 0,1,2,\cdots$$

$$(9-1)$$

此时，两波在 P 点加强，光强为极大，P 点出现明条纹。

P 点出现暗条纹的条件为

$$\delta = d\frac{x}{D} = \pm(2k-1)\frac{\lambda}{2}, k = 1,2,\cdots \qquad (9-2a)$$

或

$$x = \pm(2k-1)\frac{D}{d}\frac{\lambda}{2}, k = 1,2,\cdots \qquad (9-2b)$$

此时，两波在 P 点相互削弱，光强为极小，P 点出现暗条纹。

其中 k 为干涉的级数，当 $k=0$ 的明条纹称为零级明条纹或中央明条纹，当 $k=1,2,\cdots$ 对应的明条纹或暗条纹分别称为第一级、第二级……明条纹或暗条纹。式中的正、负号表示条纹在中央明条纹两侧分布。如果 S_1 和 S_2 到 P 点的波程差为其他值时，则 P 点处的光强介于明纹和暗纹之间。

由式（9-1）和式（9-2）可以算出，两相邻明条纹或暗条纹的间距都为

$$\Delta x = x_{k+1} - x_k = \frac{D}{d}\lambda \qquad (9-3)$$

根据上述的结果，可以得出：

（1）条纹间距与 k 无关，干涉明、暗条纹是等间距等宽度直条纹，且均匀对称分布在中央明条纹两侧。

（2）若单色光的波长 λ 一定，双缝间距 d 增大或缝与屏的距离 D 变小，则干涉条纹间距 Δx 变小，即条纹变密。为了使条纹间距 Δx 足够大，以便可以用眼睛分辨清楚，必须使 d 足够小、D 足够大。

（3）若 D、d 一定，干涉条纹间距与入射光波长 λ 成正比，波长 λ 越大，间距越大。因此红光的条纹间距比紫光的大，若用白光作光源，则除中央明条纹因各色光重叠仍为白色外，其他级明条纹都是由紫到红的彩色条纹。

（4）若已知 D 和 d，可以通过测量相邻条纹间距 Δx 或者第 k 级条纹中心到屏幕中央点 O 的距离 x，计算出单色光的波长 λ。

（5）若线光源 S 上移，则改变了 S_1 和 S_2 光波的初相位差，这样使得波程差为零的中央明条纹位置下移，整个干涉条纹随之下移。同理，若线光源 S 下移，则整个干涉条纹上移。

例 9-1：杨氏双缝干涉实验中，若用钠光灯作单色光源（$\lambda = 589.3\text{nm}$），屏与双缝的距离

600mm。求：（1）若双缝距离 10mm 时，屏幕上相邻明条纹间距为多大？（2）若相邻条纹的最小分辨距离为 0.065mm，能分清条纹的双缝间距最大是多少？（3）若双缝距离 1.0mm 时，在屏幕上测得从第一级明条纹到另一侧第三极明条纹的距离为 1.2mm，此时入射光波长为多少？

解：（1）相邻明条纹间距分别为

$$\Delta x = \frac{D}{d}\lambda = \frac{600 \times 5.893 \times 10^{-4}}{10} = 0.035\text{mm}$$

（2）当 $\Delta x = 0.065$mm

$$d = \frac{D}{\Delta x}\lambda = \frac{600 \times 5.893 \times 10^{-4}}{0.065} = 5.4\text{mm}$$

表明，在这样条件下，双缝间距必须小于 5.4mm 才能看清干涉条纹。

（3）根据明条纹出现的条件

$$x = \pm k\frac{D}{d}\lambda, k = 0, 1, 2, \cdots$$

从一侧第一级（$k=1$）明条纹到另一侧第三级（$k=-3$）明条纹的距离

$$\Delta x_{1,(-3)} = x_1 - x_{-3} = [1-(-3)]\frac{D}{d}\lambda$$

将 $\Delta x_{1,(-3)} = 1.2$mm，$d = 1.0$mm，$D = 600$mm 代入上式，得

$$\lambda = \frac{1.2 \times 1.0}{4 \times 600} = 5.0 \times 10^{-4}\text{mm} = 500\text{nm}$$

三、洛埃德镜干涉实验

英国物理学家洛埃德（H. Lolyd）于 1834 年提出了一种更简单的观察光的干涉现象的装置。如图 9-3 所示，KL 为一块背面涂黑的玻璃片洛埃德镜（Lolyd mirror）。从单色光源通过狭缝 S_1 射出的光，一部分直接射到屏幕 E 上 ab 区域，另一部分经玻璃面 KL 反射后射到屏幕上 $a'b'$ 区域，反射光可看成是由虚光源 S_2 发出。S_1 和 S_2 构成一对相干光源。图中画有阴影的区域表示相干光叠加的区域，这时，在屏幕 E 上 $a'b'$ 区域，可以观察到明暗相间的干涉条纹。

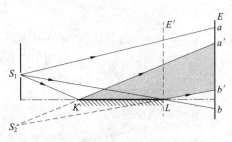

图 9-3　洛埃德镜实验

若把屏幕移到和镜右端相接的位置 $E'L$ 上时，此时从 S_1 和 S_2 发出的光到达接触点 L 的路程相等，在 L 处似乎应出现明条纹，但实验结果却是暗条纹。这表明，直接射到屏幕上的光与由镜面反射出来的光在 L 处的相位相反，即相位差为 π。由于直接射到屏幕上的光不可能有相位变化，所以只有光从空气射向玻璃发生反射时，反射光的相位有 π 的突变。相位差为 π 等效于镜面反射光波多走（或少走）了半个波长的距离，称为**半波损失**（half-wave loss）。**这个现象表明在光由光疏介质射向光密介质表面反射时，其反射光会发生半波损失。**这是洛埃德镜实验为光的波动性提供了有力证据之外，另一重要的实验发现。

四、光程与光程差

前面讨论杨氏双缝干涉实验中，两束相干光都在同一介质（空气）中传播，它们在相遇

叠加时，两束光振动的相位差取决于两束光之间的几何路程之差，即波程差。但当两束光分别通过不同介质时，就不能只根据几何路程之差来计算它们的相位差了。为此我们引入光程的概念。

任意单色光在不同介质中传播时，其频率是恒定不变的，然而由于介质性质的不同，传播速度和波长会发生变化。设有一频率为 ν 的单色光，它在真空中的波长 λ，传播速度为 c，则有 $\lambda=c/\nu$，当它在折射率为 n 的介质中传播时，传播速度变为 $u=c/n$，所以在介质中波长 $\lambda_n=u/\nu=c/n\nu=\lambda/n$。这说明，一定频率的光在折射率为 n 的介质中传播时，其波长为真空中波长的 $1/n$。若光波在介质中传播的几何路程为 L，所用的时间为 $t=L/u$ 那么在相同时间内，光在真空中所走的几何路程为 $tc=Lc/u=nL$。可见，在相同时间中，光波在介质中传播 L 路程相当于它在真空中走过 nL 的路程。**我们将光波在某一介质中所通过的几何路程 L 和该介质折射率 n 的乘积定义为光程**（optical path）。

由于波行进一个波长的距离时，相位变化 2π，若光波在该介质中传播的几何路程为 L，则相位的变化为

$$\Delta\varphi=2\pi\frac{L}{\lambda_n}=2\pi\frac{nL}{\lambda} \tag{9-4}$$

上式表明，光波在介质中传播时，其相位的变化不仅与光波传播的几何路程和真空中的波长有关，而且还与介质的折射率有关。光在折射率为 n 的介质中通过几何路程 L 所发生的相位变化，相当于光在真空中通过 nL 的路程所发生的相位变化，这样光波相位变化可以直接用光程来表示。**对于初相位相同的两束相干光，当各自通过不同的介质在空间某点相遇时，它们的相位差决定于它们光程的差，即光程差**（optical path difference），**而不是在各自介质中的几何路程差**。相位差 $\Delta\varphi$ 与光程差 δ 之间的关系为

$$\Delta\varphi=2\pi\frac{\delta}{\lambda} \tag{9-5}$$

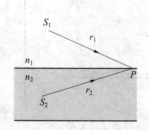

图 9-4　光程差的计算

如图 9-4 所示，S_1 和 S_2 为两相干光源，且初相位相同，它们发出的两相干光分别在折射率为 n_1 和 n_2 的两种介质中传播，经过几何路程 r_1 和 r_2 在 P 点相遇，，则两束光在 P 点的相位差为

$$\Delta\varphi=\frac{2\pi}{\lambda}\delta=\frac{2\pi}{\lambda}(n_1r_1-n_2r_2) \tag{9-6}$$

产生干涉的条件为，当 $\delta=\pm k\lambda$，$k=0$，1，2，…时，$\Delta\varphi=\pm 2k\pi$，干涉加强。当 $\delta=\pm(2k+1)\frac{\lambda}{2}$，$k=0$，1，2，…时，$\Delta\varphi=\pm(2k+1)\pi$，干涉减弱。

例 9-2：如图 9-5 所示，在杨氏双缝实验中，已知入射的单色光波长为 600nm，由双缝 S_1 和 S_2 发出的相干光，在屏幕上产生干涉条纹，其中央明条纹在屏幕 O 点处，若在缝 S_1 后用折射率为 1.30，厚度为 0.01mm 的透明薄膜遮住，屏幕 O 点处将变成第几级条纹？此时中央明纹在 O 点什么位置？

解：未遮薄膜时，中央明条纹处的光程差为 $\delta=r_1-r_2=0$，遮上薄膜后，光程差为

$$\delta=r_1-l+nl-r_2=(n-1)l$$

设此处为第 k 级明条纹，则

$$(n-1)l=k\lambda$$

$$k = \frac{(n-1)l}{\lambda} = \frac{(1.30-1) \times 0.01 \times 10^{-3}}{6.00 \times 10^{-3}} = 5$$

屏幕 O 点处将变成第 5 级明条纹，此时 $\delta = (n-1)l > 0$，即 S_1 到 O 点光程 $r_1 - l + nl$ 大于 S_2 到 O 点光程 r_2，根据产生中央明条纹条件要求 $r_1 - l + nl = r_2$，所以要求 r_1 变小，r_2 变大，由此可得，中央明纹在 O 点的上方。

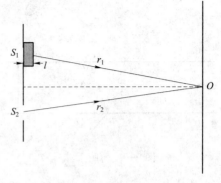

图 9-5　例题 9-2

如果光波如果光波相继通过不同折射率的介质，它所经过的总光程为

$$n_1 r_1 + n_2 r_2 + n_3 r_3 + \cdots$$

在光的干涉和衍射实验装置中，经常要用到透镜，因为透镜厚度是不均匀的，现在我们用相位变化分析说明平行光束透过透镜不引起附加的光程差。

如图 9-6 所示，实验表明，平行光束透过透镜后，将会聚于焦平面上成一亮点 F，这是因为在入射透镜之前某时刻平行光束波前上的各点（图中 A、B、C、D、E）的相位相同，而到达焦平面后相位仍然相同，因而干涉加强产生亮点。可见这些点到点 F 的光程都相同。这里可这样解释：因为透镜中间厚边缘薄，可以看出光线从 AaF 在空气经过的几何路程比光从 CcF 的长，但是光从 CcF 在透镜中经过的路程要比光从 AaF 的长，因此折算成光程后，AaF 的光程与 CcF 的光程相等。所以，**使用透镜虽然改变光线的传播方向，但不会引起附加的光程差**。

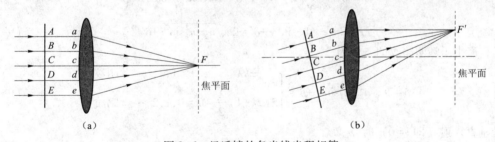

图 9-6　经透镜的各光线光程相等

五、薄膜干涉

光波在进入透明的薄膜时，在膜的上下表面都会产生反射，这两束反射光线来自同一入射光的两部分，因而是相干光，当它们相遇时会产生干涉现象，称为薄膜干涉（thin films interference）。薄膜干涉是一种常见的分振幅法干涉。薄膜干涉现象在日常生活中可以观察到，比如太阳光照射在肥皂泡、水面上的油膜以及许多昆虫（蜻蜓、蝉、甲虫等）的翅膀上都能观察到彩色花纹。

如图 9-7 所示，一厚度为 e 的平行平面薄膜，折射率为 n_2，其上下介质的折射率分别为 n_1、n_3。设由单色面光源 S 上一点发出的光线 1，以入射角 i 入射到薄膜上表面的 A 点，一部分在 A 点反射成为光线 2；另一部分以折射角 γ 折射入薄膜内，并在下表面 B 点反射，而后又在上表面 C 点折射而出成为光线 3。显然，光线 2、3 是两条平行光，经透镜 L 会聚于屏幕 P 点。显然光线 2、3 来自同一入射光的两部分，是相干光，经透镜 L 会聚发生干涉。

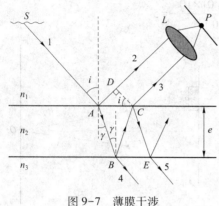

图 9-7 薄膜干涉

下面我们来计算光线 2 和 3 的光程差。如图 9-7 所示，由 C 点作光线 2 的垂线 CD，垂足为 D，由透镜的等光程性可知，从 D 到 P 和 C 到 P 的光程相等。由图可知，光线 2 和 3 这两条光线的光程差为

$$\delta = n_2(AB+BC) - n_1 AD + \delta' \qquad (9\text{-}7)$$

式中，δ' 为附加光程差，由于薄膜上下介质折射率不同，必须考虑光由光疏介质射向光密介质表面反射时，反射光发生的半波损失，所以 δ' 等于 $\lambda/2$ 或 0。当 $n_1<n_2>n_3$ 或 $n_1>n_2<n_3$ 时，要考虑附加光程差，δ' 等于 $\lambda/2$；当 $n_1<n_2<n_3$ 或 $n_1>n_2>n_3$ 时，δ' 等于 0。

由图中几何关系可得

$$AB = BC = \frac{e}{\cos\gamma}, \quad AD = AC\sin i = 2e\tan\gamma\sin i$$

把以上两式代入式（9-7），得

$$\delta = 2n_2\frac{e}{\cos\gamma} - 2n_1 e\tan\gamma\sin i + \delta'$$

根据折射定律 $n_1\sin i = n_2\sin\gamma$，上式可写成

$$\delta = \frac{2n_2 e}{\cos\gamma}(1-\sin^2\gamma) + \delta' = 2n_2 e\cos\gamma + \delta'$$

或

$$\delta = 2n_2 e\sqrt{1-\sin^2\gamma} + \delta' = 2e\sqrt{n_2^2 - n_1^2\sin^2 i} + \delta' \qquad (9\text{-}8)$$

于是，产生干涉明暗纹的条件为

$$\delta = 2e\sqrt{n_2^2 - n_1^2\sin^2 i} + \delta' = \begin{cases} \pm k\lambda & k=1,2,\cdots & \text{明纹} \\ \pm(2k+1)\dfrac{\lambda}{2} & k=0,1,2,\cdots & \text{暗纹} \end{cases} \qquad (9\text{-}9)$$

当光垂直入射（即 $i=0$）时

$$\delta = 2n_2 e + \delta' = \begin{cases} \pm k\lambda & k=1,2,\cdots & \text{明纹} \\ \pm(2k+1)\dfrac{\lambda}{2} & k=0,1,2,\cdots & \text{暗纹} \end{cases} \qquad (9\text{-}10)$$

前面讨论反射光产生干涉现象，实际上对于透射光也会产生干涉现象。在图 9-7 中，光线 4 和 5，它们同样是相干光，光线 4 直接从薄膜中折射出来，而光线 5 是在 B 点和 C 点经两次反射后折射出来的，若 $n_1<n_2>n_3$，则这两次反射都是由光密介质射向光疏介质表面反射，所以在反射时不存在附加光程差。此时透射光线 4 和 5 的光程差是

$$\delta = 2e\sqrt{n_2^2 - n_1^2\sin^2 i}$$

与式（9-9）相比较，此时反射光线 2 和 3 的光程差存在附加光程差，δ' 等于 $\lambda/2$。可见反射光相互加强时，透射光将相互减弱；当反射光相互减弱时，透射光将相互加强，两者形成互补的干涉图样，显然，这也正符合能量守恒的要求。

在现在光学仪器中，人们常常利用薄膜干涉原理来提高透镜的透射率和反射率。例如，有些照相机镜头有多个透镜组成，这样镜头上的反射光会使入射光的能量损失高达 50% 以上，

透射光能减小，并会对相机的成像质量造成影响。
为了减少光能的损失，常在透镜的表面上镀一层厚
度均匀的薄膜，如氟化镁（MgF$_2$），利用薄膜干涉
使反射光减少，透射光增强，这样的薄膜称为**增透
膜**。最简单的单层增透膜如图 9-8 所示，设薄膜的
厚度为 e，其折射率为 1.38，介于空气和玻璃之间。
光垂直入射时，薄膜上、下表面的反射光之间的光
程差为 $\delta = 2ne$，由于上、下表面的反射时都有半波
损失，结果没有附加光程差，于是两反射光干涉相
消时应满足

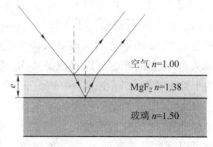

图 9-8　增透膜

$$\delta = 2ne = (2k+1)\frac{\lambda}{2} \qquad k=0,1,2,\cdots$$

此时，膜的厚度为

$$e = (2k+1)\frac{\lambda}{4n} \qquad k=0,1,2,\cdots$$

膜的最小厚度应为（$k=0$）

$$e = \frac{\lambda}{4n}$$

对于某一波长的入射光，由于干涉相消而无反射光，因而增强了光的透射率。一般的照相机
和目视光学仪器，常选人眼最敏感的波长 $\lambda = 550\mathrm{nm}$ 作为被消弱的波长，在白光的照射下观察
此透镜薄膜，由于被消弱的波长是可见光谱中的黄绿色光部分，其他颜色相对强一些，因此
表面呈蓝紫色。

有些光学器件却需要减少其透射率，以增加反射光的强度。例如，激光器中的谐振腔反
射镜，要求提高某种单色光的反射率，为此需要利用薄膜干涉使反射光的相干加强，以增强
反射能量，透射光就将减弱，这样的薄膜称为**增反膜或高反射膜**。

六、迈克耳孙干涉仪

干涉仪是利用光的干涉原理精确地测定光波波长的仪器。1881 年，美国物理学家迈克耳
孙（Michelson）所研制的一种干涉仪，它是许多近代干涉仪的原型，它的制成和应用对近代
科学技术的发展起到了巨大的促进作用。

**迈克耳孙干涉仪（Michelson interferometer）
是利用分振幅法产生两束光干涉**。如图 9-9 所示，
M_1 和 M_2 是两块的相互垂直的安装平面反射镜，其
中 M_1 固定的，而 M_2 位置可以移动。G_1 和 G_2 是两
块厚度相同的玻璃板，且都与 M_1 和 M_2 成 45°角倾
斜安装。在 G_1 的后表面上镀有银膜，能使入射光
分为振幅相等的反射光和透射光，称为分光器。

当单色光源 S 发出的光射向分光板 G_1 经分光
后，反射光束 1 射向 M_1，经 M_1 反射后再透过 G_1
向 E 处传播；透射光束 2 则透过 G_1 及 G_2 向 M_2 传

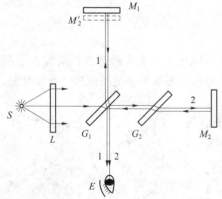

图 9-9　迈克耳孙干涉仪结构图

播，经 M_2 反射后，再穿过 G_2 经 G_1 的银膜反射后也向 E 处传播，到达 E 处的光束 1 和光束 2 是相干的，在 E 处可观察到干涉图样。G_2 的作用是能使光束 2 与光束 1 相同的次数穿过玻璃板，这样光束 1、2 的不会因为玻璃板产生光程差，因此，G_2 称为补偿板。

从 M_2 反射的光，可以看成是从 M_2 经 G_1 的反射而生成的虚像 M_2' 处发出的，因此在 E 处看到的干涉图样就如同由 M_1 和 M_2' 之间的空气薄膜产生的一样。当 M_1、M_2' 相互严格垂直时，M_1、M_2' 之间形成的是平行平面空气膜，这时在 E 处观察到的薄膜干涉条纹；干涉条纹的位置随可移动镜 M_2 的位置而变化，当 M_2 平移距离为 $\lambda/2$，相当于 1、2 两束光产生的光程差为 λ，此时可以观察到一条明纹或一条暗纹移动经过视场中某一参考标记。设镜 M_2 移动距离为 d，相应地有 N 个条纹移过参考标记，则 M_2 平移的距离可用下式表示，即

$$d = N \cdot \frac{\lambda}{2} \tag{9-11}$$

根据这个公式就可以利用迈克耳孙干涉仪测量可移动反射镜的位置变化以及移动经过视场的条纹数，确定待测光波的波长。

课堂互动

1. 杨氏双缝实验装置中，为什么一定要在双缝之前加一个单缝？

2. 我们从肥皂水里拉出一肥皂膜时，先看到一些彩色图案，当把膜逐步拉大，在它快要破时，彩色图案消失而显现黑色，为什么？

第二节 光 的 衍 射

衍射和干涉一样，都是波动所固有的特性。波在传播过程中遇到障碍物时能够绕过障碍物的边缘前进，这种偏离直线传播的现象称为波的衍射现象。例如，水波可以绕过闸门、声波可以绕过门窗、无线电波可以绕过高山等，都是波的衍射现象。**光作为一种电磁波也能产生衍射现象，光波绕过障碍物传播的现象称为光的衍射**（diffraction of light）。在通常情况下，光的衍射现象并不易被人们所观察到，这是由于光的波长很短，衍射现象不明显。只有当障碍物（例如小孔、狭缝、小圆屏、毛发、细针等）线度比光的波长大的不多时，才能观察到衍射现象。

一、惠更斯-菲涅耳原理

波的衍射现象可以应用惠更斯原理作定性的解释，但是不能定量的解释衍射波在空间各点的强度分布。1818 年，菲涅耳用"子波相干叠加"的概念发展了惠更斯原理。菲涅耳假定：**波在传播过程中，从同一波阵面上各点所发出的子波，经传播而在空间某点相遇时，也可以相互叠加而产生干涉现象，空间各点波的强度由各子波在该点的相干叠加所决定，这被称为惠更斯-菲涅耳原理。**

如图 9-10 所示，dS 为某波振面 S 上的任一面元，是发出球面子波的子波源，而空间任一点 P 的光振动，则取决于波振面 S 上所有面元发出的子波在该点相互干涉的总

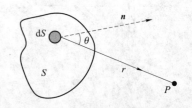

图 9-10 子波相干叠加

效应。球面子波在点 P 的振幅正比于面元的面积 dS，反比于面元到点 P 的距离 r，与 r 和 dS 的法线方向 n 之间的夹角 θ 有关，θ 越大，在 P 处的振幅越小。点 P 处光振动的相位，由 dS 到 P 点的光程确定。整个波阵面 S 上所有面元的次级子波，在 P 点相互干涉，构成了 P 点总的光振动。这样，如果已知某时刻的波前 S，就可以通过积分计算出空间任意一点 P 处的光矢量。

应用惠更斯-菲涅耳原理，可以很好地解释并定量描述一般的衍射问题，但是在数学上积分是相当复杂的。

通常根据观察方式的不同，把光的衍射现象分为两类：一类是光源和观察屏（或二者之一）与障碍物之间的距离是有限的，这一类衍射称为**菲涅耳衍射**（Fresnel's diffraction），如图 9-11（a）所示；另一类是光源和观察屏与障碍物之间的距离都是无限远的，这一类衍射称为**夫琅禾费衍射**（Fraunhofer's diffraction），如图 9-11（b）所示。由于夫琅禾费衍射在实际应用和理论上都十分重要，而且这类衍射的分析与计算都比菲涅耳衍射简单，因此下面的讨论只限于夫琅禾费衍射。在实验中观察光的夫琅禾费衍射，是利用两块会聚透镜来实现的，如图 9-11（c）所示，将一块会聚透镜放在障碍物前，点光源置于透镜焦点处，通过透镜发出的光变成平行光并垂直射到障碍物上，另一块放在障碍物后，观察屏置于此透镜的焦平面处，使经过障碍物后的衍射光在透镜的焦平面上成像。这样既可以满足夫琅禾费衍射的条件不变，又可增加衍射图样的强度，更便于观察。

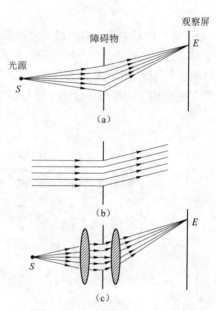

图 9-11　菲涅耳衍射和夫琅禾费衍射

二、单缝衍射

单缝夫琅禾费衍射的实验装置如图 9-12（a）所示。单色光源 S 置于透镜 L_1 的焦点上，观察屏 E 放置于透镜 L_2 的焦平面上。当平行光垂直照射到狭缝 K 上时，在屏幕 E 上将出现单缝的衍射条纹，如图 9-12（b）所示。在衍射图样中，中央明条纹最亮也最宽，其两侧对称分布着明暗相间的条纹，各级明条纹随着离中央明条纹距离越远，光强逐渐减弱。

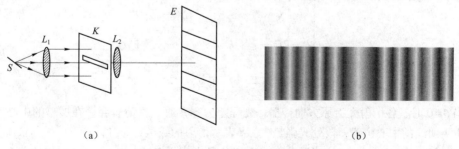

图 9-12　单缝的夫琅禾费衍射
（a）实验装置；（b）单缝衍射光强分布

单缝衍射可用**半波带法**（half wave zone method）分析说明。如图9-13（a）所示，设单缝 AB 的宽为 a，入射光的波长为 λ。根据惠更斯-菲涅耳原理，当平行光垂直照射到狭缝上时，位于狭缝所在处的波阵面 AB 上的每一点都是看作为一个新波源，向各个方向发射子波，狭缝后面空间任意一点的光振动，都是这些子波传到该点的振动的相干叠加，是加强还是减弱，决定于这些子波到达该点时的光程差。假设一束平行光以任意衍射角射出单缝，经过透镜 L_2 会聚于屏幕 E 上的 P 点，从 A 点作 AC 垂直于 BC，这束光线的两边缘光线之间的光程差为（平行光经过透镜会聚后不会产生附加光程差）

$$BC = a\sin\theta$$

BC 是这束平行光中两光线的最大光程差，屏幕 E 上 P 点的明暗程度完全决定于光程差 BC 的值。如果这个光程差 BC 刚好等于入射光的半个波长的整数倍，可作一些平行于 AC 的平行线，使两相邻平行线之间的距离都等于 $\lambda/2$，这些平行线将把单缝 AB 的波阵面分割成 AA_1、A_1A_2、… 整数个宽度相等的部分，这每个部分称为一个半波带，如图9-13（b）所示。

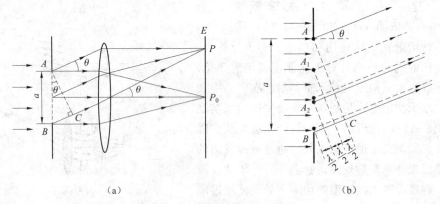

图 9-13　单缝衍射条纹的形成

由于各半波带的面积相等，因而各个半波带发出的子波在 P 点所引起的光振幅接近相等，而相邻两半波带上的任何两个对应点发出的子波在 P 点的光程差都是 $\lambda/2$，相位差为 π。因此，任意相邻两半波带发出的子波在 P 点合成时将互相抵消。如果 BC 等于半波长的偶数倍时，单缝处的波阵面 AB 可分为偶数个半波带，则由于一对对相邻的半波带发出的光都分别在 P 点相互抵消，则合振幅为零，P 点就是暗条纹的中心。如果 BC 等于半波长的奇数倍，单缝处的波阵面 AB 可分为奇数个半波带，则一对对相邻的半波带发的光分别在 P 点相互抵消后，还剩一个半波带发的光到达 P 点合成，这时 P 点应为明条纹的中心。综上所述可知，当平行光垂直于单缝平面入射时，单缝衍射条纹的明暗条件为

$$a\sin\theta = \begin{cases} 0 & \text{中央明纹} \\ \pm 2k\dfrac{\lambda}{2} & k=1,2,3,\cdots \quad \text{暗纹} \\ \pm(2k+1)\dfrac{\lambda}{2} & k=1,2,3,\cdots \quad \text{明纹} \end{cases} \tag{9-12}$$

当 $\theta=0$ 时，各衍射光沿原方向传播，光程差为零，通过透镜后会聚在屏幕的中心 P_0，这就是中央明纹的中心位置，该处光强最大。k 表示衍射的级数，$k=1$，2，3，……依次为第一级、第二级、第三级……暗纹或明纹，式中正负号则表示各级暗纹或明纹对称地分布在中央明条纹的两侧。这是由于衍射角 θ 越大，衍射的明纹级数 k 越大，波阵面 AB 被分成的半波带

的个数就越多，未被抵消的半波带面积占波阵面 AB 的比例就越小，因而级数越大明条纹会越暗，如图9-12（b）所示。

中央明条纹实际上是两侧第一级暗条纹之间的区域，此时衍射角 θ 满足

$$-\lambda < a\sin\theta < \lambda \tag{9-13}$$

由上式可知，如果 $\sin\theta = \lambda/a$ 则这个 θ 值对应于中央明纹的角范围的一半，称为半角宽度，考虑到一般 θ 角较小，中央明条纹的半角宽度为

$$\theta = \sin\theta = \frac{\lambda}{a} \tag{9-14}$$

以 f 表示透镜 L_2 的焦距，则屏上中央明纹的宽度为

$$\Delta x = 2f\tan\theta \approx 2f\sin\theta = 2f\frac{\lambda}{a} \tag{9-15}$$

屏上各级暗条纹的中心与中央明纹中心的距离为

$$x = \pm kf\frac{\lambda}{a} \tag{9-16}$$

这样相邻暗条纹之间的宽度为 $f\lambda/a$，也可以称为一个明条纹的宽度，则中央明纹的宽度既是其他明纹宽度的两倍，也是第一级暗纹的中心与中央明纹的中心的距离的两倍。

对于任意其他的衍射角 θ，BC 一般不能恰好等于半波长的整数倍，AB 不能分成整数个半波带，此时，衍射光束形成介于最明和最暗之间的中间区域。因此，在单缝衍射条纹中，光强的分布并不是均匀的，如图9-14所示。单缝衍射条纹中央明纹最亮，也最宽，中央明纹的两侧光强迅速减小，直至第一级暗纹。其后，光强又逐渐增大成为第一级明纹，依次类推。

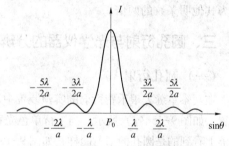

图9-14 单缝衍射条纹的光强分布

根据上述的结果，可以得出：

（1）对一定宽度 a 的单缝来说，$\sin\theta$ 与波长 λ 成正比，而单色光的衍射条纹的位置是由 $\sin\theta$ 决定的。因此，如果入射光为白光，白光中各种波长的光抵达屏幕的中心 P_0 点都没有光程差，所以中央是白色明纹，其两侧的各级明纹中将由近及远依次出现由紫到红的彩色条纹。

（2）中央明纹的宽度正比于波长 λ，反比于缝宽 a。缝越窄，衍射越显著；缝越宽，衍射越不明显。当缝宽 $a \gg \lambda$ 时，各级衍射条纹向中央靠拢，密集得以至无法分辨，只能观察到一条明条纹，它就是透镜所形成的单缝的像，这个像相应于从单缝射出的光是直线传播的平行光束。由此可见，光的直线传播现象是光的波长比障碍物的线度小很多，衍射现象不显著时的情形。

例9-3：用波长为589nm的钠光灯作光源，在焦距为 $f = 0.80m$ 的透镜 L_2 的像方焦面上观察单缝衍射条纹，缝宽为 $a = 0.50mm$，求：（1）中央亮纹多宽；（2）其他各级亮纹多宽。

解：（1）因为中央明条纹的宽度，即中央明条纹上、下两侧第一级暗条纹的距离，按暗条纹条件：

$$a\sin\theta = \pm 2k\frac{\lambda}{2}$$

令 $k = 1$，因中央明条纹两侧的条纹是对称的，于是有

$$a\sin\theta = \lambda$$

设第一级暗条纹中心与中央明条纹中心的距离为 x_1，又因为 θ 很小，$\sin\theta \approx \tan\theta = \dfrac{x_1}{f}$，则上式变为

$$a\tan\theta = a\frac{x_1}{f} = \lambda$$

因此有

$$x_1 = f\Delta\theta = f\frac{\lambda}{b} = 0.80 \times \frac{589 \times 10^{-9}}{0.50 \times 10^{-3}} = 9.4 \times 10^{-4}\,\text{m}$$

中央亮纹的宽度 s_0 为

$$s_0 = 2x_1 = 1.9\,\text{mm}$$

（2）设第 k 级明条纹的宽度为 s，则 s 等于第 $k+1$ 级和第 k 级两相邻暗条纹间的距离，有

$$s = x_{k+1} - x_k = f\frac{(k+1)\lambda}{a} - f\frac{k\lambda}{a} = f\frac{\lambda}{a}$$

将 λ、f、a 的数值代入，得任一级明条纹（除中央明条纹以外）的宽度均为

$$s = 0.94\,\text{mm}$$

由此可见，除中央明条纹以外，所有其他各级明条纹的宽度均相等，而中央明条纹的宽度为其他明条纹的两倍。

三、圆孔衍射与光学仪器的分辨本领

（一）圆孔衍射

在观察单缝夫琅禾费衍射的实验装置中，用小圆孔代替狭缝，就构成了圆孔夫琅禾费衍实验装置，如图 9-15（a）所示。当平行单色光垂直照射到圆孔上，光通过圆孔后被透镜 L_2 会聚，在光屏上看到的是圆孔的衍射图样，如图 9-15（b）所示。它的中央为一亮斑，称为**艾里斑**（Airy disk），其外围为明暗相间的圆环。由理论计算可知，艾里斑上分布的光能占通过圆孔的总光能的 84%。可以算得，第一级暗环的角位置，即艾里斑所对应的角半径 θ 满足的关系式为

$$\theta \approx \sin\theta = 0.67\frac{\lambda}{R} = 1.22\frac{\lambda}{D} \tag{9-17}$$

式中，R 和 D 是圆孔的半径和直径。上式和单缝衍射的半角宽度公式比较，除了一个反映几何形状不同的因数 1.22 外，二者在定性方面是一致的。若以 f 表示透镜 L_2 的焦距，艾里斑的半径为

$$r = f\theta = 1.22f\frac{\lambda}{D} \tag{9-18}$$

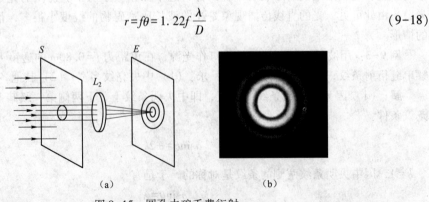

（a）　　　　　　　　　　　　（b）

图 9-15　圆孔夫琅禾费衍射

上式表明，圆孔直径 D 越小，艾里斑则越大，衍射现象也越明显；反之，D 越大，艾里斑则越小，衍射现象也越不明显。当 $D \gg \lambda$ 时，各级条纹向中心靠拢，艾里斑缩成一亮点，这正是几何光学的结果。

（二）光学仪器的分辨本领

从几何光学的观点来看，物体通过光学仪器成像时，每一物点都对应着一个像点。只要适当调节透镜的焦距，并适当选择多个透镜的组合，则任何微小的物体，总可以放大到清晰可见的程度。但从波动光学的观点来看，由于光学仪器中的透镜、光阑等均相当于一个透光的小圆孔，当一点光源所发出的光经过透镜或光阑后，就会发生圆孔衍射现象，生成的已不是一个几何像点，而是一个衍射图样，其主要部分是艾里斑。用光学仪器观察两个邻近的物点时，实际上看到的像是两个艾里斑，如果这两个艾里斑相距足够远时，这两个物点就能够分辨清楚，如图 9-16（a）所示，如果这两个艾里斑相距太近，以至于有大部分的重叠时，这两个物点就会被看成是一个像点而分辨不清，如图 9-16（c）所示。可见，光的衍射现象限制了光学仪器的分辨能力，任何光学仪器的分辨能力都有一个最高极限。

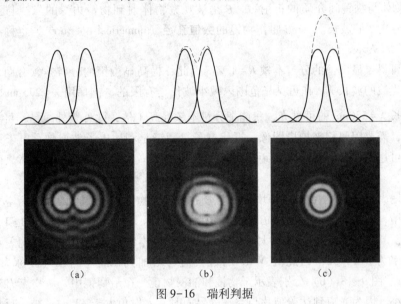

图 9-16　瑞利判据

对于一个光学仪器，两个物点能否被分辨通常按**瑞利**（J. W. S. Rayleigh）**判据**来判断：**当一个艾里斑的中心刚好落在另一个艾里斑的边缘（即一级暗环）上时，两个艾里斑刚刚能够被分辨。**如图 9-16（b）所示。满足瑞利判据时，两艾里斑重叠区中心的光强约为每个艾里斑中心最亮处光强的 80%，一般人的眼睛刚刚能够分辨光强的这种差别。

根据瑞利判据可知，当两个物点刚刚能被分辨时，它们的衍射图样中两艾里斑的中心之间的距离应等于艾里斑的半径。此时，两物点在透镜处所张的角称为最小分辨角，用 $\delta\theta$ 表示，如图 9-17 所示。它正好等于每个爱里斑的半角宽度 $\Delta\theta$，即

$$\delta\theta = \Delta\theta = 1.22 \frac{\lambda}{D} \tag{9-19}$$

在光学中，光学仪器的最小分辨角的倒数称为该仪器的分辨本领，用 R 表示，则有

$$R = \frac{1}{\delta\theta} = \frac{D}{1.22\lambda} \tag{9-20}$$

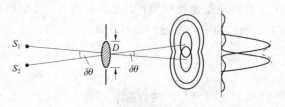

图 9-17　最小分辨角

由上式可知，光学仪器的分辨本领与仪器的孔径 D 成正比，与所用光波的波长 λ 成反比。仪器的孔径越大，所用光波的波长越小，仪器的分辨本领就越高。

在天文望远镜观察中，常用可见光观察，另望远镜在设计和制造中，其物镜的大小限制了成像光束的大小，所以提高望远镜的分辨本领的途径是增大物镜的直径。目前世界上最大的天文望远镜透镜直径可达 10m 以上。

显微镜的分辨极限不用最小分辨角而用最小分辨距离来表示。阿贝（E. Abber）研究得到最小分辨距离为

$$Z = \frac{1.22\lambda}{2n\sin\beta} = \frac{0.61\lambda}{n\sin\beta} \tag{9-21}$$

式中，n 为物体与物镜间介质的折射率，β 是被观察物体射到物镜边缘的光线与主光轴的夹角，λ 是入射光波的波长。$n\sin\beta$ 叫作物镜的**数值孔径**（numerical aperture），也称物镜的**孔径数**，常用 $N.A.$ 表示。

由上述可得，显微镜的分辨本领 $R = 1/Z$。因此，提高显微镜的分辨本领有两个途径，一是减小入射光波的波长 λ。在可见光范围内减小波长是有限的，例如用 $\lambda = 275$nm 的紫外线来代替平均波长 $\bar{\lambda} = 550$nm 的可见光，只能把分辨本领提高 1 倍，此外紫外线是不可见的，不能用肉眼观看，需要用照相来拍摄图像。近代电子显微镜是利用电子波成像，电子束的波长很短，数量级可达 10^{-3}nm，最小分辨距离可达零点几纳米，从而可以极大地提高显微镜的分辨本领。

另一是增大数值孔径 $N.A.$，即增大 n 与 β 的值。当物镜与标本间的介质为空气时，通常被称为干物镜，此时 $n = 1$，由于 $\sin\beta$ 的最大值是 1，所以 $N.A.$ 的最大理论值是 1，实际上只能达到 0.95，限制了数值孔径的增大。如果在物镜和标本间加入折射率和玻璃差不多的香柏油，其折射率为 $n = 1.52$，则此时 $N.A.$ 的最大值可增加到 1.5 左右，这被称为油浸物镜。图 9-18（a）、图 9-18（b）分别表示干物镜和油浸物镜。在干物镜中，从物点 P 射到物镜的光束锥角较小，因为光束到达盖玻片与空气的界面时，入射角大于 42° 时就被全反射了。在油浸物镜中，因为香柏油的折射率近似等于玻璃的折射率，避免了全反射现象，由物点 P 进入物镜的光束锥角较大，不仅数值孔径（n 与 β 都增大），而且像的亮度也会增加。因此，使用油浸物镜也可以提高分辨本领。

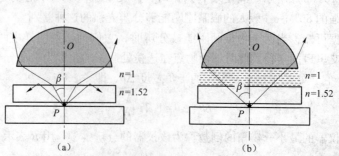

图 9-18　干物镜和油浸物镜

显微镜的分辨本领和放大率是衡量显微镜成像质量的两个重要指标。放大率是指物体成像后放大的倍数，与物镜的线放大率和目镜的角放大率有关，而分辨本领则是分辨物体细节的能力，只决定于物镜的性能。例如，用一个 40×（$N.A.$ 0.65）的物镜配一个 20×的目镜和用一个 100×（$N.A.$ 1.30）的物镜配一个 8×的目镜，虽然放大率都是 800 倍，但后者的分辨本领却较前者高 1 倍，因而可以看清物体更微小的细节。

四、光栅衍射

由大量等宽、等间距的平行狭缝所构成的光学元件称为**光栅**（grating）。光栅可分为**透射光栅**和**反射光栅**。利用透射光衍射的光栅称为透射光栅，如图 9-19（a）所示。比如在一块玻璃片上，刻出大量等宽等间距的平行刻痕，其刻痕处因发生漫反射不易透光，而两刻痕间的光滑部分就相当于透光的狭缝，这样便制成了一种**透射光栅**（transmission grating）。用于反射光衍射的光栅称为反射光栅，如图 9-19（b）所示。比如在光洁度很高的金属表面上，刻出大量等间距的平行细槽，两刻痕间的光滑金属面可以反射光，这样就做成了一种**反射光栅**（reflection grating）。

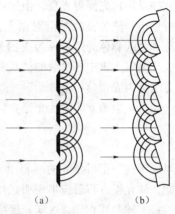

图 9-19　透射光栅和反射光栅

设透射光栅的总缝数为 N，缝宽为 a，两缝间不透光的部分的宽度为 b，则 $a+b$ 为相邻两缝间的距离，被称为**光栅常数**（grating constant），用 d 表示，如图 9-20 所示。如果 1cm 内刻有 1000 条刻痕，那么光栅常数 $d=a+b=1×10^{-5}$m。现代的光栅通常在 1cm 的宽度内就刻有几千乃至上万条刻痕，所以，光栅常数一般都很小，约为 $10^{-5}\sim10^{-6}$m 数量级。

当一束单色平行光垂直照射到光栅 G 上时，光栅上的每一条狭缝都将在屏幕 E 的同一位置上产生单缝衍射的图样，又由于各条狭缝都处在同一波阵面上，所以各条狭缝的衍射光也将在屏幕 E 上相干叠加，结果在屏幕 E 上形成了光栅的衍射图样。光栅衍射图样是单缝衍射和多缝干涉的总效果，所以光栅衍射图样与单缝衍射图样是不同的。光栅衍射的各级明条纹细而明亮，而且在两相邻的明纹之间有着很宽的暗区。实验表明，光栅上的狭缝数越多，明条纹就越细、越亮，明条纹之间的暗区也越宽、越暗。

如图 9-20 所示，在衍射角 θ 的方向上，任意相邻两狭缝相对应点发出的光到达 P 点的光程差都是 $d\sin\theta$。由波的叠加规律可知，当 θ 满足下式时，所有的缝发出的光到达 P 点时都是同相的，它们将彼此加强，形成明条纹。

$$d\sin\theta = \pm k\lambda, k=0,1,2,\cdots \quad (9\text{-}22)$$

上式称为**光栅方程**（grating equation）。式中 k 表示明条纹的级数，$k=0$ 的明条纹称为中央零级明条纹，$k=1$，2，…时分别称为第一级、第二级……明条纹。正负号表

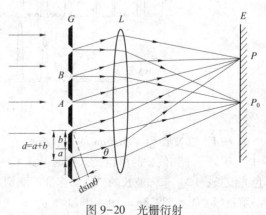

图 9-20　光栅衍射

示各级明纹对称分布在中央明纹两测。只要在满足光栅方程的那些特殊方向上各缝发出的光才能彼此都加强。因此，光栅各级明条纹细窄而明亮。

由光栅方程可以看出，

（1）光栅常数 d 越小，各级明条纹的衍射角就越大，即各级明条纹分得越开。

（2）对给定长度的光栅，总缝数 N 越多，明条纹越亮。光学测量中，我们用衍射光栅来获得亮度很大、分得很开、而条纹本身宽度又很窄的衍射条纹，以便更准确地测量光的波长。

（3）对光栅常数一定的光栅，入射光波长越大，各级明条纹的衍射角 θ 也越大。

如果用白光照射光栅，由于各种单色光的同一级明条纹的衍射角位置不同，波长短的光衍射角小，波长长的光衍射角大，除中央明条纹仍为白光外，其两侧将形成各级由紫到红、对称排列的彩色光带，称为**光栅光谱**（grating spectrum）。各种元素或化合物都有自己特定的谱线，测定光谱中各谱线的波长和相对强度，可以确定该物质的成分及其含量，这种物质分析方法称为光谱分析。

如果衍射角 θ 即满足光栅方程，同时又满足单缝衍射形成暗纹的条件，即

$$\begin{cases} d\sin\theta = \pm k\lambda, & k = 0,1,2,\cdots \\ a\sin\theta = \pm k'\lambda, & k' = 1,2,\cdots \end{cases}$$

则对应于这一衍射角 θ 的屏幕上，将不出现由缝与缝之间的干涉加强作用而产生的明条纹。因此，从光栅方程看应出现明条纹的位置，实际上却是暗条纹，这种现象称为**光栅的缺级现象**。将上述两式相比，可知光栅衍射光谱线缺级的级数为

$$k = k'\frac{d}{a} = k'\frac{a+b}{a}, k' = \pm 1, \pm 2, \pm 3, \cdots \tag{9-23}$$

当 k 为整数时，即为缺级的级数。例如，当 $d = 3a$ 时，缺级的级数为 $k' = \pm 3, \pm 6, \cdots$ 这种现象**可解释为多缝干涉结果要受单缝衍射结果的调制**，如图 9-21 所示。

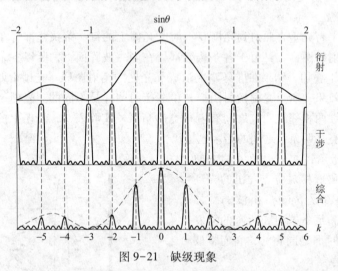

图 9-21 缺级现象

例 9-4：以波长为 589.3nm 的钠黄光垂直入射到光栅上，测得第二级谱线的衍射角为 28.1°。用另一未知波长的单色光入射时，其第一级谱线的衍射角为 13.5°。试求：（1）未知单色光波长；（2）未知波长的谱线最多能观测到的级数。

解：（1）$\lambda_0 = 589.3$nm，$\theta_0 = 28.1°$，$\theta = 2$，$\theta = 13.5°$，$k = 1$，而 λ 为未知波长，则按题意可列出如下的光栅方程：

$$d\sin\theta_0 = 2\lambda_0, d\sin\theta = \lambda$$

可解得

$$\lambda = 2\lambda_0 \frac{\sin\theta}{\sin\theta_0} = 584.9 \text{ nm}$$

（2）由光栅方程 $d\sin\theta = k\lambda$ 可得，k 的最大值由条件

$$|\sin\theta| < 1$$

决定。对波长为 584.9nm 的谱线，该条件给出

$$k < \frac{d}{\lambda} = \frac{2\lambda_0}{\lambda\sin\theta_0} = 4.3$$

所以最多能观测到第四级谱线。

▌课堂互动

1. 在日常生活中，为什么声波的衍射比光波的衍射现象显著？
2. 双缝干涉和单缝衍射产生的明暗相间条纹有何区别？为什么？

第三节 光的偏振

光的干涉和衍射现象说明了光的波动性，但还不能确定光是横波还是纵波，1809 年马吕斯（E. J. Malus）发现的光的偏振现象，则进一步表明了光的横波性。

一、自然光和偏振光

普通光源发出的光中，由于原子、分子发光的独立性和间歇性，包含有各个方向的光矢量，在所有可能的方向上随机分布，没有哪一个方向比其他方向更占优势，平均来说，光矢量具有均匀的轴对称分布，其各方向的光振动的振幅都相同，这种光称为**自然光**。如图 9-22（a）所示。太阳、电灯和蜡烛等普通光源发出的光就是自然光。

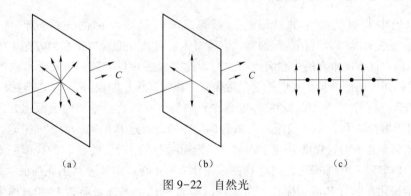

（a） （b） （c）

图 9-22 自然光

如果在垂直于光波传播方向的平面内，光矢量只沿一个固定的方向振动，这样的光称为线偏振光，又称为**平面偏振光**（plane polarized light），简称为**偏振光**（polarized light），如图 9-23（a）、图 9-23（b）所示。偏振光的振动方向和光的传播方向构成的平面称为偏振光的**振动面**（plane of vibration）。由于任何一个方向的振动都可以分解为某两个相互垂直的方向

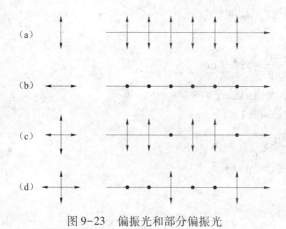

图 9-23　偏振光和部分偏振光

的振动，因此自然光可以分解为方向垂直，取向任意的两个偏振光，这两个偏振光振幅相等，其强度各等于自然光强度的一半。所以自然光也可以用图 9-22（b）、图 9-22（c）所示的符号表示。值得注意的是，这两个分量是相互独立的，没有固定的相位关系，不能合成一个偏振光。

如果光波中，光矢量在某一确定方向上最强，或者说有更多的光矢量取向于该方向，这样的光称为**部分偏振光**（partial polarized light），如图 9-23（c）、图 9-23（d）所示。部分偏振光是介于自然光和线偏振光之间的一种偏振光。这种偏振光的各方向振动的光矢量之间也没有固定的位相关系。与部分偏振光相对应，有时也称线偏振光为完全偏振光。

还有一种偏振光，它的光矢量随时间作有规律的改变，光矢量的末端在垂直于传播方向的平面上的轨迹呈现出椭圆或圆，这样的光称为**椭圆偏振光**（elliptically polarized light）或**圆偏振光**（circularly polarized light），如图 9-24（a）、图 9-24（b）所示。如果迎着光线看时光矢量顺时针旋转，则称为右旋椭圆（或圆）偏振光；光矢量逆时针旋转，则称为左旋椭圆（或圆）偏振光。根据相互垂直的简谐振动的合成规律，圆偏振光和椭圆偏振光可以用两个相互垂直的有固定位相差的光振动合成获得。

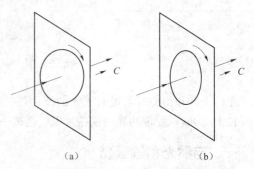

（a）　　　　　　　　（b）

图 9-24　圆偏振光和椭圆偏振光

二、偏振光的获得和检验

从自然光中获得偏振光的过程称为**起偏**，产生起偏作用的光学元件称为**起偏器**（polarizer）。偏振片是一种常用的起偏器，它能对入射自然光的光矢量在某方向上的分量有强烈的吸收，而对该方向垂直的分量吸收很少。因此，偏振片只能透过沿某个方向的光矢量或光矢量振动沿该方向的分量。我们把这个透光方向称为偏振片的偏振化方向或透振方向。

如图 9-25 所示，将两个偏振片 P_1 和 P_2 平行放置，虚线表示它们的偏振化方向。当自然光垂直入射于偏振片 P_1，由于偏振片 P_1 的起偏的作用，透过 P_1 的光称为线偏振光，其振动方向平行于 P_1 偏振化方向，强度 I_1 等于入射自然光强度 I_0 的 $1/2$。透过 P_1 的线偏振光再入射到偏振片 P_2 上，如果 P_2 的偏振化方向与 P_1 的偏振化方向平行，则透过 P_2 的光强最强为 $I_2=I_0/2$；如果 P_2 的偏振化方向与 P_1 的偏振化方向垂直，则透过 P_2 的光强最弱为 $I_2=0$，称为消光。将 P_2 绕光的传播方向慢慢转动，可以看到透过 P_2 的光强 I_2 将随 P_2 的转动而变化，例如由亮逐渐变暗，再由暗逐渐变亮，旋转一周将出现两次最亮和两次最暗。可见，通过偏振片 P_2 可以检验入射光是否为偏振光，此过程称为**检偏**，偏振片 P_2 称为**检偏器**（analyzer）。

马吕斯在研究线偏振光透过检偏器后透射光的光强时发现，如果入射线偏振光的光强为

I_1，则透射光的光强（不计检偏器对透射光的吸收）I_2 为

$$I_2 = I_1\cos^2\alpha \tag{9-24}$$

式中，α 是检偏器的偏振化方向和入射线偏振光的光矢量振动方向之间的夹角。这一公式称为**马吕斯定律**（Malus law）。

马吕斯定律不难证明，如图 9-26 所示，设 A_1 为入射线偏振光光矢量的振幅，P_2 是检偏器的偏振化方向，入射光矢量的振动方向与 P_2 方向间的夹角为 α，将光振动分解为平行于 P_2 和垂直于 P_2 的两个分振动，它们的振幅分别为 $A_1\cos\alpha$ 和 $A_1\sin\alpha$。因为只有平行分量可以透过 P_2，所以透射光的振幅 A_2 为

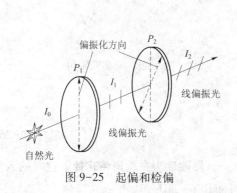

图 9-25　起偏和检偏　　　　图 9-26　马吕斯定律证明

$$A_2 = A_1\cos\alpha$$

因光的强度与光的振幅的平方成正比，因此，透射光的强度 I_2 和入射光的强度 I_1 关系为

$$I_2 = I_1\cos^2\alpha$$

由上式可知，当 $\alpha = 0°$ 或 $180°$ 时，$I_2 = I_1$，光强最强；当 $\alpha = 90°$ 或 $270°$ 时，$I_2 = 0$，这时没有光从检偏器中射出。

例 9-5： 自然光入射于重叠在一起的两偏振片。如果透射光的强度为最大透射光强度的 $1/3$，问两偏振片的偏振化方向之间的夹角是多少？

解： 设入射自然光光强为 I_0，两偏振片的偏振化方向之间的夹角为 α，当 $\alpha = 0°$ 或 $180°$ 时，透射光强度最大为 $I_0/2$，可得

$$I = \frac{I_0}{2}\cos^2\alpha = \frac{1}{3} \cdot \frac{I_0}{2}$$

由上式可得

$$\cos\alpha = \frac{\sqrt{3}}{3}$$

所以

$$\alpha = 54.7°$$

三、反射光和折射光的偏振

理论和实验表明，当自然光在两种各向同性介质的分界面发生反射和折射时，反射光和折射光都为部分偏振光。其中反射光为垂直于入射面的振动较强的部分偏振光，折射光是平行入射面的振动较强的部分偏振光，如图 9-27 所示。

理论和实验还表明，反射光的偏振化程度和入射角 i 有关。1811 年，布儒斯特（D. Brewster）

得出，当入射角 $i=i_0$ 和折射角 γ 之和等于90°时，即反射光和折射光垂直时，反射光即成为光振动垂直于入射面的线偏振光，如图9-28所示。根据折射定律有

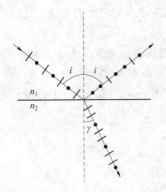

图9-27　反射光和折射光的偏振

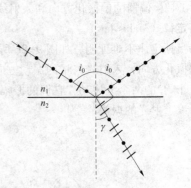

图9-28　布儒斯特角

$$n_1 \sin i_0 = n_2 \sin \gamma = n_2 \cos i_0$$

$$\tan i_0 = \frac{n_2}{n_1} \tag{9-25}$$

式中，n_1、n_2 分别是入射媒质和折射媒质的折射率。上式被称为**布儒斯特定律**，这时的入射角 i_0 称为**布儒斯特角**（Brewster angle）或**起偏角**（polarizing angle）。

另外，由折射定律有

$$\sin i_0 = \frac{n_2}{n_1} \sin \gamma$$

又由布儒斯特定律式（9-25）可得

$$\sin i_0 = \tan i_0 \sin \gamma$$

$$\sin \gamma = \frac{\sin i_0}{\tan i_0} = \cos i_0$$

即

$$i_0 + \gamma = \frac{\pi}{2} \tag{9-26}$$

这就证明，当入射角为布儒斯特角 i_0 时，反射光线和折射光线是相互垂直的。

当自然光以布儒斯特角入射时，反射光中只有垂直于入射面的光振动，入射光中平行于入射面的光振动全部被折射，垂直于入射面的光振动也大部分被折射，而反射的仅是其中的一部分。因此，反射光虽然是完全偏振的，但光强较弱；而折射光虽然是部分偏振的，光强却很强。例如，当自然光从空气射向玻璃时，$n_2 = 1.50$，布儒斯特角 $i_0 \approx 56.3°$。由玻璃反射获得的偏振光能量仅占入射自然光总能量的7%。

为了增强反射光的强度和折射光的偏振化程度，让自然光以布儒斯特角入射到由一系列平行放置的玻璃片构成的玻璃片堆上，如图9-29所示，则入射光中垂直于入射面的光振动，在玻片堆的每一个分界面上都要被反射掉一部分，而与入射面平行的光振动在各分界面上都不被反射。当玻片数量足够多时，从玻片堆透射出的光就非常接近完全偏振光，同时由于反射光的增加，反射光也得到了加强。

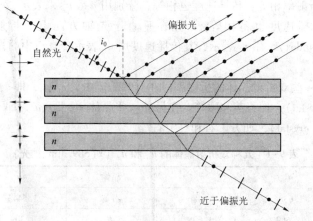

图 9-29　玻璃片堆

四、双折射现象

1669 年丹麦的巴塞林纳斯（E. Bartholinus）发现了双折射现象。当时他用方解石（也叫冰洲石，化学成分为 $CaCo_3$）观察物体时，看到物体呈双重像。这说明光线进入方解石后，一束光变成了两束。**这种一束光射入各向异性介质（如方解石晶体）时，折射光分成两束的现象称为光的双折射**（light birefringence）。

如图 9-30 所示，光线在方解石晶体内的双折射。在双折射产生的两束折射光中，一束折射光总是遵守折射定律，这束折射光称为**寻常光**（ordinary light），**简称 o 光**。另一束折射光则不遵守折射定律，它不一定在入射面内，而且对不同的入射角 i，$\sin i/\sin \gamma$ 的量值也不是常量，这束折射光称为**非常光**（extraordinary light），**简称 e 光**。在入射角 $i=0$ 时，o 光沿原方向传播，e 光一般不沿原方向传播。此时如果把晶体绕光的入射方向慢慢转动，o 光始终不动，e 光则随着晶体的转动而转动。

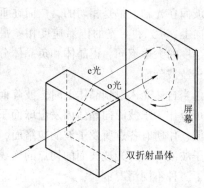

图 9-30　方解石的双折射

若改变入射光的方向时，可以发现，在方解石这类晶体内部有一个确定的方向，当光沿这个方向传播时，寻常光和非常光不再分开，不产生双折射现象，这一方向称为晶体的光轴。光轴仅标志双折射晶体的一个特定方向，任何平行于这个方向的直线都是晶体的光轴。只有一个光轴的晶体称为**单轴晶体**（uniaxial crystal），如方解石、石英、红宝石、冰等是单轴晶体；有两个光轴的晶体称为**双轴晶体**（biaxial crystal），如云母、硫磺、蓝宝石等是双轴晶体。

在晶体中任一已知光线与光轴所组成的平面称为该**光线的主面**（principal plane）。o 光和 e 光都是线偏振光，不过它们的振动方向不同。o 光的振动方向垂直于 o 光的主面；e 光的振动方向平行于 e 光主面。一般情况下，o 光的主面与 e 光的主面并不重合，因而，o 光和 e 光的振动方向不完全垂直。当晶体光轴在入射面内时，o 光和 e 光的主面，o 光和 e 光的振动方向互相垂直。

研究表明，产生双折射的原因是由于晶体对 o 光和 e 光具有不同的折射率。在晶体内部，

o 光在各个方向上折射率相等，传播速度也相等，分别用 n_o、u_o 来表示；e 光在各个方向上的折射率不相等，传播速度也不相等。e 光在垂直于光轴方向上的折射率称为主折射率（principal refractive index），用 n_e 表示，其传播速度用 u_e 表示。真空中的光速用 c 表示，则有 $n_o = c/u_o$，$n_e = c/u_e$。

表 9-1 列出了一些双折射晶体的折射率。在有些晶体中，$u_o > u_e$，即 $u_o < u_e$，这类晶体称为**正晶体**（positive crystal），如石英和冰等。在另外一些晶体中，$u_o < u_e$，即 $u_o > u_e$，这类晶体称为**负晶体**（negative crystal），如方解石和红宝石等。

表 9-1 几种双折射晶体的 n_o 和 n_e（对 589.3nm 钠光）

晶体	n_o	n_e	晶体	n_o	n_e
方解石	1.6584	1.486	石英	1.5443	1.5534
电气石	1.669	1.638	冰	1.309	1.313
白云石	1.6811	1.500	菱铁矿	1.875	1.635

根据惠更斯原理，在晶体中由于 o 光和 e 光传播速度不同，子波源发出的 o 光的波阵面是球面，称为 o 波面，e 光的波阵面是旋转椭球面，称为 e 波面，如图 9-31 所示。由于 o 光和 e 光沿光轴方向具有相同的传播速度，因此任何时刻 o 光和 e 光的波面在光轴上都是相切的，然而在垂直于光轴的方向上，o 光和 e 光的传播速度相差最大。根据传播速度的大小不同，正晶体和负晶体分别具有不同的子波波阵面。

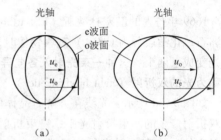

图 9-31 单轴正晶体和负晶体中的
子波波阵面
（a）正晶体；（b）负晶体

当自然光入射到晶体上时，波阵面上的每一点都可以作为子波源向晶体内发出球面子波和椭球面子波，作所有各点所发子波的包络面，即得晶体中 o 光的波面和 e 光的波面。从入射点引向相应子波波阵面与光波波面的切点的连线，就是晶体中 o 光、e 光的传播方向。图 9-32 分别作出了三种不同情况：

在图 9-32（a）中，平行光垂直射入方解石晶体表面，这时光轴在入射面内并与晶体表面成一角度。当平面波波面到达晶体表面的 A、B 两点时，它们在晶体内分别产生两对球形和椭圆球形的子波波面，并在光轴上的 G 点相切。即椭圆球形的短轴沿光轴，长轴垂直于光轴。这样，由 e 光和 o 光的各子波所形成的各自新的波面将不重合，即 e 光和 o 光在晶体内的波线不重合，产生了双折射现象。

在图 9-32（b）中，平行光垂直射入晶体表面，光轴垂直晶体表面。这时因 e 光和 o 光沿光轴传播的速度相等，故球形和椭圆形的波面在光轴上相切，即两波面重合，此时 e 光和 o 光的波线相重合而不产生双折射。

在图 9-32（c）中，平行光垂直射入晶体表面，光轴与晶体表面平行，与图 9-32（b）不同的是 e 光和 o 光的波面不重合，但两者的波线仍然重合，o 光和 e 光不分开，但此时 e 光和 o 光因波面不重合而具有相位差。

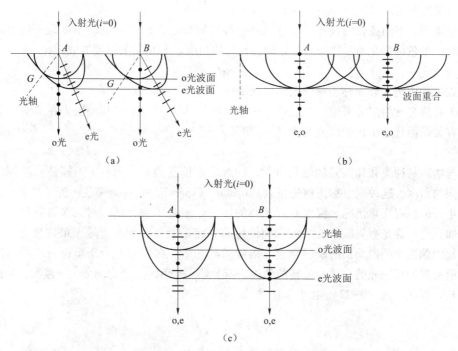

图 9-32 惠更斯原理解释双折射现象

（a）光轴和晶体表面成一定角度；（b）光轴垂直晶体表面；（c）光轴平行晶体表面

课堂互动

1. 自然光和偏振光有何区别？如果一块偏振片的偏振化方向没有表明，该如何将它确定下来？

2. 产生双折射现象的原因是什么？o 光和 e 光各有什么特点？

第四节　旋光现象

1811 年，阿拉果（D. F. J Arago）发现，**当线偏振光通过某些透明物质时，它的振动面将以光的传播方向为轴线旋转一定的角度**，这种现象称为**旋光现象**（roto-optical phenomena）。能够使振动面旋转的物质称为**旋光物质**（optical active substance），旋光物质具有**旋光性**（optical activity）。如石英、食糖溶液、酒石酸溶液等都具有旋光性。

旋光现象可用图 9-33 所示的装置进行观测。图中 P_1 和 P_2 是两个透振方向正交的偏振片，R 是旋光物质。未插入旋光物质时，单色自然光通过 P_1 和 P_2 后由于消光视场是暗的，而插入 R 后，视场由暗变亮。若将 P_2 以光的传播方向为轴旋转某一角度 φ，视场又重新变暗，这说明线偏振光通过旋光物质

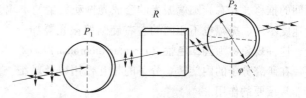

图 9-33　观察旋光现象的装置简图

R 后仍为线偏振光，只是振动面旋转了 φ 角。

实验证明，不同波长的偏振光通过同一种旋光物质后振动面的旋转角度是不同的。当波长一定时，单色偏振光通过物质后，振动面旋转的角度 φ 与物质的厚度 L 成正比

$$\varphi = \alpha L \tag{9-27}$$

上式中的比例常数 α 称为该**物质的旋光率**（specific rotation）。

对于有旋光性的溶液来说，偏振光的振动面的旋转角度 φ 不仅与偏振光在溶液中通过的厚度 L 有关，而且还正比于溶液的浓度 c，用下式表示

$$\varphi = \alpha c L \tag{9-28}$$

旋光率与物质的种类和偏振光的波长有关。即对给定长度的旋光物质，不同波长的偏振光将旋转不同的角度，这种现象称为**旋光色散**（rotatory dispersion）。一般来说，旋光率随波长的增加而减小，但也有反常情况。温度对旋光率的影响一般是不太大的。对大多数物质来说，温度每增加一度，旋光率只减小 1/1000。固体物质的旋光率 α 在数值上等于单位长度的旋光物质所引起的偏振光的振动面的旋转角度；溶液的旋光率。在数值上等于单位长度的单位浓度的溶液所引起的偏振光的振动面旋转的角度。旋光率一般用 $[\alpha]_\lambda^t$ 表示，t 指温度，λ 指偏振光的波长。因此，式（9-27）也可写为

$$\varphi = [\alpha]_\lambda^t \frac{c}{100} L \tag{9-29}$$

式中，浓度 c 以 100ml 溶液中溶质的克数为单位，L 以 dm 为单位，$[\alpha]_\lambda^t$ 单位为 $°\cdot dm^{-1}\cdot g^{-1}\cdot cm^3$。式（9-29）常用于测定旋光性溶液的浓度，它测定旋光物质浓度的方法迅速可靠，在药物分析及检验中广泛采用。许多化合物，如樟脑、可卡因、尼古丁及各种糖类都用这种方法测定。在制糖工业中，用来测定糖溶液的旋光率和浓度的旋光仪或糖量计就是根据这个原理设计的。

偏振光的振动面的旋转具有方向性，不同的旋光物质可以使偏振面发生不同方向的旋转，当观察者迎着光线看时振动面是顺时针旋转的称为**右旋物质**（right-handed substance），如葡萄糖、右旋糖酐；振动面是逆时针方向旋转的称为**左旋物质**（left-handed substance），如果糖、左旋糖酐。偏振光通过旋光物质后，振动面向哪个方向旋转与旋光物质的光学特性有关。有些药物也有左右旋之分，且左旋药和右旋药疗效不同；一些生物物质如不同的氨基酸和 DNA 等也有左右旋的不同等。

菲涅耳对物质的旋光性作了唯象解释：**如果假定一束线偏振光在旋光晶体中沿光轴传播时，分解成了左旋和右旋圆偏振光，它们的传播速度略有不同，或者说它们的折射率不同，经过旋光晶片后产生了附加的相位差，从而使出射的合成线偏振光的振动面有了一定角度的旋转。**

如果旋光物质对特定波长的入射光有吸收，而且对左旋和右旋圆偏振光的吸收能力不同，那么在这种情况下不仅左旋和右旋圆偏振光的传播速度不同，而且振幅也不同。于是，随着时间的推移，左右旋圆偏振光的合成光振动矢量的末端，将循着一个椭圆的轨迹移动，这样，由速度不同、振幅也不相同的左右旋圆偏振光叠加所产生的不再是线偏振光，而是椭圆偏振光，这种现象称为**圆二色性**（circular dichroism）。

在研究分子的内旋转、分子的相互作用以及微细立体结构方面，旋光法和圆二色性法有着非常重要的作用。

1. 物质的旋光率与哪些因素有关?
2. 市面真假奶粉之间有什么区别? 可否用已学知识判别?

第五节　光的吸收和散射

白光通过介质时，光与介质相互作用，包括光被介质吸收和被介质散射，从而使光强不断减弱，也会发生颜色的改变。下面我们将分别讨论这两种现象。

一、光的吸收

光通过介质时，光的能量被组成介质的微观粒子所吸收，从而使光的强度断减弱，这种现象称为光的吸收（light absorption）。

光通过均匀介质时光的强度变化与通过介质厚度是有关系的。如图 9-34 所示，强度为 I_0 单色平行光在均匀介质中传播。设在 x 处的光的强度为 I，经过介质薄层 dx，光强变化了 $-dI$，负号表示光强是减弱的。实验表明，$-dI$ 与光的强度 I 和薄层厚度 dx 成正比，即

$$-dI = \mu I dx \qquad (9-30)$$

式中，比例系数 μ 称为介质的**吸收系数**（absorption coefficient），它与介质的性质和入射光的波长有关。

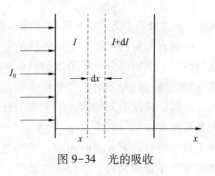

图 9-34　光的吸收

利用 $x=0$ 时，$I=I_0$ 的初始条件，对上式积分，可得光通过厚度为 x 的介质后，光的强度 I 为

$$I = I_0 e^{-\mu x} \qquad (9-31)$$

上式称为**朗伯定律**（Lambert law）。它表明当单色光通过介质时，光的强度随通过介质厚度的增加按指数规律衰减。当吸收系数 μ 越大时，介质对光的吸收越强烈，光强减弱得越迅速，表现为介质对光的透明性降低。

1852 年，比尔（Beer）在实验中发现，光通过稀溶液时，吸收系数 μ 与溶液浓度 C 成正式，即

$$\mu = \beta C \qquad (9-32)$$

式中，比例系数 β 与溶液浓度无关，仅由溶液的特性和光的波长所决定，将式（9-32）代入式（9-31），得

$$I = I_0 e^{-\beta C x} \qquad (9-33)$$

上式称为**朗伯-比尔定律**（Lambert-Beer law），适用于单色光入射的稀溶液。当浓度过大时，该式会产生较大的误差，因这时溶质分子之间的相互作用不可忽略。

让同一强度的单色光，分别通过两种不同浓度的同样厚度、同种类型溶液，由于溶液浓度不同，对光的吸收也就不同，从而透射光的强度不同，因此根据朗伯-比尔定律，可以在已知某标准溶液浓度的情况下，测出待测溶液的浓度，这种方法称为**比色分析法**（colorimetry analysis)，是药物分析中常用的方法。

对于任何一种物质光的吸收程度与光的波长有关。在某一波段内，物质对光的吸收很少，吸收系数 μ 几乎不变，这种吸收称为**一般吸收**；在另一波段内，物质对光吸收得很强烈，吸收系数 μ 随波长急剧变化，这样的吸收称为**选择吸收**。在可见光范围内，出现一般吸收时，光通过物质后只是光强减小，而不改变颜色；而发生选择吸收时，白光通过物质后，将变为彩色光。在日光照射下物体所呈现的各种颜色，就是物体对可见光波段的光具有选择吸收的结果。

二、光的散射

光通过光学性质均匀的介质中时，仅限于沿传播方向存在光强，在其他方向光强等于零。**当光通过不均匀的透明介质时，则从各个方向都可以看到光的路径，这种现象称为光的散射**（light scattering）。

光通过不均匀的透明介质时，不仅介质的吸收会使透射光强减弱，散射也会使透射光强减弱，透射光强 I 与入射光强 I_0 之间也遵从指数衰减规律，即

$$I = I_0 e^{-(\mu+h)x} \tag{9-34}$$

式中，μ 为吸收系数，h 为散射系数，其两者之和称为**衰减系数**（attenuation coefficient）。

引起光散射的机制是多种多样的，这与介质的不均匀性的尺度有关，按照介质的不均匀结构性质，散射可分为**分子散射**（molecular scattering）和**丁达尔散射**（Tyndall scattering）。光通过均匀纯净的介质时，与介质中的原子或分子相互作用，而分子密度会因分子热运动造成局部涨落，从而引起的微弱散射称为**分子散射**。分子散射与温度有关。光通过混沌的介质时，大量尺度在波长（$\sim 10^{-7}$m）量级的不均匀杂质微粒，使得衍射作用十分显著，且杂质微量位置无规则分布，形成射向四面八方的散射光。这种混浊介质中悬浮颗粒的无规则排布引起的散射称为**丁达尔散射**。例如光在胶体、乳浊液、含有烟、雾或灰尘的大气中的散射。

根据光能量是否损失又可将散射分为弹性和非弹性散射。散射光和入射光的频率保持一致的散射称为弹性散射，如**瑞利散射**（Rayleigh scattering）和**米散射**（Mie scattering）；散射光频率不同于入射光的散射称为弹性散射，如**拉曼散射**（Raman scattering）。

1. 瑞利散射　研究对象为细微质点的散射称为**瑞利散射**，瑞利（J. W. S. Rayleigh）于 1871 年提出散射光强度与入射光波长的四次方成反比，称为**瑞利定律**。即

$$I_s \propto \frac{1}{\lambda^4} \tag{9-35}$$

瑞利定律适用于散射体的尺度比光的波长小。

在可见光中，红光波长是蓝紫光波长的 1.8 倍。根据瑞利散射定律，如果入射的蓝紫光的光强与红光光强相等，则蓝紫光的散射光强大约是红光的散射光强的 10 倍。因此，浅蓝色和蓝色光比黄色和红色的光散射得更厉害，故散射光中波长较短的蓝光占优势。由此，晴朗的天空会呈现浅蓝色。而对于透射光中红、黄色光成分占优势，由此可知，落日看起来呈红色。

2. 米散射　米（G. Mie）和德拜（P. Debye）分别于 1908 年和 1909 年以球形质点为模型详细计算了电磁波的散射。散射理论研究表明，球的半径 α 和波长 λ 之比用参量 k_a 来表征（$k_a = 2\pi r/\lambda$），这适用于任何大小的球体。只有 $k_a < 0.3$ 时，瑞利的 λ^4 反比律是正确的。当 k_a 较大时，散射强度与波长的依赖关系就不十分明显了，这时散射强度分布复杂且不对称，称

为米散射。

白云是大气中的水滴组成的，这些水滴的半径与可见光的波长相比不算很小，因此瑞利散射不再适用。这样，水滴产生的散射与波长的不十分明显，由此可知，云雾呈现白色。低层大气中含有较多的尘粒，这里的散射以米散射为主，因此，地平线附近的天际为灰白色或灰青色。清晨，在茂密的树林中，常常可以看到从枝叶间透过的一道道光柱，这种现象类似于丁达尔散射，是米散射的一种表现。

3. 拉曼散射 1928 年拉曼（C. Raman）在研究液体和晶体内的散射时，发现散射光中除了有与入射光的原有频率 ν_0 相同的瑞利散射之外，在谱线的两侧还伴有频率为 $\nu_0 \pm \nu_1$，$\nu_0 \pm \nu_2$，…的散射线，这种现象称为**拉曼散射**。拉曼散射的频率是由入射光频率 ν_0 和散射介质分子的固有频率 ν_1，ν_2，…叠加而成的，这些固有频率是由分子的振动能级和转动能级之间的跃迁所决定的。因此，拉曼散射的方法为研究分子结构提供了一种重要的工具，用这种方法可以很容易而且迅速地测定出分子振动的固有频率，也可以用它来判断分子的对称性、分子内部的力的大小以及一般有关分子动力学的性质。

■ 课堂互动

1. 朗伯-比尔定律的适用条件是什么？它的应用是什么？
2. 在大雾中，汽车的车灯照出的光路属于哪种散射？

■ 案例分析

案例： 近年来，中国电影产业取得了突飞猛进的发展，各类电影票房与日俱增，其中 3D 立体电影深受广大观众的喜欢。在观看 3D 立体电影时，观众都需要戴上一副特制的眼镜，这样，从银幕上看到的景像具有立体感，给人以身临其境的感觉。而如果不戴这副眼镜看，银幕上的图像就模糊不清了。那这是一副什么样的眼镜？它有什么作用？立体电影又是如何拍摄、放映的呢？

分析： 这副眼镜是一对透振方向互相垂直的偏振片。由于人的两只眼睛同时观察物体时，在视网膜上形成的像并不完全相同，左眼看到物体的左侧面较多，右眼看到物体的右侧面较多，这两个像经过大脑综合以后就能区分物体的前后、远近，从而产生立体视觉。

立体电影是用两个镜头，如人眼那样，从两个不同方向同时拍摄下景物的像，制成电影胶片。在放映时，通过两个放映机，把用两个摄影机拍下的两组胶片同步放映，使这略有差别的两幅图像重叠在银幕上。这时如果用眼睛直接观看，看到的画面是模糊不清的。要看到立体电影，就要在每架电影机前装一块偏振片，它的作用相当于起偏器，从两架放映机射出的光，通过偏振片后，就成了偏振光。左右两架放映机前的偏振片的偏振化方向互相垂直，因而产生的两束偏振光的偏振方向也互相垂直，这两束偏振光投射到银幕上再反射到观众处，偏振光方向不改变。观众用上述的偏振眼镜观看，每只眼睛只看到相应的偏振光图像，即左眼只能看到左机映出的画面，右眼只能看到右机映出的画面，这样就会像直接观看那样产生立体感觉。这就是立体电影的原理。

全息照相

全息照相是根据光的干涉原理，记录物体光波和参考光波在底片上所形成的干涉图样。干涉图包含了来自物体光波的振幅和相位信息，因此称为全息图（hologram）。

一、全息照相的特点

全息照相的特点在于它记录了物体发出的光波（简称物体波）的全部信息。普通照相就是将立体的、三维空间中的景物通过镜头投影到平面的二维底片上，通过底片的感光作用在胶片上记录下物体波的光强分布，所以由此得到的只是立体景物的平面像。全息照相采用无镜头成像法，它利用光的干涉原理，能在感光胶片上同时记录物体的全部信息即物光的振幅和相位，因而它可以获得一个与原来物体逼真的立体像。通过全息图来观察物像时，就像观察真实物体一样。若后面的部分被前面的挡住，则只要改变一下观察角度，就可以观察到后面的部分。

全息照相的另一个显著特点是若一张全息底片破碎了，但其中的任一块碎片也同样能再现原物的整体像。这是因为物体上每个点的信息都被记录在整个记录介质上，也就是说全息图上每一局部都记录了整个物体的信息，像与物之间的关系是点面对应的。因此，只需小小的一块全息图碎片，就足以再现整个物体波。而普通照片像与物之间的关系则是点点对应的，缺少了某一部分，这部分就看不到了。

二、全息照相的记录和再现

全息照相分为物体波的全息记录（全息图）和物像的再现两个步骤。如图9-35所示，从激光器发出的激光经半透明玻璃板后分成反射和透射光，反射光照亮物体，经物体散射后成为复杂的物体光，透射光直接射向照相底片，称为参考光。物体光和参考光在照相底片上相遇相干，在照相底片上形成复杂的干涉条纹图。干涉条纹图的形状、间隔等特征反映了物体光的相位分布，而条纹的对比度则反映了物光的振幅大小。因此，干涉图包含了来自物体光波的全部信息。将照相底片冲洗处理后，就成为全息图。

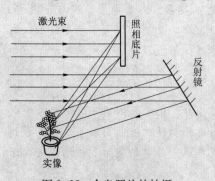

图9-35　全息照片的拍摄

在全息图上记录的是物体光和参考光的复杂的干涉图样，物体的像并没有被直接记录在上面。所以用眼睛直接观察全息图时，是看不到物体形象的，在显微镜下则看到复杂的条纹图。

要通过全息图来观察（或再现）原物的像，需用拍摄该全息图时所用的同一波长的光沿原参考光的方向照射全息图。这时在照片的背面向照片看，就可看到在原位置处原物体的完整的立体形象。

全息图的再现利用了光的衍射原理。如图9-36所示，当平行光射入一个物点，受衍射后在屏（底片）上形成一组明暗相间的同心圆环，这种衍射条纹又可看作是一种光栅，因此底片可看作一个衍射屏，当再用平行光照射该底片时，根据光的衍射原理，经底片衍射后的光又汇聚为一点，即原来物点的像。一个物体可看成由无数个点的组合，当平行光照射物体时，经物体上各点衍射后的光的叠加在屏（底片）上形成复杂难辨的衍射条纹图（全息图），但其中每一组条纹都与一个物点对应，所以当再用平行光照射这衍射图时，经所有条纹衍射的结果，必然又恢复原来的所有物点，所以当用参考光照射全息图时，又再现了原物的真实现象。

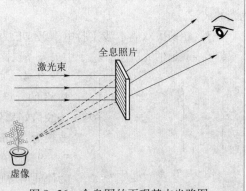

图 9-36　全息图的再现基本光路图

三、全息照相的应用

全息照相原理是 1947 年英国科学家伽伯（D. Gabor）为了提高电子显微镜的分辨本领而提出来的。但由于当时没有强的相干光源，加之实验中的一些技术问题，使这方面的工作进展得十分缓慢，20 世纪 60 年代初，相干性很好的激光问世以后，使全息术获得了迅速的发展，并且不断开辟新的应用领域。用 X 射线激光记录全息图，用可见激光照明再现，能够研究物质的微观结构和生命的细微过程，把全息照相和显微技术结合起来，可以得到高倍放大的立体像，依据这一思想可以设计出全息显微镜，用来观察活的微生物标本。模压全息技术把全息图上的干涉条纹转移到金属材料上，制成金属压模，然后在不透明塑料片上热压而制成全息图。用白光再现时，可以得到色彩鲜艳的三维像，用这种方法可以低成本、大批量地复制全息照片，用于制作防伪商标及护照、身份证、信用卡等的防伪标识。三维全息干涉术、全息信息存储、全息光学器件以及红外全息、超声全息等已经广泛应用于军事、医学和工程技术中。

本 章 小 结

本章主要讲述了光的干涉、光的衍射、光的偏振、光的旋光现象以及光的吸收与散射。

重点：光程、光程差、半波损失等概念，杨氏双缝干涉、薄膜干涉、夫琅禾费单缝衍射、光栅衍射的基本原理和特点，圆孔衍射和光学仪器的分辨本领，偏振的有关概念、马吕斯定律和物质的旋光性等。

难点：半波带法对单缝衍射的解释；光栅衍射的特征和惠更斯原理对双折射现象的解释。

练习题九

9-1　由弧光灯发出的光通过一滤光片后，照射到相距为 0.60mm 的双缝上，在距离双缝 2.5m 远处的屏幕上出现干涉条纹。现测得相邻两明条纹中心的距离为 2.27mm，求入射光的波长；弧光灯后是放置什么颜色的滤光片？

9-2　在杨氏双缝干涉实验中，双缝的间距为 0.30mm，以单色光照射狭缝光源，在离开双缝 1.2m 处的光屏上，从中央向两侧数两个第五条暗条纹之间的间隔为 22.8mm。求所用单色光的波长。

9-3 在杨氏双缝干涉实验中，以波长为 600nm 的单色光照射间距 0.20mm 双缝，求在离双缝 0.4m 远的光屏上，位于中央亮条纹同侧的第二级亮条纹与第五级亮条纹之间的距离。

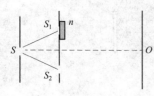

图 9-37 练习题 9-1

9-4 如图 9-37 所示，在双缝装置中，用一折射率 $n = 1.58$ 的云母薄片覆盖其中一条狭缝，这时屏幕上的第七条明条纹恰好移到屏幕中央原零级明条纹的位置。如果入射光的波长为 550nm，则该云母片的厚度应为多少？

9-5 在棱镜（$n_1 = 1.52$）表面涂一层增透膜（$n_2 = 1.30$），为使此增透膜适用于 550nm 波长的光，膜的厚度应取何值？

9-6 白光垂直照射到厚度为 $0.40\mu m$ 的玻璃片上，玻璃的折射率为 1.40，试问在可见光范围内（$\lambda = 400 \sim 700nm$）哪些波长的光在反射中增强？哪些波长的光在透射中增强？

9-7 迈克尔逊干涉仪可用来测量单色光的波长，当 M_2 移动距离 $d = 0.3220mm$ 时，测得某单色光的干涉条纹移动条数 $N = 1204$ 条，试求其单色光的波长。

9-8 一单色平行光束垂直射到宽为 1.0mm 的单缝上，在缝后放一焦距为 2.0m 的凸透镜，已知焦平面上中央亮条纹的宽度为 2.5mm，求入射光的波长是多少？

9-10 有一单缝，宽 $a = 0.10mm$，在缝后放一焦距为 50cm 的会聚透镜。用波长 $\lambda = 546nm$ 平行绿光垂直照射单缝，求位于透镜焦平面处的屏幕上的中央明条纹的宽度为多少？如把此装置浸入水中，中央明条纹宽度如何变化？

9-11 在迎面来的汽车上，两盏前灯相距 120cm，假设夜间人眼瞳孔直径为 5.0mm，入射光波长 550nm，试问汽车离人多远的地方，眼睛恰可分辨这两盏灯？

9-12 波长 600nm 的单色光垂直入射在一光栅上，第二、第三级明条纹分别出现在 $\sin\theta = 0.20$ 与 $\sin\theta = 0.30$ 处，第四级缺级。试问：（1）光栅上相邻两缝的间距是多少？（2）光栅上狭缝的宽度是多少？（3）按上述选定的 a、b 值，在 $90° < \theta < -90°$ 范围内，实际呈现的全部级数。

9-13 一束平行黄色光垂直地射入到每厘米宽度上有 4250 条刻痕的光栅上，所呈现的二级光谱与原入射方向成 30° 角，求该黄光的波长。

9-14 一束白光垂直照射到一光栅上，若其中某一波长的光的第三级光谱恰好与波长为 600nm 的橙色光的第二级光谱重合，求未知光波的波长。

9-15 一束波长为 600nm 的平行光垂直照射到光栅上，在与光栅法线成 45° 角的方向上观察到该光的第二级谱线。问该光栅每毫米有多少刻痕？

9-16 光强为 I_0 的自然光连续通过两个偏振片后，光强变为 $I_0/4$，求这两个偏振片的偏振化方向之间的夹角。

9-17 两偏振片的偏振化方向成 30° 角，透射光强度为 I_1。若入射光不变而使两偏振片的偏振化方向之间的夹角变为 45° 角，求透射光的强度。

9-18 水的折射率为 1.33，玻璃的折射率为 1.50。当光由水中射向玻璃而被界面反射时，起偏角为多大？当光由玻璃中射向水面而被界面反射时，起偏角又为多大？

9-19 将蔗糖溶液装于 25cm 长的管中，偏振光通过时振动面转了 40°，已知蔗糖的旋光率 $[\alpha] = 52.5° cm^3 \cdot g^{-1} \cdot dm^{-1}$，求蔗糖溶液的浓度。

9-20 用比色法测量溶液浓度，测得待测溶液的透光度为 50%，若浓度为 $2mol \cdot L^{-1}$ I 标准溶液的透光度为 30%，求待测溶液的浓度。

第十章 光的粒子性

学习导引

1. **掌握** 热辐射及黑体辐射规律、爱因斯坦的光子理论及光电效应的解析、康普顿效应及其解析。
2. **熟悉** 描述微观粒子的波粒二象性有关理论，普朗克的能量量子化假设及光量子理论。
3. **了解** 热辐射及光电效应的应用。

1900 年德国物理学家普朗克（Planck）提出了能量量子化假设，开创了量子物理的新纪元，也被认为是近代物理学的开端。在普朗克量子假设的启发下，爱因斯坦（Einstein）在1905 年提出光子假设，揭示了光的波粒二象性。1922—1923 年康普顿（Compton）用 X 射线做散射实验，进一步证实了光的粒子性。在学习本章内容时，应注意学习物理学家的开创思维方式及研究方法。

第一节 热 辐 射

一、热辐射现象

物体内部的原子和分子都在不停地做热运动。在剧烈的碰撞中，总是不断有粒子吸收能量进入激发状态，然后又以电磁波的形式将多余能量辐射出去。此辐射的能量及辐射能按波长的分布均与温度有关，称为**热辐射**（thermal radiation）。太阳发光、火炉燃烧都是热辐射。在室温下，甚至更低的温度下，一切物体都在不断地辐射着电磁波。室温下大多数物体辐射的电磁波分布在红外区域。随着温度的升高，单位时间的辐射能加大，且辐射能的分布向着高频方向移动。如果一个物体辐射出去的电磁波的能量（即辐射能）等于它同时间内吸收的辐射能时，物体的温度保持不变，这就是**平衡热辐射**。

二、基尔霍夫辐射定律

从实验观察得知，热辐射的光谱是连续分布的。单位时间内从物体单位表面积辐射的各种波长的辐射能总和，称为物体的**辐射出射度**（简称辐出度），用 $M(T)$ 表示，单位为瓦·米$^{-2}$（$W \cdot m^{-2}$）。处于平衡态的辐射体，在物体表面一定面积上的，在任意波长范围内所辐射的能量都有确定的值。设单位时间内，从物体单位表面积上辐射的，波长在 λ 到 $\lambda+d\lambda$ 范围内的辐射能为 dM_λ，那么 dM_λ 与 $d\lambda$ 的比值即为**单色辐射出射度**（简称单色辐出度），用 $M(\lambda, T)$ 表示，可用下式表示

$$M(\lambda, T) = \frac{dM_\lambda}{d\lambda} \tag{10-1}$$

单色辐出度反映了辐射能在不同温度时按波长的分布情况，与温度及波长均有关系，单位为瓦·米$^{-3}$（$W \cdot m^{-3}$）。在温度 T 时，$M(T)$ 与 $M(\lambda, T)$ 的关系可表示为

$$M(T) = \int_0^\infty M(\lambda, T) d\lambda \tag{10-2}$$

从实验得出，$M(T)$ 的值与物体有关，特别是物体的表面情况，如粗糙程度、颜色等。

当能量辐射到物体表面时，其中一部分能量被物体反射，一部分能量产生透射，还有一部分能量会被物体吸收。吸收的能量与如入射的总能量的比值，称作物体的**吸收率**，用 $\alpha(T)$ 表示。吸收率与波长及温度有关，在温度 T 时，波长从 λ 到 $d\lambda$ 的吸收率，称为波长 λ 的**单色吸收率**，用 $\alpha(\lambda, T)$ 表示。对于一般的物体 $\alpha(\lambda, T)$ 总小于 1。如果一个物体对入射的各种波长的的辐射都能全部吸收，此物体称为**黑体**（black body）。很显然，黑体的吸收本领最大，因而其辐射本领也最大。其实除了宇宙中的黑洞之外，一般的物体都不可能是黑体，因此，黑体算是一种理想模型。

不同物体其单色辐出度及单色吸收率是不同的，但它们之间存在某种关系。在热平衡的状况下，单色辐出度较大的物体，其单色吸收率也较大；单色辐出度较小的物体，其单色吸收率也一定较小。1859 年基尔霍夫发现，**物体的单色辐出度与物体的单色吸收率的比值与物体的性质无关，而只是温度与波长的普适函数**。这一规律称为**基尔霍夫热辐射定律**。数学表达式如下

$$\frac{M(\lambda, T)}{\alpha(\lambda, T)} = f(\lambda, T) \tag{10-3}$$

可以看出，任何物体在同一温度下的单色辐出度与单色吸收率的比值，等于同一温度下的黑体的单色辐出度。

课堂互动

1. 谈谈研究黑体辐射对弄清一般辐射的重要性。
2. 说说热辐射医药领域的应用。

第二节　黑体辐射

根据基尔霍夫辐射定律，一般物体的辐射性质与黑体的单色辐出度密切相关，所以，为了弄清一般物体的辐射性质，有必要先确定黑体的单色辐出度。

一、黑体模型

用不透明且耐高温的材料制成一大空腔，腔上开一个小孔，该小孔可以看作是黑体模型，如图 10-1 所示。从小孔射入空腔中的电磁波，会经多次反射和吸收，能量在腔内最后几乎被

完全吸收掉。由于小孔的面积非常小，所以从小孔穿出的辐射能几乎可以忽略不计，这样，小孔就近似于黑洞，它将射入的辐射能几乎全部吸收了。于是，当给空腔加热时，由小孔发出的辐射就可看作**黑体辐射**（black body radiation）。

在金属冶炼时，冶炼炉上开有一个小孔，通过小孔可以测量炉内温度，这是因为将小孔近似为黑体。

图 10-1　黑体模型

二、黑体辐射定律

可以用分光技术测出黑体辐射出的电磁波的能量按波长的分布。如图 10-2 所示的装置，从黑体 H 所发出的辐射能经过透镜 L 后进入平行光管 G，平行光线射到分光元件 F 上，不同波长的光线通过分光元件后发生偏转的角度不一样。汇聚透镜及探头 T 在某一位置时接受某一波长的光，并聚焦在热电偶上，可测出单位时间该波长的入射能量（即功率）。通过探头 T 的旋转，就可测出相应波长的功率。该装置测得到结果见图 10-3 黑体单色辐射出射度 $M_0(\lambda, T)$ 随波长 λ 及温度 T 的变化曲线。

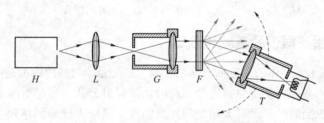

图 10-2　测定黑体辐射出射度装置图

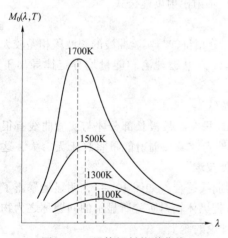

图 10-3　黑体辐射能谱曲线

根据实验数据及实验曲线可总结出黑体辐射的如下两条实验规律。

1. 斯特藩-玻耳兹曼定律　图 10-3 所示的每一条曲线，反映了在一定温度下黑体的单色辐出度 $M_0(\lambda, T)$ 随波长 λ 的分布情况。每一条曲线与代表波长的坐标轴之间的面积等于黑体在一定温度下的总辐出度 $M_0(T)$，即

$$M_0(T) = \int_0^\infty M_0(\lambda, T)\,\mathrm{d}\lambda \qquad (10-4)$$

$M_0(T)$ 随温度的升高而增加，斯特藩（J. Stefan）从实验数据分析发现，$M_0(T)$ 和绝对温度 T 的四次方成正比。

$$M_0(T) = \sigma T^4 \qquad (10-5)$$

式中，$\sigma = 5.67 \times 10^{-8}\,\mathrm{W} \cdot \mathrm{m}^{-2} \cdot \mathrm{K}^4$，称为斯特藩常数。玻耳兹曼从热力理论也导出了同样的结果，故此定律称为**斯特藩-玻耳兹曼定律**（Stefan-Boltzman Law）。

2. 维恩位移定律　从图 10-3 中可以看出，每一条曲线上 $M_0(\lambda, T)$ 都有一峰值（最大值），即最大的单色辐出度。该最大值的波长用 λ_m 表示，称之为**峰值波长**。随着温度 T 的增

高，λ_m 逐渐向短波方向移动；两者的关系经实验确定为

$$T\lambda_m = b \tag{10-6}$$

式中，b 为常数，其值为 $2.898\times10^{-3}\mathrm{m\cdot K}$。这一结果维恩也用热力学理论导出，称为**维恩位移定律**（Wien displacement law）。

维恩位移定律反映出热辐射的峰值波长随着温度升高而向短波方向移动。我们看到的低温的火炉发出红光，原因是其辐射能较多分布在长波段中，而高温白炽灯的辐射能则比较多的分布在波长较短的蓝光中。热辐射规律在现代科学技术上有广泛应用，它是高温遥测、红外追踪、遥感等技术的理论基础。如太阳表面的温度就是用维恩位移定律测出来的。医学上用的热像仪，就是通过探测人体表面发出的红外线，得到体表的温度分布图，即人体红外热像图。人体部位的病变能使该处温度发生异常，从而在热像图中体现出来。

例 10-1：太阳连续光谱中，其峰值波长 λ_m 约为 510nm，试估计太阳的表面温度，并求其辐射出射度。

解：由维恩位移定律可得

$$T = \frac{b}{\lambda_m} = \frac{2.898\times10^{-3}}{510\times10^{-9}} = 5700\mathrm{K}$$

由斯特藩-玻耳兹曼定律可得

$$M_0(T) = \sigma T^4 = 5.67\times10^{-8}\times5700^4 = 6.0\times10^8\mathrm{W\cdot m^{-2}}$$

三、普朗克量子假设及普朗克公式

图 10-3 曲线表示了黑体的单色辐出度与 λ 和 T 的关系，这些曲线都是依据实验结果得出的。如何从理论上推导出与实验曲线完全相符的黑体辐射公式，当时引起了物理学界极大的兴趣。人们试图根据当时已获得巨大功绩的经典物理学理论来推导黑体辐射公式，但却一直没有成功。其中最典型的有维恩公式和瑞利-金斯公式。

1896 年维恩根据经典热力学理论导出一黑体单色辐射出射度能公式

$$M_0(\lambda, T) = C_1\lambda^{-5}\mathrm{e}^{-C_2/\lambda T}$$

式中，C_1、C_2 是常数，此式只能与实验曲线的短波部分相符，与实验曲线的长波段相差较大。

瑞利与金斯（Rayleigh and Jeans）在 1900 年用经典电磁理论和能量均分定律导出下列公式：

$$M_0(\lambda, T) = 2\pi ckT\lambda^{-4}$$

式中，c 为真空中的光速，k 是玻尔兹曼常量。此公式只在波长极长部分才与实验曲线有很好的相符。随着波长减小，辐射能量逐渐加大，到紫外光区域，辐射能量将趋于无穷大，这显然实验完全不符，也是荒谬的，历史上称之为"**紫外灾难**"。

维恩公式和瑞利-金斯公式均不能很好地与实验曲线符合（如图 10-4），明显地暴露了经典物理学的缺陷。英国物理学家开尔文（L. kelvin）把黑体辐射实验所显示的问题称之为物理学晴朗天空上一朵乌云。也正是这朵乌云导致量子理论的诞生。

为了从理论上解析黑体辐射实验，普朗克在 1900 年大胆地提出了不同于传统物理学的新概念，即能量量子化假设。普朗克的能量量子化假设是：

（1）组成辐射体的分子、原子可看作是带电的线性谐振子，这些谐振子只能处于某些具有量子化能量的特定状态；

（2）辐射体在吸收或辐射能量时，能量是量子化的，且能量只能是某个最小能量值 E_0

（能量子）的整数倍，即 $E=nE_0$。（式中 $n=1$，2，3，…为正整数，称为量子数）。能量子与谐振子的振动频率 ν 成正比，即 $E_0=h\nu$。式中 h 为普朗克常量。

普朗克利用这一假设推导出了与实验结果完全符合的黑体辐射公式，成为**普朗克公式** (Planck formula)

$$M_0(\lambda,T)=2\pi hc^2\lambda^{-5}(e^{hc/\lambda kT}-1)^{-1} \tag{10-7}$$

式中，c 是光速，k 是玻耳兹曼常数，h 称为普朗克常数，其值为 $h=6.626\times10^{-34}\mathrm{J\cdot S}$。此公式在所有波长范围内都与实验曲线完全相符，如图 10-4 所示（图中的点代表实验数据）。从普朗克公式出发，当 λT 很小时，以 e 为底的指数项的值远大于 1，略去括号中的 1 就得出维恩公式。当 λT 很大时，将式中 $(e^{hc/\lambda kT}-1)$ 按级数展开后取一级近似在代入式中，就可得出瑞利-金斯公式。对普朗克公式按波长积分或求极值，还可分别得出斯特藩-玻耳兹曼定律及维恩位移定律。

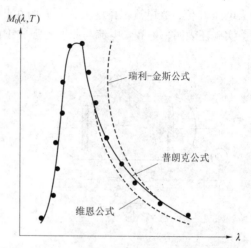

图 10-4　黑体辐射实验数据与理论公式对照

普朗克能量子化假设有十分重要意义，它第一次指出经典物理学理论不能应用于某些原子现象；物理学以后的发展证明，量子概念在解析微观现象时占有十分重要的地位。量子假设的提出，不仅对热辐射理论做出了贡献，更重要的是冲破了经典观念的长期束缚，鼓励人们建立新概念、探索新理论。在普朗克量子假设的推动下，各种微观现象逐步得到正确解释，并逐渐建立起了量子力学理论体系。因此，普朗克被后人誉为"量子论之父"，并于 1918 年荣获诺贝尔物理学奖。

课堂互动

温度均匀的空腔壁面上的小孔具有黑体辐射的特性，那么空腔内部的辐射是否也是黑体辐射？

第三节　光电效应

一、光电效应及其基本规律

1888 年，霍瓦（Hallwachs）观察到一充负电的金属板被紫外光照射时会放电。等到 1897 年汤姆孙（Thomson）发现电子后，人们才认识到那是金属表面发射的电子。在光照射下金属及其化合物发射电子的现象称之为**光电效应**（photo electric effect），光电效应所释放的电子称为**光电子**（photoelectron）。光电子在电场作用下会形成电流，此电流称为**光电流**（photoelectic current）。

研究光电效应的实验装置如图 10-5 所示。图中在一个抽成真空的玻璃管内装两个金属电极：阴极 K 和阳极 A，用适当频率的光从石英窗 D 射入，当照射到阴极上时，便有光电子从阴极表面逸出，经两极电场加速则形成光电流。图中两极的电场大小及方向可调。

实验中可改变光照及电势差 U，并测量光电流 i，即可得到光电效应的伏安特性曲线，分析实验数据，光电效应可总结如下规律：

1. 饱和光电流与照射光强成正比　图 10-6 是在一定频率的光照下所得到伏安特性曲线。从图中可以看出，光电流 I 开始时随电压 U 的增大而增大，而后就趋于一个饱和值，此后再增大电压 U 值，光电流不再增大，这表明在此时间内从阴极发射的所有光电子已全部到达阳极。实验还表明，饱和光电流与照射光强成正比。

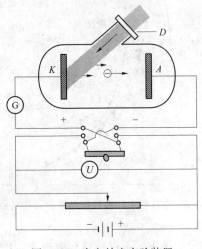

图 10-5　光电效应实验装置

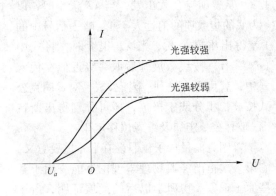

图 10-6　一定频率下光电效应伏安曲线

2. 遏止电压与入射光频率之间的关系　在保持光照强度不变的情况下，改变电压 U，发现电压 U 为零时，仍有一定的光电流，这是因为光电子逸出时具有一定的初动能。改变电压 U 的极性，使电压 U 反向，当反向电压增大到一定值时，光电流 I 降为零，如图 10-6 所示。光电流 I 降为零时的反向电压称为**遏止电压**（stopping potential），用 U_a 表示。电子减速过程中电场对运动的电子做负功，最终速度降为零，根据功能关系光电子的最大初动能与遏止电压 U_a 间有如下关系

$$\frac{1}{2}mv^2 = eU_a \tag{10-8}$$

式中，m 和 e 分别是电子的静止质量和电量，v 是光电子逸出时的最大速率。实验表明，遏止电势差与光强无关，而与入射光频率具有线性关系（如图 10-7）

$$U_a = K\nu - U_0 \tag{10-9}$$

式中，K 是与金属材料无关的光电效应普适恒量，U_0 的值由金属材料决定，同一金属材料其值相同，不同材料，其值不同。遏止电势差与入射光频率关系说明，入射光频率越大，逸出光子的最大初动能也大。

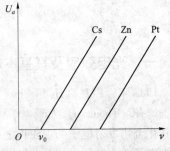

图 10-7　遏止电压与入射光频率之间的关系

3. 不同的金属有不同的红限频率　实验表明，对一定的金属阴极，当照射光频率 ν 小于某个最小值 ν_0 时，没有光电流产生，这个最小频率 ν_0 称为该金属的光电效应**红限频率**，也叫**截止频率**，对应的波

长称为**红限波长**。红限频率或红限波长决定于阴极材料，与照射光强无关，如图 10-7 所示，直线与横轴的交点为对应的红限频率；多数金属的红限频率在紫外光区。

4. 光电效应与时间的关系 实验测定出，只要入射光频率大于红限频率，金属表面即刻有光电子产生，时间甚短；从接受光照到逸出电子，所需时间不超过 10^{-9}s。

二、爱因斯坦的光子学说

1. 光的波动理论无法解释光电效应 按照电磁波理论，金属受光照时，金属中的电子吸收光能，从而逸出金属表面。电子逸出时的动能应与光的强度有关，由于光强 $I \propto \omega^2 A^2$，与入射光振幅 A 的平方成正比，故无论入射光的频率多么低，只要光强足够强或光照时间足够长，电子从入射光中能获得足够能量就能挣脱原子核的束缚并逸出金属表面，产生光电效应，因而光电效应中光电子初动能与光照时间有关，且光电效应不应存在红限频率。这些均与实验数据不符。

2. 爱因斯坦的光子解释 1905 年，时年 26 岁的爱因斯坦为了诠释光电效应，在普朗克能量量子化假设的基础上提出了光子假设。爱因斯坦认为，光不仅在发射和被吸收时具有粒子性，而且在空间传播时也具有粒子性。光在真空中是以光速 c 传播的粒子流，这些粒子称为**光量子**或**光子**（photon），不同频率的光子有不同的能量，每个光子的能量值 $\varepsilon = h\nu$。

按照爱因斯坦的光子假设，光电效应可得到很好的解释。金属中一个电子一次吸收一个光子，电子吸收一个光子后，就能获得这个光子的全部能量，光子的能量转化为电子的动能。如果该光子的能量大于电子脱离金属表面所需的逸出功，电子就能逸出金属表面并具有初动能。金属中一个电子吸收一个光子的能量 $h\nu$，一部分能量用来克服电子的逸出功 A，另一部分能量转化为光电子的初动能，根据能量守恒定律有

$$h\nu = \frac{1}{2}mv^2 + A \qquad (10\text{-}10)$$

此方程称为**爱因斯坦光电效应方程**（Einstein photoelectric equation）。

按照这个方程，光电子的初动能与照射光频率 ν 成线性关系；照射光的红限频率 ν_0 应由金属的逸出功 A 决定，当初动能为零时，得红限频率

$$\nu_0 = \frac{A}{h} \qquad (10\text{-}11)$$

不同金属的逸出功不同，因而红限频率 ν_0 也不相同。当光照射到金属上时，一个光子的能量立即整个地被一个电子吸收，故而光电子的发射时间非常短。照射光强 I 是由单位时间内到达单位面积的光子数 n 及单个光子的能量 $h\nu$ 决定，对于单色光而言，光的强度 $I = nh\nu$，因而，光子数越多，光强越大，等时间内逸出的光电子数也越多。很自然解释了饱和光电流与照射光强成正比的结论。

1916 年，美国物理学家密立根（R. A. Millikan），花了十年时间做了"光电效应"实验，结果在 1915 年证实了爱因斯坦光电效应方程，又一次证明了"光量子"理论的正确。爱因斯坦因此项成果获得 1921 年的诺贝尔物理学奖，密立根则获得了 1923 年的诺贝尔物理学奖。

例 10-2：已知钾的截止频率 $\nu_0 = 5.43 \times 10^{14}$ Hz，以波长 $\lambda = 435.8$nm 的光照射，求钾放出光电子的最大初速度。

解：由爱因斯坦光电效应方程

$$h\nu = \frac{1}{2}mv^2 + A \text{ 及 } A = h\nu_0 \text{ 得}$$

$$v = \sqrt{\frac{2h}{m_e}\left(\frac{c}{\lambda} - \nu_0\right)}$$

$$= \sqrt{\frac{2 \times 6.6 \times 10^{-34}}{9.11 \times 10^{-31}}\left(\frac{3 \times 10^8}{435.8 \times 10^{-9}} - 5.43 \times 10^{14}\right)}$$

$$= 4.59 \times 10^5 \, \text{m/s}$$

三、光电效应应用简介

光电效应不仅具有重要的理论意义，而且在科学技术许多领域都有着广泛的应用，利用光电效应制成的光电池、光电管和光电倍增管及光电成像器件广泛地用于电子、物理、机械、医疗、化工、地质、天文、化学及生物等学科领域。光电管（如图 10-8）在有光照下可产生光电流将电路导通。光电倍增管可对微弱光线进行放大，可使光电流放大 $10^5 \sim 10^8$ 倍，灵敏度高，在一些高精度和高灵敏度的光探测仪中使用。光电倍增管结构如图 10-9 所示，在阴极板 K 与极板 K_1 之间、K_1 与 K_2 之间、K_2 与 K_3 之间、K_3 与 K_4 之间、K_4 与 K_5 之间、K_5 与阳极 A 之间均加有电场，当光照到阴极 K 上会产生光电流，光电子通过电场加速高速轰击邻近金属板表面；极板的表面涂有一层易发射电子的物质，被轰击后会产生若干次级电子，继续进行可将光电流大大放大。

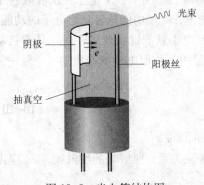

图 10-8　光电管结构图

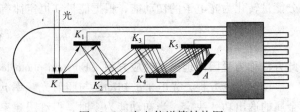

图 10-9　光电倍增管结构图

课堂互动

1. 为什么饱和光电流和光强成正比？
2. 说说身边的光电效应应用。

第四节　康普顿效应

通常黑体辐射指的是辐射波从红外到可见光波段，在光电效应中的照射光则是从可见光到紫外波段。康普顿效应所涉及的辐射是从 X 射线到 γ 射线波段。实验中发现，X 射线通过物质散射后，除了有与原波长相同的成分外，还有波长变长的部分出现。此现象康普顿 1923 年发现，并得出了理论解释，故将此现象称为**康普顿效应**（Compton effect）。康普顿效应的理论解释进一步证明了光的粒子性。

一、康普顿散射实验

康普顿散射实验装置如图 10-10 所示。从 X 射线源发出的一束波长为 λ 的 X 射线投射到一块散射体石墨上，在散射角 φ 的方向，用检测系统（光谱仪）测定其波长及相对强度的分布；然后改变散射角 φ，再进行同样的测量，测量与入射光线成各种角度的散射光线波的强度按波长分布得到如下结论：

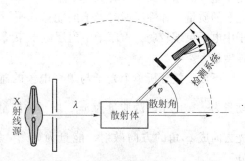

图 10-10　康普顿效应实验装置图

（1）散射光线中除了有与原入射波长 λ 相同的强度峰外，还有比原波长大的 λ' 的强度峰，这就是"双峰散射"现象。

（2）双峰对应波长的差值 $\Delta\lambda = \lambda' - \lambda$ 称为**康普顿偏移**，普顿偏移随着散射角 φ 的增大而增大，与散射物质的性质无关；同时，波长为 λ' 的散射波强度逐渐增大，波长与原波长 λ 相同散射波强度逐渐减弱。如图 10-11 所示。

（3）散射光强度与散射物质的性质有关，原子量小的物质康普顿散射较强，原子量大的物质康普顿散射较弱。如图 10-12 所示。

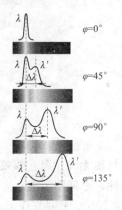

图 10-11　不同散射角下光强随波长分布

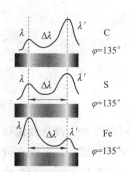

图 10-12　不同物质散射效应

从经典波动理论分析，入射 X 光照射散射体时，物质中带电粒子将从入射 X 射线中吸收能量，做同频率的受迫振动；振动的带电粒子又会向各个方向发射同一频率的电磁波，这就是散射光；这样散射光的频率应等于入射光的频率，而不应发生频率或波长的变化。由此可见，经典波动理论只能说明波长或频率不变的散射（瑞利散射），而解释不了康普顿效应。但用光子理论解释康普效应却获得了极大的成功。

二、光子理论对康普顿效应的解释

康普顿用光子理论成功地解释了实验结果。他认为这一现象是光子与散射体原子中外层电子弹性碰撞形成的。原子对外层电子的束缚较弱，可将散射体原子中的外层电子当作静止的自由电子；自由电子热运动能量与入射 X 光子的能量相比可以忽略不计。当入射 X 光子与自由电子做弹性碰撞时，入射光子的一部分能量转化为电子的动能，这样散射光子能量就小于入射光子的能量，故其频率减小，波长增大。内层电子被原子核束缚紧密，原子核与内层电子组成的**原子实**，可看成一个整体。当入射 X 光子与原子实碰撞时，原子实的质量远大于光子的质量，弹性碰撞时光子的能量几乎没有损失，故光子的频率不变，波长也不变。轻原子中电子束缚较弱，重原子中内层电子束缚很紧，故而原子序数越小的散射体其康普顿散射强度越大。

下面定量分析单个光子与单个电子的碰撞情况。设碰撞以前，入射 X 光子的能量为 $h\nu$，动量为 $\dfrac{h\nu}{c}$，电子的静质量为 m_0，电子的能量为 m_0c^2，动量为零。碰撞以后，X 光子沿与入射光方向成 φ 角的方向散射，能量为 $h\nu'$，动量为 $\dfrac{h\nu'}{c}$，反冲子电子的能量为 mc^2，动量为 mv，运行方向与入射光子方向夹角为 θ，如图 10-13 所示。由动量守恒定律可直接写出 x 轴与 y 轴上的分量表达式

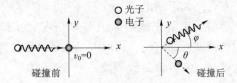

图 10-13　康普顿散射的分析

$$\frac{h\nu}{c} = \frac{h\nu'}{c}\cos\varphi + mv\cos\theta$$

$$0 = \frac{h\nu'}{c}\sin\varphi - mv\sin\theta$$

由能量守恒定律得

$$m_0c^2 + h\nu = mc^2 + h\nu'$$

上三式结合 $m = \dfrac{m_0}{\sqrt{1-\dfrac{v^2}{c^2}}}$、$v = \dfrac{c}{\lambda}$ 及 $\nu' = \dfrac{c}{\lambda'}$ 可解得

$$\Delta\lambda = \lambda' - \lambda = \frac{h}{m_0c}(1-\cos\varphi) = \frac{2h}{m_0c}\sin^2\frac{\varphi}{2} \tag{10-12}$$

从上式可以看出，康普顿偏移只与散射角有关，与散射物质无关。康普顿效应的理论计算与实验结果完全相符，不仅充分地证明了光子理论的正确性，也证明了能量守恒定律和动量守恒定律对微观粒子间的相互作用也成立。由于发现康普顿效应，并对它作了成功的解释，康普顿获得了 1927 年的诺贝尔物理学奖。

例 10-3　用波长为 200nm 的光照射铝（Al 的截止频率为 9.03×10^{14}Hz），能否产生光电效应？能否观察到康普顿效应（假定所用的仪器不能分辨出小于入射波长的千分之一的波长偏移）？已知 $h = 6.626\times10^{-34}$J·S，电子的静质量 $m_0 = 9.11\times10^{-31}$kg。

解：$v = \dfrac{c}{\lambda} = \dfrac{3\times10^8}{200\times10^{-9}} = 1.5\times10^{15}$Hz

入射光的频率大于铝的截止频率，故能产生光电效应。

$$\Delta\lambda = \frac{2h}{m_0c}\sin^2\frac{\varphi}{2}$$

$$\Delta\lambda_{max} = \frac{2h}{m_0c} = \frac{2\times6.626\times10^{-34}}{9.11\times10^{-31}\times3\times10^8} = 4.86\times10^{-12}\text{m}$$

$$\frac{\Delta\lambda_{max}}{\lambda} = \frac{4.86\times10^{-12}}{200\times10^{-9}} = 2.43\times10^{-5} < \frac{1}{1000}$$

不能观察到康普顿效应。

1. 说说康普顿效应与光电效应的异同。
2. 康普顿偏移为什么与散射角有关?

第五节 光的波粒二象性

按照相对论,能量总是和质量相联系着,爱因斯坦指出,它们在量值上的关系为 $\varepsilon = mc^2$。其中 m 为光子的质量,c 为光速。光子的能量是 $h\nu$,则光子的质量可表示为

$$m = \frac{h\nu}{c^2} \tag{10-13}$$

因为没有速度为零的光子,故而光子没有静止质量。现在知道,来自遥远星球的光线经过太阳附近时出现弯曲现象,这是光子具有质量的最好证明;弯曲现象是由于太阳质量很大,光子在它附近受到引力使它偏离原来进行的方向。光子既有质量,又有速度,因此也有动量。光子的动量为

$$P = mc = \frac{h\nu}{c} = \frac{h}{\lambda} \tag{10-14}$$

光子具有动量已为光压等许多实验所证实。

在讨论光的现象时,如果只涉及光的传播过程,如干涉和衍射,用波动理论可以完全解释;如果涉及光和物质之间的相互作用,如光电效应、康普顿效应等,则必须把光看作是粒子流。即光在传递过程中,波动性较为显著;光与物质相互作用时,粒子性比较显著;因此,光具有**波粒二象性**。波动的特征量是波长 λ 和频率 ν,粒子的特征量是质量 m 和动量 P,爱因斯坦相对论通过普朗克常量 h 把两者联系了在一起,很好地表达了光的波粒二象性。

1. 光的波动性和粒子性有什么定量关系?
2. 如何理解光的波粒二象性?

热红外热成像

案例:由于黑体辐射的存在,任何物体都会对外进行电磁波辐射。波长为 $2.0\sim$ $1000\mu m$ 的部分称为热红外线,物体不同部位温度存在差异,热辐射就存在不同;热红外成像通过热红外敏感 CCD 对物体进行成像,能反映出物体表面的温度场。温度分辨率可达 $0.05℃$,图像空间分辨率超过 1.5 毫弧度,可敏感反映温度的改变及其分布特点。热红外成像在军事、工业、汽车辅助驾驶、医学领域都有广泛的应用。

分析：红外热成像在医学中的医用，也是利用生物体的热辐射。生物体就是一个自然的生物红外辐射源，能够不断向周围发射和吸收红外辐射。正常人体的温度分布具有一定的稳定性和特征性，机体各部位温度不同，形成了不同的热场。当人体某处发生疾病或功能改变时，该处血流量会相应发生变化，导致人体局部温度改变，表现为温度偏高或偏低。根据这一原理，通过热成像系统采集人体红外辐射，并转换为数字信号，形成为色彩热图，利用专用分析软件，经专业医师对热图分析，判断出人体病灶的部位、疾病的性质和病变的程度，为临床诊断提供可靠依据。

知识链接

光电池

光电池是能在光的照射下产生电动势的元件。用于光电转换、光电探测及光能利用等方面。人们最早发现和应用的是硒光电池，后来又发现和应用硅光电池、硫化银电池等。现介绍一下硅光电池。

硅光电池结构实质上是一个大面积的半导体 PN 结，以硅材料为基体的硅光电池，可以使用单晶硅、多晶硅、非晶硅来制造。单晶硅光电池是目前应用最广的一种，它有 2CR 和 2DR 两种类型，其中 2CR 型硅光电池采用 N 型单晶硅制造，2DR 型硅光电池则采用 P 型单晶硅制造。2DR 型硅光电池结构截面如图 10-14 所示。基体材料为一薄片 P 型单晶硅，在它的表面上利用热扩散法生成一层 N 型受光层，基体和受光层的交接处形成 PN 结。在 N

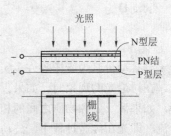

图 10-14 硅光电池结构

型层受光层上制作有栅状负电极，另外在受光面上还均匀覆盖有抗反射膜，可以使电池对有效入射光的吸收率提高，并使硅电池的短路电流增加。

当光照射在硅光电池的 PN 结区时，会在半导体中激发出光生电子空穴对。PN 结两边的光生电子空穴对，在内电场的作用下，属于多数载流子的不能穿越阻挡层，而少数载流子却能穿越阻挡层。结果，P 区的光生电子进入 N 区，N 区的光生空穴进入 P 区，使每个区中的光生电子空穴对分割开来。光生电子在 N 区的集结使 N 区带负电，光生空穴在 P 区的集结使 P 区带正电。P 区和 N 区之间产生光生电动势。当硅光电池接入负载后，光电流从 P 区经负载流至 N 区，负载中即得到功率输出。

本章小结

本章主要讲述了热辐射、黑体辐射及其规律、光电效应、康普顿效应及微观粒子的波粒二象性。

重点：热辐射的相关概念，黑体辐射定律及相关定量计算；光电效应及康普顿效应实验现象及表现规律，爱因斯坦光电效应方程及定量计算。

  难点：对康普顿效应用动量守恒、能量守恒进行分析。

练习题十

  10-1 什么是光电效应？为何饱和光电流与照射光强成正比？

  10-2 什么是康普顿效应？理论上如何推导出康普顿散射公式的？

  10-3 在光电效应实验中，入射光通常是可见光或紫外线。试说明在光电效应中，康普顿效应为何不明显。

  10-4 已知在红外线范围（$\lambda = 1 \sim 14 \mu m$）内，人体可近似看作黑体。假设成人体表面积的平均值为 $1.73 m^2$，表面温度为 $33\,^{\circ}C = 306 K$，求人体辐射的总功率。

  10-5 已知铂的逸出功为 6.3eV，求铂的截止频率 ν_0。

  10-6 已知 $h = 6.626 \times 10^{-34} J \cdot S$，在铝中移出一个电子需要 4.2eV 的能量，波长为 200nm 的光射到其表面，求：①光电子的最大动能；②遏止电压；③铝的截止波长。

  10-7 假定某光子的能量 ε 在数值上恰好等于一个静止电子的固有能量 $m_0 c^2$，求该光子的波长。已知 $h = 6.626 \times 10^{-34} J \cdot S$，电子的静质量 $m_0 = 9.11 \times 10^{-31} kg$。

  10-8 已知入射光子的波长 λ_0 为 3.0×10^{-2} nm，与静止电子碰撞后以 60° 角散射，如图 10-15。求：①散射光子的波长；②反冲电子的动能。已知 $h = 6.626 \times 10^{-34} J \cdot S$，电子的静质量 $m_0 = 9.11 \times 10^{-31} kg$。

  10-9 已知 X 射线光子的能量为 0.60MeV，若在康普顿散射中散射光子的波长变化了 20%，试求反冲电子的动能。

  10-10 某光电管阴极对于波长 $\lambda = 4910 Å$ 的入射光，发射光电子的遏止电压为 0.71V。当入射光的波长为 λ' 时，其遏止电压变为 1.433V，求 λ' 的值。（已知 $e = 1.60 \times 10^{-19} C$，$h = 6.63 \times 10^{-34} J \cdot S$）

第十一章 量子力学基础

学习导引

1. **掌握** 波尔的氢原子理论，德布罗意波，不确定关系、波函数等基本概念和规律。
2. **熟悉** 薛定谔方程及意义、量子力学对氢原子的三个量子化描述。
3. **了解** 薛定谔方程的应用、电子自旋。

  1900 年，德国物理学家普朗克提出能量子的概念，成功地解释了热辐射现象，标志着量子理论的诞生。1905 年爱因斯坦发展了普朗克的理论，提出了光量子的假设，完美地解释了光电效应之后，玻尔提出了氢原子的量子理论，此理论能较好地解释一些实验现象，取得了一定的成就，但也有一定的局限性。这就使人们去建立一种能够反映微观粒子运动规律的新理论，进而量子力学诞生了。量子力学不但是描述微观粒子运动规律的理论，而且是深入了解物质结构及其各种特性的基础，它和相对论是近代物理学的两大支柱。

  量子力学的建立，是人们进一步认识自然界的结果，尤其是非相对论量子力学的某些概念与基本原理，从建立到现在的 70 多年中，经历了无数实践的检验，是我们认识和改造自然界所不可缺少的工具。由于量子力学所涉及的规律极为普遍，它已深入到物理学的各个领域。在化学、药学、生物学和生命科学的研究中也有着越来越广泛的应用。

  本章首先介绍玻尔的氢原子结构理论假设，继之，在理解德布罗意物质波假设和不确定关系的基础上，介绍量子力学的一种形式——波动力学的基本知识和基本方程（薛定谔方程），介绍它处理氢原子时得出的一些结果，应用它去说明一些有关原子结构的主要概念和规律。薛定谔方程是描述微观粒子运动状态变化规律的微分方程，它为现代量子力学理论体系的建立奠定了基础。

第一节 玻尔的氢原子理论

  一切元素的灼热蒸气所发的光谱都是明线光谱，形成一个个谱线系，这些光谱线的数目和波长都是一定的。19 世纪末期，光谱学得到了长足的进展，特别是瑞士数学家巴耳末（J. Balmer），把看起来似乎毫无规律可言的氢原子可见光的线光谱，归结成一个有规律的公式，这促使人们意识到光谱的规律实质是显示了原子内部机理的信号。下面我们先以氢原子为例来说明原子光谱的规律性。

一、氢原子光谱的规律

图 11-1 表示氢原子光谱中可见光区域内的一组光谱线，这些光谱线的命名和波长如图 11-1 所示。1885 年，巴耳末（J. Balmer）通过运算指出，这一组光谱的波长可由下式来概括

$$\tilde{v} = \frac{1}{\lambda} = R\left(\frac{1}{2^2} - \frac{1}{n^2}\right), n = 3, 4, 5, \cdots \tag{11-1}$$

式中，波长 λ 的倒数 $\tilde{v}$ 称为**波数**（wave number），R 为单位长度内所含波的数目，称为**里德伯常量**（Rydberg constant），其实验值为：$R = 1.0967758 \times 10^7 \mathrm{m}^{-1}$。

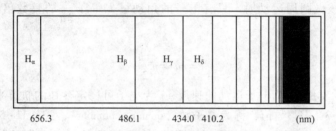

图 11-1 氢光谱中的巴耳末系谱系

这一组光谱线叫作**巴耳末系**（Balmer series）。除此之外，在氢光谱的紫外部分和红外部分还有称为**莱曼系**（Lyman series）和**帕邢系**（Paschen series）的主要光谱线系，它们的波数可分别由

$$\tilde{v} = \frac{1}{\lambda} = R\left(\frac{1}{1^2} - \frac{1}{n^2}\right), n = 2, 3, 4, \cdots \tag{11-2}$$

$$\tilde{v} = \frac{1}{\lambda} = R\left(\frac{1}{3^2} - \frac{1}{n^2}\right), n = 4, 5, 6, \cdots \tag{11-3}$$

来表示氢原子光谱的各个光谱系的波数还可进一步概括成如下的简单公式

$$\tilde{v} = T(k) - T(n) \tag{11-4}$$

式中，$T(k)$ 和 $T(n)$ 称为**光谱项**（spectral term）。参数 k 指示各个光谱系，而参数 n 指示光谱系中的各个光谱线。式（11-4）称为氢原子光谱的**并合原则**或**组合原理**（combination principle），它表示：把对应于任意两个不同整数的光谱项合并起来，组成它们的差，就能得到一条氢原子光谱线的波数，进而算出其波长和频率。

对以上氢原子光谱的情况，可以总结出如下三条结论：

（1）光谱是线状的，谱线有一定位置，这就是说，有确定的波长值，而且是彼此分立的。

（2）谱线间有一定的关系，例如谱线构成一个谱线系，它们的波长可以用一个公式表达出来，不同系的谱线有些也有其关系，例如有共同的光谱项。

（3）每一谱线的波数都可以表达为二光谱项之差，即 $\tilde{v} = T(k) - T(n)$。

这里总结出来的三条结论也是所有原子光谱的普遍情况，如碱金属元素，所不同的只是各原子的光谱项的具体形式各有不同罢了。

二、玻尔的氢原子理论

原子光谱的实验规律确定后，许多人尝试为原子的内部结构建立一模型，用以解释光谱

的实验规律。关于原子结构问题，卢瑟福（E. Rutherford）在实验的基础上，于 1911 年提出了有核模型结构。用核模型虽可以成功地解释一些实验事实，但在用来解释原子光谱时却遇到了明显的矛盾。根据经典电磁理论，可知绕核运动的电子必然具有加速度，应向外辐射电磁波；由于能量逐渐减少，使电子逐渐接近原子核，旋转频率也随着改变，最后电子将碰到原子核上。因此，原子是一个不稳定的系统，原子所发射的光谱应当是连续光谱。但是事实表明，原子是一个稳定系统，原子光谱是线光谱，而不是连续谱。

1913 年，玻尔（N. Bohr）在原子的核模型基础上，考虑到原子光谱的规律性，抛弃了部分经典理论的概念，发展了普朗克的量子概念，提出了三条假设，使原子光谱得到了初步的解释。玻尔的假设是：

（1）电子绕核做圆周运动时，只有电子的角动量 L 等于 $\dfrac{h}{2\pi}$ 的整数倍的轨道才是稳定的，即

$$L = mvr = n\frac{h}{2\pi} \tag{11-5}$$

式中，m 为电子的质量，v 为电子运动的速度，r 为电子可稳定存在的轨道半径，h 为普朗克常量，n 为 1，2，3，…整数值，称为**量子数**（quantum number），式（11-5）是轨道角动量的**量子条件**（quantum condition）。就是说，原子中的电子不可能在经典理论所允许的任意轨道上运动，只能在满足上述条件的一系列一定大小的彼此分立的轨道上运动，这样的轨道是量子化的。

（2）电子在上述假设许可的任一轨道上运动时，虽有加速度，但原子具有一定的能量 E_n 而不会发生辐射，所以处于稳定的运动状态［简称**定态**（stationary state）］，这称为定态假设。

（3）原子从一个具有较大能量 E_n 的定态，过渡到一个具有较小能量 E_k 的定态时，原子才进行一定频率的电磁辐射，其频率由下式：

$$v = \frac{E_n - E_k}{h} \tag{11-6}$$

决定。玻尔在上述假设的基础上，进一步定量地计算了氢原子定态的轨道半径和能量，成功地解释了氢原子光谱的规律性。

在氢原子中，设质量为 m 的电子在半径为 r 的圆形轨道上以速度 v 运动，则根据库仑定律，电子受原子核的吸引力的大小为 $\dfrac{e^2}{4\pi\varepsilon_0 r^2}$。这一吸引力就是电子做圆周运动所必须的向心力，因此

$$m\frac{v^2}{r} = \frac{e^2}{4\pi\varepsilon_0 r^2}$$

由玻尔的第一个假设，即式（11-5）和上式联立而消去 v，并以 r_n 代替 r，即得

$$r_n = \frac{\varepsilon_0 n^2 h^2}{\pi m e^2}, n = 1, 2, 3, \cdots \tag{11-7}$$

这就是氢原子量子数为 n 的电子圆形轨道的半径。由此可见，电子轨道不能是任意的，而整数 n 的函数。当 $n = 1$ 时，就得到离原子核最近的轨道半径

$$r_1 = a_0 = \frac{\varepsilon_0 h^2}{\pi m e^2} = 0.529 \times 10^{-10} \text{m}$$

a_0 通常称为**玻尔半径**（Bohr radius），它是描述轨道半径大小的一个物理量。

在量子数为 n 的轨道上，原子的总能量 E_n 应为电子的动能 $\frac{1}{2}mv^2$ 和电子与原子核间的势能 $-\frac{e^2}{4\pi\varepsilon_0 r_n}$ 的代数和，即

$$E_n = \frac{1}{2}mv^2 - \frac{e^2}{4\pi\varepsilon_0 r_n}$$

由式

$$m\frac{v^2}{r_n} = \frac{e^2}{4\pi\varepsilon_0 r_n}$$

得

$$\frac{1}{2}mv^2 = \frac{e^2}{8\pi\varepsilon_0 r_n}$$

所以量子数为 n 时，原子的能量

$$E_n = -\frac{e^2}{8\pi\varepsilon_0 r_n} = -\frac{me^4}{8\varepsilon_0^2 n^2 h^2} \tag{11-8}$$

这里，总能量 E_n 为负值，这与势能零点的选择有关。选择电子与原子核相距为无限远（即 $n = \infty$）时的势能为零，**因此电子处于束缚状态时，总能量就一定是负值。**

式（11-8）表示氢原子的能量只能取一些不连续的量子性数值。电子在半径为 r_n 的轨道运动时，原子具有相应的能量值 E_n，叫作**能级**（energy level）。相应于 $n=1$ 的能级，能量最低，原子最稳定。这一原子状态称为**正常状态**或**基态**（ground state）；相应于 $n=2，3，4，\cdots$ 的能级，能量较大，原子的状态称为**激发态**（excitation state）。根据式（12-8），可以算出基态的能量为 -2.176×10^{-18} J 或 -13.6 eV。如果给氢原子提供这样大小的能量，就可以使它由基态跃迁到能级 $E_\infty = 0$ 的状态。这时，电子不再受原子核的束缚而原子被电离。所以，13.6 eV 称为氢原子的**电离能**（ionization energy）。

原子吸收一定的能量时，电子可以从量子数较小的轨道跃迁到量子数较大的轨道，这时原子就从低能级跃迁到高能级。在受激状态下的原子，能自发地跃回到能量较小的状态，从而以一定频率进行电磁辐射。

根据玻尔的第三个假设，原子从能量为 E_n 的高能级跃迁到能量为 E_k 的低能级时，电磁辐射的频率为

$$v_{kn} = \frac{E_n - E_k}{h} = \frac{me^4}{8\varepsilon_0^2 h^3}\left(\frac{1}{k^2} - \frac{1}{n^2}\right)$$

如果用波数表示，早有

$$\widetilde{v}_{kn} = \frac{1}{\lambda_{kn}} = \frac{v_{kn}}{c} = \frac{me^4}{8\varepsilon_0^2 ch^3}\left(\frac{1}{k^2} - \frac{1}{n^2}\right)$$

或

$$\widetilde{v}_{kn} = R\left(\frac{1}{k^2} - \frac{1}{n^2}\right) \tag{11-9}$$

式中

$$R = \frac{me^4}{8\varepsilon_0^2 ch^3} = 1.0973730\times10^7 \text{m}^{-1}$$

这个数值与实验中得到的 R 值能很好地符合，因而为里德伯常量找到了理论根据。

玻尔理论能很好地解释氢原子光谱中各线系的发生过程。当电子从外层轨道跃迁到第一轨道时，产生莱曼系（$k=1$）；从外层轨道跃迁到第二轨道时，产生巴耳末系（$k=2$）；从外层轨道跃迁到第三轨道时，产生帕邢系（$k=3$）。

在氢原子光谱中，除上述各系外，还在红外部分发现了**布拉开系**（Brackett series）和**普丰德系**（Pfund series），其波数的实验值与用理论公式（11-9），并令 $k=4$ 和 $k=5$ 所得的计算值相符合。

图 11-2 表示氢原子中的电子，从量子数较大的轨道跃迁到量子数较小的轨道的情况。图中每一条矢线表示一种跃迁，相应地发射（或吸收）一条谱线。

用图 11-2 所示的状态过渡图来表示氢原子在各定态时的电子轨道，以及电子在这些轨道间跃迁而产生的谱线系，是很不方便的。因为它不能直接地表示出各状态的能量大小，而且 n 较大的轨道，以及电子在这些轨道间跃迁而产生的谱线系，很难在图上表示出来，为此，在光谱学上常用图 11-3 所示的能级图来指示原子光谱的各个光谱线系。在能级图中，整数 n 表示各量子能级的顺序。根据能级公式 $E_n = -\dfrac{Rhc}{n^2}$，可以计算各能级的能量值，并在能量坐标上表示出来。图中任意两个不同能级跃迁的一根矢线表示一条谱线，从每条矢线的长度可以算出该谱线的频率。

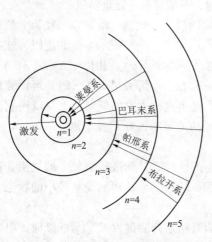

图 11-2　氢原子状态的过渡图

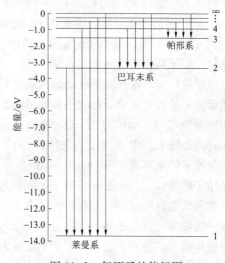

图 11-3　氢原子的能级图

应当注意，在某一瞬时，一个氢原子只能发出一个光子，许多氢原子才能同时发生不同的谱线。由于受激原子的数目是巨大的，所以我们能同时观测到全部谱线。从实际测量中所得各谱线的强度不同，说明在某一瞬时发射各种光子的原子数目不同。

玻尔理论在解决氢原子光谱问题上，获得了相当满意的结果，但是对氢光谱的精细结构，谱线较复杂的碱金属元素光谱和光谱在磁场中要分裂的现象则完全不能解释。只有全量子理论才能完整地描述微观粒子的运动规律。

课堂互动

　　1. 波尔关于氢原子的量子假设是什么？
　　2. 为什么说波尔的氢原子理论具有一定的局限性？

第二节　实物粒子的波动性

总结前面对光的性质研究，我们知道，光的干涉和衍射现象为光的波动性提供了有力的证明，而新的实验现象——黑体辐射、光电效应和康普顿效应则为光的粒子性（及量子性）提供了有力的论据。光既具有波动性又具有粒子性，即具有**波粒二象性**。波动性和粒子性如何统一？应如何理解波粒二象性呢？正当物理学家们对上述问题以及玻尔原子结构理论中的量子假设感到困惑不解的时候，1924 年英国自然哲学杂志发表了法国青年物理学家路易·德布罗意（Louis de Broglie）的一篇文章。在这篇文章中他大胆地提出：兼有波粒二象性不仅是光的特性，而且任何实物粒子都具有波粒二象性。因此他提出了微观粒子也具有波动性的假说，从而为解决上述难题成功地迈出了第一步。

一、德布罗意假设

德布罗意在研究微观粒子运动规律时，受到光的二象性的启发，提出了微观粒子，如电子、质子、中子等也具有波粒二象性，也就是说运动着的粒子也具有波动性，按照德布罗意假设，以速度 v 匀速运动时，具有动量 p 的运动实物粒子与之相联系在一起的波的频率 v 和波长 λ 服从以下的定量关系，即

$$v = E/h \tag{11-10}$$

$$\lambda = h/p \tag{11-11}$$

式中，h 是普朗克常量。这两个式子一般称为**德布罗意关系式**（de Broglie relation）。

这个与运动实物粒子联系着的波称为**德布罗意波**（de Broglie wave）或**物质波**（matter wave）。由于自由运动粒子的能量和动量都是不变的，从上面两个公式可知，与自由运动粒子相联系的德布罗意波是平面单色波，其频率和波长都有定值。

必须指出，在定量关系上，实物粒子与光子有不同的地方。对于静止质量为零的光子来说，$E = mc^2 = cp$（c 为光速）；而对于实物粒子，$p = mv$（v 为粒子运动速度），$E = \dfrac{1}{2m}p^2 + 常量$。

设自由运动粒子动能为 E_k，粒子速度为 $v(v \ll c)$，则

$$E_k = \frac{1}{2}mv^2 = \frac{p^2}{2m}$$

或

$$p = \sqrt{2mE_k}$$

代入式（11-11），得

$$\lambda = \frac{h}{p} = \frac{h}{\sqrt{2mE_k}} \tag{11-12}$$

如果该粒子为电子，在电压为 U 的加速电场的作用下，则电子得到的动能是 $E_k = eU$（e 为电子的电量）。将 h、m 和 e 的数值代入上式后，得

$$\lambda = \frac{h}{\sqrt{2meU}} \approx \sqrt{\frac{1.50}{U}} = \frac{1.225}{\sqrt{U}}\text{nm} \tag{11-13}$$

式中，加速电压 U 的单位为 V。由此可见，用 150V 的电压加速电子，其波长为 0.1nm；而电压为 10kV 时，电子波长为 0.0122nm。可见德布罗意波的波长是很短的。电子波的德布罗意波

长与加速电压的平方根成反比。

德布罗意首先用物质波的概念对玻尔氢原子理论中轨道角动量量子化的关系式（11-5）作了成功的解释，氢原子的轨道角动量为什么是量子化的？经典理论无法解释，德布罗意认为，当电子在某个圆形轨道上绕核运动时，就相当于电子波在此圆周上形成了稳定的驻波，这就要使圆周轨道长度恰好是电子的德布罗意波长 λ 的整数倍，如图 11-4（a）所示，此时电子的运动状态是稳定的，这对应于原子的定态。反之，若轨道长度不是电子波长 λ 的整数倍，则不可能形成稳定的驻波，如图 11-4（b）所示，此时电子的运动是不稳定的，电子不可能长时间处于这种状态。所以稳定轨道的条件是：圆周轨道的周长必定是电子波长的整数倍，即

$$2\pi r = n\lambda \qquad n = 1, 2, 3, \cdots \qquad (11\text{-}14)$$

电子的德布罗意波长为 $\lambda = h/p = h/m_e v$，代入上式，得

$$2\pi r = n\frac{h}{m_e v}$$

或

$$m_e v r = n\frac{h}{2\pi}$$

上式正好就是玻尔理论中角动量量子化条件式（11-5），可见，从电子具有波动性的假定出发，就能对角动量量子化作出很好的说明。

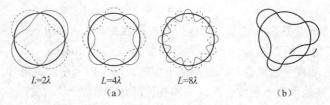

$$L = 2\lambda \qquad L = 4\lambda \qquad L = 8\lambda$$
$$\text{(a)} \qquad\qquad\qquad \text{(b)}$$

图 11-4　电子驻波轨道示意图

二、电子衍射

德布罗意关于粒子具有波动性的假设，究竟有无实际意义，关键在于能否得到实验验证，运动的电子流是否有波动性，就要用实验去检验电子流是否存在波动的基本特征——干涉、衍射等。

这种德布罗意波很快就在实验上被证实了，从 1927 年起陆续用不同的方法证实了电子流是具有波动性，并符合德布罗意公式。最著名的实验是 1927 年戴维逊（C. J. Davisson）和革末（L. S. Germer）的实验，实验结果首次显示了电子波在晶体面上的散射而形成的衍射，衍射的极大值符合 X 射线衍射的布拉格公式。

实验装置如图 11-5 所示，电子从灼热的金属丝 K 发射，经过电压为 U 的加速电场作用，通过一组阑缝 S_1、S_2，成为很细的电子束。电子束射到单晶体 C 的表面上，像 X 射线一样，反射到集电器 B，由电流计 G 的示数，可测得电子流的强度。在实验过程中，保持 φ 角不变，而逐渐增大电压 U，使电子的速度逐渐增大，量度对应的电子流强度 I，可以得到 U 与 I 之间的关系（如图 11-6）的曲线。曲线具有一系列的极大值表明，只有在某些加速电压（图中 I 为极大值时的各个电压）作用下，也就是电子具有某些特定的速度时，被晶体散射的电子波叠加起来才能在符合反射定律的方向形成衍射（波动的）极大值。这个实验与 X 射线被晶体

表面散射的情况相同，因此，只有认为电子也具有波动特性，才能予以解释。

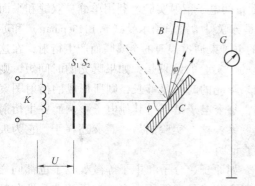

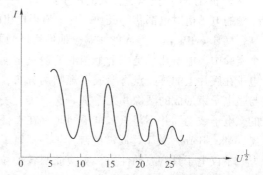

图 11-5　电子在晶体面上衍射的实验装置图　　　图 11-6　电子在晶体面上衍射的实验结果

设电子波具有的波长为 λ；则只有在满足布拉格公式

$$2d\sin\varphi = k\lambda \qquad k = 1, 2, 3, \cdots$$

时才能得到最大强度的散射。式中，d 为晶体的晶格常数，k 为各级极大的序数。将式 (11-13) 代入上式即得

$$2d\sin\varphi = k\frac{1.225}{\sqrt{U}} \tag{11-15}$$

由于实验中，d 和 φ 都是定数，所以根据上式可以求出各级极大值所对应的加速电压的数值。由计算得到的加速电压与实验结果完全相符合，从而证明了德布罗意关系式的正确性。

电子束不仅在晶体表面上散射时表现出波动性，而且穿过晶体粉末或金属薄膜后，也会像 X 射线一样，在照相底片上产生衍射图像。1928 年汤姆孙（G. P. Thomson）和塔尔科夫斯基（Л. С. Taptakoвский）分别用快速电子（能量为 17.5～56.5keV）和慢速电子（能量为 1.7keV）通过金膜和铝膜而得到衍射。金属系多晶体结构，与晶体粉末一样，可视为杂乱排列的微小晶体所组成。在这些微小晶体中，总可以找到若干晶体，它们的晶面位置与入射电子束所成的角度适合布拉格公式。与 X 射线通过晶体粉末一样，电子波在这些晶面上衍射而形成的全部射线将沿着与入射方向夹定角的圆锥面进行，从而在垂直于入射方向的照相板上显示出一系列的同心衍射环（如图 11-7）。

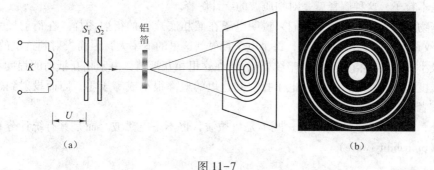

（a）

（b）

图 11-7

（a）电子衍射图象；（b）X 射线衍射图象

汤姆孙的实验比起戴维逊的实验更为直观，而且在加上磁场时，可以很方便地证明，这些环是由散射电子本身而不是由金属靶被电子轰击后产生的次级 X 线所形成的。因为加上磁

场后，电子衍射环的位置和形状要受到影响，而 X 射线不受磁场干扰。

20 世纪 30 年代以后，人们用不同方法做了大量的电子衍射实验。利用单缝、双缝和平面光栅的电子衍射也都获得成功。其中值得提出的是苏联科学家毕柏尔曼（п. ВИбертан）和苏许金（Н. суЩкин）等人的实验。他们用极微弱的电子束通过很薄的金属膜而产生衍射，在这个实验中，电子几乎是一个个相继地通过金属膜的。实验的结果是：如果曝光的时间短，则电子在底片上的感光点将形成不规则的分布；如果曝光的时间足够长，则所形成的衍射图案与强电子束形成的图像并无差别。这个实验表明，每个电子是不受其他电子影响而发生衍射的，电子波动性并不与很多电子同时存在有任何联系。这一实验的另一意义还在于，它为玻恩（Max. Born）关于物质波的统计解释提供了实验证明。

不仅电子具有波动性质，实验证明各种粒子，如原子、分子和中子等微观粒子也都同样具有波动性，因为它们都能产生衍射现象。德布罗意公式是表征所有实验粒子的波动性和粒子性内在联系的关系式。

三、物质波的统计解释

应该如何解释德布罗意波（即物质波）和它所描述的粒子之间的关系呢？对这个问题曾有过不同的见解，而正确的解释是玻恩首先提出的，即所谓玻恩对物质波的统计解释。

让我们再次考察上节所描述的电子衍射实验。用照相底片记录穿过薄金属片衍射出来的电子，如果入射电子流的强度很大，即单位时间内有许多电子被衍射，则照相底片上很快就出现了如图 11-7 的衍射图样。如果入射电子流的强度很小，电子一个一个地被衍射，这时底片上就出现了一个一个的点子，显示出电子的粒子性。这些点在底片上的位置并不都是重合在一起的。起初它们毫无规则地散布着；随着时间的延长，点子数目逐渐增多而形成了衍射图样，显示出电子的波动性。由此可见，通过实验所揭示的电子波动性质，是许多电子在同一个实验中的统计结果，或者是一个电子在条件相同的许多实验中的统计结果。波函数正是为了描述粒子的这种行为而引入的。

在光的衍射图样中，各处的强度不同。从波动观点来看，衍射图样最明亮之处，光波的振幅最大，因为光的强度和振幅绝对值的平方成正比。从粒子观点来看，光的强度最大处，光子的密度（单位体积中的光子数）也最大。统一这两种观点，可以得出结论：**空间某点光子的密度与该点光波振幅或强度平方成正比**。这是对光的衍射图象的统计解释，如果光子换成其它基本粒子，这种解释就是对物质波的统计解释。

根据物质波的统计解释，我们来说明电子在照相底片上的衍射图样。在衍射极大的地方（衍射环纹最亮处），波的强度大，每个电子投射到这里的概率大，因而投射到这里的电子多；在衍射极小的地方（衍射环纹的暗纹处），波在这里相互抵消，由于相互抵消的程度不同，使得波的强度很小或等于零，所以电子投射到这里的概率很小或等于零，因而投射到这里的电子很少或者没有。

因此，德布罗意波（物质波）既不是机械波，也不是电磁波，而是具有统计分布规律的**概率波**（probability wave）。

■ 课堂互动

1. 如果一粒子的速率增大了，它的德布罗意波长是增大还是减小？试解释。
2. 请指出机械波、电磁波和物质波的区别和联系。

第三节　不确定原理

大家都知道，在经典力学中，宏观物体的运动状态可用位置和动量（或速度）来描述，而且这两个量可以同时准确地予以测定，若已知一物体在某时刻的坐标和速度以及该物体的受力情况，就可由牛顿第二定律 $f=ma$ 求出物体在任一时刻的运动状态，亦即在物体运动轨道上的任一点，应有其确定的位置和速度，或者说，物体的坐标和动量同时都具有确定的值。但是，对微观粒子来说，由于它具有波粒二象性，轨道的概念已失去了意义。那么，是否仍可用上述的经典概念和方法去描述微观粒子的运动状态呢？其适用程度和准确性又是如何呢？判断这一问题的依据，就是不确定关系，又称为**不确定性原理（uncertainty principle）**，下面分别从坐标和动量、能量和时间两种情况介绍其不确定关系式。

一、坐标和动量的不确定关系式

在经典力学中，运动的质点（或物体）具有确定的轨道。在任何时刻，描述质点运动状态的位置和速度（或动量）都可以通过实验手段来精确的测定。然而在微观世界中，我们却不能通过实验来同时确定微观粒子的位置和动量。1927 年海森伯（W. K. Heisenberg）提出了同时测量一个物体的位置和动量时测量精度的自然极限。现在以电子单缝衍射实验为例来进行研究。设有一束电子，以速度 v 沿 oy 轴射向狭缝（如图 11-8），狭缝宽度为 d，这些电子的动量 p 接近相同，因此与这些电子相联系的电子波就应是近似的平面单色波（图中缝左边的实线表示电子波的波阵面，虚线表示波射线或电子动量的方向）。在进入单缝的瞬时，根据惠更斯原理，缝内波阵面上的每一点（图中只标出 O、A、B 三点）

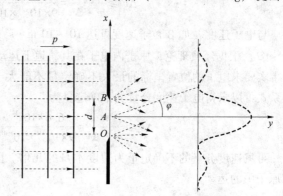

图 11-8　不确定关系式推导说明图

都可作为子波波源而发射球面波向缝右的各个方向传播（带有箭头的虚线表示子波波射线）。这些子波在屏上的叠加和干涉就形成了如图 11-8 所示的单缝衍射图像。

用玻恩的观点，在进入单缝时，电子空间位置的概率性受到缝宽的限制。即电子的坐标位置的最大不确定量为 d，如果用坐标 x 来描述，那么

$$\Delta x = d$$

根据惠更斯原理，虽然电子波在进入单缝之前的各个方向传播都是可能的，但是进入单缝时的电子的动量方向就具有概率性，它们与入射方向的夹角 0 到 $\pm\dfrac{\pi}{2}$ 的范围内都是可能的。

设中央极大值对应的半角宽为 φ，则落入中央极大的那些电子的动量在 x 轴上的分量的最大不确定量为

$$\Delta p_1 = |\pm p\sin\varphi| = p\sin\varphi$$

令入射电子波的波长为 λ，则根据单缝衍射公式 $\sin\varphi = \dfrac{\lambda}{d}$ 和德布罗意公式 $p = \dfrac{h}{\lambda}$，可以得到

$$\Delta x \cdot \Delta p_x = d \cdot p \cdot \sin\varphi = d \cdot \frac{h}{\lambda} \cdot \frac{\lambda}{d} = h$$

如果把次级极大全部都考虑在内，则 $\Delta x \cdot \Delta p_x > h$，于是有

$$\Delta x \cdot \Delta p_x \geqslant h \tag{11-16a}$$

选择坐标 y 和 z，同样可得到

$$\Delta y \cdot \Delta p_y \geqslant h \tag{11-16b}$$

和

$$\Delta z \cdot \Delta p_x \geqslant h \tag{11-16c}$$

这就是存在于坐标和动量之间的**不确定关系式**（uncertainty relation）。它表明，坐标的不确定量和坐标方向上的动量不确定量的乘积不能小于 h。

下面应用不确定关系式讨论两个例子。

（1）在高能物理实验中，常用威耳孙云室来观察粒子。在带电粒子经过的地方由于电离作用产生一串凝结的小露珠，从而显示粒子运动的径迹。设观察粒子为电子（例如 β 粒子），显微镜测出小露珠直径的数量级为 10^{-5}m，并作为电子位置的最大不确定量，则根据不确定关系式可求得电子速度的不确定量为

$$\Delta v_x \geqslant \frac{h}{m \cdot \Delta x} = \frac{6.6 \times 10^{-34}}{9 \times 10^{-31} \times 10^{-5}} \approx 73\text{m} \cdot \text{s}^{-1}$$

与电子速度（如 β 粒子速度可达 $10^7 \sim 10^8$m $\cdot$ s^{-1}）相比，可见 Δv_x 是很微小的。

（2）根据经典理论，原子内电子在其轨道上运动的速度约为 10^6m $\cdot$ s^{-1}，电子属于原子这一事实要求电子的位置坐标的最大不确定量不能大于原子的线度，即 $\Delta x \leqslant 10^{-10}$m。由不确定关系式可以求得电子速度分量的不确定量为

$$\Delta v_r \geqslant \frac{h}{m \cdot \Delta x} = \frac{6.6 \times 10^{-34}}{9 \times 10^{-31} \times 10^{-10}} \approx 7.3 \times 10^6\text{m} \cdot \text{s}^{-1}$$

可见速度分量的不确定量为速度本身的几倍。因此，不能用坐标、速度和轨道描述电子在原子中的运动。

二、能量和时间的不确定关系式

物质粒子的总能量是其动能、势能和固有能量之和。动能是速度的函数，而势能是坐标的函数。由于微观粒子的坐标和动量都具有不确定性，因此粒子的能量也就具有不确定性。原子被激发而发出的光谱线不是几何线而都具有一定的宽度就证明了这一点。光谱学指出，被激发电子的能量的不确定量与电子在该能量状态停留的时间有关。下面来推导它们之间的关系式。根据相对论，粒子的总能量可表示为

$$E = m_0 c^2 + E_k + E_p$$

如果只考虑其一维的状态情况，那么

$$E = m_0 c^2 + \frac{p_x^2}{2m} + E_p(x)$$

由于 $m_0 c^2$ 是常量，而 E_p 又仅是坐标的函数，与粒子的动量 p_x 和速度 v_x 无关，因此对上式求导，得

$$\frac{\mathrm{d}E}{\mathrm{d}p_x} = \frac{p_x}{m} = \frac{mv_x}{m} = v_x$$

即 $$dE = v_x \cdot dp_x$$

或 $$\Delta E = v_x \cdot \Delta p_x$$

以 Δt 分别乘上式两边，即得能量和时间的不确定关系式

$$\Delta E \cdot \Delta t = \Delta p_x \cdot v_x \cdot \Delta t \geqslant \Delta p_x \cdot \Delta x \geqslant h \tag{11-17}$$

应用上式可以计算可见光范围内光谱线的相对频宽。设原子在激发态能级的能量不确定量为 ΔE，则原子被激发发光的光谱线的相对宽度为

$$\frac{\Delta v}{v} = \frac{h \Delta v}{hv} = \frac{\Delta E}{hv}$$

根据式（11-15），有 $\Delta E \geqslant h/\Delta t$，于是得

$$\frac{\Delta v}{v} \geqslant \frac{1}{v \cdot \Delta t}$$

在发射可见光（ $v \sim 10^{15} \mathrm{s}^{-1}$ ）范围内，原子在激发态停留的平均时间一般约为 $10^{-8} \mathrm{s}$，于是得到

$$\frac{\Delta v}{v} \geqslant 10^{-7}$$

可见，光谱线的频宽不小于频率的千万分之一。**有些原子存在长寿命的激发态，称为亚稳状态**。激光就是处于亚稳态的原子受激发辐射的光，所以激光的单色性好。

测不准原理是应用经典力学来描述微观粒子的适用性的量度，它使我们进一步认识微观粒子的运动规律。但是有一些物理学家，包括玻尔和海森伯在内，对测不准原理却作了错误的解释。他们认为，测不准原理限制了我们对于微观粒子的精确认识，电子有自由意志，世界是不可知的等。实际上测不准关系并不能限制我们认识微观世界的客观性质，而只是反映了经典力学对微观粒子的描述有一定范围。微观现象具有根本区别于宏观现象的特殊性，而量子力学正是阐述微观现象的普遍理论，反映了微观世界的规律。量子力学理论的发展，已得到许多实验结果的证明，说明了微观世界是完全可以认识的，而人们对自然的认识，可以逐步深入而不受任何限制。如果局限于经典力学的范围来认识微观世界，就会得出错误的结论来。

综上所述，可以得出以下结论：①根据微观粒子的波粒二象性，如果用力学量来描述它的运动，则这些力学量都具有概率性，故而是不确定的量。粒子所处环境的变化并不改变粒子的概率本性，所改变的只是其不确定程度的大小。例如，在上述单缝衍射实验中，在进入狭缝之时，环境改变，电子的位置坐标的不确定程度受到缝宽的限制而减小，于是，与之相应的动量的不确定性增大。不确定关系式表明，两个相关力学量的不确定程度存在着相互联系、相互制约的关系，它们的不确定范围共同由普朗克常量 h 所制约。②如果从测量的角度去理解描述微观粒子运动的力学量的不确定程度，则不确定关系式中的 p_x 和 x 可以被看成多次测量动量和位置坐标的最大偏差（误差）。这样，当测量粒子坐标越准确（误差小），则动量就越测不准（误差大）；反之，把动量测得越准确，则坐标就越测不准。于是，不确定原理又称为**测不准原理**。根据经典力学，固定轨道的概念是建立在质点的位置坐标和动量都能同时被准确测定的条件上的。对于微观粒子，由于二者不能同时被准确测定，因此固定轨道的概念必须抛弃，这就规定了经典力学量用以描述微观粒子运动的可能性和限度。

应用不确定关系式，还可能区分宏观粒子和微观粒子，划分经典力学和量子力学的界限。在前面所举的例子中，处于原子中的电子是微观粒子。由于其坐标和动量不能同时准确测定，因此不能用经典力学的轨道来描述其运动，而必须用量子力学方法去处理。对于云雾室中的快速电子

（速度接近光速）来说，其速度的不确定量与速度本身相比，可以忽略不计。由于坐标和动量都能有效地确定，所以云雾室中的电子可以看成宏观粒子而用经典力学的概念去描述它的运动。

课堂互动

1. 什么是不确定关系？为什么说不确定关系指出了经典力学的确定范围？
2. 从不确定关系能得出"微观粒子的运动状态是无法确定的"吗？

第四节　波函数、薛定谔方程

在经典力学中，对于宏观物体，只要知道其初始的位置坐标和速度（动量），应用运动方程 $r=r(t)$ 和 $f=m\dfrac{\mathrm{d}^2 r}{\mathrm{d}t^2}$ 即可推算任何时刻物体的运动状态和运动的轨迹，从而对物体的运动有一全面了解。对于具有波粒二象性的微观粒子而言，由于它具有描述其运动状态的波动态和粒子态两种模型，不可能同时精确地描述它的波动性（如波长、频率）和粒子性（如能量、动量），而且固定轨道的概念又失去了意义。那么应如何描述其运动状态呢？微观粒子运动状态变化的规律又是怎样的呢？

1926 年薛定谔（Erwin SchrÖdinger）根据微观粒子二象性以及玻恩对物质波的统计解释，提出了研究微观粒子运动的新的力学体系——波动力学。波动力学是用波函数来描述微观粒子的运动状态，并且应用光学和力学相对比建立起描述微观粒子运动状态变化的基本规律——波动方程（薛定谔方程），它为现代量子力学体系的建立奠定了基础。

一、波函数的意义和性质

在量子力学中用波函数描述微观粒子的运动状态，在空间某处波的强度表示在该处粒子出现的概率密度，这是玻恩对德布罗意波的统计解释，这是量子力学理论中的一条基本假设，或者说是一条公理。

我们知道，在经典力学中，机械波的**波函数**（wave function）是机械振动的位移对空间和时间的依从关系式。现在，我们用光波和物质波对比的方法来阐明波函数的物理意义。根据对光的衍射图样的分析，衍射图样最亮的地方，从波动观点看，该处光振动的振幅最大，光强度与振幅的平方成正比；但从微粒观点看，入射到该处的光子数最多，光强度与光子数成正比。因为这两种看法是等效的，所以可以得出：入射到空间某处的光子数与该处光振动的振幅的平方成正比。

由于电子和其他微观粒子的衍射图样与光的衍射图样类似，因此物质波的强度也应与波函数的振幅的平方成正比。电子波强度较大的地方，也就是电子分布较多的地方。电子在空间某处分布数目的多少，与单个电子在该处出现的概率成正比，因此得到类似的结论：某一时刻，在空间某处，粒子出现的概率正比于该时刻该处波函数振幅的平方。这是玻恩对波函数的统计解释。由此可见，物质波既不是机械波，也不是电磁波，而是一种概率波。波函数本身既不是位移，也不是场强，不能直接测量。波函数所反映出来的只是微观粒子运动的统计规律。这与宏观物体的运动有着本质的差别。

在一般情况下，波函数是复数，用 $\psi(x,y,z,t)$ 来表示波函数，而概率却必须是实正数，

所以波函数的振幅的平方（复数的模的平方）应等于波函数与其共轭复数的乘积，即 $|\psi|^2 = \psi \cdot \psi^*$。又因为在空间某点 (x, y, z) 附近找到粒子的概率与该区域的大小 dV 有关，假设在一个很小的区域 $dV(= dx\, dy\, dz)$ 中，ψ 可以认为不变，则粒子在该区域内出现的概率为

$$|\psi|^2 dV = \psi \cdot \psi^* dV$$

式中，$|\psi|^2 = \psi \cdot \psi^*$ 表示在该点处单位体积内粒子出现的概率，叫作概率密度。按照对波函数的统计解释，正确的波函数必须具备三个条件：

（1）波函数必须是单值函数，因为在空间某处发现电子的概率密度只能是单值的。

（2）波函数必须是连续函数，因为概率分布是不能突变的。

（3）波函数必须是有限的，因为在全部空间发现一个电子的总概率应该等于1，波函数要服从下列归一化条件：

$$\int_V \psi \cdot \psi^* dV = 1$$

要使积分值为1，ψ 必须有限。

二、薛定谔方程

除自由粒子的波函数外，我们还需要寻求一个波函数所满足的基本方程式，如经典力学中的牛顿运动方程一样，那就是薛定谔（E. Schrodinger）方程。薛定谔方程是量子力学中的基本方程，它是从光学中所熟知的波动方程出发，结合经典力学的能量关系，加入物质波的知识，导出的波函数所满足的基本方程。

一个沿着 x 轴运动，具有确定的动量 $p = mv_x$ 和动能 $E_k = \dfrac{1}{2}mv_x^2 = \dfrac{1}{2m}p^2$ 的粒子的运动，相当于一个频率 $v = \dfrac{E}{h}$，波长 $\lambda = \dfrac{h}{p}$ 的单色平面波。这是量子力学中的一个基本假设。我们知道，沿 x 轴正方向传播的单色平面波的波函数是：

$$\psi = A\cos 2\pi\left(vt - \frac{x}{\lambda}\right)$$

但物质波的波函数既不是位移，也不是场强。根据数学中的欧拉公式，物质波的波函数应该用复数形式，即

$$\psi = \psi_0 e^{-i2\pi\left(vt - \frac{x}{\lambda}\right)}$$

$$= \psi_0 e^{-i\frac{2\pi}{h}(Et - px)} \tag{11-18}$$

上式也可写成

$$\psi = \psi(x)e^{-i\frac{2\pi}{h}Et}$$

式中

$$\psi(x) = \psi_0 e^{i\frac{2\pi}{h}px} \tag{11-19}$$

上式称为振幅函数，它是波函数中只与坐标有关，而与时间无关的部分，它也是与微观粒子在空间的定态分布概率直接相关的部分，因而也叫作波函数。现将波函数 $\psi(x)$ 对 x 取二阶导数得

$$\frac{d^2\psi}{dx^2} + \left(i\frac{2\pi}{h}p\right)^2 \psi_0 e^{i\frac{2\pi}{h}px} = -\frac{4\pi^2}{h^2}p^2\psi$$

又因 $p^2 = 2mE_k$，代入上式并整理得

$$\frac{d^2\psi}{dx^2} + \frac{8\pi^2 mE_k}{h^2}\psi = 0$$

上式称为一维空间自由粒子的振幅方程。如果粒子不是自由的而是在势场中运动时，则总能量 E 等于动能 E_k 与势能 U 之和，即 $E = E_k + U$，代入上式得

$$\frac{d^2\psi}{dx^2} + \frac{8\pi^2 m}{h^2}(E-U)\psi = 0 \qquad (11-20)$$

因为 ψ 只是坐标的函数，而与时间无关。上式就是一维空间中粒子运动的定态薛定谔方程。ψ 所描述的是粒子在空间的一种稳定分布。如果粒子在三维空间中运动，则上式可推广为

$$\frac{\partial^2\psi}{\partial x^2} + \frac{\partial^2\psi}{\partial y^2} + \frac{\partial^2\psi}{\partial z^2} + \frac{8\pi^2 m}{h^2}(E-U)\psi = 0 \qquad (11-21a)$$

若令：

$$\nabla^2 = \frac{\partial^2}{\partial x^2} + \frac{\partial^2}{\partial y^2} + \frac{\partial^2}{\partial z^2}$$

则：

$$\nabla^2\psi + \frac{8\pi^2 m}{h^2}(E-U)\psi = 0 \qquad (11-21b)$$

式中，∇^2 称为**拉普拉斯算符**。

式（11-21a）或式（11-21b）就是一般的**定态薛定谔方程**。薛定谔方程也是量子力学中的一个基本假设。薛定谔方程的意义在于：对于质量为 m（在此不考虑相对论效应）并在势能为 U 的势场中运动的一个粒子来说，有一个波函数 $\psi(x,y,z)$ 与这粒子运动的稳定状态相联系，这个波函数满足薛定谔方程式（11-21a）。只要给出粒子在系统中的势能 U 去解薛定谔方程，就可以求出稳定状态的波函数和相应的能量。必须指出，在上述必须条件的限制下，只有当总能量具有某些特定值的薛定谔方程才有解。即是说能量是量子化的，这一量子化条件是在解薛定谔方程时自然而然引起的，不是人为的。我们将通过实例说明这一问题。

三、一维势阱中运动的粒子

就本课程而言，对一维势阱中粒子运动问题的讨论，是应用定态薛定谔方程的一个简明的例子，有助于加深对能量量子化和薛定谔方程意义的理解。

设粒子在一方匣中沿 x 方向往复运动，其势能不随时间变化，而且在 $x=0$ 和 $x=a$ 两处，势能变为无限大，这有如粒子处于一个无限深的凹谷中运动一样，其势能曲线称为**无限势阱**（infinite potential well）（图 11-9）。由于势能仅随坐标而变化，因此粒子在势阱中的运动是定态运动。对于一维运动，定态薛定谔方程可简化为常微分方程

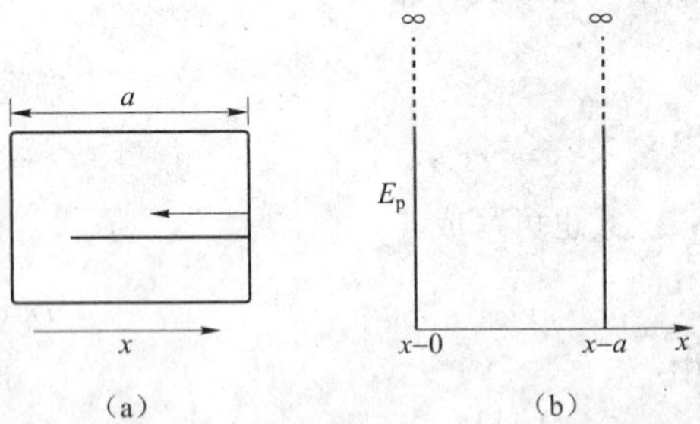

图 11-9　粒子在一维方阱中运动

$$\frac{d^2\psi}{dx^2} + \frac{8\pi^2 m}{h^2}[E - E_p(x)]\psi = 0$$

如果粒子在匣内势能可以忽略不计，则波动方程可进一步简化为

$$\frac{d^2\psi}{dx^2} + \frac{8\pi^2 m}{h^2}E\psi = 0 \qquad 0 < x < a$$

上式与一个谐振子的振动方程形式相同，其通解为

$$\psi(x) = A\sin kx + B\cos kx \qquad k = \sqrt{\frac{8\pi^2 mE}{h^2}}$$

式中，待定系数 A 和 B 由边界条件决定。当 $x=0$ 时，$\psi=0$，故 $B=0$，于是

$$\psi(x) = A\sin kx$$

又当 $x=a$，$\psi=0$，得

$$ka = n\pi \qquad k = \frac{n\pi}{a} \qquad n = 1,2,3,\cdots$$

波函数必须满足归一化条件，因此

$$\int_0^a A^2 \sin^2\frac{n\pi}{a}x\,\mathrm{d}x = \frac{A^2 a}{n\pi}\int_0^{n\pi}\sin^2\frac{n\pi}{a}x\,\mathrm{d}\left(\frac{n\pi}{a}x\right) = A^2 \cdot \frac{a}{2} = 1$$

故

$$A = \sqrt{\frac{2}{a}}$$

从而得到粒子的定态波函数为

$$\psi_a(x) = \sqrt{\frac{2}{a}}\sin\frac{n\pi}{a}x \qquad 0 < x < a \tag{11-22a}$$

而粒子的能量可由公式 $ka = n\pi$ 求得为

$$E_n = \frac{h^2}{8ma^2}\cdot n^2 \qquad n = 1,2,3,\cdots \tag{11-22b}$$

金属中电子在忽略晶体点阵的作用条件下，可作为上述一维势阱中粒子运动的一个例子。联系金属中电子的运动，应用式（11-22a）和式（11-22b）可以说明以下两点。

1. 电子能量的量子化（quantization） 将式（11-22b）对 n 求微分，得 $\mathrm{d}E = \frac{h^2}{8ma^2}\cdot 2n\mathrm{d}n$。

令 $\mathrm{d}n = 1$，则 $\mathrm{d}E = \frac{h^2}{8ma^2}\cdot 2n$。与式（11-22b）相比较，可见，当 n 较小（$n=1$，2，3，$\cdots$）时，E 和 $\mathrm{d}E$ 的差别很小，这时可认为电子能量的变化是不连续的。但是根据电子理论，金属中电子气在常温下，其动能大约是 $\frac{h^2}{8ma^2}$ 的 10^{14} 倍（$a=0.1\mathrm{m}$），换句话说，电子气是处于 n 为 10^7 数量级的量子态。在此情形下，$\mathrm{d}E$ 比起 E 来是可以忽略不计，这时电子能量的变化可视为连续的。

2. 电子的概率分布（probability distribution） 能量为 E_n 的电子的概率分布为

$$P = |\psi_n(x)^2| = \frac{2}{a}\sin^2\frac{n\pi}{a}x$$

以 x 为横坐标，P 为纵坐标可以画出电子在 $x=0$ 和 $x=a$ 之间，当 $n=1$，2，3，$\cdots$时的概率分布曲线（如图 11-10）。由图可见，当 $n=1$ 时，电子的概率分布是起伏的，随着 n 的增大，起伏的次数也增加；当 n 增至于 10^7 数量级时，概率高峰之间靠得非常近而可以看成均匀的分布。

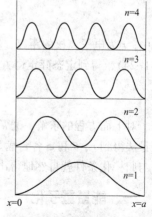

图 11-10 势阱中粒子的
概率分布

1. 试说明 $\int_{-\infty}^{+\infty}|\varphi(x)|^2\mathrm{d}x = 1$ 的物理意义。

2. 在一维无限深势阱中，如减小势阱的宽度，其能级将如何变化？

第五节 氢原子及类氢原子的量子力学描述

量子力学（波动力学）应用于氢原子结构的计算指出：①电子的定态运动不能用轨道而需要用电子的空间概率分布来描述，在定态运动下，电子的空间概率分布图像都是一个不随时间改变的稳定图像；只有当原子（电子）受到激发或扰动时，分布图像才发生变化，经典理论把原子受到激发而进行电磁辐射看作是电子在高、低能量轨道之间跃迁的结果。现在，从量子力学来看，则是原子被激发后，电子的空间概率分布以频率 $v=\dfrac{E_n-E_k}{h}$ 进行振荡，这就为跃迁时电磁辐射的量子假设找到了理论上的依据。②原子中电子绕核运动有许多不同的定态，而每一定态都具有相应的能量和角动量。应用波动力学来求解氢原子的结果证明，电子各个定态运动的能量和角动量以及角动量的空间方位的变化都是不连续的，是具有量子性的，并遵从一定的量子条件。

应用薛定谔方程，可以精确求解氢及类氢原子等简单体系中电子运动的能级和波函数。对于较复杂的体系则必须用近似的方法求解。在求解氢及类氢原子的波函数的过程中，根据波函数所必须满足的条件，很自然地得出类氢原子的一些量子化特性，不需要任何人为的假设。用薛定谔方程求解类氢原子的能级和波函数所用的数学运算比较繁杂，由于超出了本书的范围，这里只讲思路和引出结果。

由于氢和类氢原子中只有一个电子绕核运动。而且核的质量远大于电子的质量，因此可以把核看作静止不动，仅电子绕核运动。由静电学可知电子在核的电场中的势能为

$$E_\mathrm{p}=-\frac{Ze^2}{4\pi\varepsilon_0 r}$$

式中，r 为电子离核的距离，Z 是原子序数。因 E_p 与时间无关，故属于定态问题，将 E_p 代入式 (11-24)，得到定态薛定谔方程：

$$\frac{\partial^2\psi}{\partial x^2}+\frac{\partial^2\psi}{\partial y_2}+\frac{\partial^2\psi}{\partial z^2}+\frac{8\pi^2 m}{h^2}\left(E+\frac{Ze^2}{4\pi\varepsilon_0 r}\right)\psi=0$$

对上面方程的求解，通常采用球坐标 (r,θ,φ) 代替直角坐标 (x,y,z)，然后用分离变量法得到 r、θ 和 φ 各自满足的三个常微分方程。对这三个方程求解时，根据波函数标准条件与归一化条件就自然地得出了分立的能级和如下的三个量子化条件。

一、能量量子化

类氢原子的总能量只能取一系列分立值，这一特性称为能量量子化，这些分立值是

$$E_n=-\frac{me^4}{8\varepsilon_0^2 h^2}\cdot\frac{Z^2}{n^2}=-13.6\frac{Z^2}{n^2}(\mathrm{eV}),n=1,2,3,\cdots \tag{11-23}$$

式中，n 是**主量子数**（erincipal quantum number），n 越大，电子离核距离越远，其能级越高。取 $Z=1$ 时，这公式与玻尔的氢原子理论的结果完全一致。但这是求解薛定谔方程的必然结果，而不是人为的假设。

二、角动量量子化

类氢原子中电子的轨道角动量 L 的数值只能取一系列分立值，这一特性称为角动量量子化，这些分立值是

$$L = \sqrt{l(l+1)}\,\frac{h}{2\pi}, l = 0, 1, 2, \cdots, (n-1) \tag{11-24}$$

式中，l 是**角量子数**（angular quantum number），它决定角动量数值的大小。显然，角动量数值不同，电子就处于不同的运动状态。类氢原子中，在同一能级，可以有几类角动量大小不同的运动状态。$l=0$，1，2，$\cdots$的运动状态分别称为 s，p，d，f 等状态。

三、空间量子化

电子的角动量在空间某一特殊方向（通常取外磁场的方向）的分量 L_x 只能取一系列分立值，这一特性称为空间量子化。这些分立值是

$$L_x = m_l \frac{h}{2\pi}, m_l = 0, \pm 1, \pm 2, \cdots, \pm l \tag{11-25}$$

式中，m_l 是**磁量子数**（magnetic quantum number）。L_x 的数量不同，电子角动量在空间的取向也不同，电子处于不同的运动状态。角动量 L 的数值相同的电子，可以有 $2l+1$ 个不同的空间取向，对应着 $2l+1$ 种不同的运动状态。

必须指出，在量子力学中没有轨道的概念，代之以空间概率分布的概念。但由于玻尔理论中的轨道和量子力学中的概率分布有着若干对应关系，所以在量子力学中，轨道的名词有时仍然保留。不过这里的"轨道"概念与经典物理中的"轨道"概念已有完全不同意义了。

最后，提醒注意的是：以上三个量子化条件是在求解薛定谔方程的过程中很自然地得出的，而不是像玻尔-索末菲理论假设那样，是人为引入的，同时实验证明了：无论是前者的方法和结果都要比后者科学和准确。

课堂互动

1. 在氢原子中，电子从 $n=4$ 跃迁到基态，可能发射出不同频率的谱线有几条？
2. 主量子数 $n=4$，与此相应的角量子数 l 的可能取值是什么？相应的角动量是多少？

第六节　电子自旋

20 世纪 30 年代，人们发现许多现象仅用 n、l、m_l 三个量子数描述原子中电子的量子态是不能得到解释的，其中之一是光谱的精细结构。为了说明这些现象，提出了电子自旋及其量子化的假设。这一假设得到了直接的实验验证，从而丰富了量子力学关于原子结构的理论，为建立原子的电子壳层理论奠定了基础。

一、施特恩-格拉赫实验

1921 年施特恩（O. Stern）和格拉赫（W. Gerlach）进行了直接观察原子磁矩的实验。实验装置如图 11-11 所示，图中 N 和 S 为一对特殊形状的磁极，能够在极间形成非均匀程度达到原子线度的磁场，K 为原子射线发射源，G 为阑缝，P 为照相板，整个装置放在真空容器中。实验时，加热发射源中的金属银，银蒸气通过阑缝将形成一束很细的银原子射线而进入磁场中。如果原子具有磁矩，则根据电磁学原理，这些

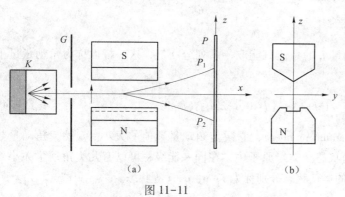

图 11-11

（a）施特恩-格拉赫实验示意图；（b）极部的截面

银原子通过非均匀磁场时将受到力的作用，受力的大小正比于磁场的非均匀程度（磁场的空间变化率）和磁场与原子磁矩之间夹角的余弦。假如原子射线中各个原子的磁矩可以取任何方向（即其与磁场夹角的余弦可取+1 到-1 之间的任何值），则在照相板上出现的将是连续分布在一定范围之间的带（例如 P_1P_2）。但是，实验结果并非如此，而是处于极端位置 P_1 和 P_2 的两条分立的线迹。用锂、钠以及其他金属元素作实验也得到相同的结果。实验结果证明，原子具有磁矩，原子磁矩的大小和空间取向都不能是任意的而是量子化的，因此在磁场中，其磁矩在磁场方向的分量只能取平行或反平行于磁场的两个方向。施特恩-格拉赫还根据原子射线的偏转，仔细地计算出银原子磁矩在磁场方向分量的大小为一个玻尔磁子 μ_B。但是实验结果却与当时的原子结构理论有矛盾。按当时的经典理论，银原子磁矩是银原子价电子的轨道磁矩。对于角量子数为 n_φ 的原子来说，其轨道磁矩的空间取向数为 $2n_\varphi+1$，即取向数为奇数，因而原子射线分裂的线迹也应是奇数而不应是偶数。另外，实验中的原子射线是处于基态的银原子，而事实上基态原子是不具有轨道角动量和磁矩的，那么实验所证明的磁矩又是什么磁矩呢？

二、碱金属元素光谱的双线结构

科学技术的发展为物理学家提供了精细分光仪。用此仪器去观察碱金属原子光谱，发现它们的光谱线大都有精细结构。碱金属元素光谱图指出，碱金属元素各激发态能级（例如价电子量子态 $l=1$，2，3，…的原子能级）与 s 能级（价电子量子态 $l=0$ 的能级）之间跃迁而产生的光谱线都具有双线结构。以钠为例，由 $3p$ 和 $3s$ 二能级跃迁而产生的 589.3nm 标志谱线，就是 589.0nm 和 589.6nm 两根非常靠近的光谱线所组成。如果认为基态能级（例如 $3s$）不分裂而激发态能级（例如 $3p$）一分为二，则在遵守跃迁选择定则（$\Delta l=\pm1$）的条件下，可以圆满地解释这个现象（如图 11-12）。

原子系统在一定的量子态下具有确定的能量。只有当它受到外来作用（例如塞曼效应中的外磁场）的扰动时，才发生能

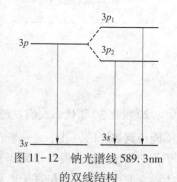

图 11-12　钠光谱线 589.3nm 的双线结构

量变化而引起能级的分裂。现在，这里并没有外来力场的作用，显然能级的分裂是由于某种内在原因引起的。是什么内在因素引起激发能级的分裂呢？为什么 s 能级又是单一的而不分裂呢？

三、电子自旋假设

为了解释碱金属元素光谱的精细结构，1925 年乌仑比克（G. E. Uhlenbeck）和哥德斯密特（S. A. Goudsimit）提出电子自旋假设。他们认为，电子除了绕核做"公转"运动外，还具有绕自身某一定轴线的"自转"运动。有自转就有自旋角动量（以下简称自旋）L_s 和相应自旋磁矩 μ_s［如图 11-13（a）］。与轨道角动量相对比，他们提出自旋的量子化和量子条件 $L_s = s\dfrac{h}{2\pi}$，s 称为**自旋量子数**（spin quantum number）。自旋的空间量子化和量子条件 $L_{sm} = m_s\dfrac{h}{2\pi}$，$L_{sm}$ 是 L_s 在某给定方向上的分量，m_s 称为**自旋磁量子数**（spin magnetic quantum number）。由于所观察能级的分裂是双重的，因此自旋的空间取向只有两种，所以自旋量子数 s 的取值由式 $2s+1 = 2$ 得 $s = \dfrac{1}{2}$，即自旋的大小为 $\dfrac{h}{4\pi}$。但由量子力学所得自旋大小为 $\dfrac{\sqrt{3}}{2}\cdot\dfrac{h}{2\pi}$ ［见式（11-26）］。

在碱金属原子中，价电子绕原子实运动。根据运动的相对性原理，也可看成是原子实相对于电子以同样速度绕电子而运动。由于原子实带正电，它的运动将产生磁场。图 11-13 中的 **B** 就是这磁场在电子在位置的值。在这磁场作用下，具有自旋磁矩 μ_s 的电子将得到附加能量。根据电磁学原理，这一附加能量的大小决定 B、μ_s 以及它们方向间夹角的余弦。由于电子自旋的空间量子化，它的磁矩在磁场中的分

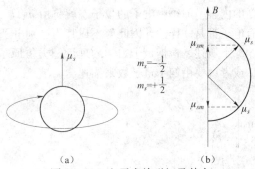

图 11-13　电子自旋磁矩及其在磁场方向的分量

量只可能取平行于磁场和反平行于磁场［图 11-13（b）］的两个方向。显然这两种情况（$m_s = \pm 1$）附加能量不同，它们叠加在未考虑自旋时的原子能级上就形成激发态的双重能级。

s 能级为什么是单一的而不分裂呢？这只能用量子力学来说明。量子力学关于角动量的量子化条件指出，s 态电子的辅量子数为 0，因此轨道角动量和磁矩都是 0，由于电子不受上述磁场的作用，不存在附加能量，所以能级不发生分裂。

应用量子力学的结果和电子自旋假设，完全可以说明碱金属元素的光谱双线结构，同时也明确了施特恩-格拉赫实验所证明的磁矩不是轨道磁矩，而应是电子的自旋磁矩，这样，施特恩-格拉赫实验就被认为是电子自旋的客观存在的直接证明。

最后我们对电子自旋作以下几点小结：

（1）自旋和自旋磁矩是电子的固有属性，而且是具有量子性的，对比量子力学关于角动量量子化的公式，自旋量子化条件就应改写成

$$L_s = \sqrt{s(s+1)}\,\frac{h}{2\pi} \qquad s = \frac{1}{2} \tag{11-26}$$

自旋空间量子化条件可以写成

$$L_{sm} = m_s \frac{h}{2\pi} \qquad m_s = \pm \frac{1}{2} \qquad\qquad (11-27)$$

（2）施特恩等人的实验得出电子自旋磁矩在磁场方向的分量 $\mu_{sm} = \mu_B = \dfrac{eh}{4\pi m}$，因此

$$\mu_s / L_s = \mu_{sm} / L_{sm} = \frac{eh/4\pi m}{\frac{1}{2} h/2\pi} = \frac{e}{m}$$

所以

$$\mu_s = \frac{e}{m} L_s = \frac{e}{m} \sqrt{s(s+1)} \frac{h}{2\pi} = \sqrt{s(s+1)} \frac{eh}{2\pi m}$$

写成矢量式

$$\mu_s = -\frac{e}{m} L_s \qquad\qquad (11-28)$$

式中，负号表示磁矩和角动量的方向相反。

（3）由于电子有自旋，而且电子自旋的取向具有量子性，它在空间任一方向的分量可能取正负相反的两个数值，相应的磁量子数为 $\pm\dfrac{1}{2}$，这样，就为量子力学关于原子结构理论添加了新的内容。原子中电子的量子态就将由 n、l、m_l 和 m_s 四个量子数来决定（自旋量子数 s 对所有电子都是一样的，因此就不成其为区别电子量子态的参数）。

综上所述，根据量子力学的理论，类氢原子的电子的运动状态，要由四个量子条件来确定，或者说要由四个量子数来描述。

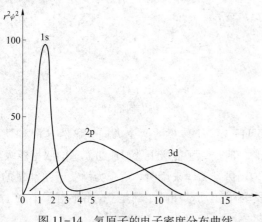

图 11-14　氢原子的电子密度分布曲线

以上四个量子数一经确定，描述类氢原子电子运动状态的完整波函数也就确定了。由于波函数 ψ 的平方值正比于电子在各处出现的概率，也就是正比于在各处电子可能出现的密度，因此常常把这种概率分布形象地叫作**电子云**（electron cloud）。图 11-14 表示氢原子几种状态的电子密度分布曲线。横轴代表离核的径向距离 r，以玻尔的氢原子半径 $r_1 = 0.529 \times 10^{-10}$ m 为单位，纵轴表示离核 r 处的电子云密度。在描绘的电子云很浓密的地方，表示电子出现的概率多；而在描绘的电子云较稀疏的地方，表示电子出现的概率少，但要注意，电子云并不表示电子的运动状态，是一个经典的概念，并不能反映微观粒子运动的真实情况，只是对于形象地认识微观电子的运动有所帮助的一种图像而已。有关电子云的概念以及电子云的分布状况，在化学教材中已有介绍，这里不再赘述。

四、量子力学的应用简介

通过以上量子力学最基础的一些知识的学习，对量子力学有了一些简单了解。知道了量子力学是一门描述微观粒子运动的基础学科。它的出现，使人类对自然界的认识开始从宏观推进到微观领域，为进一步探索微观世界的奥秘打开了大门。它已成功地应用于原子、分子、固体和原子核等许多方面，为大量实验结果所证实，是人们理解这些现象的理论基础。几十

年来，与量子力学理论有联系的一些新兴学科，如量子电子学、量子化学、量子生物学等，不断出现。同时，现代许多新技术，像半导体技术、激光技术、核磁共振等的应用，也是以量子力学理论为指导，或是为它所预言的。

量子化学是现代化学的一个重要分支。它主要是研究原子和分子中电子的结构、分布和运动规律，以及物质构造、性能和反应特性的关系，并利用这些解决化工、冶金、半导体和药物等多方面的课题，应用日趋广泛。

量子化学中的配位场理论，已是今天无机化学理论和结构分析的有力工具。分子轨道理论，则对有机化学的结构和分子反应的活性等方面的研究，发挥了很大的作用。

1965年，由伍德沃德和霍夫曼提出的分子轨道对称守恒原理，推动了有机合成化学的发展，推动了量子化学在化学反应性能方面的研究工作，已成为考察化学反应机理的主要理论方法。这个原理指出，在"周环反应"（这类反应是分子各反应点同时逐渐变化，经过环状过渡态，一步完成的反应）中，分子总是按照保持其轨道对称性不变的方式发生反应。因此，对一个设想的化学反应式，只要研究反应物和产物的分子轨道对称性质，就可以判断通过反应能否得到某种产物，这对理论和实践都有巨大意义。在分子轨道对称守恒原理的指导下，伍德沃德先后合成了叶绿素、番木鳖碱和金鸡纳碱，以及结构复杂的维生素 B_{12}。

我国化学家唐敖庆等对于分子轨道对称守恒原理，提出了新的理论解释，并提出了自己的计算方法和计算公式，使这个原理从定性讨论阶段提高到半定量阶段。接着又建立了简单分子轨道的图形理论，为分子轨道理论应用于实践创造了条件，能起到普及量子化学理论的作用。

由于量子化学的发展和电子计算机的使用，利用量子化学理论计算和预测未知的化学现象，已逐渐成为可能，为找寻新药物、新材料和新流程的研究方法开拓了广阔的前景。这种叫作"分子设计"的新方法，是以量子化学理论为指导，来设计指定性能的新药物、新材料和新催化剂等。

近些年以来，生物学已发展到分子水平，即分子生物学，但有人主张从电子水平来研究生命过程，所以导致量子生物学的产生。量子生物学已经得到一些初步的结论。化学物质致癌的病理研究指出，致癌物质大多数是具有亲电子性基团的化合物，它容易和人体中的核酸和蛋白质这类具有斥电子性基团的化合物起反应，使核酸或蛋白质烷基化，以致分子发生畸变。这种分子会在繁殖的时候，复制出往往成为癌细胞基础的异性蛋白。一旦人们把全过程的细节弄清楚，就可以设计一个生物化学的环节来中断这个过程，阻止和消除癌变的发生。

课堂互动

1. 如何解释碱金属元素光谱的双线结构？
2. 试计算氢原子莱曼线系第一条的精细结构分裂的波长差。

本 章 小 结

本章的学习内容是以半经典理论入手过渡到原子结构的量子理论。首先以氢原子光谱的实验结论为依托，介绍了波尔的氢原子结构理论，继而，在理解德布罗意波和不确定原理的基础上，介绍量子力学的一种形式——薛定谔方程，介绍它处理氢原子时得出的一些结果，应用它去说明一些有关原子结构的主要概念和规律。

重点：氢原子光谱的规律性，波尔的氢原子理论，物质波、不确定关系、波函数等概念和规律，薛定谔方程及意义，量子力学对氢原子的三个量子化描述。

难点：薛定谔方程的应用，电子自旋，会用电子自旋的知识解释碱金属元素光谱的双线结构。

知识拓展

薛定谔猫态

1. 基本概念　"薛定谔猫"是由奥地利物理学家薛定谔于 1935 年提出的有关猫既是死的又是活的著名思想实验的名字，它描述了量子力学的真相：粒子的某些特性无法确定，直到测量外力迫使它们选择。整个实验是这样进行的：在一个盒子里有一只猫，以及少量放射性物质。在 1h 内，大约有 50% 的概率放射性物质将会衰变并释放出毒气杀死这只猫，剩下 50% 的概率是放射性物质不会衰变而猫将活下来。

根据经典物理学，在盒子里必将发生这两个结果之一，而外部观测者只有打开盒子才能知道里面的结果。但在量子力学的世界里，猫到底是死是活都必须在盒子打开后，外部观测者"测量"具体情形才能知晓。当盒子处于关闭状态，整个系统则一直保持不确定性的状态，猫既是死的也是活的。这项实验旨在论证怪异的量子力学，当它从粒子扩大宏观物体，诸如猫，听起来非常荒谬。

薛定谔的猫本身是一个假设的概念，但随着技术的发展，人们在光子、原子、分子中实现了薛定谔猫态，甚至已经开始尝试用病毒来制备薛定谔猫态，就像刘慈欣《球状闪电》中变成量子态的人，人们已经越来越接近实现生命体的薛定谔猫。可是另一方面，人们发现薛定谔猫态（量子叠加态）本身就在生命过程中存在着，且是生物生存不可缺少的。

图 11-15　薛定谔的猫

2. 理想实验　把一只猫放进一个不透明的盒子里，然后把这个盒子连接到一个包含一个放射性原子核和一个装有有毒气体的容器的实验装置，如图 11-15 所示。设想这个放射性原子核在 1h 内有 50% 的可能性发生衰变。如果发生衰变，它将会发射出一个粒子，而发射出的这个粒子将会触发这个实验装置，打开装有毒气的容器，从而杀死这只猫。根据量子力学，未进行观察时，这个原子核处于已衰变和未衰变的叠加态，但是，如果在 1h 后把盒子打开，实验者只能看到"衰变的原子核和死猫"或者"未衰变的原子核和活猫"两种情况。薛定谔在 1935 年发表了一篇论文，题为《量子力学的现状》，在论文的第 5 节，薛定谔描述了那个常被视为恶梦的猫实验：哥本哈根学派说，没有测量之前，一个粒子的状态模糊不清，处于各种可能性的混合叠加。比如一个放射性原子，它何时衰变是完全概率性的。只要没有观察，它便处于衰变/不衰变的叠加状态中，只有确实地测量了，它才会随机地选择一种状态而出现。那么让我们把这个原子放在一个不透明的箱子中让它保持这种叠加状态。薛定谔想象了一种结构巧妙的精密装置，每当原子衰变而放出一个粒子，它就激发一连串连锁反应，最终结果是打破箱子里的一个毒气瓶，而同时在箱子里的还有一只可怜的猫。事情很明显：如果原子衰变了，那么毒气瓶就被打破，猫就被毒死。要是原子没有衰变，那么猫就好好地活着。

这个理想实验的巧妙之处，在于通过"检测器-原子-毒药瓶"这条因果链，似乎将铀原子的"衰变-未衰变叠加态"与猫的"死—活叠加态"联系在一起，使量子力学的微观不确定性变为宏观不确定性；微观的混沌变为宏观的荒谬——猫要么死了，要么活着，两者必居其一，不可能同时既死又活！难怪英国著名科学家霍金听到薛定谔猫佯谬时说："我去拿枪来把猫打死！"

3. 深刻意义 一只猫同时又是死的又是活的？它处在不死不活的叠加态？这未免和常识太过冲突，同时在生物学角度来讲也是奇谈怪论。如果打开箱子出来一只活猫，那么要是它能说话，它会不会描述那种死/活叠加的奇异感受？恐怕不太可能。换言之，"薛定谔猫"概念的提出是为了反对量子理论中的二元解释以及统计解释。

薛定谔猫佯谬实际上提出了一个十分重要的问题：什么是量子力学的观测？观察或测量都与人的主观有关，而人在箱外，所以必须打开箱子才能决定猫的死活。谁都知道箱中猫的死活是由铀的衰变决定的——衰变前猫是活的，衰变后猫就死了，这与是否有人打开箱子进行观察毫不相干。所以毛病出在观测的主观性上，应该朝这个方向寻根究底。

微观的观测与宏观的观测有所不同。宏观的观测对被观测对象没有什么影响。俗话说："看一眼总行吧。"意思是对所看之物并无影响，用不着担心。微观的观测对被观测对象有影响，会引起变化。以观测电子为例，要用光照才能看见，光的最小单位光子的能量虽小但不是零，光子照到被观测的电子上，对电子的影响很大。所以，在微观世界中看一眼也会惹祸！

量子力学认为，观测的结果使得被观测对象的状态改变了：一个确定态从原先不确定的叠加态中蹦了出来。再追究下去，观测无非是观测手段（如光子）与被观测对象（如电子）之间的一种相互作用，这种相互作用并不一定与观测者联系起来，后者可以用检测器之类的仪器代替。经过几十年的探索，物理学家终于认识到：在由叠加态到确定态的转变中，观测曾经扮演的角色应该以相互作用来代替，这样不仅更普遍而且更客观。具体到薛定谔猫佯谬，就能将人的主观因素完全排除——猫的死活不是由人开箱看猫一眼所决定的。

读者会说："不就是一只假想的猫吗，让霍金开枪打死不就完了。"事情并非那么简单，否则许多物理学大师就不会那么孜孜以求了。薛定谔猫伴谬衍生出更深刻的问题：大量原子、分子所构成的生物与这些微观粒子遵从的量子力学规律之间的关系究竟是什么？这不仅是重要的理论问题，而且具有实际意义。例如，自我意识的机制至今仍然是未解之谜，有人认为可能与量子力学或者更深层次的微观规律有关。再如思维过程中的"顿悟"，会不会与前述之"一个确定态就从原先不确定的叠加态中蹦了出来"有关呢？可能有关的还有：生命的起源、物种的变异、光合作用的机制……如此等等。总之，生命的秘密和思维的奥妙不可能与量子力学的规律无关。这就难怪薛定谔后来转而对生命科学很感兴趣了。1946年他写出了著名的《生命是什么》一书，提出了一些很有创见的观点。遗憾的是，在他有生之年，那可怜的箱中之猫依然生死不明。

"薛定谔猫"是被作为质疑量子力学的极端例子提出来的，但围绕着它一系列量子力学基本问题的研究，其寓意是十分深刻的。一方面，薛定谔猫为我们提供了从量子力学过渡到经典力学的范例，使人们充分领略到退相干过程的基本物理含义，并寻求比量子力学更基本的底层理论；另一方面，由于人们能够在特殊的条件下，制备出各种各样薛定谔猫态，使得量子力学适用的领域，从微观直接延伸到宏观，其进一步应用有可能发现新的、更宜于实际实现的量子信息载体。的确，站在量子与经典边界上的"薛定谔猫"告诉了我们许多自然界的秘密，虽然到目前为止，我们尚不能确切地知道这个边界究竟在哪里。寻求量子与经典边界的研究，或许会导致21世纪物理学的重大进展。

4. 实验研究　物理学是实验科学，一切要由实验来判定。较早的一批关于"薛定谔猫"的实验是将处于叠加态的单个原子或分子从周围环境中孤立起来，然后以可控制的方法使之相互作用，以观察其变化。结果发现，关键在于环境的相互作用，它导致原先的量子叠加态转变为经典的确定态。但是将这些实验对象当作薛定谔猫是一种极度的简化，单个原子或分子与薛定谔猫相去何止十万八千里。

1996年5月，美国科罗拉多州博尔德的国家标准与技术研究所（NIST）的Monroe等人用单个铍离子做成了"薛定谔的猫"并拍下了快照，发现铍离子在第一个空间位置上处于自旋为正的状态，而同时又在第二个空间位置上处于自旋为负的状态，而这两个状态相距80nm之遥！（1nm为1m的十亿分之一）——这在原子尺度上是一个巨大的距离。想象这个铍离子是个通灵大师，他在纽约与喜马拉雅同时现身，一个他正从摩天楼顶往下跳伞；而另一个他则正爬上雪山之巅！——量子的这种"化身博士"特点，物理学上称"量子相干性"。在早期的杨氏双缝实验中，单个光粒子即以优美的波粒二象性，轻巧地同时穿过两条狭缝，在观察屏上制造出一幅美丽的明暗相干条纹。

2000年7月，《自然》报道了最新的实验结果。这次《自然》报道的实验与上述那些实验不同。纽约州立大学石溪分校弗里德曼（J. R. Friedman）等人拿来做实验的"薛定谔猫"不是单个粒子，而是在接近绝对零度的超导体环形电路中由几十亿对电子构成的超导流。实验证明，这种由大量粒子构成的宏观量子系统也可以处于叠加态——相当于薛定谔猫的"死-活叠加态"。几十亿对电子构成的超导流当然还不能与几亿亿亿个原子构成的猫相比，但较之单个原子分子毕竟前进了一大步。所以有人惊呼："薛定谔猫变胖了！"

下一步是否拿一只真的猫来做实验呢？不可能！首先是无法将之与周围环境隔离——置于真空中的猫马上会死掉。其次，与接近绝对零度的超导流不同，常温下的猫根本不是宏观量子系统，何来叠加态？而且也没有必要做这样的实验，物理学家根据现有的实验结果，对薛定谔猫为什么不可能有"死-活叠加态"已能作出符合量子力学的解释。

2005 年 12 月，美国国家标准和技术研究所的莱布弗里特等人在《自然》杂志上称，他们已实现拥有粒子较多而且持续时间最长的"薛定谔猫"态。实验中，研究人员将铍离子每隔若干微米"固定"在电磁场阱中，然后用激光使铍离子冷却到接近绝对零度，并分三步操纵这些离子的运动。为了让尽可能多的粒子在尽可能长的时间里实现"薛定谔猫"态，研究人员一方面提高激光的冷却效率，另一方面使电磁场阱尽可能多地吸收离子振动发出的热量。最终，他们使 6 个铍离子在 $50\mu m$ 内同时顺时针自旋和逆时针自旋，实现了两种相反量子态的等量叠加纠缠，也就是"薛定谔猫"态。

奥地利因斯布鲁克大学的研究人员也在同期《自然》杂志上报告说，他们在 8 个离子的系统中实现了"薛定谔猫"态，但维持时间稍短。

科学家称，"薛定谔猫"态不仅具有理论研究意义，也有实际应用的潜力。比如，多粒子的"薛定谔猫"态系统可以作为未来高容错量子计算机的核心部件，也可以用来制造极其灵敏的传感器以及原子钟、干涉仪等精密测量设备。

麻省大学波城分校的 K. Jacobs 所领导的小组设计了一个可能实现这个理论的实验。2012 年，加州大学伯克利分校的 R. Vijay 所领导的小组完成名为《量子位的量子反馈控制》的弱观测实验（论文 PDF），其结果被发表在了 2012 年 10 月的《自然》上。

观测的对象是一个超导回路，由于超导体的特殊性质，这个回路能储存一个量子位（qubit）的信息。——经典的比特位只能是 0 或者 1，而量子位可以是 0 和 1 的叠加态。接着，这个回路进入了|0>态和在|1>态之间的高频振动状态，使得系统会经历所有的叠加态。然后，我们开始测量这个振动的频率，而不是去观测这个振动在某一时刻处于|0>或者处于|1>，或者是两者之间的某个状态。

练习题十一

11-1 根据玻尔理论，计算氢原子在 $n=5$ 的轨道上的动量矩与其在第一激发态轨道上的动量矩之比。

11-2 设有原子核外的 $3p$ 态电子，试列出其可能性的四个量子数。

11-3 康普顿散射中入射 X 射线的波长是 $\lambda = 0.70 \times 10^{-10}$m，散射的 X 射线与入射的 X 射线垂直。求：

（1）反冲电子的动能 E_k；

（2）散射 X 射线的波长；

（3）反冲电子的运动方向与入射 X 射线间的夹角 θ。

11-4 求波长分别为 $\lambda_1 = 7.0 \times 10^{-7}$m 的红光；$\lambda_2 = 0.25 \times 10^{-10}$m 的 X 射线的能量、动量和品质。

11-5 处于第四激发态上的大量氢原子，最多可发射几个线系，共几条谱线？那一条波长最长。

11-6 设氢原子中电子从 $n=2$ 的状态被电离出去，需要多少能量。

11-7 质量为 m 的卫星，在半径为 r 的轨道上环绕地球运动，线速度为 v。

（1）假定玻尔氢原子理论中关于轨道角动量的条件对于地球卫星同样成立。证明地球卫星的轨道半径与量子数的平方成正比，即 $r=kn^2$，（式中 k 是比例常数）；

（2）应用（1）的结果求卫星轨道和下一个"容许"轨道间的距离，由此进一步说明在宏观问题中轨道半径实验上可认为是连续变化的（利用以下数据作估算：普朗克常数 $h=6.63\times10^{-34}$ J·s，地球品质 $M=6\times10^{24}$ kg，地球半径 $R=6.4\times10^3$ km，万有引力常数 $G=6.7\times10^{-11}$ N·m²·kg⁻²。

11-8 电子和光子各具有波长 2.0×10^{-10} m，它们的动量和总能量各是多少？

11-9 室温下的中子称为热中子 $T=300$ K，试计算热中子的平均德布罗意波长。

11-10 一束动量是 p 的电子，通过缝宽为 a 的狭缝，在距离狭缝为 R 处放置一屏，屏上电子衍射图样中央最大的宽度是多少？

11-11 一宽度为 a 的一维无限深势阱，试用不确定关系估算阱中质量为 m 的粒子最低能量为多少？

11-12 设有一宽度为 a 的一维无限深势阱，粒子处于第一激发态，求在 $x=0$ 至 $x=a/3$ 之间找到粒子的概率？

11-13 设粒子在宽度为 a 的一维无限深势阱运动时，其德布罗意波在阱内形成驻波，试利用这一关系导出粒子在阱中的能量计算式。

11-14 假定对某个粒子动量的测定可精确到千分之一，试确定这个粒子位置的最小不确定量。

11-15 设有某线性谐振子处于第一激发态，其波函数为

$$\psi_1=\sqrt{\frac{2a^3}{\pi^{1/2}}}\,x\mathrm{e}^{-\frac{a^2x^2}{2}}。$$

式中，$a=\sqrt[4]{\dfrac{mk}{\hbar^2}}$，$k$ 为常数，则该谐振子在何处出现的概率最大？

11-16 一维运动的粒子，处于如下的波函数所描述的状态

$$\Psi(x)=\begin{cases}Ax\mathrm{e}^{-\lambda x}, & x>0；\\ 0, & x<0。\end{cases}$$

式中，$\lambda>0$，A 为常数。

（1）将此波函数归一化；

（2）求粒子位置的概率分布函数；

（3）粒子在在何处出现的概率最大？

11-17 设有某一维势场如下：

$$V=\begin{cases}0, & 0\leqslant x\leqslant L；\\ V_0, & x<0, x>L。\end{cases}$$

该势场可称为有限高势阱，设粒子能量 $E<V_0$，求 E 所满足的关系式。

11-18 原子内电子的量子态由 n、l、m_l、m_s 四个量子数表征，当 n、l、m_l 一定时，不同的量子态数目为多少？当 n、l 一定时，不同量子态数目为多少？当 n 一定时，不同量子态数目为多少？

第十二章 激 光

学习导引

1. **掌握** 激光的产生原理；激光的特性。
2. **熟悉** 激光的生物作用。
3. **了解** 常见的激光器。

1917 年爱因斯坦在对光与物质相互作用的研究中第一次提出了受激辐射的概念，论证了自发辐射、受激辐射和受激吸收之间的关系。**激光（laser）**就是受激辐射光放大（light amplification by stimulated emission of radiation）的简称。1960 年 7 月美国人梅曼（Theodore H. Maiman）研制成功了世界上第一台红宝石固态激光器。

与普通光（自发辐射光）相比，激光具有单色性好、方向性好、亮度高、相干性好的突出优点，是一种新型的光源。激光的问世导致了光学技术革命性的飞跃。激光现已广泛应用于各种科学和技术领域，并形成了一系列交叉学科，包括在生物医学领域中的激光医学与光子生物学、激光光谱分析技术等。

第一节 激光的产生原理

激光的物理基础是光与物质的相互作用。

光在本质上表现出双重特性，即光的波粒二象性。光波可看作是由量子化的微粒——光子组成的电磁场，光子的能量和动量都是量子化的。处于同一几何空间内，并且具有相同的传播方向、相同的频率（动量）和相同的偏振态的光视之为处于同一状态，称为**光量子态（optical quantum state）**，属于同一量子态的光子是相干的，每个量子态内的光子数目不受限制。

处于同一量子态的光子数称为**光子简并度（photon degeneracy）**。激光最本质的特点是具有异常高的光子简并度。例如，普通光源的光子简并度是在平均 10^5 个量子态中才只有一个光子，而 He-Ne 激光器的 6328Å 谱线在一个量子态内大约有 10^{15} 个光子。激光比普通光源的光子简并度高出 20 个数量级。这也就是激光所具有的许多优异特性的内在原因。

一、自发辐射、受激辐射与粒子数反转

光的发射和吸收是光场与物质粒子作用的结果。根据量子力学理论，构成物质的粒子

（分子、原子、离子等）只能处于一系列具有分立能量的状态，这些分立的能量常称为能级，其中最低的能量状态称为基态，其他的能量状态称为激发态。粒子处于基态时最稳定，处于激发态时很不稳定，处于激发态粒子的平均寿命仅为 $10^{-9} \sim 10^{-7} \text{s}$。

光场与物质的相互作用，使得构成物质的粒子可以从一个能级跃迁到另一个能级，同时伴随着光场增加或减少一个光子，这种跃迁称为**辐射跃迁**（**radiative transition**）。辐射跃迁包括自发辐射、受激辐射和受激吸收三种基本过程。若粒子的能级跃迁是以释放和吸收其他形式能量（如热能）完成的，这种跃迁称为**无辐射跃迁**（**non-radiative transition**）。

为了讨论问题的方便，假设粒子的辐射跃迁发生在能级 E_1 和 E_2（$E_2 > E_1$）之间，并假定这两个能级符合跃迁的选择定则。

（一）自发辐射与受激辐射

物质受到激励后，处于高能级 E_2 的粒子，在没有外界扰动的情况下，自发地向低能级 E_1 跃迁，同时发射一个能量为 $h\nu = E_2 - E_1$ 的光子，如图 12-1（a）所示，这一过程称为**自发辐射**（**spontaneous radiation**）。自发辐射光子的频率为

$$\nu = \frac{E_2 - E_1}{h}$$

式中，h 为普朗克常量。

自发辐射是一个随机过程，不同粒子或同一粒子在不同时刻辐射光子的频率、初相位、传播方向以及偏振态都各不相同，由此形成的是向四面八方传播的、非相干的自然光。普通光源的发光都属于自发辐射。

物质受到激励后，处于高能级 E_2 上的粒子，如果在它发生自发辐射之前受到一个能量为 $h\nu = E_2 - E_1$ 的外来光子的作用，则粒子可能受到外来光子的"诱发"而从高能级 E_2 跃迁到低能级 E_1，同时发射出一个与外来光子同频率、同相位、同传播方向、同偏振态的光子，如图 12-1（b）所示，这一过程称为**受激辐射**（**stimulated radiation**）。受激辐射光子是相干的。

受激辐射光子与外来入射光子属于同一量子态，这两个光子与其他仍处于高能级 E_2 的粒子作用又形成四个光子，依此类推，就会产生大量的受激辐射光子。可见，受激辐射具有光放大的作用。受激辐射的这一重要特性是产生激光的基础。

物质中处于低能级 E_1 上的粒子，在吸收外来辐射场特定能量 $h\nu = E_2 - E_1$ 的光子后，从低能级 E_1 跃迁到高能级 E_2，如图 12-1（c）所示，这一过程称为**受激吸收**（**stimulated absorption**）。

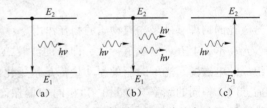

图 12-1　辐射跃迁的三种基本过程

受激吸收的特点是对入射光波长的选择性，选择的光子能量必须等于跃迁过程的两能级能量之差。

在光场与物质相互作用的过程中，上述三种基本辐射过程是同时存在的。但是，在不同的条件下，三种辐射过程各自发生的概率不同。

需要指出的是，以上的讨论假定了能级是无限窄的，因而认为辐射是单色的（谱线宽度无限窄）。实际上，由于各种原因，粒子能级 E_2 与 E_1 具有一定宽度，辐射并不是单色的。按照量子力学理论，当对粒子各个状态的能量进行测量时，其能量 E 的测量精度 ΔE 与时间测量精度 Δt 满足能量和时间的不确定关系，即能级的自然宽度与激发态能级的平均寿命成反比。由于能级有自然宽度，当考察两个能级 E_2 与 E_1 间的跃迁时，辐射频率不再是单一频率。这是

决定光谱具有一定宽度的一个方面原因，其他因素不再赘述。

（二）粒子数反转

激光是通过受激辐射来实现光放大的。但在外来光与物质相互作用时，一般自发辐射、受激辐射和受激吸收三种过程同时发生，但三种辐射过程各自发生的概率不同，哪一种跃迁过程占优势，取决于系统中各能级上分布的粒子数密度。

在通常情况下，粒子体系总是处于温度为 T 的热平衡状态，各能级的粒子数由玻耳兹曼分布律确定，即

$$N_n = N_0 e^{-\frac{E_n}{kT}}$$

式中，k 为玻耳兹曼常数，T 为热力学温度，N_0 为总粒子数密度，N_n 为处于能级 E_n 的粒子数密度。上式表明，热平衡状态下，粒子数密度随能级的增高按指数规律减小，即高能级的粒子数总是少于低能级的粒子数。实际上，激发态与基态之间的能量差一般都大于 1eV，因此，在常温的热平衡状态下，处于激发态的粒子数与处于基态的粒子数之比为

$$N_{n'}/N_n = e^{-(E_{n'}-E_n)/kT} \approx e^{-38}$$

即粒子几乎全部处于基态，处于激发态的粒子极少。因此，若有入射光照射，受激吸收较之受激辐射占绝对的优势。

欲使受激辐射占优势，得到激光，就必须用一定的方法去激发粒子体系，使高能级（激发态）的粒子数大于低能级（基态）的粒子数。通常把处于高能级的粒子数大于处于低能级的粒子数的这种反常分布，称为**粒子数反转**（**population inversion**）。粒子数反转状态是相对于热平衡分布而言的一种非热平衡状态，当体系处于粒子数反转状态时，受激辐射光子数多于被吸收的光子数，因此对光子数具有放大作用。粒子数反转是激光产生的前提。能够实现粒子数反转的介质称为**激活介质**（**active medium**）。

为了实现粒子数反转分布，首先要考虑的是选择一种有合适跃迁能级的介质，以便在某两能级之间实现粒子数反转；其次还要考虑相应的能量输入系统，以便提供给处于低能级的粒子能量，使其跃迁到高能级上去，这一过程通常称为**抽运过程**（**pumping process**）。

不同激活介质的能级结构、粒子的跃迁特性很不相同，但实现粒子数反转分布的主要物理过程基本相同。假定粒子有如图 12-2 所示的三个能级。当用频率 $\nu = (E_3 - E_1)/h$ 的光照射时，基态 E_1 上的粒子被抽运到 E_3 能级，使 E_3 能级上的粒子数大为增加，它们将主要以无辐射跃迁的形式极为迅速地转移到 E_2 能级。E_2 能级一般是亚稳态能级（平均寿命约为 $10^{-3} \sim 1s$），即粒子在 E_2 能级上停留的时间较长。在未形成粒子数反转之前，E_2 能级上的粒子主要以自发辐射跃迁形式返回 E_1 能级。如果粒子从 E_3 能级转移到 E_2 能级的速率足够高，就有可能在 E_2 能级与基态 E_1 之间形成粒子数反转分布。一旦出现这种情况，则在 E_2 能级与基态 E_1 之间的受激辐射将占绝对优势。

一般情况下，总是有大量粒子处于基态，因此三能级系统不容易实现粒子数反转。即使把系统粒子总数的一半提升到较高的激发态能级，也才实现两个能级的粒子数相等，还不能造成粒子数的反转分布。并且，为了使粒子由基态能级 E_1 激发到 E_2 能级的激发概率大于从 E_2 能级由自发辐射过程回到 E_1 能级的概率，三能级系统必须有足够强的外界能量激励。

要造成粒子数反转分布，就外界能量的激励水平来说，四能级系统要比三能级系统的要求要低。图 12-3 表示四能级系统的四个能级。当用频率 $\nu = (E_4 - E_1)/h$ 的光照射时，基态 E_1 上的粒子被抽运到 E_4 能级，使 E_4 能级上的粒子数大为增加，它们也将主要以无辐射跃迁的

形式极为迅速地转移到 E_3 能级上去。由于 E_3 能级是平均寿命较长的亚稳态能级，E_3 能级上将停留大量的粒子。而处于 E_2 能级上的粒子数极少，由此便在 E_3 和 E_2 能级之间建立起了粒子数反转。从 E_3 到 E_2 能级的自发辐射将会引起两能级间的受激辐射。

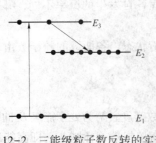

图 12-2　三能级粒子数反转的实现　　　　图 12-3　四能级粒子数反转的实现

四能级系统是在远离基态的两个激发态之间发生粒子数反转，低能级激发态基本上没有粒子，因而较之三能级系统更易实现粒子数反转。然而，四能级系统和三能级系统之间的差别也不是绝对的。只有选择激发态能级与基态能级间能量差适当大的激活介质，才能凸显四能级系统较之三能级系统高得多的转换效率，更好地发挥四能级系统的优越性。大多数激光器都是四能级系统。

这里所说的三能级系统或四能级系统，都是指与产生激光直接有关的能级，并不是说这种介质只具有三个能级或四个能级。

二、光学谐振腔的作用

激活介质实现粒子数反转分布是实现光放大产生激光的必要条件，但还不是充分条件，还不足以得到激光。这是因为在产生激光的频率范围内，自发辐射概率要比受激辐射概率大得多，而自发辐射是一个随机过程，无论是传播方向还是相位，都是无规的，由此自发辐射光子诱发产生的受激辐射光子的频率、相位、传播方向以及偏振态都是随机的，而且辐射光子的寿命短、辐射强度弱。如果不采取措施，要利用受激辐射来得到相干性好、方向性好的激光仍然是不可能的。

为了使受激辐射概率远远大于自发辐射概率，使受激辐射能够持续进行、光被反复放大并最终形成稳定的振荡，可利用光学谐振腔来实现。

（一）光学谐振腔的构成

光学谐振腔（optical cavity）由位于激活介质两端的相互平行并与激活介质的轴线垂直的两块反射镜片组成，如图 12-4 所示。两面反射镜之间的轴向距离，称为腔长。腔长远大于波长，也远大于反射镜的线度。反射镜可以是平面镜，也可以是凹面镜，其中一块为全反射镜，反射率尽量接近 100%，以减小能量的损失；另一块是部分透射反射镜，反射率在 90% 以上，以便能够透射输出一定能量的激光。

当激活介质受外界的激励而实现粒子数反转后，大量处于高能级的粒子由最初自发辐射的光子诱发仍处于高能级的粒子而产生受激辐射。受激辐射的光子向不同方向传播，有的直接从介质侧壁逸出，有的在几次来回反射后逸出，只有那些平行于谐振腔轴线方向的光子在两个反射镜之间来回反射，往复通过已实现了粒子数反转的激活介质，不断引起新的受激辐射，使轴线方向行进的光得到放大。这是一种雪崩式的放大过程。当受激辐射光子数不断增加，足以抵偿各种损耗时，便在谐振腔内形成持续稳定的光振荡，与此同时，从部分透射反射镜中输出激光光束。

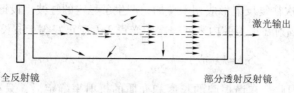

全反射镜　　　　　　　　　　　　　　　　部分透射反射镜

图 12-4　光学谐振腔内受激辐射光放大

（二）光学谐振腔的稳定性

光学谐振腔的稳定性反映了谐振腔固有的性质。

基本的光学谐振腔是由两个有一定间距的共轴球面反射镜所构成。光将在两个反射镜片之间往返传播。从几何光学的角度来看，如果光线在腔内经过往返无限多次传播之后，仍始终保持在腔内而不会横向逸出腔外，则称这种谐振腔为**稳定腔（stable cavity）**。例如由两曲率半径相等并且等于腔长的反射镜构成的共焦腔，就是稳定腔。

如果光线在腔内经有限次往返后从侧面逸出腔外，则称这种谐振腔为**非稳腔（unstable cavity）**。非稳腔的这种侧向能量逸出损耗往往在实际上被用来作为有用输出，这时两反射镜通常都做成全反射镜。稳定腔的几何损耗（或称横向逸出损耗）最小，而非稳腔的几何损耗最大。因此谐振腔的稳定性实际上是反映了谐振腔的几何损耗的大小。

如果仅有某种特殊光线能在腔中形成稳定振荡，则称这种谐振腔为**介稳腔（metastable cavity）**。对于平行平面腔来说，沿轴线方向的光线能往返无限多次而不致逸出腔外，非轴线方向的光线经有限次往返后必然从侧面逸出腔外，所以平行平面腔是一种介稳腔。介稳腔的性质介于稳定腔与非稳腔之间。

（三）光学谐振腔的损耗

光学谐振腔除了可以使得光放大之外，还存在着使光强减弱的各种损耗。光放大是产生激光振荡的有利条件，而损耗是有碍于激光振荡的不利因素。光学谐振腔的损耗是衡量谐振腔质量的重要参数。

光波在腔内来回传播过程中，不可避免地有各种损耗，这些损耗包括：介质中杂质对光的吸收损耗、介质的不均匀性引起的散射损耗；谐振腔两反射镜上的吸收、散射和透射损耗，特别是作为输出镜的透射损耗有时是相当大的；介质或反射镜的有限孔径所引起的衍射损耗；等等。上面列举的损耗中，谐振腔输出镜的透射损耗是无法避免的，其余的各种损耗，可通过改进工艺，使其尽量减小。

显然，只有当光波在谐振腔内往返传播一次所得到的增益大于同一过程中的损耗时，才能维持光振荡，并有持续的激光输出。这就是产生激光振荡所必须满足的**阈值条件（threshold condition）**。

为了描述光学谐振腔的质量，可以延用 LC 振荡电路的品质因数概念，定义光学谐振腔的品质因数 Q

$$Q = 2\pi\nu \frac{\text{谐振腔内储存的能量}}{\text{单位时间损耗的能量}}$$

式中，ν 为谐振腔内光波振荡频率。谐振腔内能量损耗越小，腔内光子的平均寿命就越长，谐

振腔的品质因数 Q 值越高。

（四）光学谐振腔的模特性

光在谐振腔中多次往复反射形成相干叠加，产生了稳定的驻波。设谐振腔的长度为 L，介质的折射率为 n，光辐射在谐振腔内来回一次的光程 $2nL$ 应正好等于波长的整数倍，即

$$2nL = k\lambda \text{ 或 } \nu = k\frac{c}{2nL} \qquad (k = 1, 2, 3, \cdots)$$

式中，k 为正整数。因此，在谐振腔的长度和介质的折射率确定后，只有某些特定频率（波长）的光才能形成稳定的光振荡，输出激光。由此表明，谐振腔只对特定频率的光波具有选择放大作用。

对应于不同的 k 值，就有不同频率（波长）的驻波。通常将在谐振腔内沿腔轴方向（z 轴方向）形成的各种可能的驻波，称为谐振腔的**纵模（longitudinal mode）**，这些驻波频率称为谐振腔的纵模频率或共振频率。

对一给定腔长和激活介质的谐振腔来说，腔内可能存在的光波是一系列等频率间隔的单色波。然而，由于激活介质的作用，实际振荡的纵模只有那些在增益值大于阈值的那个频率范围的纵模。由此可见，输出的激光只有有限数目的纵模。当激光振荡的纵模只有一个时，输出的激光就是单色性极高的单纵模。显然，谐振腔具有选频作用。

受激振荡的光波沿腔轴经多次往返传播后，光波将集中于谐振腔的腔轴附近，并形成各种形式的稳定的横向场分布，即激光束在谐振腔横截面（x、y 轴方向）上的光强或光斑分布，这些可能的横向场分布称为谐振腔的**横模（transverse mode）**。

谐振腔的横模数目决定于谐振腔的结构、损耗大小以及外界能量的激励强弱等。常用 TEM_{mn} 来标记谐振腔横模，TEM 表示光波是横电磁波，m 和 n（正整数）分别代表了 x 轴和 y 轴方向上光场为零的次数，即节线的条数（图 12-5）。单横模 TEM_{00} 称为基模，其他称为高次模。基模在整个镜面上没有节线；TEM_{10} 模在 $x = 0$ 处有一条节线；等等。基模的特点是：光场分布呈高斯分布，光束的中心最强，四周能量对称地减弱，光束的截面是一个理想的圆形光斑，整个横向光场无暗斑。

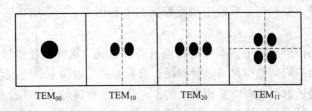

图 12-5　共焦腔横模示意图

模特性是光学谐振腔的最重要的特性。一个稳定的光学谐振腔，横模对应于谐振腔内横向稳定的可能光场分布，纵模对应于谐振腔内满足共振条件的纵向稳定的可能光场分布。表现在输出的激光光束中，不同纵模相当于频率不同的单色谱线；不同横模相当于光强分布不同的光斑花样。

一般情况下，若不采取选模措施，多数激光器的谐振腔中往往以多种横模的形式振荡，同时可能有多种共振频率的激光输出。因为含有多横模及多纵模的激光束单色性及相干性差，所以理想激光器的输出光束应只具有一个模式，这就要求激光器以基模的形式或单频的形式甚至以单频基模的形式输出。以基模形式输出的激光，其光束发散角小，形成的光斑最小，

能量集中且具有比较大的能量，在激光准直、激光打孔和非线性光学研究等方面都有应用。以单频基模输出的激光，主要利用其相干辐射的特性，在精密干涉计量、光通信及大面积全息照相等方面均有所应用。

谐振腔中不同横模具有不同的衍射损耗，通过调节谐振腔的相关指数的方法来改变谐振腔中不同横模的衍射损耗，就可以实现谐振腔横模的选择。例如，通过调节，使基模保持较低的衍射损耗，而其他横模的衍射损耗均较大，则谐振腔中只能以基模的形式振荡。

通过适当地缩短谐振腔的长度，可以获得单纵模的激光输出，虽然这种方法会降低激光的输出功率，但在对激光输出功率要求不高的应用中，这种单纵模的选模方法还是用得较多的。不影响输出功率的一种方法，就是在谐振腔内插入标准具，利用其对某个纵模的高透射率，来实现谐振腔纵模的选择。

（五）光学谐振腔的作用

光学谐振腔是激光器的重要组成部分。

光学谐振腔由两个反射镜组成，谐振腔的光轴与工作物质的长轴相重合。这样沿谐振腔轴方向传播的光波将在两反射镜之间来回反射，多次反复地通过激活介质，使光不断地被放大。所以谐振腔的作用是可提供光学反馈，加强激活介质中受激辐射的放大作用，并维持光振荡，输出激光。在光学谐振腔内，只有沿腔轴方向传播的光波在腔内择优放大，而沿其他方向传播的光波很快地逸出腔外，因而谐振腔具有限定输出激光束方向的作用。光学谐振腔还有选择输出激光束的纵模（选频）和横模的作用以及通过调 Q、稳频等技术，改善输出激光束波形的作用。

光学谐振腔设计的是否合理，将直接影响输出激光的特性。

三、激光器的结构

激光器（**laser**）是产生激光的器件或装置，它主要由三部分组成：工作物质、激励源和光学谐振腔，如图 12-6 所示。

（一）工作物质

要使受激辐射过程成为主导过程，必要的条件是在激活介质中造成粒子数反转分布，即使介质激活。在一定的外界激励条件下，很多物质都有可能成为

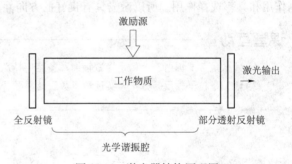

图 12-6　激光器结构原理图

激活介质，因而可能产生激光，这样的一些能产生激光的物质称为激光工作物质。激光工作物质通常为气体、液体、固体或半导体等。目前，激光工作物质有近千种，输出激光的波长范围从 X 射线一直扩展到了远红外。

不同激光工作物质的能级结构和粒子的跃迁特性很不相同。一般按照与产生激光直接有关的能级的多少将激活介质分为三能级系统和四能级系统。三能级系统激光工作物质的典型例子是掺铬离子的氧化铝（红宝石）晶体。四能级系统更具有普遍性，如掺钕的钇铝石榴石晶体及多数气体激光器的工作物质都属于四能级系统。

（二）激励源

要使激光工作物质中的激活介质激活，需要外加激励源（也称为泵浦源）来提供足够强的激励。

激励源的作用就是向工作物质提供能量，使激活介质中处于基态能级的粒子不断地被抽运到高能级上，使激活介质造成粒子数反转分布。一般地，粒子数反转分布只出现在个别较高能级和较低能级之间，而其他能级的粒子数分布仍为正常态分布。

激励源的选择取决于工作物质的特点，因而不同工作物质往往需要不同的激励源。一般地，对固体激光器采用脉冲光源如氙灯、碘钨灯等照射工作物质的光激励方法，对气体激光器则采用通过气体放电的办法来利用具有动能的电子去激励工作物质的电激励方法，还有热激励、化学激励等。各种激发方式被形象化地称为泵浦或抽运。为了使激光持续输出，必须不断地"泵浦"以补充高能级的粒子向下跃迁的消耗量。

另外，激励源的选择也应考虑到激励效率等问题。

（三）光学谐振腔

光学谐振腔的内容前面已述，不再重复。

（四）激光的产生

激光工作物质在泵浦源的激励下处于粒子数反转的激活状态，在发生粒子数反转分布的两能级之间，首先由自发辐射过程产生很微弱的光辐射。在自发辐射光子的"诱发"下，在粒子数反转分布的两能级间产生受激辐射，释放出一个与"诱发"光子特性完全相同的光子，很快地，由这些光辐射在激活介质中产生连锁反应，由于谐振腔的作用，这些光子在腔内多次往返经过介质，最终从光学谐振腔的部分透射反射镜端输出光能，这就是激光。

由于输出的激光是由两个特征能级之间的受激辐射产生的，而且有光学谐振腔的模式限制作用和频率选择作用，所以激光具有良好的方向性、单色性和相干性。

课堂互动

1. 什么是自发辐射？什么是受激辐射？各有何特点？
2. 什么是粒子数反转分布？实现粒子数反转需要什么条件？

第二节 激光的特性

激光器和普通光源一样，发出的光本质上都是电磁波，但由于两者发光原理的不同，使得激光器发出的激光具有和普通光源发出的光很不相同的特性。一般来说，激光具有四方面特性：方向性好、单色性好、相干性好和亮度极高。实际上，激光的特性来自于激光具有很高的光子简并度，而这正是得益于受激辐射的本性和谐振腔的选模作用。

激光广泛应用的基础就在于它的特性。

一、方向性好

光束的方向性用光束发散角来描述。普通光源发出的自然光总是向四面八方发散的，虽然使用聚光装置可以将这种光集中到一点，但绝大多数能量都会被浪费掉，效率很低。

激光工作物质内所有受激辐射光子只有沿腔轴方向的振荡才能形成激光并输出，因而激光具有很小的光束发散角，即具有很好的方向性。激光束的方向性与激光的横模结构相联系。如果激光是基模 TEM_{00} 的单横模结构，则激光具有最好的方向性。如果激光是多横模结构，则由于高次模发散角加大，激光的方向性变差。

不同类型激光器的方向性差别很大，它与工作物质的类型和均匀性、激励方式、光学谐振腔类型和腔长以及激光器的工作状态有关。并且由于受到衍射效应的限制，激光束的最小光束发散角不会小于当其通过激光器输出孔径时的衍射角。

激光束的发散角一般在 $10^{-4} \sim 10^{-2}$ rad，普通光束的发散角是激光束的 $10 \sim 10^4$ 倍。如果把激光发射到 38 万 km 的月球上，其光斑直径也只有 2km 左右。激光束是理想的平行光束，已被广泛用于目标照射、准直和雷达等方面。

二、单色性好

光束的单色性用谱线宽度 $\Delta\nu$ 来描述。谱线宽度越窄，光的颜色越纯，则单色性越好。普通光源发出自然光的光子频率各不相同，含有多种颜色。由于受激辐射的光子频率相同加之谐振腔的选频作用，使得激光谱线宽度很窄，具有很好的单色性。He-Ne 激光器发出的红光（632.8nm）的谱线宽度小于 10^{-8} nm，颜色非常纯。普通光源中单色性最好的氪灯（605.7nm）的谱线宽度为 4.7×10^{-4} nm，两者相差数万倍。激光器是目前世界上最好的单色光源。

对于单横模激光器，其单色性取决于它的纵模结构。如果激光以多纵模方式振荡，则单色性就较差。理论分析证明，单纵模激光器的谱线宽度极窄，但实际上，单纵模激光器的单色性还受其频率稳定性影响。

由于单色性越好（频率范围越窄）的光波在光纤中传输时产生的噪声越小，由此可增加中继距离、扩大通信容量，所以激光在通信技术中应用很广。

三、相干性好

相干性是光的重要性质之一。激光区别于其他光源的根本标志之一就是其高度的相干性。

光源的相干性有时间相干性和空间相干性之分。所谓时间相干性是指在光源发出的光场中，同一地点、不同时刻的光之间的相干性；而空间相干性是指在光源发出的光场中，同一时刻、不同地点的光之间的相干性。

时间相干性一般用光的相干时间 τ 描述。光场空间中同一位置，在相同时间间隔 τ 的光波相位关系不随时间而变化，称为光的时间相干，τ 称为相干时间。相干时间与光场的单色性有关。若光场的频宽为 $\Delta\nu$，则相干时间为

$$\tau \propto 1/\Delta\nu$$

即单色性越高，相干时间越长，则相干性越好。显然，只有理想的单色光源才是完全时间相干的光源（$\tau \to \infty$）。实际光源中，普通光源的相干时间约为 $10^{-9} \sim 10^{-8}$ s，单色性好的激光器的相干时间约为 $10^{-3} \sim 10^{-2}$ s。

描述时间相干性的另一参数是相干长度 $L = c\tau$，即光在相干时间内传播的路程。L 越长则光的时间相干性越好。普通光源中单色性最好的氪灯的相干长度只有数十厘米，而激光的相干长度可以达到数十千米，两者相差十万倍。

空间相干性一般用相干面积 A 描述。光场空间中同一时刻，在空间不同位置的光波相位关系不随时间而变化，称为光的空间相干性。满足此空间相干性的空间发光范围称为相干面

积，相干面积越大则光的空间相干性越好。

激光器是目前世界上最好的相干光源。

激光的四个特性彼此相互关联。就应用角度来说，激光的基本特性可以概括为以下两个方面：

（1）激光是定向性很好的强光　与普通光源相比，激光器所输出的激光能量高度集中，功率密度可以很大。利用这一特性，可以进行精确的长度测量；通过透镜聚焦光束，进一步聚集能量，可使被照射物体溶化或汽化，从而实现工业上的激光打孔、切割和焊接，军事上的激光武器，医疗上的激光手术刀，等等；可实现激光通信，即利用信号对激光载波进行调制从而传递信息，其最大优点是传输的信息量大，理论上红外激光可同时传送上千亿个电话；可用高强脉冲激光加热氘和氚的混合物，使其温度达到 0.5 亿~2 亿 K，有望实现受控热核聚变。

（2）激光是单色的相干光　激光具有普通光所没有的很好的时间相干性和空间相干性。这一特性，在激光光谱学、激光全息技术、激光干涉计量学、激光信息处理等领域得到了广泛的应用。

目前，激光业已成为基础医学研究与临床诊断、治疗的重要手段。

四、亮度极高

光源的发光强弱程度用亮度来描述。光源的亮度定义为单位截面和单位立体角内发射的光功率，它表明光源发射的光能量对时间与空间方向的分布特性。

由于激光的能量集中在很小的角度内，所以亮度很高。激光器输出激光的亮度值可高达 $10^{17} W \cdot cm^{-2} \cdot sr^{-1}$，太阳的亮度值约为 $2 \times 10^3 W \cdot cm^{-2} \cdot sr^{-1}$，激光的亮度比太阳表面的亮度高几百亿倍，更远高于普通光源的亮度。

光的强度定义为垂直通过单位截面的光功率。对同一光束，强度与亮度成正比。由于激光具有极高的亮度并且很小的光束发散角，所以激光的强度远大于普通光的强度。目前，脉冲式工作的激光器的输出功率达到了 $10^{13} W$，当聚焦到 $10^{-3} \sim 10^{-2} mm$ 尺度上，强度即可达到 $10^{17} W \cdot cm^{-2}$。

课堂互动

激光与自然光相比有哪些特点？

第三节　常见的激光器

自 1960 年第一台红宝石激光器问世以来，激光技术发展十分迅速，已研制成功的激光器不下数百种，新的激光器仍在不断地出现。现在，激光器的波长已从 X 射线一直扩展到了远红外；最大连续功率输出已达 $10^5 W$，最大脉冲功率输出已达 $10^{14} W$。激光工作物质已包括晶体、玻璃、光纤、气体、液体及半导体等多种材料。激励方式也有光激励、放电激励、电激励、热激励、化学激励和核激励等多种方式。

本节简单介绍几种按工作物质形态（气体、固体、液体、半导体等）分类的常见激光器的结构和工作原理。

一、气体激光器

气体激光器是以气体或蒸气为工作物质的激光器。气体激光器通常采用气体放电、化学、热和核等激励方式泵浦。

（一）He-Ne 激光器

He-Ne 激光器是最早研制成功的气体激光器，它在可见和红外光谱区可产生多种波长的激光谱线，其中最强的是 6328Å[①]、1.15μm 和 3.39μm 三条谱线。He-Ne 激光器输出功率不大，随放电管长度不等为几毫瓦至数十毫瓦。He-Ne 激光器结构简单、使用方便、成本低廉，在精密计量、准直、全息照相和医学等方面得到广泛的应用。

He-Ne 激光器主要由气体放电管和谐振腔两部分组成。毛细管放电管中充有氦氖混合气，混合气体中 He 的含量数倍于 Ne，但激光跃迁只发生于 Ne 原子的能级间，辅助气体 He 的作用是提高泵浦效率。在放电管内两端的阳极和阴极间加有几千伏高压，可使气体产生放电。若谐振腔两端的反射镜放置在放电管外并与放电管分开，称为外腔式激光器。放电管的两端或一端用法线与管轴成布儒斯特角的光学窗片封接，窗片称为布儒斯特窗，它的作用主要是保证激光束无损耗地通过窗片，同时可使输出的激光成为完全偏振光。图 12-7 为外腔式 He-Ne 激光器的结构示意图。

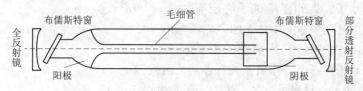

图 12-7 外腔式 He-Ne 激光器的结构

图 12-8 是 He 原子和 Ne 原子与激光作用有关的部分能级图。通常 He 原子和 Ne 原子都处于基态，当气体放电时，从阴极发射的电子被电场加速射向阳极，因为 Ne 原子吸收电子能量而被激发的概率很小，所以加速的自由电子与基态 He 原子碰撞，使相当多数量的 He 原子被激发到其激发态 2^1s_0 和 2^3s_1 能级上。2^1s_0 和 2^3s_1 是亚稳态，因而可积累大量的 He 原子。He 原子的 2^1s_0 和 2^3s_1 能级分别与 Ne 原子的 3s 和 2s 能级组很接近，当激发态 He 原子和基态 Ne 原子发生碰撞时将 Ne 原子激发到其相应激发

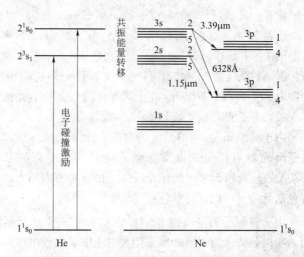

图 12-8 He 原子和 Ne 原子的能级图

态能级，这一过程称为共振能量转移。Ne 原子的 2s 和 3s 态是激光跃迁的上能级，而激光跃

---

① 1Å = 10^{-10} m。

迁的下能级是 2p 和 3p，所以在激光上能级和下能级间很容易建立粒子数反转分布。由 Ne 原子的 $3s_2 \rightarrow 2p_4$ 的跃迁产生波长为 6328Å 的激光，由 Ne 原子的 $2s_2 \rightarrow 2p_4$ 和 $3s_2 \rightarrow 3p_4$ 的跃迁分别产生波长为 1.15μm 和 3.39μm 的激光。

He-Ne 激光器中，尽管 Ne 原子的能级结构很复杂，但仍可以将其简化为四能级系统。其中氖的 2s 和 3s 能级组的某一激发态对应于四能级系统中的能级 E_3；氖的 2p 和 3p 能级组的某一激发态对应于能级 E_2；氖的 1s 态对应于能级 E_1，能级 E_1 为氖的基态。但 Ne 原子的简化四能级系统中无 E_4 对应。

（二）氩离子激光器

氩离子（Ar^+）激光器是连续工作的离子气体激光器中输出功率最大的一种，其输出功率可高达 100 多瓦，它在激光制版印刷、激光拉曼光谱、全息照相、水下探测和临床医学等方面有广泛的应用。

氩离子激光器也主要由放电管和谐振腔组成。但是，由于氩离子激光器的放电是大电流的弧光放电，放电管内等离子体中原子和离子温度很高，所以放电毛细管材料必须满足导热性好、耐高温和抗溅射等要求。常用的放电毛细管材料是石墨和氧化铍陶瓷，材料不同，氩离子激光器的结构则不同。最近发展了一种钨盘-陶瓷毛细管结构的氩离子激光器。

图 12-9 所示为氩离子与激光产生过程有关的能级图。处于基态的氩原子，最外面的电子壳层有六个价电子（$3p^6$）。气体放电过程中，处于基态的氩原子与电子碰撞后电离，形成基态氩离子，外层电子剩下五个价电子（$3p^5$）。基态氩离子再与电子作用，就有可能被激发到氩离子的各个激发态上。氩离子激光谱线的跃迁发生在 $3p^4 4p$ 和 $3p^4 4S$ 能级之间。当基态氩离子与电子碰撞后，氩离子的激光上能级（$3p^4 4p$）粒子的集聚过程主要为：①直接跃迁到 $3p^4 4p$；②跃迁到低于 $3p^4 4p$ 的亚稳态能级，再次与电子碰撞并跃迁到 $3p^4 4p$；③跃迁到高于 $3p^4 4p$ 的其他能级，再辐射跃迁到 $3p^4 4p$。并且粒子在下能级 $3p^4 4S$ 上的寿命约为 10^{-9}s，在上能级 $3p^4 4p$ 上的寿命约为 10^{-8}s，由此便可在激光上下能级之间实现粒子数的反转分布。

由于能级 $3p^4 4p$ 和 $3p^4 4s$ 均对应若干子能级，所以氩离子激光器可产生 9 条蓝绿激光谱线，其中以波长为 4880Å 的蓝光和 5145Å 的绿色最强。在谐振腔内插入棱镜等色散元件，可以获得单色激光。

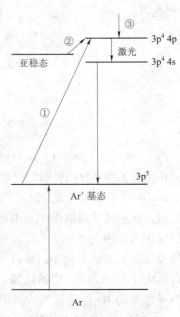

图 12-9　氩离子能级图

由于氩原子的电离能（$\approx 15eV$）和氩离子跃迁至激光上能级的激发能（$\approx 20eV$）都很大，所以氩离子激光器必须采用大电流的弧光放电激发。

（三）CO_2 激光器

CO_2 激光器是一种典型的分子气体激光器。它的主要特点是能量转换效率高、输出功率大，目前最大的连续输出功率已达几十万瓦，最大的脉冲输出功率已达几百兆瓦。CO_2 激光器广泛应用于激光加工（如打孔、切割、焊接、淬火等）、大气通信、军事及医疗领域。

CO_2 激光器以 CO_2、N_2 和 He 等混合气体为激光工作物质。激光器通常有三层套管：放电管、水冷管和储气室。谐振腔由全反射镜和输出镜组成，输出镜采用了对 $10.6\mu m$ 的光吸收系数很小的锗单晶制成的平行平面镜。激励方式有电激励、热激励或化学激励等。图 12-10 所示为目前最成熟的纵向电激励 CO_2 激光器的结构简图。

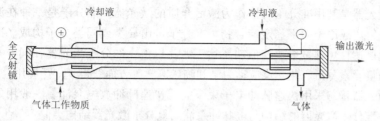

图 12-10　纵向电激励 CO_2 激光器

CO_2 激光器的激光跃迁发生在 CO_2 分子的一些较低能级之间，为了增强激光振荡的受激辐射过程，在工作物质中增加了各种辅助气体。辅助气体 N_2 的作用与氦氖激光器的氦的作用相似，主要是使激励到激光上能级的粒子数增多；辅助气体 He 则有助于激光下能级的抽空。它们可以显著地增大激光跃迁能级间的粒子数反转程度，从而大大增强激光输出功率。

图 12-11 所示为 CO_2 分子和 N_2 分子基态能级的几个最低子能级图。CO_2 激光器中激光上能级（00^01）CO_2 分子的集聚过程主要为：①电子与基态（00^00）CO_2 分子直接碰撞而至激光上能级；②电子与基态 CO_2 分子碰撞使其跃迁至某一高能级，基态 CO_2 分子再与高能级 CO_2 分子碰撞后跃迁至激光上能级；③基态 N_2 分子与电子碰撞后跃迁至其亚稳态能级，基态 CO_2 分子与亚稳态 N_2 分子碰撞并跃迁至激光上能级。

在 CO_2 分子中，激光跃迁能够在多组能级间产生，而在较强的激光谱线 $10.6\mu m$ 和 $9.6\mu m$ 的辐射中，前者的激光振荡更占优势。所以，CO_2 激光器通常只输出 $10.6\mu m$ 的激光。

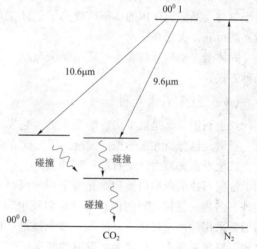

图 12-11　CO_2 和 N_2 分子基态能级的几个
最低子能级

（四）N_2 分子脉冲激光器

N_2 分子脉冲激光器（简称 N_2 分了激光器）的基本特点是：输出峰值功率大，一般在数兆瓦量级，最高可达到 60MW；输出波长 3371Å 的紫外激光；结构简单，造价低廉。N_2 分子激光器广泛应用于可调谐染料激光器的泵浦源、激光光谱分析、污染检测及医学等方面。

N_2 分子激光器可看作三能级系统激光器。它的三个能级是基态能级、激光下能级和激光上能级。N_2 分子激光跃迁能够在上、下能级中不同子能级间实现，其中最强的激光谱线为 3371Å，最弱的激光谱线为 3159Å。

N_2 分子激光器激光上能级的寿命非常短、下能级的寿命比较长，所以难以实现恒定的粒子数反转，不能产生连续的激光，只能采用高电压、大电流、快速激励（脉冲放电激励）的办法以产生急剧的粒子数反转获得脉冲激光。脉冲放电电路由储能电容、电感和火花隙等组成，可为激光腔中的激光介质 N_2 提供脉冲泵浦。N_2 分子激光器增益很高，无须谐振腔反馈，靠单程受激辐射即可实现激光输出。

（五）准分子激光器

准分子激光器是利用准分子气体作为激活介质的激光器。准分子是一种在激发态复合成分子，在基态解离成原子的不稳定缔合物。准分子可由异类或同类分子构成。准分子激光器脉冲输出能量已达百焦耳级，峰值功率达千兆瓦以上。准分子激光器在同位素分离、光化学、气体的微量元素分析、化学反应动力学和临床医学等方面获得了广泛应用。

准分子激光器普遍采用快速脉冲电子束泵浦或快速脉冲放电泵浦。一般用的较多的是脉冲放电泵浦。准分子激光器的结构与电脉冲泵浦的氮分子激光器结构类似。

准分子与稳定分子不同，它只在激发态以分子形式存在，当准分子跃迁到基态后立即解离，这意味着激光下能级总是空的，很容易形成粒子数反转状态。由于准分子激光下能级不是单一确定值的能级，激光跃迁产生的光谱为一连续带，因此准分子激光器是可调谐激光器。

二、固体激光器

固体激光器通常用掺入少量过渡金属离子或稀土离子的绝缘晶体或玻璃作为工作物质。由于参与受激辐射作用的离子密度高于气体工作物质并且激光上能级的寿命较长，因此固体激光器可获得大功率输出。

固体激光器的泵浦源普遍采用光泵激励，光激励又可分为气体放电灯激励和激光器激励两种方式。

（一）红宝石激光器

红宝石激光器是最早出现的激光器，它发出 6943Å 的红色激光。红宝石激光器在动态全息、显微光谱分析和医学视网膜凝结等方面有特别的应用。

红宝石激光器由红宝石棒、脉冲氙灯、聚光器和光学谐振腔四部分组成，如图 12-12 所示。红宝石棒的两端研磨和抛光成平行度极高的光学平行平面，在棒的两端（通常在聚光器之外）各置一镀银全反射镜和部分透射反射镜，两反射镜构成激光器的谐振腔。红宝石激光器通常采用脉冲氙灯作为泵浦源。聚光器是一内壁抛光镀金属的椭圆柱形的腔体，将氙灯和红宝石棒放置在内，可使光泵发射的能量尽可能多地被工作物质所吸收。

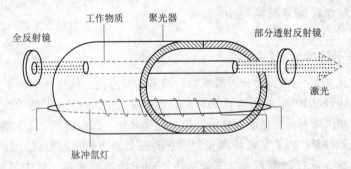

工作物质　聚光器

全反射镜　　　　　　　　　　　　　　　部分透射反射镜

激光

脉冲氙灯

图 12-12　红宝石激光器的结构简图

红宝石激光器的工作物质是红宝石，它是掺有少量氧化铬（Cr_2O_3）的氧化铝（Al_2O_3）晶体，主要成分 Al_2O_3 只是容纳铬离子（Cr^{3+}）的基质，产生激光作用的是 Cr^{3+}。红宝石晶体内 Cr^{3+} 的能级图如图 12-13 所示。当脉冲氙灯发出的光照射红宝石棒时，处于基态 $^4A_2$ 能级上

的 Cr^{3+} 吸收泵浦光而跃迁到激发态 $^4F_1$ 能级和 $^4F_2$ 能级。Cr^{3+} 在激发态 $^4F_1$ 和 $^4F_2$ 能级上的寿命很短，因而迅速通过无辐射跃迁过程跃迁到亚稳态 ^2E 能级，Cr^{3+} 便在该能级积聚起来，由此在亚稳态 ^2E 能级与基态 $^4A_2$ 能级之间可实现粒子数反转。^2E 能级由邻近的两个子能级组成，粒子由此向基态 $^4A_2$ 能级跃迁时可分别产生 6943Å 和 6929Å 的激光谱线，但由于低子能级与基态 $^4A_2$ 能级间粒子数反转程度较高且低子能级抽空的粒子很快由高子能级上的粒子补充，所以红宝石激光器通常只产生 6943Å 的激光。

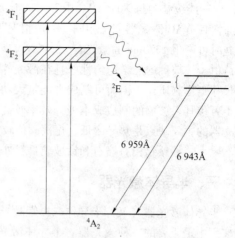

图 12-13 红宝石中 Cr^{3+} 的能级图

从红宝石产生激光作用的有关能级看，Cr^{3+} 的能级为三能级系统。所以，一般的照明光源难以实现粒子数反转，脉冲氙灯是可用的强激励光源。

（二）掺钕钇铝石榴石激光器

掺钕钇铝石榴石激光器是目前中小功率固体激光器中性能最好的一种。由于跃迁能级属四能级系统，只需很低的泵浦能量就能实现激光振荡，所以它的阈值较低；它的导热性能好，易于散热，不仅可以脉冲方式还可以连续方式工作；它的效率较高。掺钕钇铝石榴石激光器在材料加工、雷达、通信、测距、水下显示和探测等方面有着广泛的应用。

掺钕钇铝石榴石激光器的结构与红宝石激光器类似，其激光工作物质为掺钕的石榴石晶体棒，钇铝石榴石的化学成分为 $Y_3Al_5O_{12}$，简称 YAG，掺入的稀土元素钕离子（Nd^{3+}）取代了 YAG 晶体中的钇离子（Y^{3+}），Nd^{3+} 是激活粒子。

图 12-14 为掺钕钇铝石榴石（Nd：YAG）晶体中 Nd^{3+} 与激光产生过程有关的能级图。由于晶体的微扰作用，Nd^{3+} 各能态分裂为若干能级。处于基态 $^4I_{9/2}$ 的 Nd^{3+} 吸收光泵发射的不同波长的光子能量后跃迁到 $^2H_{9/2}$（$^4F_{5/2}$）和 $^4S_{3/2}$（$^4F_{7/2}$）等激发态能级，然后几乎全部通过无辐射跃迁很快地过渡到 $^4F_{3/2}$ 能级，$^4F_{3/2}$ 是亚稳态能级。处于 $^4F_{3/2}$ 能级的 Nd^{3+} 在向低能级跃迁时以最大概率跃迁至能级 $^4I_{11/2}$，产生波长为 1064nm 的红外激光，该跃迁过程属于四能级系统。当采取特殊选模措施时，还可产生 1319nm 的激光。

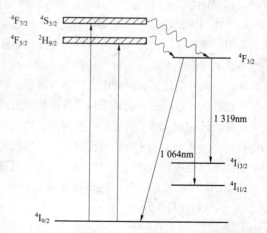

图 12-14 Nd：YAG 晶体中 Nd^{3+} 的能级图

钇铝石榴石激光器的光泵浦源是碘钨灯或氙弧灯等。

（三）钕玻璃激光器

钕玻璃激光器也是一种最通用的固体激光器，其激光工作物质是钕玻璃。钕玻璃是在硅酸盐或磷酸盐玻璃基质中掺入少量的氧化钕（Nd_2O_3）制成的。钕玻璃中的激活粒子同样是

Nd³⁺，其能级结构与 Nd：YAG 中 Nd³⁺的能级结构基本相同，因此钕玻璃激光器的激光跃迁机理与 Nd：YAG 激光器完全相同。一般情况下产生波长为 1060nm 的红外激光，采取特殊选模措施时可产生 1370nm 的激光。

由于钕玻璃的光学均匀性好且在激光棒的形状、尺寸的制造上有较大的自由度，可做成大尺寸工作物质棒，因而可制成大能量大功率的激光器。大能量钕玻璃激光器的输出能量已达上万焦耳。玻璃的制造成本低，效率较高，因而钕玻璃激光器有较为广泛的应用。钕玻璃激光器的主要缺点是热导率低，振荡阈值较 Nd：YAG 高，因此不宜用于连续方式工作。

除上述掺钕钇铝石榴石和钕玻璃材料外，能产生激光的掺钕晶体已经达到 140 多种。

三、半导体激光器

半导体激光器（又称半导体二极管激光器）是指以半导体材料为激光工作物质的激光器，是实用中最重要的一种激光器。半导体激光器的体积小、质量轻、寿命长、成本低、波长可选择，在激光通信、光存储、激光打印、光雷达以及临床医学等方面获得了广泛的应用。

半导体激光器的工作物质有很多种，目前最常用的是以砷化镓（GaAs）和磷化铟（InP）为基础的材料体系；激励方式主要有注入电流泵浦方式、光泵方式和高能电子束泵浦方式三种；谐振腔是介质波导腔。

在半导体材料中，电子和空穴都称为载流子。电子填充空穴的过程称为电子和空穴的复合。半导体材料的能带结构由价带、禁带和导带组成，而导带和价带又由不连续的能级构成。在热平衡状态下，半导体材料中的电子基本上处于价带，导带几乎是空的。当外界提供合适的能量时，处于价带的电子便会吸收能量跃迁至导带的一个能级而在价带中留下一个空穴。相反，当电子处于导带中某一能级且价带中有一个空穴时，若有适当频率的光照射半导体材料，则处于导带的电子便会在光子的作用下与价带中的空穴复合，并发出一个与入射光子状态相同的受激辐射光子，这就是半导体激光器产生激光的理论基础。

由于在热平衡状态下，电子基本上处于价带中，半导体材料对外来光辐射产生的受激吸收概率远大于受激辐射。为使半导体材料具有光增益作用，即对光进行放大，要求激光上能级的导带中电子数大于激光下能级的价带中的电子数，即建立起激活介质（有源层）内载流子的粒子数反转分布，就必须用足够强的电流注入有源层，破坏热平衡状态，将电子从能量较低的价带激发到能量较高的导带中去。当处于粒子数反转状态的大量电子与空穴复合时，便产生受激辐射形成激光并连续地输出。粒子数反转程度越高，得到的增益就越大，所以注入电流必须达到一定的阈值电流。当注入电流大于阈值电流时，半导体激光器的输出功率随电流的增大将迅速线性增大。只要对注入电流进行调制，便可对输出激光进行调制，所以半导体激光器的调制方式简单。

以 GaAs 材料体系为例，在半导体激光器中，由同种 GaAs 材料构成的 p-n 结称为同质结。若一侧为 GaAs，另一侧为 GaAlAs 所构成的 p-n 结为异质结。仅有一个异质结的半导体激光器称为单异质结激光器。有两个异质结的半导体激光器称为双异质结激光器。图 12-15 所示为双异质结激光器的内芯结构。图中 GaAs 是有源层（激活区），它在 x 方向

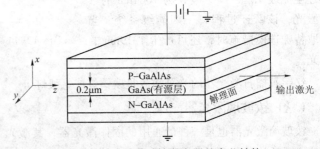

图 12-15 双异质结激光器的内芯结构

上的厚度为 $0.1\sim0.2\mu m$。受激辐射的产生与放大就是在 GaAs 有源层中进行的。有源层被相反掺杂的 GaAlAs 上下包围层（非激活区）所夹持。垂直于 z 方向晶体两端的自然解理面形成了半导体激光器理想的谐振腔面。

四、染料激光器

染料（Dye）激光器于 1966 年问世，其最大特点是它的激光波长在一定范围内连续可调，目前已在紫外（300nm）到近红外（1.85μm）相当宽的范围内获得了连续可调谐输出。它的输出功率可与固体激光器有相同数量级。染料激光器已在激光光谱、非线性光学、同位素分离和医学等领域中被广泛应用。

染料激光器的激光工作物质是溶于适当溶剂中的有机染料，它是包含共轭双键的有机化合物。染料激光器的泵浦源通常采用闪光灯和激光器。由于半导体激光器的平均寿命远大于闪光灯的平均寿命，所以用半导体激光器作为激励源可大大提高染料激光器的寿命。

染料分子的能级如图 12-16 所示。在泵浦光的照射下，染料分子吸收能量由基态 S_0 跃迁到激发态 S_1 的某一个能级，并很快地通过无辐射跃迁（在与溶剂分子频繁的碰撞中将能量传递给溶剂分子）至 S_1 的最低能级，又经过辐射跃迁到基态 S_0 的较高能级时产生激光，再很快地通过无辐射跃迁过程返回到 S_0 的最低能级。因为基态 S_0 的较高能级在室温下热平衡分布中几乎无粒子分布，所以在 S_1 的最低能级和 S_0 的较高能级之间可实现粒子数反转分布，从而实现激光跃迁。由此可见，染料激光器是一种四能级系统的激光器。由于 S_0 和 S_1 都是准连续能带，激光发射谱是连续的，因此染料激光器有很宽的调谐范围。

图 12-16　染料分子的能级图

表 12-1 列出了常用激光器的主要性能。

表 12-1　常用的激光器

激光器名称	工作物质	典型波长（nm）	输出方式
He-Ne 激光器	He、Ne 混合气	632.8；1150；3390	连续
氩离子激光器	Ar^+	488.0；514.5	连续
CO_2 激光器	CO_2	10600	连续、脉冲
N_2 分子脉冲激光器	N_2	337.1	脉冲
准分子激光器	准分子气体	157～353	脉冲
红宝石激光器	掺 Cr^{3+} 红宝石	694.3	脉冲
掺钕钇铝石榴石激光器	掺 Nd^{3+} 钇铝石榴石	1064	连续、脉冲
钕玻璃激光器	掺 Nd^{3+} 玻璃	1060	脉冲
半导体激光器	GaAs；InP	330～34000	连续、脉冲
染料激光器	有机染料液体	300～1850	连续、脉冲

课堂互动

1. 按激光工作物质分类，激光器主要分为几类？
2. 激光器的激励方式主要有哪些？

第四节　激光的生物效应

激光作用于生物组织后，生物组织出现的各种形态或功能改变的现象称之为**激光的生物效应（biological effects of laser）**。激光的生物效应与激光本身的性能参量包括激光的波长、强度、作用时间及其间隔等因素有关，还与生物组织的性质包括物理性质（机械性质、声学性质、热学性质、电学性质、光学性质）、化学性质和生物学性质等因素有关。激光的生物效应是利用激光进行医学研究、临床诊断和临床治疗的依据和基础。

在生物医学领域里，通常以激光与生物组织作用后产生的生物效应的强弱将激光分为强激光和弱激光。激光照射生物组织后，若直接造成了生物组织的不可逆损伤，该激光就称为强激光，否则为弱激光。

发生激光生物效应的过程称为激光的生物作用。激光的生物作用主要包括：光化作用、热作用、机械作用和电磁场作用，它们是激光生物效应的机制。

一、光化作用

在激光生物作用中，生物分子吸收了激光能量以后将光能转换成化学能，这种作用称为激光的光化作用，在生物组织或细胞内引起的生物化学反应称为激光的光化反应，反应速度主要取决于光的强度和温度。生命物质之所以能够发育、生长、活动、复制、修补、繁殖，光化反应起着极其重要的作用。

光化反应的全过程可分为初级阶段和次级阶段。处于基态的分子或原子在吸收激光光子能量后受激，当退激时直接出现的、只涉及生物组织所发生的物理、化学反应的过程称为初级阶段。在初级阶段的反应过程中，大多数情况下形成了诸如自由基、离子及其他不稳定的具有高度化学活性的中间产物，这些不稳定的产物继续进行化学反应，直至形成稳定的产物，这一过程称为次级阶段。次级阶段的光化反应一般不需要光子参加。

光化反应全过程可分为四个主要类型：光致分解反应、光致氧化反应、光致聚合反应和光致敏化反应。光致分解反应是指因吸收光能而导致的化学分解过程。光致氧化反应是指在光的作用下反应物失去电子的过程。光致聚合反应是指在光的作用下相对质量小的化合物分子结合成相对质量很大的高分子化合物分子的过程。光致敏化反应是指有敏化剂存在时，在光的作用下所发生的光化反应。例如，给恶性肿瘤患者注射敏化剂血卟啉（HPD）衍生物，短时间内，血卟啉会选择性地聚集于恶性肿瘤中，这时当用一定波长的激光照射恶性肿瘤部位，可杀死癌细胞。这种利用光致敏化反应治疗恶性肿瘤的方法，称为**光动力学治疗（PDT）**。

与普通光源相比，激光可使光化反应更迅速、更有效、更广泛。

二、热作用

在激光生物作用中，生物分子吸收了激光能量以后将光能转换成热能，这种作用称为激光的热作用。强弱激光都可以对生物组织产生热作用。激光的生物热作用机制因光子的能量不同而不同，主要通过碰撞生热和吸收生热两种途径来实现。

对于光子能量较大的可见激光和紫外激光，当生物组织接受其照射后，生物分子吸收光能由基态跃迁到激发态，受激的生物分子可能将获得的光能通过多次碰撞的形式转换为周围分子的动能，由此加快了周围分子的热运动，使受照射的生物组织局部温度升高，这种过程就是碰撞生热，也称为**间接生热**。

对于光子能量较小的红外激光，当生物组织接受其照射后，生物分子吸收的光能直接转变成生物分子的动能，增加了分子的热运动，使受照射的生物组织局部温度升高，这种过程就是吸收生热，也称为**直接生热**。

热作用的强弱与激光的功率密度、波长、照射面积和照射时间有密切的关系，也与生物组织的热导率、比热、热容量和对光的吸收率有关系。

研究发现，生物组织接受激光照射后，引起组织热损伤的激光照射时间与生物组织受照部位温度的关系曲线呈对数变化，即高温、短时和低温、长时都可能造成生物组织破坏（如细胞基础代谢障碍、细胞蛋白变性等）。通常采用控制连续照射时间和受照射处激光功率密度的办法，达到生物组织所需要的治疗效果。

酶和神经细胞是人体内对温度最敏感的两种实体，激光的热效应可使酶促反应加快，也可使酶失活、蛋白变性；激光的热效应可影响神经传导速度，最坏情况可致其无法正常工作。激光对皮肤的热效应，随皮肤表面温度的升高，将出现从温热感觉、红斑、水肿、水泡、凝固、汽化、碳化、燃烧直至气化等现象。激光对血液循环的热效应，可使毛细血管扩张、血流加快、血流量增加，可以改善供血和营养。

三、机械作用

光的粒子性表明光子既有动量又有能量，所以当光子撞击物体时，必然会将其动量传给该物体，对受照处造成压力，此力即为光压。

普通光的光压是微不足道的，但激光可以在很短的时间（$10^{-12} \sim 10^{-9}$ s）和很小的空间（10^{-12} m³）内将能量高度集中，使功率密度达到 10^{19} W · m^{-2}，由于光压与功率密度成正比，相应地会产生约 10^{10} Pa（约 10^5 atm）的机械压强，这将在生物组织中产生高压作用。实验表明，激光功率密度越大，生物效应会越强。

激光对生物体的机械作用主要表现在一次压力和二次压力上。激光本身的辐射压强引起的压力称为一次压力。生物组织吸收强激光后产生的气流反冲压强、膨胀压强、热膨胀超声压强以及电致伸缩压强等引起的压力称为二次压力。

受照射生物组织部位因吸收激光能量而急剧升温，使得该处体液沸腾，表面汽化，即从受照射部位喷发出一股气流，这股气流的反冲力（气流反冲压强）作用会累及生物组织其他部位产生生物效应。但若汽化发生在封闭腔内部或组织内部时，汽液两相同时存在，此时加大激光能量，可瞬间引起蒸发，使气泡迅速膨胀，所产生的瞬变压强（膨胀压强）可导致局部损伤。若受照射生物组织部位吸收的激光能量不足以产生汽化而仅仅产生短促的热膨胀，则在膨胀体边区产生超声振动，在生物体内形成超声波的传播，所到之处超声波压强（热膨胀超声压强）将对生物组织造成损伤。当生物组织接受强激光照射时，生物分子将产生感生分子电矩，这种极化会产生应力（电致伸缩压强），应力产生形变。

与激光局部范围的热效应不同，激光的机械效应引起的组织损伤，可累及到远离受照射部位的区域。

四、电磁场作用

激光是电磁波。激光作用于生物组织后引起的生物组织电磁系统的变化称为激光生物电磁场效应。在强激光电磁场作用下，生物组织内部会引起电致伸缩、产生光学谐波、导致受激布里渊散射（这种散射会引起细胞破裂出现水肿）和受激拉曼散射（这种散射光会引起损伤）等效应。

激光电磁场作用于生物组织时引起的生物效应大部分来自于激光电场。

当生物组织接受激光强电场作用时，生物分子将产生感生分子电矩，这种极化会产生应力，引起电致伸缩。极化了的物质产生电极化强度，其大小随电场强度呈非线性变化，与场强的二次方有关的项预示着极化波中的二次谐波，与场强的三次方有关的项预示着极化波中的三次谐波……。由于高强度激光的电场强度非常大，场强的高次方项不能略去，由此产生了光学谐波，光学谐波会引起一定的生物效应。

激光的生物效应及其机理仍有待进一步研究。

激光技术在临床检测和诊断方面的应用主要有：激光光谱分析术、激光全息术、激光流式细胞光度术和激光荧光术等。激光在临床治疗上可用于治疗内科、外科、妇产科、儿科、眼科、耳鼻喉科、口腔科、美容与皮肤科等各科的多种疾病。

激光对机体可能造成的损伤主要是通过激光的光化作用、热作用、机械作用和电磁场作用引起的直接损伤，受损伤的部位主要是眼睛、皮肤、神经系统以及内脏器官。另外也有在使用激光过程中电气、污染物、噪声等造成的间接损伤。为了安全使用激光器，防止激光的危害，所采取的安全措施也应从两个方面考虑：一方面要严格执行国家标准，加强对激光系统及工作环境的监控管理；另一方面要提高激光防护意识，加强个人防护。

■ 课堂互动

1. 什么是激光的生物效应？
2. 激光有哪些生物作用？

╱案例分析╱

激光扫描共聚焦显微镜

激光扫描共聚焦显微镜（confocal laser scanning microscopy，CLSM）是 20 世纪 80 年代发展起来的医药学图像分析仪器。

CLSM 是在传统光学显微镜基础上配置激光光源、扫描装置、共轭聚焦装置、检测系统，并利用计算机进行数字图像处理的一种新型显微镜。其主要原理是：利用激光扫描束通过光栅针孔形成点光源（点照明），在荧光标记的样品焦平面上逐点扫描，探测针孔（点探测）采集到的光信号经光电倍增管后再经过信号处理，最终在计算机显示屏上形成一幅共焦图像。与传统的光学显微镜相比，CLSM 具有高灵敏度、高分辨率、高放大率等特点。

CLSM 以单色激光作为光源，充分发挥了激光的方向性好、发散角小、亮度高、单色性好、高度的空间和时间相干性等优点。CLSM 的常用激光光源是氩离子或氦氖激光器。

目前，CLSM 在药剂学领域的主要应用：药物的细胞摄取、穿透性能及与细胞相互作用机制的研究，药物经皮和黏膜吸收的研究，黏膜吸收促进剂作用机制的研究，药物成型机制及释药机制的研究，载药微粒结构的观察等。CLSM 现已成为药学研究领域中很重要的技术手段。例如，应用 CLSM 可对药物损耗变化进行观察，定量地监控药物从固体制剂中的释放全过程，分析药物释放过程中的内部动力学原因，找出合适的释药数学模型，得到药物制剂相应的释放方程及释药机制。

知识链接

光纤激光器

光纤激光器作为激光领域的新兴技术，已成为科学研究领域的热点问题。光纤激光器是指以光纤为基质掺入某些激活离子做成工作物质，或者是利用光纤本身的非线性效应制作成的一类激光器，它是一种特殊形态的固体激光器。20 世纪 60 年代，科学家通过在玻璃基质中掺入激活钕离子（Nd^{3+}）制成了最早的光纤激光器，随着在光纤制备技术以及光纤激光器的谐振腔结构与泵浦等方面的研究进展，特别是 20 世纪 80 年代中期制成了低损耗的掺铒（Er^{3+}）光纤，使得光纤激光器的实用化成为了可能，并得到迅速发展。

光纤激光器和其他激光器一样，由能产生光子的增益介质（工作物质）、使光子得以反馈并完成谐振放大的光学谐振腔和泵浦源三部分组成。

一般的光纤激光器的增益介质为掺稀土元素的光纤。

光纤激光器的光学谐振腔有多种类型，最简单的结构如图 12-17 所示。在掺杂光纤的两端放置两个反射率经过选择的反射镜，或者将掺杂光纤两端抛光镀膜后制成反射镜。泵浦光从左面反射镜耦合进入光纤，该反射镜为二色镜，它对于泵浦光全部透射，而对于腔内激光全部反射。右面反射镜为部分透射反射镜，以便形成受激辐射光子的反馈并获得激光的输出。

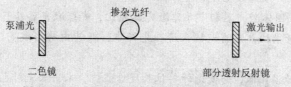

图 12-17 光纤激光器最简单的光学谐振腔结构

光纤激光器的泵浦源大多为半导体激光器。泵浦波长上的光子被掺杂光纤介质吸收，形成粒子数反转，然后在介质中产生受激辐射放大而输出激光。因此，光纤激光器实质上是一个将某一波长的泵浦光转化为另一波长的激光的波长转换器，但其激光束质量大大优于半导体激光器。

为了获得较好的激光模式，常规的光纤激光器是将泵浦光直接耦合进入直径为5~8μm的掺杂单模光纤的纤芯内，如图12-18（a）所示。由于纤芯很细，耦合进纤芯的泵浦功率有限，耦合效率低，导致光纤激光器的输出功率较低，因此普通掺杂光纤激光器的输出功率只有几十毫瓦。一般在光通信领域中所用的光纤就是这种普通光纤（单包层光纤）。为了能将大功率的泵浦光耦合进入光纤，从而得到高功率输出，人们设计出了包层泵浦结构的双包层光纤。

双包层光纤由纤芯、内包层、外包层和保护层组成，如图12-18（b）所示。纤芯是掺稀土元素的单模光纤，内包层是折射率比纤芯小、横向尺寸和数值孔径比纤芯大得多的多模光纤，外包层是折射率比内包层小的聚合物，最外层是由硬塑料等材料构成的保护层。双包层光纤与普通光纤的区别在于泵浦光不是直接耦合进入纤芯而是进入了大尺寸内包层，泵浦光在内包层中传播，反复穿越纤芯被掺杂介质吸收，从而使纤芯中传播的光比例增加，极大地提高了泵浦光的耦合效率。双包层光纤的出现使得高功率的光纤激光器的制作成为现实。

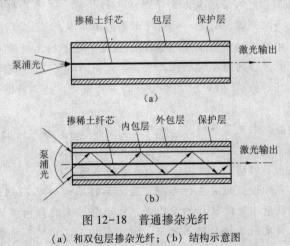

图 12-18　普通掺杂光纤

（a）和双包层掺杂光纤；（b）结构示意图

掺杂光纤激光器的运转波长可覆盖400~4000nm的范围。具体激光波长因所掺稀土元素的种类和谐振腔中选频元件的谱特性而定。

与传统的块状固体激光器和半导体激光器相比，光纤激光器具有以下优势：

（1）由于光纤很细，泵浦光被束缚在光纤中，纤芯内易形成高能量密度泵浦，因此泵浦阈值较低；

（2）由于光纤损耗低，即使光纤单位长度增益低，采用长光纤也能获得高增益；

（3）光纤具有很多的可调参数和选择性，能获得很宽的调谐范围以及很好的单色性和稳定性；

（4）由于光纤介质的"表面积/体积"比值很大，所以散热效果好，能在不采取水冷、风冷等强制冷却措施的情况下连续工作；

（5）由于光纤具有极好的柔绕性，光纤激光器可以设计得小巧灵活，有利于在光通信和医学上的应用。

光纤激光器种类很多，可按增益介质（光纤材料）、谐振腔结构等进行多种分类。

按增益介质来分，可分成稀土类掺杂光纤激光器、非线性效应光纤激光器、晶体光纤激光器和塑料光纤激光器等。

光纤激光器可应用于光通信、光传感、激光加工、激光医疗等领域。目前发展较为迅速倍受人们重视的是高功率双包层掺铒光纤激光器。微结构光子晶体光纤激光器是近年来研究的最热门课题之一。

本 章 小 结

本章主要讲述了激光的产生原理；激光的特性；常见的激光器；激光的生物效应等。

重点： 自发辐射、受激辐射与粒子数反转的概念；激光的产生原理；激光的特性等。

难点： 光学谐振腔的作用；激光的产生原理等。

练习题十二

12-1 如何实现受激辐射的概率大于受激吸收的概率？

12-2 试述激光产生的基本原理。

12-3 产生激光应满足哪些基本条件？

12-4 试述光学谐振腔的工作原理。

12-5 试述激光器的基本组成及各部分的作用。

12-6 影响激光生物效应的因素有哪些？

12-7 激光生物效应的机制是什么？

第十三章　X 射 线

学习导引

    1. **掌握**　X 射线强度、硬度、半价层等几个重要概念；X 射线谱及其产生的微观机制；X 射线的衰减规律。

    2. **熟悉**　X 射线的基本性质；X 射线衍射的产生。

    3. **了解**　X 射线机的基本组成及 X 射线在医学上的应用。

第一节　X 射线的产生及其特性

    1895 年，伦琴发现了一种看不见的射线可以在荧光屏上呈现手的骨骼轮廓，伦琴不知其是什么射线，故将其命名为 X 射线。X 射线发现后仅几个月的时间，就被应用在医学影像上，1896 年 2 月，苏格兰医生约翰·麦金泰在格拉斯哥皇家医院率先成立了世界上第一个放射科。现在 X 射线已经成为现代医学诊断、治疗和研究的重要手段。

一、X 射线的产生

    X 射线的产生方式有好多，主要有 X 射线管、同步辐射等。本章只介绍 X 射线管方式。X 射线管产生 X 射线的方式是高速运动的电子流（或离子流）遇到适当的障碍物（金属靶），电子的动能被转变成为 X 射线的能量辐射出去。X 射线产生装置主要由两部分组成，即 **X 射线管、高压低压电源**。

    图 13-1 是 X 射线产生装置基本线路示意图。图中 X 射线管由阴极和阳极组成，阴极用钨材料丝做成，钨丝连接到低压交流电源上，具有较大电流并发射热电子，热电子在外电场作用下，形成高速运动的电子流跑向阳极。阳极靶选用熔点高、散热好的铜做靶体，正对着阴极的柱端斜面上镶嵌有钨板作为靶面（另一常用靶材料是钼）。阴极和阳极之间的直流电压通常是几十千伏到几百千伏的高压，称为**管电压**（tube voltage），阴极发出的电子流在电场作用下高速跑向阳极形成的电流称为**管电流**（tube current）。高速运动的电子流轰击阳极时 99% 的电子能量都转为热，仅 1% 的电子动能转变为 X 射线的能量。

    图 13-1 中 T_1 是降压变压器，直接给阴极灯丝提供电流。T_2 是升压变压器，被升高的电压经 4 个电子二极管构成的全波整流线路将市电交流转变为高压直流。

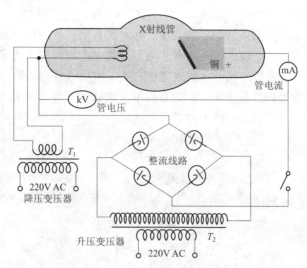

图 13-1　X 射线产生装置的基本线路

　　晚上如果紧急刹车、或子弹（速度快）打在铁皮上、或高速运动的电子流（速度更快）打在金属靶上，会有什么结果产生？

二、X 射线的特性

　　X 射线被发现后不久人们就发现了其有 5 个主要的特性，分别是：

　　1. 电离作用　X 射线能使原子和分子电离，可以对癌细胞产生破坏作用，当然对正常组织也可诱发各种生物效应。在 X 射线照射下，气体能被射线电离而导电，利用此电离作用可制作 X 射线强度测量仪器。

　　2. 荧光作用　X 射线照射某些物质，如磷、铂氰化钡、硫化锌镉、钨酸钙等，能使它们的原子或分子处于激发态（亚稳态），若快速跃回基态产生的辐射称为**荧光**（可见光或紫外线）；若在激发态停留时间较长，大于 10^{-4} s 后产生辐射，此辐射则称为磷光。荧光的强弱与 X 射线量成正比，荧光作用是 X 射线应用于透视的基础，利用荧光作用可制成荧光屏，透视时观察 X 射线通过人体组织的影像，也可制成增感屏，摄影时增强胶片的感光量。

　　3. 光化学作用　X 射线能使多种物质发生光化学反应，例如，X 射线能使照相胶片感光，医学上利用这一特性来进行 X 射线摄影。

　　4. 生物效应　X 射线照射到生物机体时，可使生物细胞受到抑制、破坏甚至坏死，致使机体发生不同程度的生理、病理和生化等方面的改变。不同的生物细胞，由于对 X 射线有不同的敏感度，可用于治疗人体的某些疾病，如肿瘤。同样 X 射线对正常组织具有伤害作用，如导致病人脱发、皮肤烧伤，使工作人员出现视力障碍、白血病等问题，如果接触 X 射线过多，人体内的 DNA 会被打断，打断后的 DNA 重新组合（太空蔬菜就是这个原理进行的变种，选择其中好的变种进行推广的），导致部分细胞非正常变异，如果正好碰巧破坏了细胞控制分裂的能力，便会快速地无限制地分裂，这些失去分裂控制的细胞就是癌细胞，引发癌症。大部分射线导致的癌症都是此原因产生的。所以，对 X 射线应注意采取防护。

5. 贯穿本领 X 射线因其波长短，能量大，通过物体时，仅一部分被物质所吸收，大部分会经原子分子间隙通过，呈现出很强的穿透能力。其穿透能力与 X 光子的能量有关，能量越大，穿透力越强；且与物质的原子序数或密度有关，密度大穿透力弱，从而可以把密度不同的物质（如肌肉和骨骼）区分开来。医学上利用 X 射线的贯穿本领和物质的不同吸收，进行 X 射线透视、摄影，选取合适的防护材料。

课堂互动

1. X 射线为什么可以透视人体、看到骨骼图像？并且能将骨骼图像拍片保留下来？
2. X 射线为什么能够放射治疗癌症（即放疗）？长期接触 X 射线为什么又会对人体有伤害？

知识链接

　　放疗是指用放射线进行癌症等疾病的治疗，放射线包括 X 射线、γ 射线、（正负）电子射线、中子射线、质子射线等。放疗技术现在可以做到精确放疗，就是肿瘤组织所在区域有很高的射线能量，而其周围组织的射线剂量非常低，以保护正常组织减少副反应。

　　放疗已是肿瘤治疗中不可缺少的手段之一。在所有恶性肿瘤病人中，用放射进行治疗的约占总额的 60%～70%，有不少肿瘤用放疗的方法可以完全治愈，如口咽、舌根、扁桃体癌，放疗治愈率达 37%～53%；早期的舌癌、鼻咽和宫颈癌的治愈率可达到 86%～94%。

第二节　X 射线的强度与硬度

X 射线的质和量是描述 X 射线性质的物理量，X 射线的质表示 X 射线穿透物质的能力，也称 X 射线的硬度；X 射线的量表示 X 射线的强度与时间的乘积。

一、X 射线的强度

X 射线的强度是指单位时间内通过与射线方向垂直的单位面积的辐射能量，单位为 $W \cdot m^{-2}$，X 射线的强度通常用 I 表示，即

$$I = \sum_{i=1}^{n} N_i h\nu_i = N_1 h\nu_1 + N_2 h\nu_2 + \cdots + N_n h\nu_n \tag{13-1}$$

式中，N_1、N_2、$\cdots$、N_n 分别表示单位时间通过与 X 射线方向垂直的单位面积能量分别为 $h\nu_1$、$h\nu_2$、$\cdots$、$h\nu_n$ 的光子数。h 表示普朗克常数（$h = 6.626 \times 10^{-34} J \cdot s$），$\nu$ 表示光子频率，$h\nu$ 表示一个光子的能量。

由式（13-1）知，若要提高 X 射线强度，办法有两种：①**增大管电流**，增大管电流可以增加单位时间轰击阳极靶的高速电子数目，即增加 X 光子的 N 值，从而增加 X 射线强度 I；

②**增加管电压**，增加管电压可以增加电子的动能，电子的动能增加，X 光子的能量 $h\nu$ 就会增加，从而达到增加 X 射线强度 I 的目的。

管电压一定时，X 射线管的灯丝电流越大，温度越高，则发射的热电子数目越多，管电流就越大，X 射线的强度就越大。因此，常用调节管电流的大小方法改变和控制 X 射线强度。光子数 N 是微观量无法测量，故通常采用宏观量来间接表示 X 射线的强度大小，此宏观量即管电流的**毫安数**（mA）。

X 射线量　X 射线通过任一截面积的总辐射能量不仅与管电流成正比，而且与照射时间成正比，因此常用管电流的毫安数（mA）与辐射时间（s）的乘积表示 X 射线的**总辐射能量**，简称 X 射线量，其单位为 mA·s。X 射线量又称为曝光量，是 X 射线摄影、疾病治疗、射线防护等方面的重要参考量。

二、X 射线的硬度

X 射线的**硬度**是指 X 射线的贯穿本领，它表示 X 射线的质。X 射线的硬度从微观角度看是由 X 射线的波长（或单个光子的能量 $h\nu$）来决定，X 射线的波长越短，X 射线的**硬度越高**。从宏观角度看 X 射线的波长由 X 射线管的管电压决定，即管电压越高，则轰击靶面的电子动能越大，发射 X 光子的能量越大，X 射线越硬。单个 X 光子的能量非常微小不易测出，所以通常用管电压（宏观量）的**千伏数**（kV）来表示 X 射线的硬度，并通过调节管电压的大小来控制 X 射线的硬度。

根据不同的用途医学上常把 X 射线按硬度分为极软、软、硬和极硬四类，它们的管电压、波长及用途见表 13-1。

表 13-1　X 射线按硬度分类

名称	管电压（kV）	最短波长（nm）	主要用途
极软 X 射线	5~20	0.25~0.062	软组织摄影、表皮治疗
软 X 射线	20~100	0.062~0.012	透视和摄影
硬 X 射线	100~250	0.012~0.005	较深组织治疗
极硬 X 射线	250 以上	0.005 以下	深部组织治疗

除了在外电场作用下，热电子可以被形成高速运动的电子流跑向阳极，增加电子动能的另一常用方法是电子**直线加速器**（较常用），就是利用高频电磁场对电子进行加速（此方法产生的电子运动轨迹为直线），从而产生较硬的 X 射线。现在经常使用的双光子医用直线加速器可以产生较大能量的 X 射线和电子线，对病人体内的肿瘤进行直接照射，从而达到消除或减小肿瘤的目的。（此略）

课堂互动

1. X 射线如何分类？
2. 什么是 X 射线的强度和硬度？

第三节 X 射线的衍射

一、X 射线的波动性

X 射线被发现十多年后人们才确定出其是电磁波而不是粒子。1912 年劳厄（M. von Max von Laue）用晶体衍射的方法证明 X 射线具有波动性，从而揭示了 X 射线是电磁波的本质。

我们现在知道 X 射线的波长范围约为 0.001~10nm，普通光栅（光栅常数 d 相对 X 射线的波长而言显得太大）无法使 X 射线产生明显的衍射现象，而组成晶体的微粒（原子、分子、离子）是有规则排列的，相邻微粒间距的数量级与 X 射线的波长接近，若利用晶体微粒作为 X 射线的三维衍射光栅即可以得到 X 射线的衍射现象。

X 射线照射晶体，被组成晶体的微粒散射，并向各个方向发出子波，散射的 X 射线会叠加产生干涉，形成**劳厄斑**，如图 13-2 所示。

劳厄斑的形成原因劳厄自己用了比较复杂的方式进行了解释，但 1913 年，英国物理学家布拉格父子两人却用了比较简单的方法进行了说明，如图 13-3 所示。布拉格指出劳厄斑的产生是由于 X 射线衍射产生的结果，出现干涉加强的地方满足如下条件：

$$2d\sin\theta = k\lambda, k = 1, 2, 3, \cdots \tag{13-2}$$

式中，k 为整数，λ 为单色 X 射线的波长，d 为相邻两晶面的间距称为**晶格常数**，θ 为 X 射线入射晶面表面的**掠射角**（又称为布拉格角）。此式后来称为**布拉格公式**（Bragg's law）。

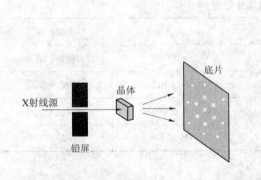

图 13-2 劳厄斑的形成

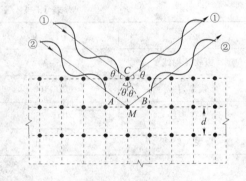

图 13-3 X 射线衍射原理

式（13-2）是 X 射线衍射分析中最重要的基础公式，应用非常广泛，归结起来可有 4 个方面的应用：

1. 测量 X 射线的波长 λ 用已知晶格常数 d 的晶体进行 X 射线的衍射实验，求得 X 射线的波长，这是 X 射线的光谱学。

2. 测量晶体的晶格常数 d 用已知波长的 X 射线通过衍射角的测量，可以求得晶体中各晶面的间距 d，从而揭示晶体的结构，这就是结构分析（或称为衍射分析）。

3. 分析物质结构 沃森和克里克就是根据 X 射线的衍射图推测出 DNA 是双分子螺旋的三维结构。并由此发展成一门独立学科——**X 射线结构分析**。

4. 获取 X 射线谱 如图 13-4 所示，X 射线管发出的 X 射线具有各种波长，X 射线通过两个铅屏的狭缝后形成一束射线，射到晶体光栅上，如果转动晶体改变**掠射角** θ，就可以使不同波长的 X 射线在不同 θ 角的方向上得到加强，用胶片显示即可得到 **X 射线谱**。

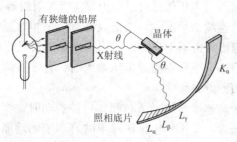

图 13-4　X 射线摄谱仪原理图

课堂互动

1. X 射线是波还是粒子？
2. 靶是怎么阻止电子运动将其能量转为 X 射线的？

二、X 射线谱

将各种不同波长的 X 射线，按照波长大小顺序排列开来的图谱，称为 **X 射线谱**（X-ray spectrum），如图 13-5 所示，下图是出现在胶片上的 X 射线谱，上图表现出不同波长的 X 射线其相对强度的大小。从上图可以看出，X 射线谱应该包含两个部分：曲线下面对应于照片上的背景部分，它包括各种连续不间断的波长射线，称为**连续 X 射线谱**（continuous X-rays）（简称连续谱）；另一部分是曲线上凸出的尖峰，尖峰对应波长的 X 射线具有较大的相对强度，其对应下图的几个明线状光谱，称为**标识 X 射线谱**（characteristic X-rays）（简称标识谱）。

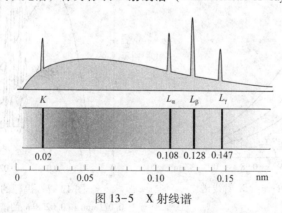

图 13-5　X 射线谱

连续谱与靶材料无关，但标识谱与材料有直接关系，其波长大小完全由靶材料的性质决定的。下面从微观角度予以讨论。

连续 X 射线谱产生微观机制　连续 X 射线谱产生的**微观机制**是**轫致辐射**（bremsstrahlung），当高速运动的电子流撞击阳极靶受到阻碍时，电子在原子核的强电场作用下，速度的量值和方向都发生急剧变化，一部分动能转化为光子的能量 $h\nu$ 辐射出去，这就是**轫致辐射**。由于各个电子到原子核的距离不同，每个电子损失的动能不同，辐射出来的光子能量就具有各种各样的数值，从而形成具有各种波长现象的连续 X 射线谱。

实验表明，当 X 射线管在管电压较低时只会出现连续 X 射线谱。图 13-6 是钨靶 X 射线管在四种较低管电压下出现的连续谱情况，每条谱线都有一个相对强度为零的波长，是连续谱中的最短波长，称为**短波极限**。由图中还可以看出，比短波极限波长略长的 X 射线相对强度迅速上升达到最大值，而后逐渐下降。当管电压增大时，各波长的强度都增大，而且强度最大的波长和短波极限都向短波方向移动。

短波极限的出现是由于高速运动的电子与靶作用被制动时，将动能一次性全部转化为 X 光子而形成的，如果管电压为 U，电子电量为 e，则电子具有的动能为 eU，而光子可能具有的最大能量 $h\nu_{max}$ 应为

$$h\nu_{max} = h\frac{c}{\lambda_{min}} = eU$$

对应的短波极限为
$$\lambda_{min} = \frac{hc}{e} \cdot \frac{1}{U} = \frac{1.242}{U(kV)} \ (nm) \tag{13-3}$$

式中，h 为普朗克常数，c 为光速，由此可见，连续 X 射线谱的最短波长与管电压成反比。管电压越高，则短波极限 λ_{min} 越短。

对钨靶而言，当管电压升高到 70kV 以上时，才会在 0.02nm 附近出现叠加在一起的 4 条线状谱线即**标识 X 射线谱**，当电压继续升高时，连续谱发生改变，但这 4 条线状谱线在图中的位置即它们的波长却始终不变，如图 13-7 所示，图中 4 条谱线就是图 13-5 中未曾分开的 K 线（0.02nm 处），不同靶材料出现此 K 线需要的管电压不同，如钼靶在管电压低于 70kV 时就可以出现，钼靶的 K 线对应的波长值也不同于钨靶（应比钨靶的 K 线波长 0.02nm 略长）。

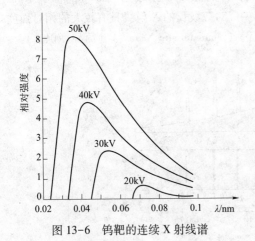

图 13-6　钨靶的连续 X 射线谱

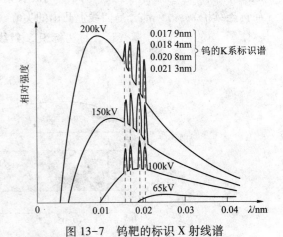

图 13-7　钨靶的标识 X 射线谱

0.0213nm 和 0.0208nm 的谱线由 L 层下不同能级的电子跃迁到 K 层空位时产生；0.0184nm 的谱线来自 M 层电子；0.0179nm 的谱线来自 N 层和 M 层电子向 K 层空位跃迁。

标识 X 射线谱产生的微观机制　标识 X 射线的产生是高速运动的电子进入靶材料时，与某个原子中的某个内壳层（比如 K、L、M 层）电子发生相互作用，把动能传递给电子，使其从原子中脱离成为自由电子，原子的内壳层出现空位，此空位被其外层的其他电子填

充，在跃迁的过程中将多余的能量以光子的形式辐射出去，从而形成波长只有几种、相对强度比连续谱大的标识 X 射线谱。标识 X 光子的能量由原子内壳层间的能量差决定，不同元素制成的靶其内壳层间的能量差具有不同的值，体现出了靶材料原子内壳层的性质，形成的标识 X 射线谱是唯一的，可以作为这种靶元素的标识，所以被称为**标识 X 射线谱**。

标识 X 射线谱又分为 K 线系、L 线系、M 线系等。

如果高速运动的电子使靶材料中的某原子 K 壳层出现了空位，L、M 或其他更外层的电子就会填充此空位，将多余能量以 X 光子的形式释放，形成的 X 光子通常以符号 K_α、K_β、K_γ、…表示，形成 K 线系，对应 X 光子的能量为

$$hv_{K\alpha} = E_L - E_K,$$
$$hv_{K\beta} = E_M - E_K,$$

……

同理，如果靶原子 L 壳层出现了空位，就可能会由 M、N、O 层的电子来补充，并在补充跃迁的过程中发出 X 光子，记为 L_α、L_β、L_γ，形成 L 线系。对应 X 光子的能量为

$$hv_{L\alpha} = E_M - E_L,$$
$$hv_{L\beta} = E_N - E_L,$$

……

图 13-8 画出了这种跃迁的示意图，当然这些跃迁并不是同时发生在同一个原子中的，而是由大量运动电子与靶材料中无数原子中的电子发生的。

由于离核越远，能级差越小，所以 L 线系各谱线光子的能量比 K 线系的能量相应的要小一些，即 $hv_{L\alpha} < hv_{K\alpha}$，$hv_{L\beta} < hv_{K\beta}$，……相对应的波长要长一些。当然同样的靶材料 M 线系的波长比 K 线系要长一些。

图 13-5 画出了钨靶的 K 和 L 线系，但图 13-7 中没有给出 L 线系，因为它不在图中的波长范围内。

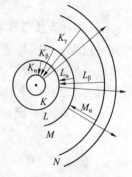

图 13-8 标识 X 射线的产生

不同靶材料由于原子中各内层轨道的能量差随着原子序数的增加而增大，因此靶材料原子序数越高，对应线系的波长越短。如钨（原子序数 74）靶的 K 线系波长比钼（原子序数 42）靶的 K 线系波长短。标识 X 射线对分析原子的壳层结构有非常重要的作用，在医学上用途不是很大，医学上主要利用连续 X 射线，但其仍然存在缺点：能量低，穿透力弱，皮肤受量大。现在医院使用最多、技术发展最快的是电子直线加速器，其输出高能电子束（8~14MeV，主要针对浅表层肿瘤）和高能 X 射线（4~10MV，极硬 X 射线，穿透力强，皮肤受量少）。

第四节 物质对 X 射线的吸收

X 射线通过不同物质时，会与物质中的原子、分子发生相互作用，少部分 X 光子被物质散射而改变方向，大部分光子被物质吸收转化为其他能量，因此在 X 射线原来传播的方向上 X 射线强度会减小，这种现象称为**物质对 X 射线的吸收或 X 射线的衰减**。

一、物质对 X 射线的吸收规律

实验指出，单色平行 X 射线束通过物质时，沿入射方向 X 射线强度的改变服从指数衰减规律，即

$$I = I_0 e^{-\mu x} \tag{13-4}$$

式中，I_0 是入射 X 射线的强度，I 是通过厚度为 x 的吸收物质后的 X 射线强度，μ 称为物质的**线性衰减系数**（linear attenuation coefficient）。物质厚度 x 的单位通常用 cm，而 μ 的单位用 cm^{-1}。显然，μ 越大，X 射线强度在物质中被衰减的越快。对于同一物质来说，线性衰减系数 μ 与它的密度 ρ 有关，如水和水蒸气的 μ 值是不相同的，一般地 μ 与物质密度 ρ 成正比，吸收体的密度越大，单位体积中与光子发生作用的原子越多，光子被吸收的概率也就越大，线性衰减系数 μ 越大。对于同一物质来说，若其由液态或固态转变为气态时，虽然密度变化很大，但线性衰减系数 μ 与密度 ρ 的比值是一常数，故此比值被称为**质量衰减系数**（mass-attenuation coefficient），记作 μ_m，即

$$\mu_m = \frac{\mu}{\rho} \tag{13-5}$$

质量衰减系数也被用来比较各种物质对 X 射线的吸收本领。引入质量衰减系数后，式（13-4）改写成

$$I = I_0 e^{-\mu_m x_m} \tag{13-6}$$

式中，$x_m = \rho x$ 即称为**质量厚度**（mass thickness），它等于单位面积厚度为 x 的吸收层的质量。x_m 的常用单位为 $g \cdot cm^{-2}$，μ_m 的相应单位为 $cm^2 \cdot g^{-1}$。

通常表示 X 射线在物质中被吸收快慢的量除了 μ、μ_m 外，常用的量还有**半价层**，X 射线在物质中强度被衰减一半时对应的物质厚度（或质量厚度）称为该种物质的**半价层**（half value layer）。用 $x_{1/2}$（$x_{m1/2}$）表示，由式（13-4）和式（13-6）可以得到半价层与衰减系数之间的关系

$$x_{1/2} = \frac{\ln 2}{\mu} = \frac{0.693}{\mu} \tag{13-7}$$

$$x_{m1/2} = \frac{\ln 2}{\mu_m} = \frac{0.693}{\mu_m} \tag{13-8}$$

有了半价层概念，物质对 X 射线的吸收规律（13-4）又可写为

$$I = I_0 \left(\frac{1}{2}\right)^{\frac{x}{x_{1/2}}}$$

通过此式可以很简单计算出 X 射线经过几个半价层强度减为原来的 1/8 或 1/16。

半价层、衰减系数不仅与物质本身的性质有关，而且与 X 射线的波长有关，以上吸收规律只适用于某单一波长的 X 射线。由于 X 射线管产生的是连续谱，所以在实际应用中，式中的衰减系数一般是用各种波长衰减系数的平均值作近似值取代。

二、质量衰减系数与波长、原子序数的关系

医学上常用的低能 X 射线（光子能量在数十千伏到数百千伏之间的软 X 射线），在金属吸收物质中的质量衰减系数近似地符合下式：

$$\mu_m = KZ^\alpha \lambda^3 \tag{13-9}$$

式中，K 大致是一个常数，Z 是吸收物质的原子序数，λ 是射线波长。指数 α 通常在 3~4，与吸收物质和射线波长有关。

式（13-9）虽然是从实际经验中总结的公式，还不那么完善，但由此我们可以得出两个有实际意义的重要结论：

X 射线的防护材料　由式（13-9）可以知道原子序数 Z 越大的物质，μ_m 值越大，吸收 X 射线本领越高。用 X 射线透视人体或拍照片时由于肌肉组织的主要成分是 H、O、C 等原子序数 Z 较小的物质，而骨骼的主要成分是 Ca 和 P，它们的的原子序数比肌肉组织成分中原子序数大，骨骼的质量衰减系数比肌肉组织的大，吸收 X 射线能力较强，所以 X 光拍片或透视可以很清楚显示出骨骼的阴影。但 X 射线对人体的伤害也是非常大的，X 射线的防护材料应该选择常见的原子序数比较大的物质，如用铅（$Z=82$）或含铅的物质，如铅板、铅围裙、铅手套、含铅的玻璃等。

X 射线的硬化　由式（13-9）可以知道波长越长的 X 射线，μ_m 值越大，越容易被吸收。反之，X 射线的波长越短，贯穿本领越大，越容易穿过物质。X 射线管发出的 X 射线含有各种的波长，进入物质后长波成分被吸收，短波能通过物体，故 X 射线硬度变大，我们把 X 射线穿过物体后硬度变大的现象称为 **X 射线的硬化**。

利用这一原理，常常将 X 射线通过金属铜板、铝板等滤线板，使软 X 射线被吸收，得到较硬的 X 射线，这样 X 射线不仅硬度提高了，而且射线谱波长的范围也变窄了，用于深部组织治疗时对皮肤表层就不会有太多的伤害。滤线板在使用时必须按一定的顺序放置，即铝板应放在 X 射线最后出射一侧，原因是铜板在吸收了长波的 X 射线后会发出它自己的标识 X 射线，而铝板可以完全吸收铜的标识 X 射线，当然铝板也会发出铝的标识 X 射线，波长约在 0.8nm 以上，很容易在空气中被吸收。

课堂互动

1. X 射线在物质中是如何衰减的？
2. 表示 X 射线在物质中被吸收快慢的量有哪些？

第五节　X 射线在医学上的应用

X 射线在医学上的应用非常广泛，在医学诊断、治疗、科研等各方面都有应用。下面仅简单介绍 X 射线在诊断、治疗方面的部分应用。

一、诊断

X 射线在医学上最主要用途之一是诊断，如常规透视、摄影拍片、X-CT 检查，以及数字减影血管造影技术等都是最普遍的检查手段。

1. 常规透视和摄影　常规透视和摄影的基本原理是基于体内不同组织对 X 射线的衰减系数不同，强度均匀的 X 射线透过人体不同部位后的强度有所改变，将人体内部结构呈现在荧光屏上，这种方法叫作 **X 射线透视术**（X-ray fluoroscopy）。如果让透过人体的 X 射线投射到照相胶片上，显像后就可在照片上观察到组织或脏器的影像，该技术叫作 **X 射线投影**（X-ray projection）。X 射线透视或摄影可以清楚地观察到骨折的程度、肺结核病灶、体内肿瘤的位置和大小、脏器形状以及断定体内异物的位置等。

如果给某些脏器或组织注入衰减系数较大或较小的物质来增加它和周围组织的对比度，这些物质称为**造影剂**（contrast medium）在检查消化道来，让受检者吞服吸收系数较高的"钡盐"（即硫酸钡），使它不断通过食管和胃肠，并同时进行 X 射线透视或摄影，就可以把食管和胃肠等脏器显示出来。在关节腔内注入密度很小的空气，利用 X 射线透视或摄影，可以显示出关节周围的结构等等。

数字化 X 射线成像技术目前被普遍使用，实现了对图像的储存、处理、显示和传输一体化。其装置主要由 X 射线源、检测器或影像增强器或感光像板、模数（analog/digital，A/D）转换和数模（D/A）转换、计算机图像处理控制系统、图像显示和摄影系统等部分组成。

2. 数字减影血管造影（digital subtraction angiography，DSA） 是一种理想的非损伤性血管造影检查技术，不仅用于血管疾病的诊断，如观察血管梗阻、狭窄、畸形劫血管瘤等，而且还可为血管内插管进行导向，施行局部"手术"和简易治疗，如吸液、引流、活检和化疗、阻断肿瘤血供以及靶向给药等。

3. X-CT（X-ray computer transverse tomography，X-CT） 是 X 射线计算机断层扫描摄影术的简称。X-CT 为医学诊断疑难疾病提供了一种无创伤、无痛苦、快速、方便、安全的诊断手段。它能鉴别人体组织器官的密度微小差异，显示人体每个部位断层图像，克服传统 X 射线透视摄影中图像重叠的缺点。若利用各个层面的图像数据及三维成像软件还可以显示脏器的立体影像。CT 图像具有很高的空间分辨率和密度分辨率，能清晰地显示病变部位的解剖学结构，并能对病变做定性和定量的分析。X-CT 对人体各个部位都可以进行检查，特别是对于辨别良性或恶性肿瘤，具有较高的诊断价值。

二、治疗

X 射线在临床上主要用于治疗癌症，我们知道癌细胞的生长和分裂比它们周围许多的正常细胞都要快，对癌细胞的放射治疗主要是利用 X 射线通过人体组织能产生电离作用，对生物组织细胞有破坏作用，可以杀死或破坏癌细胞，抑制它们的生长、繁殖和扩散。目前医学用于治疗的 X 射线通常有三种设备：普通 X 射线治疗机；电子直线加速器（常用）；"X 射线刀"。

普通治疗机与常规摄影 X 射线机的结构基本相同，只是 X 射线管采用了大焦点。由于产生的 X 光子能量较低，所以常用来治疗皮肤肿瘤。

电子直线加速器产生的是高能 X 射线，可用于全身各个组织、器官的肿瘤治疗。

"X 射线刀"是用电子直线加速器与旋转、平移控制系统及靶点定位系统相结合的装置，高能 X 射线从各个不同方向聚集于肿瘤区的靶点上以获得最大的辐射量对全身各器官、组织肿瘤进行放射治疗。

X 射线如果过量照射人体组织会引起某些疾病，如白细胞减少、毛发脱落等病症，医生应尽量减少病人不必要的照射。对经常从事 X 射线工作的人员要严格注意防护，避免受到不必要的伤害。

知识链接

X-CT 的发现者

1972 年英国的电子工程师**洪斯菲尔德**（G. N. Hounsfield），在美国物理学家**柯马克**（A. M. Comack）1963 年发表的数据重建图像数学方法的基础上，发明了 X-CT，这是继伦琴发现 X 射线以后医学诊断学领域的又一次重大突破，有力地促进了医学影像技术的飞跃发展。洪斯菲尔德和柯马克两人也因此而共同获得 1979 年诺贝尔医学生理学奖。目前，X-CT 在全世界都得到广泛应用。

图像引导放射治疗（IGRT）

IGRT 是一种四维的放射治疗技术，是目前肿瘤放射治疗的发展方向，其目的是在同一台治疗设备上做到精确计划、精确定位、精确治疗。充分考虑解剖组织在治疗过程中的运动和分次治疗间的位移误差，如呼吸和蠕动运动、日常摆位误差、靶区收缩等引起放疗剂量分布的变化和对治疗计划的影响等方面的情况，在患者进行治疗前、治疗中利用各种先进的影像设备对肿瘤及正常器官进行实时的监控，并根据器官位置的变化调整治疗条件使照射线追随靶区，做到真正意义上的精确治疗。

本 章 小 结

本章主要讲述了 X 射线强度和硬度、半价层、质量衰减系数、韧致辐射、X 射线的硬化、X 射线谱等概念，及 X 射线的产生、X 射线的特性、X 射线的衍射等。

重点：X 射线强度和硬度和 X 射线的衰减规律。

难点：对 X 射线谱产生的微观机制的理解。

练习题十三

13-1 连续工作的 X 射线管，工作电压为 250kV，电流是 40mA，假定产生 X 射线的效率是 0.7%，问靶上每分钟会产生多少热量？

13-2 设 X 射线的管电压为 80kV，计算光子的最大能量和 X 射线的最短波长。

13-3 一束单色 X 射线，入射至晶格间距为 0.281nm 的单晶体氯化钠的天然晶面上，当掠射角一直减少到 4.1° 时才观察到布喇格反射，试确定该 X 射线的波长。

13-4 对波长为 0.154nm 的 X 射线，铝的衰减系数为 $132cm^{-1}$，铅的衰减系数为 $2610cm^{-1}$。要和 1mm 厚的铅层得到相同的防护效果，铝板的厚度应为多大？

13-5 一厚为 2×10^{-3}m 的铜片能使单色 X 射线的强度减弱至原来的 1/5，试求铜的线性衰减系数和半价层。

13-6 设密度为 $3g \cdot cm^3$ 的物质对于某单色 X 射线束的质量衰减系数为 $0.03cm^2 \cdot g^{-1}$，求该射线束分别穿过厚度为 1mm、5mm 和 1cm 的吸收层后的强度为原来强度的百分数。

第十四章　原子核与核磁共振

学习导引

1. **掌握**　原子核的基本性质和原子核的衰变类型；放射性核素衰变规律、放射性活度、半衰期。
2. **熟悉**　核磁共振的基本概念；核磁共振谱反映物质结构的原理和核磁共振成像方法。
3. **了解**　平均寿命、核能的利用、射线剂量的定义及射线的防护方法。

　　原子核物理是研究原子核特性、结构和变化规律的一门学科。早在 1896 年法国物理学家贝克勒尔在研究含铀矿物质发出荧光的过程中就发现了铀（U）的放射现象。1911 年卢瑟福通过 α 粒子散射实验提出原子核式模型，即由处于原子中心的原子核和绕核运动的电子组成的结构。现如今，人们已经获得很多关于核的结构、放射性、能量以及变化规律的知识，并将核能、放射性同位素、原子核在磁场的特性等广泛用于工农业生产和医学的研究，疾病的诊断和治疗等领域。本章主要介绍原子核与核磁共振基本知识，首先介绍核的基本组成大小、核的结合能和核力；然后讨论核的放射现象及其衰变规律，以及辐射剂量等基本概念；最后简单介绍核磁共振相关的物理知识。

第一节　原子核的基本性质

一、原子核的组成、质量和大小

　　1932 年英国物理学家查德威发现中子以后，人们认为**原子核**（atomic nucleus）是由**质子**（proton）和**中子**（neutron）组成的。质子和中子统称为**核子**（nucleon），质子带正电荷，中子不带电，一个质子所带的电量等于一个电子的电量 $e = 1.6021773 \times 10^{-19}$ C。原子核中的质子数等于核外电子数，即元素的**原子序数**（atomic number）Z，因而原子核所带电荷为 $Q = Ze$，整个原子呈电中性。

　　原子核中质子和中子的质量分别为 $m_p = 1.6726218 \times 10^{-27}$ kg 和 $m_n = 1.6749274 \times 10^{-27}$ kg，远大于电子的质量 $m_e = 9.10938291 \times 10^{-31}$，国际上常使用统一的原子质量单位 u 来度量它们，规定自然界最丰富的碳同位素 ^{12}C 质量的 1/12 为原子质量单位，即 $1u = 1.6605389 \times 10^{-27}$ kg。因此，质子和中子的质量近似等于 1 个原子质量单位，可分别表示为 $m_p = 1.0072765u$；$m_n = 1.0086649u$。由此可见，质子和中子的质量数都为 1。原子核的质量数就等于构成核的中子和质子的总质量数，即**核子数**（nucleon number）。用 A 表示，则 $A=N+Z$，其中 N 为中子数，Z 为质子数。

一类具有确定的质子数 Z、核子数 A 和能量状态的原子核被称为一种**核素**（nuclide），用符号 ${}_Z^A X$ 表示，X 为某种元素化学符号。如 ${}_{92}^{235}U$ 表示铀原子核，它的核子数为 235，质子数（即原子序数）为 92，中子数为 143。根据质量数 A、质子数 Z 和中子数 N 的不同，可以把核素分成以下几类：

1. 同位素（isotope） Z 相同而 N 不同（A 不同）的各种核素称为同位素。如氢的三个同位素为 ${}_1^1H$、${}_1^2H$ 和 ${}_1^3H$，氦的同位素 ${}_2^3He$、${}_2^4He$ 和 ${}_2^5He$。同一种元素，在元素周期表处于同一位置。同位素的化学性质基本相同，但物理性质可能有很大不同。

2. 同中异位素（isotone） N 相同而 Z 不同（A 不同）的各种核素称为同中异位素。如 ${}_{16}^{36}S$、${}_{18}^{38}Ar$ 和 ${}_{20}^{40}Ca$。

3. 同量异位素（isobar） A 相同而 Z 不同的各种核素称为同量异位素，如 ${}_{18}^{40}Ar$、${}_{19}^{40}K$ 和 ${}_{20}^{40}Ca$。

4. 同质异能素（isomer） A 和 Z 都相同，但处于不同能量状态的各种核素称为同质异能素。如 ${}_{43}^{99m}Tc$ 和 ${}_{43}^{99}Tc$，在 A 后面加写"m"表示这种核素的能量状态比较高。

根据大量精密实验测定，原子核内核子呈现对称分布，原子核可被近似看作为半径为 r 的球体。原子核的大小可以用核半径来表示。卢瑟福曾利用 α 粒子散射实验估算原子核的半径，核半径约为 $10^{-15} \sim 10^{-14} m$ 数量级，其平均半径 r 与核子数 A 的关系近似为

$$r = r_0 A^{1/3} \tag{14-1}$$

式中，r_0 是常量，其值约为 $1.2 \times 10^{-15} m$。原子核的半径是原子平均半径的万分之一，但它集中了 99% 以上的原子质量。若把原子核近似为密度均匀的球体，其原子核的平均密度为

$$\rho = \frac{M}{V} = \frac{M}{4\pi r^3/3} = \frac{Au}{4\pi r_0^3 A/3} = \frac{3u}{4\pi r_0^3} \tag{14-2}$$

式中，M 为原子核质量，设每个核子的质量近似为 1u，则 $M = Au$。**由上式可以看出，各种原子核的密度是相同的。**

例 14-1：估算原子核的密度值。

解：以氢原子 ${}_1^1H$ 为例，其核半径约为 $r=1.2 \times 10^{-15} m$，核质量为 $M = 1.67 \times 10^{-27} kg$，所以核密度约为

$$\rho = \frac{M}{V} = \frac{M}{4\pi r^3/3} = 2.3 \times 10^{17} kg \cdot m^{-3}$$

从计算结果可知，原子核的密度极其巨大，$1cm^3$ 的核质量可达 2.3 亿吨，大约是水的密度的 10^{14} 倍，铁的密度的 10^{13} 倍。

二、原子核的结合能及质量亏损

原子核是由核子紧密结合在一起构成的，对于质量数为 A，核外电子数为 Z 的任意的原子核来说，含有 Z 个质子和 $A-Z$ 个中子，该原子核的总质量 M 应为全部核子质量的总和 Mx。但通过实验测量发现，M 恒小于 Mx，两者的差值 Δm 称为**质量亏损**（mass defect），即

$$\Delta m = Mx - M = Zm_p + (A-Z)m_n - M \tag{14-3}$$

式中，m_p 为质子的质量，m_n 为中子的质量。根据爱因斯坦的质量和能量关系，质量亏损所对应的能量变化为

$$\Delta E = \Delta mc^2 = \left[Zm_p + (A-Z) m_n - M \right] c^2 \tag{14-4}$$

ΔE 称为结合能（binding energy），**它是中子和质子结合成原子核时，以释放出光子的形式带走的能量**。相反，要使原子核分裂为质子和中子，也必须吸收与结合能相等的能量。

例如，$_1^2$H 核由 1 个质子和 1 个中子组成，它们的质量和为

$$m_p + m_n = 1.008665u + 1.007276u = 2.015941u$$

但实际测量表明，1 个 $_1^2$H 核的质量为 2.013553u，两种的差值为 $\Delta m = 0.002388u$。又通过实验得知，当一个中子和一个质子结合成氘核时，将释放能量为 $\Delta E = 2.225MeV$ 的光子，则根据质能关系，该光子的质量为

$$\Delta m = \Delta E / c^2 = 3.96655 \times 10^{-30} kg = 0.002388u$$

式中，c 代表光速 $2.99792458m \cdot s^{-1}$，由此可见，结合能所对应的光子质量刚好等于质量亏损。这里可以得出质能单位换算关系

$$1u = 931.5MeV/c^2 \tag{14-5}$$

三、原子核的稳定性

从原子核稳定性上讲，结合能越大，核素就越稳定，不同的原子核具有不同的结合能，其稳定程度也不一样。为了反映核素的稳定程度，常用平均结合能表示原子核的稳定性，平均结合能由原子核的结合能 ΔE 与核子数 A 的比值来表示，即

$$\varepsilon = \frac{\Delta E}{A} \tag{14-6}$$

ε 又称为比结合能（specific binding energy）。**上式表明，比结合能越大，原子核结合越紧密，原子核就越稳定。核子分解时，需要的能量也就越大。** 图 14-1 是原子核的比结合能曲线，从图中可以看出，中等质量的原子核，其比结合能比轻核和重核都大，因此中等质量的核比较稳定。当核子数 A 小于 30 时，比结合能出现周期性的变化，这表明核内质子数和中子数的奇偶性有关，凡 A 等于 4 的倍数的核，ε 有极大值，说明 4 个核子组成的原子核构成一个稳定的结构，A 大于 30 的核，比结合能变化不大。A 在 50~120 时，比结合能最大，约为 8.6MeV，表明原子核内部核子间的作用力达到饱和状态。在 $A>209$ 的重核区，由于质子数增多，静电

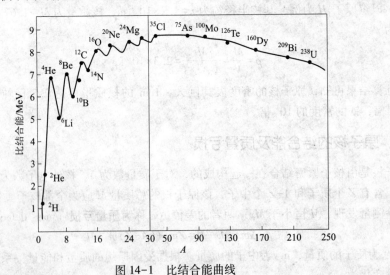

图 14-1　比结合能曲线

斥力迅速增大，使比结合能减少，核子之间结合比较松散，原子核也就显示出不稳定性。所以一些天然放射性核素都是原子序数较大的重核，它们能够自发地衰变而放出射线，如果核内的中子数与质子数比例失调（中子数过多或质子数过多），原子核也不稳定。

比结合能曲线还可以说明，将重核分裂为中等质量的核（即裂变）或将轻核聚合为中等质量的核（即聚变）是利用核能的主要途径。比如轻核氘核$^2_1$H的比结合能较小，但当2个氘核在一定的条件下聚合成比结合能较大的氦$^4_2$He时，可以放出大量的结合能。

例 14-2：试计算$^4_2$He氦原子核的结合能和比结合能（氦原子核质量为 4.001506u）。

解：已知氦核 $A = 4$，$Z = 2$，$M_{He} = 4.001506u$，$m_p = 1.007276u$，$m_n = 1.008665u$。$1u = 931.5MeV/c^2$

根据式（14-4），可得结合能为

$$\Delta E = \Delta mc^2 = [Zm_p + (A-Z)m_n - M]c^2$$
$$= [2 \times 1.007276u + 2 \times 1.008665u - 4.001506u] \times 931.5MeV$$
$$= 0.030376 \times 931.5MeV = 28.30MeV$$

比结合能为

$$\varepsilon = \frac{\Delta E}{A} = \frac{28.30}{4}MeV = 7.075MeV$$

四、核力

原子核是由核子紧密结合在一起构成的，原子核半径很小，核子间除了有万有引力作用之外，还有质子间的静电斥力以及质子与中子间的磁作用力，核子间的万有引力远远小于静电斥力和磁作用力，但是核是非常稳定的，这说明核子之间还有另一种强度更大的引力将核子紧紧束缚在一起，这种的力称为**核力**（nuclear force）。显然，原子核的各种特性必定与核力的性质有关。大量实验表明核力具有以下几个主要性质：

1. 核力是一种短程力 核力的作用距离（力程）很短，只有当核子间的距离等于或小于 10^{-15} m（即 1fm）数量级时，核力才会表现出来。图 14-2 所示的是两个质子间的相互作用势力图，在距离超过 $(4\sim5) \times 10^{-15}$ m，核力就消失，而在 $(0.8\sim2) \times 10^{-15}$ m 范围内，核力是很强的，远大于库仑力，这说明核力是短程力。

2. 核力与电荷无关 大量实验表明，在原子核内，核力的大小与核子是否带电没有关系，任意两个核子间表现的核力是相同的。

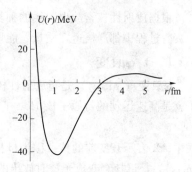

图 14-2 质子间的相互作用势

3. 核力是强相互作用力 核内核子间的万有引力、磁力、静电力与核力相比是微不足道的。在原子核中，每个核子的比结合能约为 8.6MeV，而两个核子间的万有引力的势能却只有 10^{-36} MeV，质子与中子间的磁作用势能只有 0.03MeV，质子与质子间的静电势能，也只有 0.72MeV，它们与 8.6MeV 相比，都是很小的量，所以说核力是强相互作用力。

4. 核力具有饱和性 核力是一种具有饱和性的交换力，一个核子只与附近几个核子有作用力，而不是和原子核中所有核子起作用。

1935 年日本物理学家汤川秀树提出了核力的介子场理论。介子理论认为，核力是通过介子场传递的交换力，介子场的量子是介子，即核子间的相互作用是通过交换介子实现的，并预言介子的静止质量约为电子质量的 270 倍，由于其质量介于质子质量和电子质量之间，故称为**介子**（meson）。1947 年在宇宙射线中发现了 $\pi^{\pm}$ 介子，其质量为电子质量的 273 倍，1950 年发现了 π^{0} 介子，其质量为电子质量的 264 倍，这与介子场理论相一致。因此核子间的核力是通过交换媒介粒子 π^{+}、π^{-} 和 π^{0} 介子而相互作用的。

课堂互动

1. 原子核由质子和中子组成，原子核质量等于质子和中子质量之和吗？为什么？
2. 比结合能曲线规律是什么？对于核能的应用有何意义？

第二节　原子核的放射性、衰变规律和核反应

1896 年法国科学家贝可勒尔从含铀矿物质发出荧光的过程中得出，铀具有自发地发出奇异辐射的特性，这种性质称为核素的**放射性**（radioactivity）。在人们已经发现的 340 多种天然核素中，280 多种是稳定核素，其在没有外来因素（如高能粒子的轰击）时，不发生核内结构或能级的变化；60 多种是不稳定的放射性核素，其原子核是不稳定的，容易发生结构或能级的变化，能自发地放出各种射线变成另一种核素，这种现象称为原子核的**放射性衰变**（radioactive decay），简称**核衰变**（nuclear decay）。除天然存在的核素外，自 1934 年以来，通过人工方法又制造了 1600 多种放射性核素（简称人造核素），人造核素主要由反应堆和加速器制备。

一、放射性衰变类型

根据放射性核素放出射线的种类，原子核衰变可分为 α 衰变、β 衰变和 γ 衰变。在所有的衰变过程中都严格遵守质量、能量、动量、核子数和电荷等基本物理量守恒规律。

（一）α 衰变

α 衰变（αdecay）是指放射性核素自发地放射出 α 粒子而衰变为另一种核素的过程。α 粒子就是高速运动的氦原子核 $_2^4\text{He}$，它由 2 个质子和 2 个中子组成。α 衰变过程可用下式表示：

$$_Z^A\text{X} \rightarrow _{Z-2}^{A-4}\text{Y} + _2^4\text{He} + Q \tag{14-7}$$

式中，X 表示衰变前的核，称为母核，Y 表示衰变后的核，称为子核，Q 表示**衰变能**（decay enery），是母核衰变成子核时放出的能量，它在数值上等于 α 粒子的动能与子核反冲动能之和。**在 α 衰变过程中，母核质量数减少 4，原子序数减少 2，子核在元素周期表中的位置比母核前移两个位置，这条规律称为 α 衰变的位移定则。**例如 1898 年居里夫妇发现了镭的放射性，其衰变过程表示为

$$_{88}^{226}\text{Ra} \rightarrow _{86}^{222}\text{Rn} + _2^4\text{He} + 4.78\text{MeV}$$

实验表明，大部分核素放出的 α 粒子的能量并不是单一的，而是有几组不同的分立值，这也相应的反映出原子核内部也有能级的存在。当核素放出几种不同能量的 α 粒子，使得子核处于不同的激发态或基态。因此，α 粒子的能级谱是不连续的现状谱，而且常伴有 γ 射线。如图 14-3 所示，镭核有三种形式的 α 衰变：α_1、α_2、α_3 分别对应三种不同的能量。

（二）β衰变

β衰变（β decay）是指放射性核素自发地放射出 β 射线（高速电子）或俘获轨道电子而衰变成另一种核素的现象。在这个过程中核子数不变而电荷数改变。它主要包括 β⁻ 衰变、β⁺ 衰变和电子俘获三种类型。

1. β⁻衰变 是指放射性核素自发地放射出 β⁻ 粒子（普通电子$_{-1}^{0}e$）和一个反中微子 $\bar{v}$ 的衰变过程。β⁻ 衰变可用下式表示：

$$_{Z}^{A}X \rightarrow _{Z+1}^{A}Y + _{-1}^{0}e + \bar{v} + Q \tag{14-8}$$

β⁻ 衰变实际上是母核中的一个中子$_{0}^{1}n$ 转变为一个

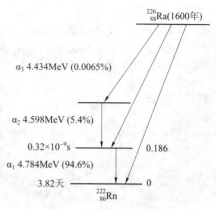

图 14-3 $_{88}^{226}$Ra 的 α 衰变图

质子$_{1}^{1}H$，并发射出一个电子$_{-1}^{0}e$ 和反中微子 $\bar{v}$ 的过程，即$_{0}^{1}n \rightarrow _{1}^{1}H + _{-1}^{0}e + \bar{v}$，反中微子是不带电的中性微粒，它的静止质量接近于零，是中微子 v 的反粒子。**在 β⁻ 衰变过程中，子核与母核质量数相同，子核的原子序数增加 1，在周期表中后移 1 位，这条规律称为 β⁻ 衰变的位移定则。** 例如$_{15}^{32}P$ 的衰变式表示为

$$_{15}^{32}P \rightarrow _{16}^{32}S + _{-1}^{0}e + \bar{v} + 1.71MeV$$

图 14-4 为$_{15}^{32}P$ 和$_{27}^{60}Co$ 两种放射性核素的 β⁻ 衰变，其中$_{27}^{60}Co$ 是放射治疗中常用的核素。比较可见发生 β⁻ 衰变的核素，有的也会放射 2 种或多种能量 β⁻ 粒子，有的只放射 β⁻ 粒子，有的在放射 β⁻ 粒子同时，也伴随有 γ 粒子。

2. β⁺衰变 是指放射性核素自发地放射出 β⁺ 粒子（正电子$_{1}^{0}e$）和一个中微子 v 的衰变过程。β⁺ 衰变可用下式表示：

$$_{Z}^{A}X \rightarrow _{Z-1}^{A}Y + _{1}^{0}e + v + Q \tag{14-9}$$

β⁺ 衰变可以看成是母核中的一个质子$_{1}^{1}H$ 转变为一个中子$_{0}^{1}n$，同时放射出一个正电子$_{1}^{0}e$ 和中微子 v 的过程，即$_{1}^{1}H \rightarrow _{0}^{1}n + _{1}^{0}e + v$。**在 β⁺ 衰变过程中，子核与母核质量数相同，子核的原子序数减少 1，在周期表中前移 1 位，这条规律称为 β⁺ 衰变的位移定则。** 例如$_{7}^{13}N$ 的衰变可以表示为

$$_{7}^{13}N \rightarrow _{6}^{13}C + _{1}^{0}e + v + 1.24MeV$$

图 14-5 为$_{7}^{13}N$ 和$_{11}^{22}Na$ 两种放射性核素的 β⁺ 衰变图。

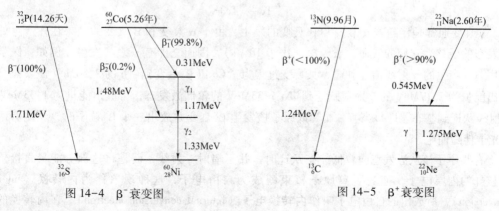

图 14-4 β⁻ 衰变图　　　　　　　图 14-5 β⁺ 衰变图

β⁺ 粒子是不稳定的，只能存在短暂时间，当它被物质阻碍失去动能后，可与物质中的负

电子相结合而转化成一对沿相反方向飞行的 γ 光子，这一过程称为**湮没辐射**。每个 γ 光子的能量为 0.511MeV，正好与电子的静止质量相对应，核医学诊断所用的正电子发射计算机断层扫描（Positron emission computed tomography，PET）影像设备就是利用湮没辐射成像的。

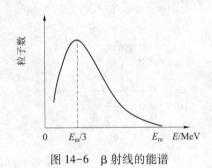

图 14-6　β 射线的能谱

在 β 衰变中，所释放的能量包括了子核、β 粒子和中微子 v 三者的动能，它们能量的分配是不固定的。因此，同一种核素放出 β 粒子的能量不是单值的，是连续分布的，且有一个最大值 E_m。各种核素放出 β 射线谱的 E_m 各不相同，但能谱的形状大致相同，如图 14-6 所示，其中能量接近 $E_m/3$ 的 β 粒子最多，或者说粒子的平均能量约 $E_m/3$。

3. 电子俘获（electron capture，EC）是指放射性核素内质子俘获一个核外电子 $_{-1}^{0}e$，放出一个中微子 v 而转变为中子 $_0^1n$ 的过程。电子俘获可用下式表示：

$$_{Z}^{A}X + _{-1}^{0}e \rightarrow _{Z-1}^{A}Y + v + Q \qquad (14-10)$$

例如

$$_{26}^{55}Fe + _{-1}^{0}e \rightarrow _{25}^{55}Y + v + 0.231MeV$$

在电子俘获过程中，靠近原子核内层电子被俘获的概率最大，一个内层电子被原子核俘获后，外层电子会立即填补这一空位，同时放出能量。这个能量可以以发射标识 X 射线（光子）的形式放出，也可以使另一外层电子电离成为自由电子，这种被电离出的电子称为俄歇电子。

（三）γ 衰变和内转换

原子核的能量也是量子化的，处于能量最低的状态称为基态，处于能量较高的状态称为激发态。激发态的核是不稳定的，当它向基态跃迁时，就把多余的能量以 γ 光子的形式辐射出去，这个过程称为 **γ 衰变**（γ decay），又叫作 **γ 跃迁**。原子核经 γ 衰变后，子核的质量和原子序数不变，只是能级发生了改变，γ 衰变可以表示为

$$_{Z}^{Am}X \rightarrow _{Z}^{A}X + γ \qquad (14-11)$$

如处于激发态的锝 $_{43}^{99m}Tc$ 衰变式为

$$_{43}^{99m}Tc \rightarrow _{43}^{99}Tc + γ$$

γ 衰变通常是伴随着 α 衰变和 β 衰变的发生，由于 α 衰变和 β 衰变的结果往往产生处于激发态的子核，它们的寿命一般极短（小于 $10^{-11}s$），因而立即有 γ 衰变发生。例如：医学上使用 ^{60}Co 产生的 γ 射线治疗肿瘤，其衰变过程为：^{60}Co 以 $β^-$ 衰变到 ^{60}Ni 的 2.50MeV 激发态，它放出能量为 1.17MeV 的 γ 射线跃迁到 ^{60}Ni 1.33MeV 的较低激发态，再放出能量为 1.33MeV 的 γ 射线跃迁到基态。即每当有一个 ^{60}Co 原子核发生 $β^-$ 衰变并放出一个 $β^-$ 粒子时，立刻有两个 γ 光子伴随而生。

有些原子核从激发态向较低能态跃迁时，并不辐射 γ 射线，而是将这部分能量直接传递给核外的内层电子，使其脱离原子核束缚成为自由电子，这种现象称为**内转换**（internal conversion），所放出的自由电子叫作**内转换电子**（internal conversion electron）。在内转换的过程中，由于原子内层的电子释放而出现了空位，外层电子将会填充这个空位，因此还会出现标识 X 射线（光子）或俄歇电子，这与电子俘获的情况相类似。

二、原子核的衰变规律

（一）衰变定律

放射现象是原子核自发的由不稳定状态向稳定状态变化的过程。在任一种放射性核素中，每一个原子核都可能发生衰变，但它们并不是同时发生的，对于某一个原子核，我们无法预测它的衰变发生在什么时候，但对由大量放射性原子核组成的物质来说，其衰变服从一定的统计规律。

实验表明，在时间 dt 内发生衰变的原子核数目 $-dN$ 正比于当时存在的原子核数目 N 以及时间间隔 dt，或者说单位时间内的核衰变数目与当时存在的原子核数目 N 成正比，即

$$-\frac{dN}{dt} = \lambda N \qquad (14-12)$$

式中，负号表示 dN 是减少量，λ 称为**衰变常量**（decay constant），表示一个原子核在单位时间内发生衰变的概率。

在衰变过程中，衰变的原子核的数目会越来越少，对上式积分，可得

$$N = N_0 e^{-\lambda t} \qquad (14-13)$$

式中，N_0 为 $t = 0$ 时的原子数目，N 为 t 时刻的原子核数目。**这就是放射性原子核衰变服从的指数衰减规律，如图 14-7 所示。衰变常量 λ 可以表征衰变的快慢，λ 越大，衰减越快，反之，衰减越慢。**实验表明，放射性核素衰变的快慢由原子核本身性质决定，而与其化学状态无关不受温度、压力等物理因素的影响。不同的放射性核素，具有不同的 λ 值。

（二）半衰期和平均寿命

1. 半衰期　放射性核素衰变的快慢，或者说放射性核素的稳定性通常用**半衰期**（half life）来描述，**半衰期**是指原子核数目因衰变减少到原来的一半所需要的时间，用符号 $T_{1/2}$ 表示。根据式（14-13），可得

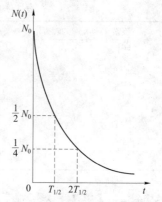

图 14-7　放射性核素的衰变规律

$$N = \frac{N_0}{2} = N_0 e^{-\lambda T_{1/2}} \qquad (14-14)$$

即

$$T_{1/2} = \frac{\ln 2}{\lambda} \approx \frac{0.693}{\lambda} \qquad (14-15)$$

上式表明，半衰期 $T_{1/2}$ 和衰变常量 λ 成反比，λ 越大，$T_{1/2}$ 越小，都可以作为表征放射性核素特征的常量，若用半衰期 $T_{1/2}$ 代替衰变常量 λ，即将式（14-15）代入式（14-13），可得

$$N = N_0 e^{-\frac{\ln 2}{T_{1/2}} t} = N_0 \left(\frac{1}{2}\right)^{\frac{t}{T_{1/2}}} \qquad (14-16)$$

上式用半衰期来表示衰变定律，当 t 是 $T_{1/2}$ 的整倍数时，应用比较方便。例如 ^{60}Co 的半衰期约为 5.3 年，经过一个半衰期就剩下原来的 1/2，经过两个半衰期（约 10.6 年）就剩下原来的 1/4，依此类推。

2. 生物半衰期　当放射性核素引入人体内时，除了按自身衰变规律减少之外，还要通过人体的代谢排泄而减少，这两个过程互不影响且同时进行。生物机体排出放射性核素的规律，也近似服从衰变规律式（14-13），与之相对应的**生物衰变常量**为λ_b（biological decay constant）。我们将由于各种排泄作用而使生物体内的放射性原子核数目减少一半所需的时间称为**生物半衰期**（biological half life），用符号T_b表示。

在生物机体内，放射性原子核数目由于自身衰变及人体的代谢排出体外而减少，它们的衰变常量分别为物理衰变常量λ与生物衰变常量λ_b之和，衰变定律可改写为，

$$N = N_0 e^{-(\lambda + \lambda_b)t} = N_0 e^{-\lambda_e t} \tag{14-17}$$

式中，$\lambda_e = \lambda + \lambda_b$，称为**有效衰变常量**（effective decay constant）。与λ_e对应的半衰期称为**有效半衰期T_e**（effective half life），它表示在生物机体内放射性原子核数目减少一半所需的时间。有效半衰期T_e、物理半衰期$T_{1/2}$和生物半衰期T_b之间的关系为

$$\frac{1}{T_e} = \frac{1}{T_{1/2}} + \frac{1}{T_b} \tag{14-18}$$

在核医学上，采用放射性物质作为生物机体的示踪剂，其有效半衰期是一个很重要的参数。表14-1列出了几种医用放射性核素的三种半衰期。

表14-1　几种医用放射性核素的三种半衰期

核素	$T_{1/2}$/d	T_b（全身）/d	T_e/d
^{32}P	24.3	257	13.5
^{51}Cr	27.7	616	26.5
^{64}Cu	0.529	80	0.526
^{99}Mo	2.75	5	1.8
^{99m}Tc	0.25	1	0.2
^{195}Au	2.7	120	2.64
^{203}Hg	46.76	10	8.4

3. 平均寿命　在一个放射性核素的样品中，有的原子核衰变的早，有的衰变的晚，每个核在衰变前都要存在一定的时间，有长有短，这就是它们的寿命。一个单独的放射性核的实际寿命可能是$0 \sim \infty$之间的任意数值。对于单一核素的放射性样品来说，所有核的寿命加起来再除以总核数，就是每个原子核在衰变前平均存在的时间，称为**平均寿命**（mean life），用τ表示。设$t = 0$时，放射性样品的原子核个数为N_0，经过时间t后，原子核个数变为N，则由式（14-12）知，在t到$t + dt$时间内发生衰变的核素为$-dN = \lambda N dt$，它们的寿命都为t，显然$-dN$个核素的总寿命为$-tdN = \lambda N t dt$，所以整个样品中全部N_0个核的总寿命为

$$\int_{N_0}^{0} - t dN = \int_{0}^{\infty} \lambda N t dt \tag{14-19}$$

因此，利用式（14-13）可得，原子核平均寿命τ为

$$\tau = \frac{1}{N_0} \int_{N_0}^{0} - t dN = \frac{1}{N_0} \int_{0}^{\infty} \lambda N t dt = \int_{0}^{\infty} \lambda e^{-\lambda t} t dt = \frac{1}{\lambda} \tag{14-20}$$

利用（14-15）式，可得平均寿命、衰变常量和半衰期三者的关系为

$$\tau = \frac{1}{\lambda} = \frac{T_{1/2}}{\ln 2} \approx \frac{T_{1/2}}{0.693} \tag{14-21}$$

即平均寿命是衰变常量的倒数，衰变常量越大，衰变越快，平均寿命也越短。

例 14-3： 已知某放射性核素在 5min 内减少了 43.2%，求它的衰变常量、半衰期和平均寿命。

解： 根据衰变定律 $N = N_0 e^{-\lambda t}$，在 $t = 5min = 300s$ 时，有

$$(1 - 43.2\%) N_0 = N_0 e^{-300\lambda}$$

所以

$$0.568 = e^{-300\lambda}$$

$$-300\lambda = \ln 0.568$$

$$\lambda = 0.00188 s^{-1}$$

再由平均寿命、衰变常量和半衰期三者的关系式（14-21），得

$$T_{1/2} = \frac{0.693}{\lambda} = 369s, \tau = \frac{1}{\lambda} = 532s$$

（三）放射性活度

在应用放射性核素时需要了解它的放射性强度。如果在单位时间内衰变的核数越多，表明放射源发出的射线也越强，反之则射线越弱。因此用单位时间内衰变的原子核数来表示放射性的强弱，称为放射源的**放射性活度**（radioactivity），用 A 表示，由式（14-12）可得

$$A = -\frac{dN}{dt} = \lambda N \tag{14-22}$$

将（14-13）式代入上式，又可得到

$$A = \lambda N_0 e^{-\lambda t} = A_0 e^{-\lambda t} \tag{14-23}$$

式中，$A_0 = \lambda N_0$ 是当 $t = 0$ 时放射源的放射性活度，由上式可以看出，放射源的放射性活度也是随时间按指数规律衰减的。如果将式（14-15）代入上式，可得到半衰期 $T_{1/2}$ 表示的放射性活度，即

$$A = A_0 \left(\frac{1}{2}\right)^{\frac{t}{T_{1/2}}} \tag{14-24}$$

当 t 是半衰期的整数倍时，应用上式计算放射性半衰期比较方便。由式（14-21）和式（14-22）可得

$$A = \frac{\ln 2}{T_{1/2}} N \approx \frac{0.693}{T_{1/2}} N \tag{14-25}$$

上式表明放射性活度 A 与半衰期 $T_{1/2}$ 成反比，半衰期 $T_{1/2}$ 越小，放射性活度 A 越大。

放射性活度在国际单位制中的单位为 Bq（贝克勒尔），$1Bq = 1s^{-1}$，表示每秒有一个核衰变。常用的单位还有 Ci（居里），1Ci 为每秒有 3.7×10^{10} 个核衰变，即

$$1Ci = 3.7 \times 10^{10} Bq$$

Ci 是一个较大的单位，在核医学中常用 mCi（毫居里）和 μCi（微居里）来计量，

$$1mCi = 3.7 \times 10^7 Bq, 1\mu Ci = 3.7 \times 10^4 Bq$$

在放射性治疗中用的 ^{60}Co 放射源，其放射性活度很大，通常高达数百至一千 Ci（居里）。

例 14-4： 已知 U_3O_8 中的 ^{238}U（铀-238）为放射性核素，其半衰期为 $4.5 \times 10^9 a$（年），现有 5g 的 U_3O_8，求铀-238 放射性活度（阿伏伽德罗常数为 $N_A = 6.022 \times 10^{23}$）。

解： U_3O_8 的相对分子质量为 $238 \times 3 + 16 \times 8 = 842$，所以 5g 的 U_3O_8 中铀的质量为

$$m = 5 \times \frac{238 \times 3}{842} g = 4.24g$$

在 5g 的 U_3O_8 中铀的原子数为

$$N = \frac{4.24}{238} \times 6.022 \times 10^{23} \approx 1.073 \times 10^{22}$$

已知 ^{238}U 的半衰期为

$$T_{1/2} = 4.5 \times 10^9 a = 4.5 \times 10^9 \times 365 \times 24 \times 60 \times 60 s \approx 1.4191 \times 10^{17} s$$

所以由式（14-25）可得，其放射性活度为

$$A = \frac{0.693 \times N}{T_{1/2}} = \frac{0.693 \times 1.073 \times 10^{22}}{1.4191 \times 10^{17}} Bq \approx 52399 Bq \approx 1.42 \mu Ci$$

三、人工核反应

核反应（nuclear reaction）是指粒子（如中子、光子、π 介子等）或原子核与原子核之间的相互作用引起的各种变化。**人工核反应**（artificial nuclear reaction）就是指用人工的方式使原子核发生改变且能够控制的核反应。1919 年卢瑟福用镭放射出的高速 α 粒子轰击氮-14，得到了氧-17，是人类历史上首次进行的人工核反应，即

$$^{14}_{7}N + ^{4}_{2}He \rightarrow ^{17}_{8}O + ^{1}_{1}H$$

与此同时，也确证人工核反应的主要途径是采用高动能粒子轰击靶核来实现。粒子加速器的实现为人们在探测核结构及合成元素等方面提供了重要的研究手段。人工核反应一重要目的是核能的利用。如前所述，要利用原子核的结合能，可取的方法有重核裂变和轻核聚变。

（一）重核的裂变

重原子核能分裂成两个较轻的核，同时释放出能量，这个过程称为**裂变**（fission）。典型的裂变是铀原子核 $^{235}_{92}U$ 的裂变。$^{235}_{92}U$ 中有 235 个核子，其中 92 个质子，143 个中子，在热中子的轰击下，$^{235}_{92}U$ 裂变生成 2 个新的原子核和 2 个中子，并释放出能量 Q，其反应式为

$$^{235}_{92}U + ^{1}_{0}n \rightarrow ^{139}_{54}Xe + ^{95}_{38}Sr + 2^{1}_{0}n + Q$$

实际过程中，生成物总净质量比 $^{235}_{92}U$ 的质量要减少 0.22u，因此由质能关系可以计算得出，1 个 $^{235}_{92}U$ 在裂变时释放的能量 Q 约为 200MeV。这个能量值看似很小，其实不然，因为 1g 铀-235 总的原子核数约为 $6.02 \times 10^{23}/235 = 2.56 \times 10^{21}$，这样 1g 铀-235 所有原子核全部裂变时所释放的能量可达 $200 \times 2.56 \times 10^{21} = 5.12 \times 10^{23}$ MeV。不仅如此，在铀核裂变过程中能放出多于 2 个中子，如果分裂时发出的中子全部被别的铀核吸收，又引起新的裂变，这样，裂变的数目将按指数规律增大，结果形成一发散的链式反应，原子弹中核反应就是这种情况。但是如果在受控条件下，每次裂变平均只有一个中子引起新的裂变，维持稳定的链式反应，核反应堆即为可控的链式反应。世界第一座链式裂变反应堆于 1943 年建成，1945 年制造出第一颗原子弹，第一座核电站建成于 1954 年。

（二）轻核的聚变

由轻核结合在一起形成较大的核，同时还有能量被释放出来的过程，这个过程称为**聚变**（fusion），典型的聚变是两个氘核 $^{2}_{1}H$ 聚变为氦核 $^{3}_{2}He$ 和 1 个中子 $^{1}_{0}n$，其反应式为

$$^{2}_{1}H + ^{2}_{1}H \rightarrow ^{3}_{2}He + ^{1}_{0}n + 3.27MeV$$

式中，3.27MeV 是在核聚变过程中释放出的能量，似乎聚变过程释放的能量比起裂变过程释放的能量要小，其实不然。因为氘核的质量轻，1g 氘核 $^{2}_{1}H$ 的原子核数约为 10^{23} 数量级，所以单位质量的轻核聚变释放的能量要比重核裂变释放的能量大很多。轻核聚变能释放出巨大的

能量，可以利用于建造轻核聚变反应堆、发电厂等。要实现受控轻核聚变，还必须要克服两个 $^2_1\mathrm{H}$ 核之间的库仑排斥力，据计算，只有当 $^2_1\mathrm{H}$ 具有 10keV 的动能时，才可以克服库仑排斥力引起的障碍，实现两轻核的聚变，而要想具有如此高的动能，就得把反应物质加热到温度为 $10^8\mathrm{K}$，这种通过加热而引起的聚变反应称为热核反应。

四、辐射剂量和防护

（一）辐射剂量

α 粒子、β 粒子、γ 射线、X 射线、中子射线等各种射线通过物质时，都会产生直接或间接电离作用，因此把这些射线统称为**电离辐射**（ionizing radiation）。各种电离辐射施加在生物体上，会产生物理、化学和生物学的变化，可致生物组织损伤，称为生物效应。肿瘤的放射治疗就是利用这种生物效应杀伤肿瘤组织，这同时正常组织受到射线照射时也会产生辐射损伤，其轻重程度与接受辐射的能量有关。我们用**辐射剂量**（radiation dose）来表示人体接受电离辐射的物理量。下面介绍辐射剂量中的三个概念。

1. 照射量 照射量（exposure）是用来表示 X 射线或 γ 射线在空气中产生电离作用大小的一种物理量，符号为 X。设射线在质量为 $\mathrm{d}m$ 的干燥空气中产生的正离子（或负离子）的总电荷为 $\mathrm{d}Q$，则 $\mathrm{d}Q$ 与 $\mathrm{d}m$ 之比定义为射线的照射量，即

$$X = \frac{\mathrm{d}Q}{\mathrm{d}m} \tag{14-25}$$

照射量的单位为 $\mathrm{C \cdot kg^{-1}}$，常用单位为 R（伦琴），$1\mathrm{R} = 2.58 \times 10^{-4}\mathrm{C \cdot kg^{-1}}$。单位时间内的照射量称为照射量率，其国际单位制单位为 $\mathrm{C \cdot (kg \cdot s)^{-1}}$，常用的单位是 $\mathrm{R \cdot s^{-1}}$ 表示。

2. 吸收剂量 照射量只是用来表示 X 或 γ 射线的对空气电离程度，对于任何一种电离辐射剂量的测定，引入**吸收剂量**（absorbed dose），用 D 表示。它定义为单位质量受照射物质从电离辐射吸收的能量，即

$$D = \frac{\mathrm{d}E}{\mathrm{d}m} \tag{14-26}$$

吸收剂量的单位为 Gy（戈瑞），$1\mathrm{Gy} = 1\mathrm{J \cdot kg^{-1}}$。常用单位为 rad（拉德），$1\mathrm{Gy} = 100\mathrm{rad}$。吸收剂量适用于任何类型和任何能量的电离辐射，并适用于受照射的任何物质。单位时间内的吸收剂量称为吸收剂量率，其国际单位制单位为 $1\mathrm{Gy \cdot s^{-1}}$，也常用的单位是 $\mathrm{rad \cdot s^{-1}}$。

3. 当量剂量 由于不同种类，不同能量的射线辐射出的能量对生物组织的杀伤程度有明显的差异，即在相同吸收剂量的射线照射下，不同类型、不同能量辐射引起的生物效应有明显的差别。因此引入辐射权重因子，用 W_R 表示，它描述不同类型辐射 R 引起同类放射生物效应的强弱。表 14-2 给出了几种射线的辐射权重因子。

表 14-2 不同射线的辐射权重因子

射线的种类	能量范围	辐射权重因子 W_R
X 和 γ 射线	所以能量	1
β⁻ 和 β⁺ 射线	所以能量	1
中子，	<10eV	5
	100eV~2MeV	20
	2MeV~20MeV	10

射线的种类	能量范围	辐射权重因子 W_R
	>20MeV	5
质子	>2MeV	5
α粒子，重核	所以能量	20

由不同类型辐射产生的生物效应的差异，进一步对吸收剂量进行加权修正，便引入**当量剂量**（equivalent dose）概念，用 H_R 表示，它定义为

$$H_R = D \times W_R \tag{14-27}$$

当量剂量的单位为 Sv（希沃特），$1Sv = 1J \cdot kg^{-1}$。常用单位为 rem（雷姆），$1Sv = 100rem$。当量剂量与吸收剂量的量纲相同，但物理意义不同。吸收剂量反映的是单位质量的物质对辐射所吸收的平均能量，它对任何物质都相同；而当量剂量只适用于人和生物体，是反应辐射对人体损伤程度的物理量。

（二）辐射防护

射线对人体可以产生一系列的不良效应，其中包括皮肤红斑、毛发脱落、溃疡、肺纤维硬化、白细胞减少、白内障以及致癌等，所以在使用、保存和清除放射性废料时，都应采取相应的防护措施，以达到安全使用的目的。

1. 最大容许剂量　处在自然环境中的人类会受到来自宇宙和地球的各种射线的照射，这种一定剂量的天然照射并不影响人体的健康。国际上规定经过长期积累或一次性照射后，对机体既无损害又不发生遗传危害的最大照射剂量，称为**最大容许剂量**（maximum permissible dose，MPD）。而我国现行规定的最大容许剂量为每周 0.1rem，每年不超过 5rem。

2. 外照射防护　放射源在体外对人体进行的照射，称为**外照射**。人体受到外照射的剂量与放射源的距离以及停留在放射源附近的时间有关。因此，与放射线接触的工作人员应尽可能远的距离操作放射源，并减少在放射源周围停留的时间，此外，在放射源与工作人员之间，应设置屏蔽装置以减小照射量。对于 α 射线，因其贯穿本领弱，射程短，工作时只需戴上手套防护；对于 β 射线，除了远距离操作和短时间停留外，屏蔽物不宜用原子序数高的物质，因为原子序数高的物质容易产生轫致辐射，所以一般采用有机玻璃、铝等原子序数中等的物质作屏蔽材料；对于 X 射线和 γ 射线，因其穿透能力强，应采用原子序数高的物质，如铅、混凝土等作为屏蔽材料；对于中子，原则上是减慢中子的速度，可使用含硼或锂的材料来对其进行吸收。

3. 内照射防护　放射性核素进入体内对人体进行的照射，称为**内照射**。由于 α 射线电离比值很高，所以在体内造成的伤害比 β、γ 射线都更严重，因此，除了在介入治疗和诊断时需要必须向人体内引入放射性外，其他任何情况下都应尽量避免内照射。为此，与放射性核素接触的人员要严格遵守规章制度，以防止放射性物质进入体内。

▌课堂互动 ──────────────────────────

　　1. 原子核衰变有哪几种类型？遵守怎样的规律？说明有效半衰期的物理意义。

　　2. 核裂变与核聚变有什么不同？什么是辐射剂量？

第三节 核磁共振

1946 年美国物理学家布洛赫（F. Bloch）和珀塞尔（E. Purcell）发现了核磁共振现象。**核磁共振**（nuclear magnetic resonance，HMR）是指物质原子核磁矩在均匀的外磁场中发生能级分裂，并利用适当频率的外加射频场进行激励，产生共振能级跃迁的现象。随后 1946—1972 年，人们利用不同种原子核或同种原子核在不同理化环境中具有不同的核磁共振频率特性，用于对有机化合物的分子结构分析，即**核磁共振谱分析**（magnetic resonance spectroscopy，MRS）。1973 年人们掌握了用磁场标记原子核（目前主要是氢核）所在空间位置，从而获得有关核磁共振参数分布的**核磁共振成像**（magnetic resonance imaging，MRI）技术。1978 年在英国第一台头部 MRI 设备投入医学临床使用，1980 年全身的 MRI 研制成功。这一节中主要介绍核磁共振的基本原理、核磁共振谱和核磁共振成像。

一、核磁共振的基本概念

（一）原子核的自旋和磁矩

生物体是由许许多多的原子组成，每个原子中电子在做无规则运动的同时，原子核也在运动，原子核像一个小陀螺一样，围绕着某一转轴作自旋运动。因此，原子核具有自旋角动量，用 P_I 表示，是一个矢量。具体来讲，一个原子核的总角动量是构成这个原子核的质子和中子的轨道角动量和自旋角动量的矢量和，根据量子力学的理论，原子核角动量是量子化的，只能取一系列不连续的值，即

$$P_I = \sqrt{I(I+1)}\,\hbar \tag{14-28}$$

式中，$\hbar = h/2\pi$，h 为普朗克常数，I 称为核自旋量子数，具有偶数质量数 A 的原子核的 I 值为整数，具有奇数质量数 A 的原子核的 I 值为半整数。

按照经典理论，原子核带有一定的正电荷，做自旋运动就等效于一个环形电流，因此具有磁矩，称为**核磁矩**（nuclear moment），用 μ_I 表示，它也是一个矢量。μ_I 和自旋角动量 P_I 的方向是一致的。根据量子力学的理论，它们之间的关系为

$$\mu_I = g \cdot \frac{e}{2m_p} \cdot P_I = \gamma P_I \tag{14-29}$$

式中，e 和 m_p 分别为质子的电荷和质量；g 为原子核的 g 因子，$g>0$，是一个无量纲的量，$\gamma = g \cdot \frac{e}{2m_p} = \frac{\mu_I}{P_I}$ 称为原子核磁旋比，是一个与原子核性质有关的常数。不同种类的原子核，γ 不同。例如，^1H 的 γ 为 42.58MHz/T，^{31}P 的 γ 为 17.24MHz/T，^{23}Na 的 γ 为 11.26MHz/T。

（二）原子核在外磁场中的旋进

当自旋的原子核处于外磁场 B_0 中，它的核磁矩要受到外磁场的作用，在自身旋转的同时又以外磁场 B_0 为轴旋转，这种运动称为**旋进**（procession），又称为进动，如图 14-8 所示，类似于陀螺在重力场中的运动。核磁矩绕外磁场 B_0 旋进的角频率 ω_0（即 μ_I，P_I 的矢量端绕外磁场的转动角频率）大小与外磁场的磁感应强度 B_0 成正比，也与核的种类有关，用公式表示为

$$\omega_0 = \gamma B_0 \tag{14-30}$$

上式称为**拉莫尔公式**（Larmor formula），旋进的角频率 ω_0 又称为拉莫尔频率，比例系数 γ 即

为磁旋比。从拉莫尔公式可知，对同一种原子核，γ 相同，外磁场愈强，原子核的旋进频率愈大；对不同种类的原子核，即使在相同的磁场作用下，因 γ 不同，其旋进频率也不同。

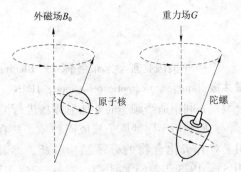

图 14-8 原子核在磁场中的旋进

根据量子理论，处于外磁场中的原子核磁矩取向是空间量子化的，同时产生附加能量造成的核能级是劈裂的，对于同一种核，在相同的磁场中，劈裂后相邻核能级间的能量差都相等。对于氢核而言，在外磁场中核磁矩具有两个平衡旋进状态，即"平行态"和"反平行态"，分别对应于低能态和高能态，当 μ 与 B_0 夹角较小时，两者之间的能级差近似为 $\Delta E = 2\mu B_0$，如图 14-9 所示。这是单个原子核的行为表现，而通常我们能观测到的是大量原子核的集体表现。在热平衡状态下，处于低能态（平行态）的氢核数较多，处于高能态（反平行态）的氢核数较少，这时氢核磁矩不能完全抵消，各磁矩矢量叠加的结果是整个氢核系统总的磁矩不等于零，并且指向外磁场 B_0 的方向，即

$$M = \sum_{i=1}^{n} \mu_i \neq 0 \qquad\qquad (14\text{-}31)$$

这个总磁矩 M 称为**核系统的磁化强度矢量**，图 14-10 中的锥面是把系统内所有自旋核磁矩 μ_i 平移到一点 o 而形成的，它们的矢量和为 M 随外磁场的增强而增大。由于各核磁矩的相位是随机的，它们在 xy 平面的分量互相抵消，因此合成的磁化矢量的横向分量 M_{xy} 等于零，此时 M 等于纵向分量 M_z。

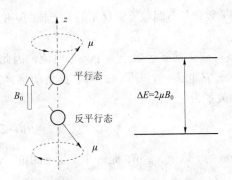

图 14-9 氢核在外磁场中的两个基本状态

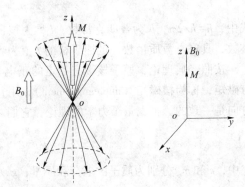

图 14-10 大量氢核磁矩的磁化强度矢量

（三）核磁共振现象

处在外磁场 B_0 中的核磁矩，若在垂直于 B_0 方向上再施加一个射频交变磁场 B_r，即射频电磁波（radio frequency，RF），当 RF 的角频率 ω_r 恰好等于拉莫尔频率 ω_0 时，核磁矩将有可能吸收 RF 的能量，使部分氢核从能量较低的"平行态"跃迁到能量较高的"反平行态"，这种现象称为**核磁共振**（nuclear magnetic resonance，NMR），简称**磁共振**（MR）。产生核磁共振条件就是使射频磁场 B_r 的角频率与核磁矩绕 B_0 的旋进角频率相等，即 $\omega_r = \omega_0$。实验中实现核磁共振，一般采用两种方法：一种是固定外磁场 B_0，连续改变 RF 频率或用射频脉冲，当 $\omega_r = \omega_0 = \gamma B_0$，满足拉莫尔公式时，就发生核磁共振这种方法叫扫频法；另一种是保持射频波

的频率不变，连续改变外磁场强度 B_0 大小，当 B_0 满足拉莫尔方程时，就发生核磁共振，这种方法叫扫场法。扫频法多见于获取样品的磁共振谱，扫场法常被用于在磁共振成像，但在具有在体波谱的 MRI 设备中也用到扫频法。

随着这些氢核与射频波发生共振吸收，核系统磁化强度矢量 M 与 B_0 的夹角 α 会发生变化。M 的矢端运动轨迹为从球面顶点开始的逐渐展开的球面螺旋线，如图 14-11（a）所示。M 与 B_0 之间的夹角 α，随着 RF 激励时间的增加线性增大。M 在 xy 平面上有横向分量 $M_{xy} = M\sin\alpha$，M_{xy} 的形成可看作由原先相位均匀分布的核磁矩由于受到横向射频场的作用，使其相位分布不均匀，核磁矩向某一方向逐渐集中的结果。如果使用某时间宽度的射频脉冲，可使 M 偏离 z 轴的角度 α 等于90°，这种射频脉冲称为90°**角脉冲**，如图 14-11（b）所示。使 M 偏离角度等于180°的脉冲，称为180°**角脉冲**，如图 14-11（c）所示。

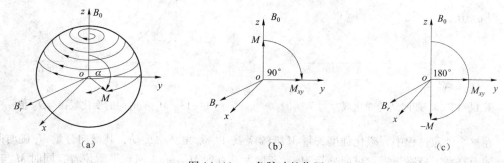

图 14-11　α 角脉冲的作用
（a）α 角脉冲使 M 偏离 z 轴 α 角；（b）90°角脉冲的作用；（c）180°角脉冲的作用

（四）弛豫过程和弛豫时间

射频脉冲作用，使核系统从低能态跃迁到高能态，高能态属于非平衡态。当射频脉冲停止作用之后，核磁矩会自动由高能的非平衡态向低能的平衡态恢复，同时把吸收的能量释放出去，这一过程称为**弛豫过程**（relaxation process）。弛豫过程按照观测方向可以分为纵向弛豫和横向弛豫。弛豫过程的快慢用**弛豫时间**（relaxation time）来描述。

1. 纵向弛豫过程　纵向弛豫过程指系统磁化强度矢量 M 的纵向分量 M_z 逐渐增大，恢复到初始值 M_0 的过程。90°角脉冲作用后，M_z 随时间的变化规律可用下式表示：

$$M_z = M_0 \left(1 - e^{-\frac{t}{T_1}}\right) \tag{14-32}$$

T_1 是描述纵向弛豫过程快慢的时间常量，即为90°角脉冲后纵向磁化分量 M_z 从 0 恢复到 $0.63M_0$ 时所用的时间，如图 14-12 所示。在纵向弛豫过程中，处在高能态的自旋氢核通过热运动方式将先前吸收的射频能量传递给氢核周围的其他种类的原子核，周围的物质属于原子有序排列的晶格结构，所以纵向弛豫过程又称为**自旋-晶格弛豫过程**，T_1 又称为**自旋-晶格弛豫时间**。因为不同组织具有不同的氢核密度与化学环境，所以它们弛豫时间 T_1 各不相同，此外，T_1 值还与外磁场强度 B_0 有关。

2. 横向弛豫过程　横向弛豫过程指系统磁化强度矢量 M 在 xy 平面上的横向分量 M_{xy}，从90°角脉冲结束作用前的最大值 M_{xym} 逐渐减小到 0 的过程。M_{xy} 随时间的变化规律可用下式表示：

$$M_{xy} = M_{xym} e^{-\frac{t}{T_2}} \tag{14-33}$$

T_2 是描述横向弛豫过程快慢的时间常量，即为90°角脉冲后，横向磁化分量从最大值 M_{xym} 衰减

到 $0.37M_{xym}$ 时所用的时间，如图 14-13 所示。在横向弛豫过程之前，90°角脉冲的最终作用，使得核系统各核磁矩相位相同，向 xy 平面上某一方向集中。90°角脉冲结束后，每个核除受外磁场 B_0 的作用外，还会受到相邻核的磁场作用，这样每个核旋进的角频率稍有不同，结果是使核磁矩从聚集的方向分散开来，各个自旋核从相位一致过渡到相位不一致。由于这一过程是核自旋的相互作用引起的，所以横向弛豫过程又称为**自旋-自旋弛豫过程**，T_2 又称为**自旋-自旋弛豫时间**。T_2 的大小与物质的特性有关，T_2 一般比 T_1 小一个数量级，与外磁场强度 B_0 大小关系不大，但是 T_2 与外磁场 B_0 的均匀程度有较大关系，若 B_0 不均匀会加大核磁矩的方向性分散，使 T_2 明显缩短。

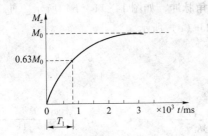
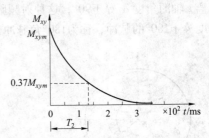

图 14-12　M_z 随时间的变化规律与 T_1 值　　　　图 14-13　M_{xy} 随时间的变化规律与 T_2 值

在整个弛豫过程中，磁化强度矢量 M 继续绕 B_0 以 ω_0 角频率旋动，其横向分量 M_{xy} 随时间的增加而衰减，最终为零；纵向分量 M_z 逐渐增大，直到 $M_z = M_0$，回到平衡位置，同时 M 与 z 轴正方向的夹角的逐渐减小，直到为零，因此，M 的顶端在一球面上沿着一条半径逐渐减小的球形螺旋线运动，射频90°角脉冲作用后的弛豫过程，如图 14-14（a）所示。在弛豫过程中，由于 M 的运动，空间形成交变磁场，如果在 y 轴方向上放置一平面垂直于 y 轴的接收线圈，M_{xy} 转动时便在线圈的两端产生一个电动势，这个很小且随时间增长而振荡衰减的电动势就是磁共振信号。**磁共振信号的强度随时间增长按指数规律衰减，称为自由感应衰减信号**（free induction decay signal，FIDS），如图 14-14（b）所示。FIDS 强度衰减的快慢由纵向弛豫时间 T_2 和横向弛豫时间 T_1 决定，且与样品中核的密度 ρ 有关。

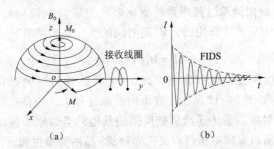

图 14-14　自由感应衰减信号（FIDS）及其衰减规律

二、核磁共振谱

当我们分析核磁共振信息时，除了要考虑核密度 ρ 及其弛豫时间 T_1、T_2 外，还可以从核磁共振谱线的精细结构，来了解原子核的性质和原子核所处的环境。所谓**核磁共振谱**（magnetic resonance spectroscopy，MRS）是指以发生核磁共振吸收的强度为纵坐标，共振频率为横坐标，绘出的一条吸收强度和共振频率的变化曲线。MRS 是将核磁兹共振现象应用于测定分子结构的一种谱学技术，其中化学位移、自旋—自旋劈裂两种作用是核磁波谱分析的基础，在医学诊断中对疾病的早期诊断、鉴别性诊断和病理分析等都具有重要的作用。

（一）化学位移

从拉莫尔公式我们可以认为，对于同一种自旋核，因其磁旋比 γ 和 g 相同，在同一外磁场强度 B_0 中，它就只能有一个共振吸收频率 ω_0，但实际情况是在不同分子中的同种自旋核，在相同的外磁场中会有不同的共振频率。造成这种现象的原因是，自旋核不是孤立的，而是被核外带磁性的电子云所包围，电子云产生微弱的局部磁场，即附加磁场，对外磁场 B_0 起到屏蔽作用，这使得自旋核上的磁场较比外磁场 B_0 或大或小。因此，自旋核所在位置上的核磁场 $B_N = (1-\sigma)B_0$，其中 σ 称为屏蔽系数，它的值取决于外磁场的强度和具有这些磁矩的核和电子的空间位置，σ 可正、可负，当 $\sigma>0$ 时，$B_N<B_0$；当 $\sigma<0$ 时，$B_N>B_0$。同种自旋核处于不同分子之中时，会有不同的 σ，这样它们就会有不同的共振频率。我们定义同种自旋核在相同的外磁场情况下，测试样品中的自旋核的共振频率 υ 与标准样品中的自旋核共振频率 υ_s 之差为**化学位移**（chemical shift），即

$$\Delta\upsilon = \upsilon - \upsilon_s \tag{14-34}$$

氢核处于不同化合物中，发生磁共振的频率不同，之间相差范围可达 $10\sim600\mathrm{Hz}$。图 14-15 中例举了几种化合物中的 $^1\mathrm{H}$ 核的化学位移。

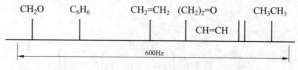

图 14-15　几种化合物中的 $^1\mathrm{H}$ 的化学位移

在核磁共振中，化学位移是由外磁场所感生的，此外它还随着测量条件和设备不同而有所不同，因此很难用 $\Delta\upsilon$ 或 ΔB 来表示化学位移确定的大小。为了消除这种影响，通常选择适当的参考物质，以其谱线的位置为标准来确定化学位移的相对大小。因此对化学位移进行另一定义，用 δ 表示

$$\delta = \frac{B-B_s}{B_s} \tag{14-35}$$

δ 一般很小，单位是 ppm（百万分之一），式中 B、B_s 分别表示在相同的 BF 频率的情况下，使测试样品、标准样品中同种自旋核发生共振吸收所需的外磁场大小。对 $^1\mathrm{H}$ 谱，常用四甲基硅 $(\mathrm{CH_3})_4\mathrm{Si}$（tetramethylsilaue，TMS）作为标准样品，因为它只有一个峰，屏蔽作用强，而且一般化合物的峰大都出现在它的左边，所以用它的信号作化学位移的零点。

如图 14-16 所示是 $\mathrm{C_6H_5CH_2CH_3}$（乙基苯）$^1\mathrm{H}$ 核的质子谱线。乙基苯有 $\mathrm{C_6H_5}-$、$-\mathrm{CH_2}-$、$-\mathrm{CH_3}$ 三个化学基团，这三个基团中的氢核，由于它们的结合状态（电子环境）不同，其谱线位移的程度也不相同，结果产生了与这三个基团中的氢核相对应的三条吸收谱线。

化学位移可反映分子结构。对某未知样品的磁共振谱，如果在某一化学位移处出现谱线，就说明可能有某一化学基团存

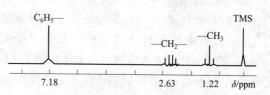

图 14-16　乙基苯 $^1\mathrm{H}$ 核的核磁共振谱

在。例如图 14-16 中—CH$_3$ 基团的谱线出现在 1.22ppm 处，—CH$_2$—基团的谱线出现在 2.63ppm 处，C$_6$H$_5$—基团的谱线出现在 7.18ppm 处，于是可推知是 C$_6$H$_5$ CH$_2$ CH$_3$（乙基苯）的磁共振谱。

（二）自旋-自旋劈裂

图 14-17 所示为 CH$_3$ CH$_2$ CH$_2$ NO$_2$（硝基丙烷）的核磁共振谱，从图中可看到 CH$_3$—基团实际上有三条谱线，—CH$_2$—基团有六条谱线，而靠近—NO$_2$ 基团的次甲基—CH$_2$—则有三条谱线。这种吸收峰分裂为多重线是由基团间核自旋磁矩的相互作用引起的，这种作用称为**自旋-自旋劈裂**（spin-spin splitting）。这种分裂与化学位移不同，它与外磁场强度无关。图中 CH$_3$—基团通过结合电子与—CH$_2$—中的两个氢核发生相互作用，使由于化学位移已经分裂的谱线又进一步劈裂成三条谱线，其旁边的—CH$_2$—基团则受到—CH$_3$ 和靠近—NO$_2$ 的次甲基共五个氢核的作用而裂分成六条谱线，靠近—NO$_2$ 基团的次甲基则只受到左边—CH$_2$—基团中两个氢核的作用而裂分成三条谱。对自旋量子数 $I = 1/2$ 的氢核，分裂谱线的条数有一个简单的规律，即某一原子核基团的等价核数为 n，则另一基团的原子核的谱线受到这 n 个等价核的作用就分裂为 $n+1$ 条谱线。从这个规律，也很容易解释图 14-16 中—CH$_2$—基团、—CH$_3$ 基团在 C$_6$H$_5$ CH$_2$ CH$_3$（乙基苯）中进一步裂分的谱线数目，从谱线分裂了解分子中基团间彼此关系，确定相对排列位置，提供分子结构信息。

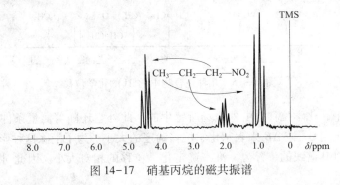

图 14-17　硝基丙烷的磁共振谱

三、核磁共振成像

核磁共振成像（magnetic resonance imaging，MRI）就是通过人为控制射频脉冲的强度及其作用时间，使处在均匀磁场中不同位置的磁性核吸收射频场的能量，按一定的时间顺序产生磁共振，射频场停止作用后，磁性核释放能量，产生磁共振信号，通过接收系统检测磁共振信号，再经过计算机处理后，重建一幅受检体的断层磁共振图像。

（一）核磁共振成像的基本方法

磁共振成像的基本方法就是采用一定的技术方法将受检体共振核的密度、环境和位置等信息表达出来。一般采用在均匀的主磁场中叠加一个随空间位置坐标变化的线性梯度磁场来建立不同点共振信号与空间坐标位置的对应关系。首先将研究对象简化成若干称为**体素**（voxel）的小体积元，依次测量每个体素的 MR 信号，并且通过频率编码和相位编码的方式确定体素的空间位置，然后根据各体素所携带的 MR 信号及空间位置编码与像素一一对应实现图像的重建，以获得被扫描层面的磁共振图像，下面介绍其成像过程。

1. 选片　将受检体置于 z 轴方向的均匀磁场 B_0 中，在均匀磁场 B_0 上，叠加一个同方向的

线性梯度场 G_z，磁感应强度沿 z 轴方向由小到大均匀改变，如图 14-18 所示。由图可知，垂直于 z 轴方向同一层面上的磁感应强度相同，不同层面梯度场的强度不同（层面箭头的长短不同），方向是箭头的方向。根据拉莫尔公式，如果选择第 I 层作为成像层面，可以调节 RF 脉冲频率，使得第 I 层氢核发生核磁共振，其他层面的氢核因不满足拉莫尔公式而不发生共振，若把 RF 脉冲的频率调节为第 $I+n$ 层面的拉莫尔频率时，也可以使第 $I+n$ 层面层面的氢核分别发生，这一过程称为层面的选择，也叫作**选片**（selected slice）。

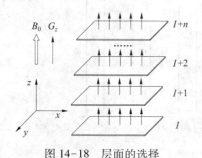

图 14-18　层面的选择

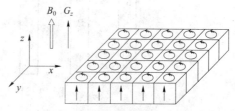

图 14-19　选片后同一层面的若干个体素

2. 编码　所谓编码就是把研究物体层面分为若干个体素，把每个体素标定一个记号。通过层面的选择，整个层面处于相同的磁场中，故每个体素中的磁矩在磁场中旋进的频率和相位相同，如图 14-19 所示。此时，沿 x 轴方向施加一梯度很小的磁场 G_x，使成像层面该 x 方向上体素中的磁矩因磁场的差异而产生不同的旋进频率从而引起相位的差异 ϕ_i，如图 14-20（a）所示。在一定的时间后去掉 G_x，各体素的磁矩仍保持原来的相位差，继续以相同的频率在磁场中旋进。用这种相位差作为一种标记，可识别沿 x 轴方向的每一条直线各体素的 MR 信号，这一过程称为**相位编码**（phase coding）。若在接收信号时，再沿 y 轴方向施加一梯度较大的磁场 G_y，使成像层面沿 y 轴方向上体素中的磁矩产生不同的旋进频率 ω_i，如图 14-20（b）所示。用这种磁矩旋进频率的差异作为一种标记，以识别沿 y 轴的各条直线上各体素的 MR 信号，这一过程称为**频率编码**（frequency coding）。这样，在相位编码梯度场 G_x 和频率编码梯度场 G_y，共同作用下，成像层面内任意两个体素都具有不同的相位和频率，实现了各体素空间位置的编码。

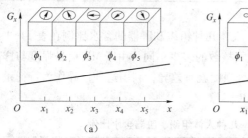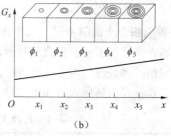

图 14-20　层面位置编码

（a）用梯度场 G_x 实施相位编码；（b）用梯度场 G_y 实施频率编码

3. 图像重建　通过选片、相位编码和频率编码，把整个层面的体素一一进行了标定，但系统接收线圈所探测到的感应 FID 信号是各体素带有相位和频率特征的 MR 复合信号，为取得层面各体素 MR 信号的大小，需要根据信号所携带的相位编码和频率编码的特征，把各体素的信号分离出来，该过程称为**解码**（decoding）。这项工作由计算机来完成，即计算机对探测到的 FID 信号进行二维傅里叶变换（2 dimension Fourier transform，2DFT）处理，得到具有相位和频率特征的 MR 信号的大小，最后根据与层面各体素编码的对应关系，将体素的信号大小与对应的像素依次显示在荧光屏上，信号的大小用灰度等级表示，信号大，像素亮度大；信号小，像素亮度小。这样就得到一幅反映层面各体素 MR 信号大小的图像。整个磁共振成像过程如图 14-21 所示。

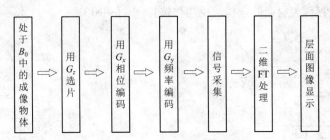

图 14-21　磁共振成像过程框图

（二）人体的核磁共振成像

1. 氢核是人体成像首选核种　人体各种组织含有大量的水和碳氢化合物，所以氢核的磁共振灵敏度高、信号强，这是人们首选氢核作为人体成像元素的原因。表 14-3 列出人体组织中氢核与其他元素的磁共振相对灵敏度，并以氢的相对值为 1。从表中可知其他元素的 MR 信号都比较弱，而且相差在 1000 倍以上。

表 14-3　人体组织中氢核与其他元素的 MR 信号相对灵敏度（规定氢的相对值为 1）

元素	相对灵敏度	元素	相对灵敏度
^1H	1.000	Na	1×10^{-3}
C	2.5×10^{-4}	P	1.4×10^{-3}
^{14}N	3.1×10^{-4}	K	1.1×10^{-4}
O	4.9×10^{-4}	Ga	9.1×10^{-6}
F	6.3×10^{-5}	Fe	5.2×10^{-9}

2. 人体各种组织含水比例不同　人体几种组织和脏器的含水比例在表 14-4 列出。人体中各种组织和脏器含水比例不同，即含氢核数的多少不同，由于 MR 信号强度与样品中氢核密度有关，所以不同组织和脏器的 MR 信号强度就有差异，利用这种差异作为特征量，把各种组织和脏器区分开，这就是氢核密度的 MR 图像。

表 14-4　几种人体组织、脏器含水比例

组织名称	含水比例/%	组织名称	含水比例/%
皮肤	69	肾	81
肌肉	79	心	80
脑灰质	83	脾	79
脑白质	72	肝	71
脂肪	80	骨	13

3. 人体不同组织的 T_1、T_2 值 人体不同的正常组织和病变组织的 T_1、T_2 值不相同，见表 14-5 和表 14-6，这就提供了用 T_1、T_2 值来建立人体组织的分布图像的可能性。人体正常组织与病变组织的含水量和 T_1、T_2 值均有所不同，所以可以从图像中把病变组织识别出来，从中还可以判断病变的不同发展阶段，为临床诊断提供依据。

表 14-5　几种正常组织在 0.5T 情况下的 T_1、T_2 值范围

组织名称	T_1/ms	T_2/ms	组织名称	T_1/ms	T_2/ms
脂肪	240±20	60±10	主动脉	860±510	90±50
肌肉	400±40	50±20	骨髓（脊柱）	380±50	70±20
肝	380±20	40±20	胆道	890±140	80±20
胰	398±20	60±40	尿	2200±610	570±230
肾	670±60	80±10			

表 14-6　几种病变组织在 0.5T 情况下的 T_1、T_2 值范围

组织名称	T_1/ms	T_2/ms	组织名称	T_1/ms	T_2/ms
肝癌	570±190	40±10	前列腺癌	610±60	140±90
胰腺癌	840±130	40±10	膀胱癌	600±280	140±110
肾上腺癌	570±160	110±40	骨髓癌	770±20	220±40
肺癌	940±460	20±10			

人体组织的 MR 信号强度取决于这些组织中氢核密度和氢核周围的环境，即人体组织结构和生化、病理状态。人体不同组织之间，正常组织与该组织中的病变组织之间氢核密度 ρ 和 T_1、T_2 三个参数的差异，就是磁共振成像用于临床诊断最主要的物理学基础。

磁共振成像对生物体不造成任何损伤，不需要注射造影剂，无电离辐射，不会产生 CT 检测中出现的伪影，对机体所产生的不良影响很小，并且可以直接给出横断面、矢状面、冠状面以及各种斜面的体层图像，更可以获得包括有 ρ、T_1、T_2、组织流动以及化学位移等多参数的信息图像。因此，它成为了极具潜力的革命性的医学诊断工具，目前该技术在临床诊断和医学研究等方面得到广泛应用。

■ 课堂互动

> 1. 什么是磁共振现象？说明原子核发生磁共振现象的条件。
> 2. 磁共振成像的基本方法是什么？人体的磁共振成像依据是什么？

案例分析

案例： 一位体重为70kg核放射诊疗的工作者，每天在放射性活度为 40mCi 的 ^{60}Co 放射源旁边工作 6.0h。假设此人距离放射源距离为 6m，面对放射源的身体横截面面积为 1.5m²。已知 ^{60}Co 一次衰变相继放射出两种能量为 1.33MeV、1.17MeV 的 γ 射线，其中照射到人体 40% 的能量被人体吸收，问该工作者每天吸收的当量剂量为多少？

分析： 假设放射源以球面向四面辐射能量，工作者只接受球面的一部分能量。已知此人距离放射源距离为 6m，身体横截面积 $S=1.5\text{m}^2$，放射源辐射到人的距离时，能量均匀分布在半径为 $r=6$m 的球面上，则人体接受到能量比例为

$$\frac{S}{4\pi r^2} = \frac{1.5\text{m}^2}{4\times 3.14\times 6^2\text{m}^2} = 3.3\times 10^{-3}$$

已知 ^{60}Co 每一次辐射的能量为 1.33MeV + 1.17MeV = 2.50MeV，则放射性活度为 40mCi 的 ^{60}Co 每秒释放的总能量为

$$40\text{mCi}\times 3.7\times 10^7\text{Bq}\cdot\text{mCi}^{-1}\times 2.50\text{MeV} = 3.7\times 10^9\text{MeV}\cdot\text{s}^{-1}$$

考虑到人体吸收辐射能量的 40%，每天工作 6h，则人体每天吸收的能量为

$$E = 40\%\times(3.3\times 10^{-3})\times(3.7\times 10^9\text{MeV}\cdot\text{s}^{-1})\times(1.6\times 10^{-13}\text{J}\cdot\text{MeV}^{-1})\times(6.0\times 3\,600\text{s})$$
$$= 1.69\times 10^{-2}\text{J}$$

由于人体质量为 $m=70$kg，则由式（14-26）可得，吸收剂量为

$$D = \frac{1.69\times 10^{-2}\text{J}}{70\text{kg}} = 2.4\times 10^{-4}\text{Gy}$$

由表 14-2 可知，γ 射线的 $W_R=1$，则由式（14-27）可得，当量剂量为

$$H_R = 2.4\times 10^{-4}\text{Sv} = 2.4\times 10^{-2}\text{rem}$$

根据我国现行规定的最大容许剂量为每周 0.1rem，每年不超过 5rem。显然该工作者的每周剂量已经超出规定的最大容许剂量标准，必须采取防护措施。为了人身安全，在放射源与工作人员之间，应设置屏蔽装置以减小照射量。对于 γ 射线，通常采用铅板作为屏蔽材料。除此之外，对于经常与放射性打交道的人，应携带防护计量仪，一是显示吸收剂量率，二是显示累计吸收剂量，这样可以实时了解环境辐射状况，以保自身安全。

知识链接

放射性测定年代

放射性测定年代法是根据放射性核素衰变速度不随地球上的物理条件而变化的科学理据，应用现代放射性核素计时来测定年代的先进科学手法。利用这种方法可以测定矿石、地层的生成年代，也可以测定古文物的年代和古生物遗骸的死亡年代。前者可以利用铀铅测定法，后者可以利用 ^{14}C 测定法。下面简单介绍这两种方法的原理。

一、铀铅测定法

^{238}U 的半衰期为 4.5×10^9 年，它的衰变的最终稳定产物是 ^{206}Pb，假定矿石在生成中不含铅。单位质量中 ^{238}U 的原子数为 $N_0(^{238}\text{U})$，λ 为 ^{238}U 的衰变常量，假设矿石的年龄为 t，则根据衰变规律式（14-13），可得目前单位质量的矿石中，^{238}U 的原子数目为 $N(^{238}\text{U}) = N_0(^{238}\text{U})e^{-\lambda t}$；^{206}Pb 的原子数目为 $N(^{206}\text{Pb}) = N_0(^{238}\text{U}) - N(^{238}\text{U}) - N'$，其中 N' 为单位质量中所有 ^{238}U 的放射性子体的原子数目。当 t 很大（超过 10^5 年）时，$N' \ll N$，可以忽略。则有 $N(^{206}\text{Pb}) = N_0(^{238}\text{U}) - N(^{238}\text{U}) = N(^{238}\text{U})(e^{\lambda t} - 1)$，由此可得

$$t = \frac{1}{\lambda} \ln \left[\frac{N(^{206}\text{Pb})}{N(^{238}\text{U})} + 1 \right]$$

因此测出矿石样品单位质量中 ^{206}Pb 的原子数与 ^{238}U 的原子数的比，根据上式就可以计算出矿石的年龄。

二、^{14}C 测定法

在碳元素中除了含有大量稳定的核素 ^{12}C 和 ^{13}C 外，还含有微量的放射性同位素 ^{14}C。^{14}C 由宇宙射线中的中子穿过大气层时与空气中的 ^{14}N 核碰撞发生核反应而生成的：

$$^{14}_{7}\text{N} + ^{1}_{0}\text{n} \longrightarrow ^{14}_{6}\text{C} + ^{1}_{1}\text{H}$$

^{14}C 自发的进行 β 衰变，其半衰期为 5730 年。由于宇宙中中子流是恒定的，不断地射到地球，这使得 ^{14}C 的产生率保持恒定。^{14}C 不断地产生又不断地衰变，经过相当长时间后，^{14}C 的产生和衰变达到平衡，其数目保持不变。在大气中还存在着大量稳定核素 ^{12}C，根据实验测定，大气中 ^{14}C 与 ^{12}C 数目之比为 1.3×10^{-12}，这个比例基本上与地理位置无关。大气中的 ^{14}C 与 ^{12}C 氧化合生成 $^{14}\text{CO}_2$ 和 $^{12}\text{CO}_2$，植物通过光合作用将 $^{14}\text{CO}_2$ 和 $^{12}\text{CO}_2$ 吸收，动物又以植物为食，通过食物链和新陈代谢，动植物和大气中的碳经常进行着交换，所以生物体内 ^{14}C 和 ^{12}C 的比例与大气中是一致的。当生物体死亡以后停止了与外界的物质交换，体内原有的 ^{14}C 只能不断地衰变而减少。这样从古生物遗骸中 ^{14}C 与 ^{12}C 的比例或 ^{14}C 的放射性活度以及 ^{14}C 的半衰期确定遗骸的年代。用 λ 表示 ^{14}C 的衰变常量，$A_0 = \lambda N_0$ 表示处于交换活动中的 ^{14}C 得放射性活度，$A = \lambda N$ 表示所测样品的 ^{14}C 得放射性活度，同上推理，则有

$$t = \frac{1}{\lambda} \ln \frac{A_0}{A}$$

根据上式可以计算出遗骸的年代。也可以通过对古生物遗骸中 ^{14}C 与 ^{12}C 的含量比例的测定，算出遗骸的年代。例如某一生物体出土化石，经测定含碳量为 M 毫克（或 ^{12}C 的质量），按自然界碳的各种同位素含量的相对比值可计算出，生物体活着时，体内 ^{14}C 的质量应为 mmg。但实际测得体内 ^{14}C 的质量内只有 mmg 的八分之一，根据半衰期可知生物死亡已有了 3 个 5730 年了，即已死亡了 17290 年了。受 ^{14}C 半衰期的限制，此法测定年代的范围不能超出 30000 年。

本章小结

本章主要讲述了原子核的基本性质、原子核的衰变类型、衰变规律、人工核反应、辐射剂量和防护以及核磁共振相关的物理知识。

重点： 原子核的组成、结合能、核力性质，原子核的衰变类型包括 α 衰变、β 衰变和 γ衰变，衰变规律包括衰变定律、半衰期、放射性活度等。核磁共振的基本概念，核磁共振现条件，弛豫过程，核磁共振谱以及核磁共振成像基本方法等。

难点： 原子核平均寿命、放射性活度、辐射剂量等；核磁共振弛豫过程、弛豫时间和核磁共振谱反映物质结构的原理。

练习题十四

14-1 两个氢原子结合成氢分子时释放的能量为 4.73eV，试计算由此发生的质量亏损，并计算 1mol 氢分子的结合能。

14-2 已知 $_{90}^{232}$Th（钍232）的原子核质量为 232.03821u，计算其原子核的结合能和比结合能。

14-3 某放射性元素的半衰期为 20 天，衰变掉原有原子数的 3/4 所需的时间有多长？剩下原有原子数的 1/8，所需的时间多长？

14-4 试计算经过多少个半衰期，可以使某种放射性核素减少到原来的 1%、0.1%？

14-5 一种放射性核素，其物理半衰期为 10 天，患者服用含该放射性核素的药物后，测得其有效半衰期为 8 天，求该放射性核素的生物半衰期。

14-6 已知某种放射性核素的平均寿命为 100 天，求 10 天后，发生核衰变的核数为总核数的百分之几？第 10 天发生衰变的核数为总核数的百分之几？

14-7 已知 ^{226}Ra 的半衰期为 $1.6×10^3$ 年，原子质量为 226.025u，求 1g ^{226}Ra 发生 α 衰变时的放射性活度。

14-8 一个放射源在 $t=0$ 时的放射性活度为 $8000s^{-1}$，10min 后放射性活度为 $1000s^{-1}$，求（1）该放射源的衰变常数和半衰期；（2）1min 后的放射性活度。

14-9 ^{24}Na 的放射性活度为 200Bq，半衰期为 15h，将其溶液注入患者的血管，30h 后抽出 1mL 血液，测得其计数为每分钟 0.5 个核衰变，在不考虑代谢的情况下，估算患者的全身血量。

14-10 ^{131}I 的半衰期是 8.04 天，在 15 日上午 10 时测量 ^{131}I 的放射性活度为 15mCi，问到同月 30 日下午 3 时，放射性活度还有多少？

14-11 6MeV 的 γ 射线使 $_{92}^{235}$U 发生光致裂变，产生 $_{36}^{96}$Kr、$_{56}^{142}$Ba 及三个中子，求此反应总的最终动能。其中各核素质量为 $M_U = 235.043915u$，$M_{Kr} = 89.91972u$，$M_{Ba} = 141.91635u$，$M_n = 1.008665u$。

14-12 某患者口服 ^{131}I 治疗甲状腺功能亢进症，设每克甲状腺实际吸收 100uCi 的 ^{131}I，其有效半衰期约为 5 天，衰变时发出的 β 射线的平均能量为 200keV，全部在甲状腺内吸收，γ射线的吸收可忽略，试计算甲状腺接受的剂量。

14-13 已知 ^{31}P 核系统处于磁场强度为 3.600～3.602T 的磁场中，欲使其发生核磁共振，需要施加射频波（RF）的频率范围是多少？已知^{31}P 的旋磁比 $\gamma = 17.24 \mathrm{MHz \cdot T^{-1}}$。

14-14　试说明 T_1、T_2 的物理意义。

14-15　试简述自旋-自旋劈裂在磁共振谱中位置不同的机制。

14-16　试简述核磁共振成像技术过程。

*第十五章　物理学专题

学习导引

　　1. 掌握　相对论的基本假设、时间延缓、长度收缩、时空效应和质能方程；粒子的来源与探测，粒子间的相互作用；纳米技术。
　　2. 熟悉　天体物理基本知识，宇宙大爆炸理论。
　　3. 了解　广义相对论的等效原理和相对性原理；黑洞，夸克模型，宇宙的膨胀，宇宙的背景辐射。

　　1905 年，著名的德国物理学家爱因斯坦（A. Einstein）创立了狭义相对论（special relativity），它把物理学扩展到高速物体运动规律的广大领域，它从根本上动摇了经典力学的绝对时空观，提出了关于空间、时间与物质运动相联系的一种新的时空观，揭示了空间与时间的内在联系，质量与能量的内在联系。建立了对高速运动物体也适用的相对论力学，而经典力学则是相对论力学在物体运动速度远小于光速条件下的近似。1915 年又创立了广义相对论（general relativity）。进一步揭示物理定律对一切参考系都是等价的。狭义相对论是局限于惯性参考系的时空理论，广义相对论是推广到一般参考系的引力场的理论。广义相对论关于引力红移和雷达回波延迟的预言，也于 20 世纪 60 年代相继被实验所证实。类星体、脉冲星和微波背景辐射的发现，不仅证实了以这个理论为基础的中子星理论和大爆炸宇宙论的预言，而且大大促进了相对论天体物理的发展。本章重点介绍狭义相对论的基本原理和主要结论，广义相对论的基本原理，天体物理的基本知识，宇宙大爆炸理论，纳米技术。

第一节　相对论基础

　　相对论的产生有着深远的历史根源。它始发于参考系问题的研究。由于经典力学认为存在着绝对空间，因此人们设想在所有惯性系中必然有一个相对于绝对空间静止的绝对参考系。这个绝对空间充满着一种叫作"以太"（aether）的物质，而速度 c 就是光在这个最优惯性系"以太"中的传播速度。由于地球的运动，相对地球静止的观察者应该感觉到迎面而来的以太风。以太问题成为当时物理学研究的热点。为了确定这一绝对参考系的存在，物理学家进行过许多实验。其中最著名的是迈克尔孙-莫雷实验。

一、迈克尔孙-莫雷实验

　　1881 年，美国物理学家迈克尔孙（Michelson）自制了一台干涉仪用于验证"以太"存在

的实验。装置如图 15-1 所示。A 为光源，M 为被
半透明半反射的玻片。入射到 M 上的光线分成两
束，一束穿过 M 片到达反射镜 M_1，然后返回 M，
再被 M 反射到观测镜筒 T。另一束被 M 反射到 M_2，
再从 M_2 反射回来，穿过 M 片到达观测镜筒 T。把此
装置水平放置在地球上，设地球相对于以太的漂移
速度为 u（与地球公转方向相反），且 u 平行于 M_1，
垂直于 M_2。可求出光束 1、2 在各自的路径往返时
间分别为

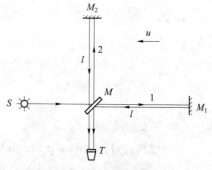

图 15-1　迈克尔孙干涉实验

$$t_1 = \frac{l}{c+u} + \frac{l}{c-u} = \frac{2l}{c}\left(\frac{1}{1-u^2/c^2}\right) \qquad （15-1）$$

$$t_2 = \frac{l}{\sqrt{c^2-u^2}} + \frac{l}{\sqrt{c^2-u^2}} = \frac{2l}{c}\left(\frac{1}{\sqrt{1-u^2/c^2}}\right) \qquad （15-2）$$

$t_1 - t_2 \approx \frac{l}{c}\left(\frac{u^2}{c^2}\right)$，说明光沿路径 1 所用的时间比经过路径 2 所用的时间长。将整个实验装置在
水平面上缓慢转过 90° 后，两束光到达观测镜 T 所经历的时间差了 $2(t_1-t_2)$，为

$$\Delta t = 2(t_1-t_2) \approx \frac{2lu^2}{c^3} \qquad （15-3）$$

时间差的改变将引起干涉条纹的移动，移动数目为

$$\Delta N = \frac{2L}{\lambda}\frac{u^2}{c^2} \qquad （15-4）$$

式中，λ 为光波波长，L 为光臂长度。迈克尔孙通过一次次的实验观测这一现象，结果都失败
了。尤其是 1887 年与莫雷的合作，采用多次反射法，使光臂的有效长度 L 增至 10m 左右，λ
取 500nm，地球公转速率 u 取 $3\times10^4 \text{m/s}$ 和光速 c 取 $3\times10^8 \text{m/s}$，代入上式计算，预期可观测到
的条纹移动数目 ΔN 应为 0.4 条。这比仪器可观测的条纹移动最小值（约 0.01 条）大得多。
但实验的结果是否定的，他们并没有观测到条纹的移动。这一实验结果表明：①相对于"以
太"的绝对运动是不存在的，"以太"并不能作为绝对参考系；②在地球上，光沿各个不同方
向传播速度的大小都是相同的，它与地球的运动状态无关。

光程差现象告诉人们以太相对于地球有漂移，迈克尔孙实验则没有测到这种漂移。这就
是相对论诞生前夜物理学遇到的一个严重困难，即开尔文所说的乌云中的一朵。

知识链接

在经典力学中，人们在绝对时空观的框架内，是把力学相对性原理和伽利略变换
混同在一起的。由于力学相对性原理的正确性已为大量实验所证实，所以人们普遍认
为伽利略变换的正确性是理所当然的。但由于经典物理遇到的上述挫折，物理学家开
始寻求伽利略变换以外的新变换，主要工作有：1892 年爱尔兰的菲兹哲罗和荷兰的洛
伦兹提出运动长度缩短的概念。1899 年洛伦兹提出运动物体上的时间间隔将变长，同
时还提出了著名的洛伦兹变换。1904 年法国的庞加莱提出物体质量随其速率的增加而
增加，速度极限为真空中的光速。1905 年爱因斯坦提出狭义相对论。

二、狭义相对论的两个基本假设

迈克尔孙-莫雷实验的零结果使物理学家感到震惊和困惑，忙于修补以太论时，爱因斯坦却得出了"地球相对于以太运动的想法是错误的"结论。1905年，爱因斯坦在他发表的"论运动物体的电动力学"的论文中，肯定了相对性原理的重要地位，以新的时空观替代了与伽利略变换相联系的旧的时空观并指出其局限性，首次提出了狭义相对性的基本假设，作为狭义相对论的基本原理：

1. 相对性原理（relativity principle） 物理定律在所有的惯性系中都是相同的，因此所有惯性系都是等价的，不存在特殊的绝对静止的惯性系。

2. 光速不变原理（principle of constancy of light velocity） 在所有的惯性系中，光在真空中的传播速率具有相同的值 c。作为基本物理常数，真空中光速的定义值为 $c = 299792458\text{m/s}$。

这一原理表明，光速与光源和观察者的运动状态无关。光速不变原理是相对论时空观的基础。

第一个假设是把力学相对性原理的适用范围从力学定律推广到所有物理定律，由于牛顿第一定理可作为惯性系的定义，因此力学定律主要指牛顿第二定律。"在所有的惯性系中都相同"是指在某一变换下物理规律的不变性。同时否定了绝对静止参考系的存在。第二个假设与迈克尔孙-莫雷实验结果以及其他有关实验结果一致，但显然与伽利略变换不相容。满足上面两个假设而保持物理定律不变的变换是洛伦兹变换。

知 识 链 接

阿尔伯特·爱因斯坦（Albert Einstein，1879~1955），他是举世闻名的德裔美国科学家，现代物理学的开创者和奠基人。他的量子理论对天体物理学、特别是理论天体物理学都有很大的影响。爱因斯坦的狭义相对论成功地揭示了能量与质量之间的关系，解决了长期存在的恒星能源来源的难题。他创立了相对论宇宙学，建立了静态有限无边的自洽的动力学宇宙模型，并引进了宇宙学原理、弯曲空间等新概念，大大推动了现代天文学的发展。

三、洛伦兹坐标变换和速度变换

狭义相对论否定了牛顿的绝对时空观，同时也否定了伽利略变换，因此在相对性原理和光速不变原理的要求下，应有新的变换来代替伽利略变换。爱因斯坦从两个基本原理出发，导出了与洛伦兹一致的变换，即**洛伦兹变换（Lorentz transformation）**。洛伦兹变换是荷兰物理学家洛伦兹提出的新坐标变换关系。设惯性参考系 S' 以恒定速度 u 相对于 S 系沿 x 轴运动，且两参考系平行。在 $t = t' = 0$ 时，两参考系坐标重合。对同一事件的两组时空坐标 (x, y, z, t) 和 (x', y', z', t') 之间的关系，洛伦兹变换可表示为

$$\begin{cases} x'=\gamma(x-ut) \\ y'=y \\ z'=z \\ t'=\gamma\left(t-\dfrac{u}{c^2}x\right) \end{cases} \qquad 其逆变换为 \begin{cases} x=\gamma(x'+ut') \\ y=y' \\ z=z' \\ t=\gamma\left(t'+\dfrac{u}{c^2}x'\right) \end{cases} \qquad (15-5)$$

式中，$\gamma=\dfrac{1}{\sqrt{1-u^2/c^2}}$。

由上式可知，在洛伦兹变换下，空间坐标和时间坐标是相互关联着的，这与伽利略变换有着根本的不同。然而在低速情况下，由于 $u\ll c$，$\gamma\rightarrow1$，则洛伦兹变换将过渡到伽利略变换。即经典力学的伽利略变换是洛伦兹变换在低速情况下，即 $u\ll c$ 时的近似。

两组变换被洛伦兹本人认为是"纯数学手段"，但爱因斯坦却在相对论中揭示了变换方程的实际意义，即"对一个完全确定的事件在相对静止系中的一组空间时间坐标 (x,y,z,t) 与同一事件在运动系中的一组空间时间坐标 (x',y',z',t') 之间的联系"。爱因斯坦是依据狭义相对论的两条基本原理严格推导出来的。所以，虽然是同一组数学模型，在认识上却有质的飞跃。

知 识 链 接

有趣的是相对论的最主要公式是洛伦兹变换，洛伦兹变换是洛伦兹最先提出来的，但相对论的创始人却不是洛伦兹而是爱因斯坦。这里不存在篡夺科研成果的问题。洛伦兹本人也认为，相对论是爱因斯坦提出的。在一次洛伦兹主持的会议上，他对听众宣布："现在请爱因斯坦先生介绍他的相对论"。洛伦兹曾一度反对相对论，还与爱因斯坦争论过相对论的正确性，争论时为了区分自己的理论和爱因斯坦的理论，洛伦兹给爱因斯坦的理论起了个名字"相对论"。爱因斯坦觉得这个名字与自己的理论很相称，于是就接受了这一命名。

为了由洛伦兹变换求得在两个惯性系 S 和 S' 系中，观测同一质点 P 在某一瞬时速度的变换关系，对式（15-5）两边求微分整理可得爱因斯坦速度变换式：

$$\begin{cases} v'_x=\dfrac{v_x-u}{1-\dfrac{uv_x}{c^2}} \\[4mm] v'_y=\dfrac{v_y}{\gamma\left(1-\dfrac{uv_x}{c^2}\right)} \\[4mm] v'_z=\dfrac{v_z}{\gamma\left(1-\dfrac{uv_x}{c^2}\right)} \end{cases} \qquad 其逆变换为 \begin{cases} v_x=\dfrac{v'_x+u}{1+\dfrac{uv'_x}{c^2}} \\[4mm] v_y=\dfrac{v'_y}{\gamma\left(1+\dfrac{uv'_x}{c^2}\right)} \\[4mm] v_z=\dfrac{v'_z}{\gamma\left(1+\dfrac{uv'_x}{c^2}\right)} \end{cases} \qquad (15-6)$$

由上面速度的相对论变换式不难看出，在任何情况下，物体运动速度的大小不能大于光速 c。即在相对论范围内，光速 c 是一个极限速率。在物体的运动速率远小于光速的情况下，

$\gamma \rightarrow 1$，洛伦兹速度变换过渡到伽利略速度变换，可见牛顿的绝对时空观是相对论时空观在参考系的相对运动速度远小于光速时的一种近似。

例 15-1：设火箭 A、B 沿 x 轴方向相向运动，在地面测得它们的速度各为 $v_A = 0.9c$，$v_B = -0.9c$。试求火箭 A 上的观测者测得火箭 B 的速度为多少？

解：令地球为"静止"参考系 S，火箭 A 为参考系 S'。A 沿 x、x' 轴正方向以速度 $u = v_A$ 相对于 S 运动，B 相对 S 的速度为 $v_x = v_B = -0.9c$。所以在 A 上观测到火箭 B 的速度为

$$v'_x = \frac{v_x - u}{1 - \frac{uv_x}{c^2}} = \frac{-0.9c - 0.9c}{1 - \frac{(0.9c)(-0.9c)}{c^2}} = \frac{-1.8c}{1.81} \approx -0.994c$$

四、同时性的相对性、长度收缩和时间延缓

按照经典力学理论，相对于同一惯性系在不同地点同时发生的两个事件，对于另一个与之有相对运动的惯性系来说也是同时发生的。而相对论则指出在一个惯性系中不同地点同时发生的两个事件，在另一与之有相对运动的惯性系中看来，并不是同时发生的，即同时性的概念是相对的。

1. 同时性的相对性 以洛伦兹变换为核心的相对论，使人们的时空观发生了巨大的变化。为了说明同时性的相对性，爱因斯坦创造了一个理想模型。设火车相对站台以匀速 u 向右运动如图 15-2 所示。当列车上的 A'、B' 与站台的 A、B 两点重合时，站台上同时在这两点受到雷击。所谓同时是指发生闪电的 A 处和 B 处发出的光，在站台 AB 距离的中点 C 处相遇。但列车的中点 C' 先接到 A 点的闪光，后接到 B 点的闪光。即对站在 C 点的观察者 C 来说，A 的闪光与 B 的闪光是同时的，而对观察者 C' 来说，A 的闪光早于 B 的闪光。也就是说，对站台参考系同时的事件，对列车参考系不是同时的，即同时性是相对的。

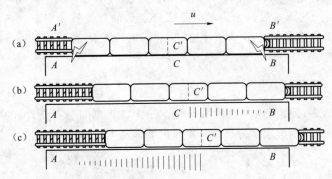

图 15-2 论证"同时性的相对性"的实验模型

"同时"是相对的，为什么我们通常感觉不到"同时"的相对性呢？是因为这种相对性只有在接近光速运动时，才会明显表现出来。我们通常接触的汽车、飞机甚至火箭运动速度都太小了，感觉不出这个差别。

同时的相对性这一概念用洛伦兹变换很容易证明。设在 S 系中有两个事件分别发生 t_1 时刻 x_1 位置和 t_2 时刻 x_2 位置。这两事件的时间差 Δt 和空间差 Δx 分别为

$$\Delta t = t_2 - t_1, \Delta x = x_2 - x_1$$

对洛伦兹变换式（15-5）的逆变换第 4 式时间变量得

$$\Delta t' = \frac{\Delta t - \dfrac{u}{c^2}\Delta x}{\sqrt{1-\dfrac{u^2}{c^2}}} \tag{15-7}$$

如果在 S 系中看，这两个事件同时发生，那么 $t_1=t_2$，$\Delta t=0$。但是，只要这两事件发生的地点不同，$\Delta x=x_2-x_1\neq0$，式（15-7）就会得到 $\Delta t'\neq0$，即在 S' 系看来，这两件事没有同时发生。

反过来，根据式（15-5）洛伦兹变换第 4 式可得

$$\Delta t = \frac{\Delta t' + \dfrac{u}{c^2}\Delta x'}{\sqrt{1-\dfrac{u^2}{c^2}}} \tag{15-8}$$

从式（15-8）可知，在 S' 系中同时发生的两事件即 $\Delta t'=0$，只要不发生在同一地点即 $\Delta x'\neq0$，在 S 系中看这两件事就不是同时发生的，即 $\Delta t\neq0$。

上述表明相对论预言了同时的相对性。在一个惯性系中不同地点同时发生的事件，在另一个相对于它运动的惯性系中看，并不同时发生。这就是**同时性的相对性**（relativity of simultaneity）。同时性的相对性否定了各个惯性系之间具有统一的时间，也否定了牛顿的绝对时空观。

知识链接

运动刚尺的收缩效应是洛伦兹等人最先提出的。但他们认为，这是刚尺相对于绝对空间运动时发生的效应，是一种真实的物理效应，这种效应发生时刚尺的原子结构和电荷分布会发生变化。爱因斯坦的相对论也认为有这种收缩，但他认为这种收缩是相对的，是一种时空效应，发生这种效应时，构成这种原子的内部结构和电荷分布都不会发生任何变化。相对论还认为运动刚尺的收缩是相对的，两个做相对运动的刚尺，都会认为对方缩短了。这是"同时"相对性的结果，与绝对空间没有任何关系，相对论认为根本不存在绝对空间。

2. 长度收缩 下面讨论空间长度的相对性问题，即同一物体的长度在不同的参考系中测得的量值之间的关系。要测量一个运动物体的长度，合理的办法是同时记下物体两端的位置。设 S' 系相对 S 以速度 u 沿 x 轴运动，S 系中有一根棒如图 15-3 所示。两端点的空间坐标为 x_1、x_2，则棒在 S 系中的长度为：$l_0=x_2-x_1$ 是棒相对于参考系静止时所测得的长度，称为静长或原长。在 S' 系中的 t' 时刻，记下棒两端的空间坐标 x_1'、x_2'，S' 系中棒的长度为：$l'=x_2'-x_1'$，根据洛伦兹变换可得

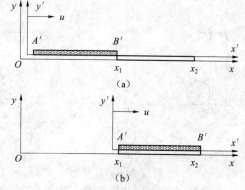

图 15-3 论证"长度收缩"的实验模型

$$x_1 = \gamma(x_1' + ut') \qquad x_2 = \gamma(x_2' + ut')$$

整理后得 S' 系中棒的长度为

$$l' = x_2' - x_1' = (x_2 - x_1)\sqrt{1 - u^2/c^2}$$

$$l' = l_0\sqrt{1 - u^2/c^2} \tag{15-9}$$

反之，如棒在 S' 系中静止，棒在 S' 系中的长度为静长 l'，可以证明棒在 S 系中的长度为

$$l = l'\sqrt{1 - u^2/c^2} \tag{15-10}$$

由上可知被测物体和测量者相对静止时，测得物体的长度最大，等于棒的静长 l_0。被测物体和测量者相对运动时，测量者测得的沿其运动方向的长度变短了，如运动长度用 l 表示，则有

$$l = l_0\sqrt{1 - u^2/c^2} \tag{15-11}$$

此效应，叫作**长度收缩**（length contraction）或**洛伦兹收缩**。

在相对于被测物体运动的垂直方向上，无相对运动，故不发生长度收缩。

知识链接

长度的相对性与"同时"的相对性往往是相互关联的，为说明此观点我们来讨论如下：设在地面参考系中，列车长 AB，正好与一段隧道的长度相同，而在列车参考系中看，列车就会比隧道长（因隧道相对于列车运动而缩短）。在地面参考系中当列车完全进入隧道时，在入口和出口处同时打两个雷。在列车参考系中看，列车会被雷击中吗？问题的关键在"同时的相对性"上。在地面参考系中同时打两个雷，而在列车参考系中是不同时的，出口 A 处雷击在先，这时车头还未出洞，此时虽车尾在洞外，但 B 处雷还未响，等 B 处雷响时，车尾已进洞。

以上讨论表明，长度收缩效应并不是由于运动引起物质之间的相互作用而产生的实质性收缩，而是一种相对性的时空属性。无论从哪个参考系看，运动的尺都一定会产生洛伦兹收缩。若将两个同样的棒分别静止置于 S 和 S' 系中，则两个参考系中的观测者都将看到对方参考系中的棒缩短了。

3. 时间延缓 既然"同时"这一概念在不同的惯性参考系中是相对的，那么，两个事件的时间间隔或某一过程的持续时间是否也与参考系有关呢？

如图 15-4 所示参考系 S' 相对参考系 S 以恒定速度 u 沿 x 轴正向运动，两者坐标轴平行，且 $t=0$ 时两坐标系重合。S 系中有一闪光源 A'，它旁边有一只钟 C' 在平行于 y' 轴方向上有一反射镜 M'，其相对于 A' 距离为 d。光从 A' 发出再经 M' 反射后返回 A'，C' 钟走过时间为

$$\Delta t' = 2d/c \tag{15-12}$$

当我们在 S 系中测量时，由于 S' 系相对于 S 系运动，光线由发出到返回并不沿

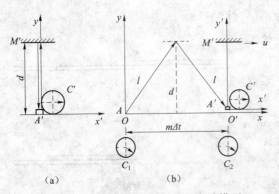

(a)   (b)

图 15-4 论证"时间延缓"的实验模型

同一条直线，而是沿一条折线。即光线的发出和返回这两个事件并不发生在 S 系中的同一地点。用 Δt 表示 S 系中测得闪光由 A 点发出并返回到 A' 所经过的时间，此时间内 A' 沿 x 方向移动了距离 $u\Delta t$，S 系中测量光线走过斜线的长度为

$$l = \sqrt{d^2 + \left(\frac{u\Delta t}{2}\right)^2} \tag{15-13}$$

由于光速不变，故有

$$\Delta t = \frac{2l}{c} = \frac{2}{c}\sqrt{d^2 + \left(\frac{u\Delta t}{2}\right)^2}$$

整理得

$$\Delta t = \frac{2d/c}{\sqrt{1-u^2/c^2}} \quad 即 \quad \Delta t = \gamma \Delta t' \tag{15-14}$$

式中，$\Delta t'$ 是在 S' 系中同一地点的两个事件之间的时间间隔，是静止于此参考系中的一只钟测出的，叫作**固有时**（proper time）或**原时**。由式（15-14）可知，$\sqrt{1-u^2/c^2} < 1$ 故 $\Delta t' < \Delta t$，即原时最短。S 系中的 Δt 是不同地点的两个时间之间的时间间隔，是用静止于此参考系中的两只钟测出的，叫作**两地时**，它比原时长，用 τ 表示。两者关系如下

$$\tau = \frac{\tau_0}{\sqrt{1-u^2/c^2}} \tag{15-15}$$

对于原时最短的现象，下面用钟表的快慢来说明。在 S 系中的观察者将自己参考系上的钟与 S' 系中相对于他运动的那只钟对比，发现 S' 系中的钟慢了。在惯性系中，运动的钟比静止的钟走得慢，这就是所谓**时间延缓**（time dilation）效应，也叫**时间膨胀**或说**运动时钟变慢**。

时间延缓效应来源于光速不变原理，它是时空的一种属性，并不涉及时钟内部的机械原因和原子内部的任何过程。由式（15-15）还可看出，当 $u \ll c$ 时，$\tau = \tau_0$。这时钟慢效应是完全可以忽略的，而在运动速度接近光速时，这种效应就变得非常重要了。

例题 15-2：μ 介子是在宇宙射线中发现的一种不稳定的粒子，它会自发地衰变为一个电子和两个中微子。对 μ 介子静止的参考系而言，它自发衰变的平均寿命为 2.15×10^{-6} s。我们假设来自太空的宇宙射线，在离地面 6000m 的高空所产生的 μ 介子，以相对于地球 $0.995c$ 的速率由高空垂直向地面飞来，试问在地面上的实验室中能否测得 μ 介子的存在。

解：（1）按经典理论，μ 介子在消失前能穿过的距离为
$$l = 0.995c \times 2.15 \times 10^{-6} \text{s} = 642\text{m}$$
所以 μ 介子不可能到达地面实验室，这与在地面上能测得 μ 介子存在的实验结果不符。

（2）按相对论，设地球参考系为 S，μ 介子参考系为 S'。依题意，S' 系相对 S 系的运动速率 $u = 0.995c$，μ 介子在 S' 系中的固有寿命 $\tau_0 = 2.15 \times 10^{-6}$ s。根据相对论时间延缓公式，在地球上观察 μ 介子的平均寿命为

$$\tau = \gamma \tau_0 = \frac{1}{\sqrt{1-\dfrac{u^2}{c^2}}} \tau_0 = 2.15 \times 10^{-5} \text{s}$$

μ 介子在时间 τ 内的平均飞行距离为
$$l = u\tau = 0.995c \times 2.15 \times 10^{-5} = 6.42 \times 10^3 \text{m}$$
这一距离大于 6000m，所以 μ 介子在衰变前可以到达地面，因而实验结果验证了相对论理论

的正确。

孪生子佯谬

关于时间的相对性问题，历史上曾经引发过一次叫作"孪生子佯谬"的讨论。甲乙两孪生兄弟，甲留在地球，乙坐飞船旅行，在甲看，时间在飞船上流逝的比地球上慢，故乙比甲年轻，在乙看，时间在地球上流逝的比飞船上慢，故甲比乙年轻。到底谁年轻？从表面上看来，孪生子扮演着对称的角色，而实际上"飞船"和"地球"这两个参考系此时是不对称的。地球可以看作是惯性系，飞船在匀速飞行过程中也可以看作是惯性系，但飞船往返必有一段变速的过程，即必有加速度。所以飞船在"调头"过程中就不再是一个惯性系，这就超出了狭义相对论的理论范围，需要应用广义相对论来讨论。

广义相对论证明，在非惯性系中时间流逝的慢，故乙比甲年轻。1971 年，美国马里兰大学的研究小组将原子钟带上飞机进行实验，发现飞机上的钟比地面上的钟慢 59ns，与理论符合。

五、相对论动力学基础

相对论对经典力学的时空观进行了根本性的变革，因而在相对论动力学中，一系列物理概念都面临重新定义和重新改造的问题。新的定义应遵循如下原则，首先必须满足相对性原理，即它在洛伦兹变换下是不变的，其次满足对应性原理，即当 $u \ll c$ 时，新定义的物理量必须趋同于经典物理中的对应量，尽量保持基本守恒定律继续成立。

1. 质量和动量　在经典力学中，物体的动量定义为其质量与速度的乘积，即 $\boldsymbol{p} = m\boldsymbol{v}$，这里质量 m 是不随物体运动状态而改变的恒量。在狭义相对论中，如果动量仍然保留上述经典力学中的定义，则计算表明，动量守恒定律在洛伦兹变换下就不能对一切惯性系都成立。理论和实验都证明，相对论质量和速度的关系为

$$m = \frac{m_0}{\sqrt{1 - v^2/c^2}} = \lambda m_0 \tag{15-16}$$

式中，v 为物体相对于某一参考系的运动速度，m_0 为物体在相对静止的参考系中的质量，叫作**静质量**（rest mass），m 为相对观测者速度为 v 时的质量，也叫作**相对论质量**（relativistic mass），简称质量。

根据相对论质量表达式，相对论动量大小可表示为

$$p = mv = \frac{m_0 v}{\sqrt{1 - v^2/c^2}} = \gamma m_0 v \tag{15-17}$$

新的动量定义式满足爱因斯坦相对性原理。此外，不难看出当 $v \ll c$ 时，$m = m_0$，相对论动量表达式及动量守恒定律还原为经典力学中的形式。

2. 相对论动能　在相对论力学中，仍然用动量对时间的变化率定义质点所受的力，即

$$f = \frac{dp}{dt} = \frac{d}{dt}(mv) = m\frac{dv}{dt} + v\frac{dm}{dt} \tag{15-18}$$

这就是**相对论动力学基本方程**，在 $v \ll c$ 时，$\frac{dm}{dt} = 0$，该方程还原为经典的牛顿第二定律。

在相对论中，假定功能关系仍具有经典力学中的形式，动能定理仍然成立。因此，物体动能的增量等于外力对它所做的功，即

$$dE_k = F \cdot dr = \frac{d(mv)}{dt} \cdot dr = v \cdot d(mv) = mvdv + v^2dm$$

将式（15-16）微分，可得速率增量为 dv 时的质量增量

$$dm = \frac{m_0vdv}{c^2\left(1 - \frac{v^2}{c^2}\right)^{3/2}} = \frac{mvdv}{c^2 - v^2}$$

将该式代入前式，可得

$$dE_k = c^2dm$$

设初态速率 $v = 0$，$m = m_0$，$E_k = 0$，积分上式得

$$E_k = mc^2 - m_0c^2 \tag{15-19}$$

这就是相对论动能公式，其动能等于因运动而引起的质量增量乘以光速的平方。

当 $v \ll c$ 时

$$m = \frac{m_0}{\sqrt{1 - v^2/c^2}} = m_0\left(1 + \frac{1}{2}\frac{v^2}{c^2} + \frac{3}{8}\frac{v^4}{c^4} + \cdots\right)$$

略去高次项，代入式（15-19），可得

$$E_k \approx \frac{1}{2}m_0v^2$$

即经典力学的动能表达式是其相对论表达式的低速近似。对于高速情况，上面展开式中高次项不能忽略。

3. 相对论质能关系　式（15-19）中出现的 m_0c^2 项，可以认为是粒子在静止时具有的能量，叫作**静能**（rest energy），用 E_0 表示，即

$$E_0 = m_0c^2 \tag{15-20}$$

式（15-19）中的 mc^2 是系统的总能量 E，在数值上等于物体动能 E_k 和静能 E_0 之和，即

$$E = mc^2 = \frac{m_0c^2}{\sqrt{1 - v^2/c^2}} = \gamma m_0c^2 \tag{15-21}$$

或

$$\Delta E = \Delta mc^2 \tag{15-22}$$

式（15-21）和式（15-22）均为相对论的**质能关系式**（mass-energy relation）。这一关系的重要意义在于它把物体的质量和能量不可分割地联系起来了。它表明，当物体吸收或放出能量时，一定伴随着质量的增加或减少，说明质量不但是物质惯性的量度，还是能量的量度。

上式还表明，对于由若干相互作用的物体构成的系统，若其总能量守恒，则其总质量必然守恒。可见，相对论质能关系将能量守恒和质量守恒这两条原来相互独立的自然规律完全统一起来。但这里所说的质量守恒，指的是相对论质量守恒，其静质量并不一定守恒。而在相对论以前的质量守恒，实际上只涉及了静质量，它只是相对论质量守恒在动能变化很小时

的近似。

相对论推出的质能关系式的重大意义还在于，它为开创原子能时代提供了理论基础。在这一理论指导下，人类已成功地实现了核能的释放和利用，这是相对论质能关系的一个重要的实验验证，也是质能关系的重大应用之一。

4. 能量和动量的关系 根据相对论质能公式（15-21）和动量公式（15-17）可以推导出动量能量关系式

$$E^2 = E_0{}^2 + p^2 c^2 \tag{15-23}$$

对于光子而言，因光子静质量 $m_0 = 0$，可得到光子的能量和动量的关系为

$$E = pc \tag{15-24}$$

又由光子的能量 $E = h\nu$，可得光子的动量

$$p = \frac{E}{c} = \frac{h\nu}{c} = \frac{h}{\lambda} \tag{15-25}$$

根据质能关系，可得光子的质量

$$m = \frac{E}{c^2} = \frac{h\nu}{c^2} \tag{15-26}$$

可见，光子不仅具有能量，而且具有动量和质量。因而，相对论揭示了光子的粒子性。

六、广义相对论基础

爱因斯坦在提出狭义相对论不久便发现理论存在两个严重缺陷。一是作为"相对论"基础的惯性系无法定义了；一是万有引力定律写不成相对论的形式。1922 年，爱因斯坦在日本东京大学演讲时提到，"虽然惯性与能量之间的关系已经如此美妙地从狭义相对论中推导出来，但是惯性和引力之间的关系却没能说明"。对这两个缺陷的清楚认识，是创立广义相对论的先决条件。经过了 10 年的艰苦努力，爱因斯坦终于在 1915 年又创立了广义相对论。广义相对论中的**等效原理**（equivalence principle）和**广义相对性原理**（principle if general relativity）是广义相对论的基础。

1. 等效原理

（1）惯性质量和引力质量 根据牛顿定律和万有引力定律，可知一个受引力场唯一影响下的物体，其加速度是和物体的质量无关的。例如，当某物体在地球表面的均匀引力场中自由落下时，根据万有引力定律，作用在物体上的引力大小是

$$F = G_0 \frac{m'M}{R} \tag{15-27}$$

由牛顿第二定律 $F = ma$，可知

$$ma = G_0 \frac{m'M}{R^2} \tag{15-28}$$

式中，与动力学方程相联系的质量 m 叫作**惯性质量**；与万有引力定律相联系的质量 m' 叫作**引力质量**。M 和 R 表示地球的引力质量和半径。由式（15-28）可得

$$a = \frac{m'}{m} \cdot G_0 \cdot \frac{M}{R^2} \tag{15-29}$$

实验表明，在同一引力强度作用下，所有物体，不论其大小和材料性质如何，都以相同的加速度 $a = g$ 下落，因而引力质量与惯性质量之比 m'/m 对于一切物体而言也必然是一样的。从

概念上讲，惯性质量和引力质量是两种本质不同的物理量，它们是在不同实验事实基础上定义出来的，惯性质量是量度物体惯性大小的量，引力质量则是量度物体与其他物体相互吸引的能力。但是，如果实验上能证明引力质量与惯性质量之比对一切物体都相同，那么就可以把它们当作同一量对待，即引力质量与惯性质量的等同性。

$$m = m' \tag{15-30}$$

爱因斯坦将惯性质量和引力质量相等的这一事实，推广为**等效原理**（equivalence principle）

（2）等效原理 在引力质量与惯性质量相等的实验基础上，爱因斯坦证明，均匀引力场中的静止参考系与没有引力场的空间加速运动参考系具有等价性，从而提出了引力与惯性力等效，或者说引力场与加速场等效的原理，把相对论推广到非惯性系。这个原理分为"弱等效原理"和"强等效原理"。弱等效原理是引力场与惯性场的力学效应是局域不可区分的；强等效原理是引力场与惯性场的一切物理效应都是局域不可区分的。

爱因斯坦设计了一个理想的升降机（电梯）实验，清楚地表达了他的等效原理思想。设想一个观察者处在一个封闭的升降机内，得不到升降机外部的任何信息。当他看到电梯内一切物体都自由下落，下落加速度 a 与物体大小及物质组成无关时，他无法断定升降机是静止在一个引力场强为 a 的星球表面还是在无引力场的太空中以加速度 a 运动。当观察者感到自己和电梯内的一切物体都处于失重状态时，同样无法判断升降机在引力场中自由下落还是在无引力的太空中做惯性运动。这说明无法用任何物理实验来区分引力场和惯性场，即等效原理造成了上述的不可区分性。

进一步假定任何物理实验，包括力学的、电学的、磁学的以及各种其他实验都不可能判断出观察者所在的升降机箱内是引力场的惯性系还是不受引力的加速系，即不能区分是引力还是惯性力的效果，即这两个参考系不仅对力学过程等效，而且对一切物理过程均等效。这就是等效原理。或描述为，**一个均匀的引力场与一个匀加速参考系完全等价**。

2. 广义相对性原理 根据等效原理，即由引力场和加速参考系的等价性可知，若考虑等效的引力存在，则一个做加速运动的非惯性系就可以与一个有引力场作用的惯性系等效。据此，爱因斯坦又把狭义相对论中的相对性原理由惯性系推广到一切惯性的和非惯性的参考系。即**所有参考系都是等价的，无论是对惯性系或是非惯性系，物理定律的表达形式都是相同的**。这一原理叫作**广义相对性原理**。

等效原理和广义相对论原理是爱因斯坦的关于广义相对论的基本原理。广义相对论建立了全新的引力理论，构造出了弯曲的时空模型，写出了正确的引力场方程，进而精确地解释了水星近日点的反常进动，预言了光线的引力偏折、引力红移和引力辐射等一系列效应，并对宇宙结构进行了开创性的研究。

3. 弯曲时空 广义相对论是一个关于时间、空间和引力的理论。狭义相对论认为时间、空间是一个整体（四维时空），能量动量是一个整体（四维动量），但没有指出时间-空间与能量-动量的关系。广义相对论指出了这一关系，能量-动量的存在（物质的存在），会使四维时空发生弯曲，即万有引力不是真正的力，而是时空弯曲的表现，物质消失，时空就回到平直状态。或者说引力效应是一种几何效应，万有引力不是一般的力，而是时空弯曲的表现。由于引力起源于质量，所以说弯曲时空起源于物质的存在和运动。

在相对论中引力的唯一效果是引起了背景时空的弯曲。而在引力场中间的物质的运动就是物体在弯曲背景时空上的运动。如太阳的质量使其周围空间发生弯曲，这种弯曲将影响光和行星的运动。光和行星在弯曲空间上的运动遵守"最短路线"原则，从而形成现在的运动方式。爱因斯坦认为：太阳对光和行星没有任何力的作用，它只是使空间发生弯曲，而光和行星只是沿这一弯曲空间中的"最短路线"运动而已。

知识链接

　　广义相对论的三个验证实验为：引力红移、轨道进动、光线偏折。水星近日点的进动：广义相对论成功地解释了令人困扰多年的水星近日点的进动问题。按照牛顿的引力理论，在太阳引力作用下，水星将围绕太阳作封闭的椭圆运动。但实际观测表明，水星的轨道并不是严格的椭圆，而是每转一圈它的长轴略有转动，叫作水星近日点的进动。对此，牛顿力学虽能以其他行星的影响做出解释，但仍有每百年43.11″的进动值使得牛顿的引力理论无法解释。爱因斯坦按广义相对论，考虑到时空弯曲引起的修正，得出水星近日点的进动应每百年43.03″的附加值，这与观测值几乎相等，因而成为初期对广义相对论的有力验证之一。广义相对论的另一重大验证是**光线的引力偏折**。根据广义相对论，光经过引力中心附近时，将会由于时空弯曲而偏向引力中心。爱因斯坦预言，若星光擦过太阳边缘到达地球，则太阳引力场造成的星光偏转角为1.75″。1919年，由英国天文学家领导的观测队分别从西非和巴西观测当年5月29日发生的日全食，从两地的实际观测照片计算出的星光偏转角分别为1.61″和1.98″，与理论预测值十分接近，轰动了全世界。以后进行的多次观测都证实了爱因斯坦理论的正确。特别是近年来，应用射电天文学的定位技术已测得偏转角为1.76″，这与广义相对论的理论值符合得相当好。此外，广义相对论关于**引力红移**和**雷达回波延迟**的预言，也于20世纪60年代相继被实验所证实。**类星体**（quasar）、**脉冲星**（pulsar）和**微波背景辐射**的发现，不仅证实了以这个理论为基础的**中子星**（neutron star）理论和**大爆炸宇宙论**的预言，而且大大促进了相对论天体物理的发展。

4. 引力红移　按照广义相对论，时空弯曲的地方钟会走得慢，即时间缩短。时空弯曲越厉害，钟走得越慢。因此，太阳附近的钟会比地球上的钟走得慢。为了验证这一结论，我们通过测定太阳附近和地球上氢原子光谱来进行检验。太阳表面有大量氢原子，测定其光谱线和地球实验室中的氢光谱线进行对比。由于太阳附近的钟变慢，那里射过来的氢原子光谱频率与地球实验室的氢光谱频率相比会减小，即谱线会向红端移动。即广义相对论预言的引力红移。实验验证了这一结论。

　　引力红移是指光波在引力场作用下向波长增大、频率降低的方向移动的现象。由于引力场空间是弯曲空间，光线是以不变的光速沿弯曲路径传播，这当然要比在自由空间的直线传播延长时间，这种效应称为引力时间延缓。引力红移是引力时间延缓的一个可观测效应。

课堂互动

1. 相对论的基本假设是什么？
2. 相对论的等效原理是什么？
3. 孪生子佯谬是什么？

第二节　粒子物理

粒子物理学又称高能物理学，它是研究组成物质的最小单元及它们之间相互作用的学科。同原子物理和原子核物理相比，其探索的物质尺寸更小，可以到达 10^{-20} m。

1803 年道尔顿提出了物质的原子论，认为原子是物质的最小组成单元。1897 年，汤姆逊发现了电子。1911 年卢瑟福提出了原子的有核模型，发现了质子。1932 年查德威克发现了中子。1932 年还发现了正电子。此后，人们制造了加速器加速电子或质子，企图了解其内部结构，在高能粒子的轰击下，中子和质子不但不破碎成更小的碎片，而是在剧烈碰撞过程中产生许多更小的新粒子。至今已发现并确认的粒子多达 430 种。

一、粒子与探测

1. 粒子的来源　1911 年奥地利物理学家赫斯（V. F. Hess）携带一架屏蔽得很严格的"验电器"乘气球飞到高空。发现了穿透力非常强的辐射。赫斯注意到，这种辐射的强度随气球的升高而加强。后来将这种穿透力极强的辐射叫作宇宙射线。宇宙射线是从宇宙射向地面的高能粒子流，其中包括各种"基本粒子"与某些原子核。早期发现的正电子、μ 介子、π 介子等多数都是从宇宙射线中观察到的。宇宙射线的特点是：能量高，强度弱，成分复杂。在宇宙射线中观察到的许多高能粒子其能量是目前人工加速器难以达到的。

受大气影响，宇宙辐射的强度随离地面高度的变化而变化。在高空，大气十分稀薄，几乎全部为初级射线。而在 50km 以下，大气密度增加，次级反应加强，宇宙辐射的总强度超过初级辐射强度。在大气层下，由于吸收作用增大，宇宙辐射强度减弱，但宇宙射线仍有极强的穿透能力，不但能到达地面，而且能深入地下。

除了大气的影响外，地磁场对宇宙辐射也有较大的影响。由于带电粒子受南北指向的地磁场作用，形成所谓的东西效应。从天上射来的正粒子，受洛伦兹力的影响向东偏转，负粒子则向西偏转。所以，到达地面上的正粒子看上去从西方来，而负粒子从东方来。在宇宙射线的观测中发现，从西方来的射线比东方来的多，说明初级射线主要是正粒子。

宇宙辐射的来源可能有两个：一是来自超新星爆炸，超新星在爆炸前是一个射电源，突然爆炸后可能发射大量高能粒子。这些粒子并不直接射向地面，由于银河星际间存在磁场，使高能粒子运动轨道弯曲。能量低于 10^{12} MeV 的粒子可以在银河系徘徊很长时间，方向完全杂乱表现出为各向同性，而后射向地球。宇宙辐射的另一个来源，认为星际空间存在磁云的作用。磁云是一种高速运动着的稀薄电离物质。磁感应强度达零点几个特斯拉，范围很大。各种星球发出能量较低的带电粒子，在磁云的反复作用下，可使粒子的能量超过 10^6 MeV，然后射向地面，形成初级宇宙辐射。当初级辐射到达大气层时，打在大气原子核上，使原子核炸裂，形成所谓"星裂"现象，产生许多新的粒子，形成次级宇宙辐射。当然，宇宙辐射也可能有其他来源。

宇宙辐射虽然能产生能量极大的高能粒子，但它们的强度极弱且无法控制。为了获得能量高、强度大、可控制的高能粒子，人们设计制造了多种类型的高能粒子加速器，这就是人工高能辐射源。

　　1988年我国建成了正负电子对撞机，加速后的正负电子对撞束能量为（10~22）×10^2MeV。世界上最大的粒子加速器于1990年在欧洲核子研究中心建成，该加速器叫作"莱泼"正负电子对撞机，其环形隧道长27km，直径3.8m，深50~150m，由它产生粒子束的最大能量超过10^5MeV。

　　2. 粒子的探测　高能粒子的探测方法较多，下面主要介绍闪烁计数器、云室、气泡室和核乳胶法。

　　闪烁计数器是核辐射探测的一种，应用较广。它是一种将闪烁体、光导和光电倍增管连接在一起的装置。闪烁体是透明晶体，分无机和有机两种。当带电粒子射入闪烁体时，闪烁体中的原子或整个分子被激发。在退激跃迁时，闪烁体产生极其短暂的荧光闪烁，闪烁光子被光导导入光电倍增管，倍增放大后形成较大的电脉冲信号。

　　云室是苏格兰物理学家威尔逊（C. T. R. Wilson）在1895年发明的，故此叫"威尔逊云室"。许多粒子都是在云室中被发现的，如质子、正电子。威尔逊云室的主要原理是：在一个装有活塞的玻璃容器内充满湿度到达饱和的空气。当活塞外拉，空气突然膨胀时，室内温度降低，空气湿度达到过饱和状态。此时如果有快速带电粒子穿过云室，会使云室中的原子发生电离，形成一串雾状水滴，从而指示出粒子的踪迹。如在云室上加一磁场带电粒子将发生偏转，根据粒子的径迹曲率方向可知其受力情况，进而算出粒子的动量。

　　美国物理学家格拉泽（D. A. Ccaser）发明的"气泡室"与"云室"原理基本相似。气泡室内充有比正常沸点高得多的液体，通常用液态氢、氦、乙醚等。先在室内充几个大气压，然后突然减压使液体处于过热状态，当带电粒子进入气泡室后，粒子会在所经过的液体中产生一连串小气泡，由于液体密度比气体大得多，气泡室内产生的离子就更多，且径迹较短。气泡室特别适合研究高速短寿命粒子，通常用在高能加速器上。

　　核乳胶是一种专门研究高能射线的特别照相乳胶，其溴化银含量相对高，是普通照相乳胶的4倍，且结晶颗粒细、分布均匀。当带电粒子穿过涂在玻璃板上的核乳胶时，与溴化银颗粒发生化学反应，形成显影中心，经显影、定影后留下运动径迹，由此可测定粒子的质量、能量和发射方向。

二、基本粒子

　　1. 粒子与反粒子　1930年物理学家狄拉克（P. A. M. Dirac）将20世纪两个重要原理结合起来研究亚原子粒子的性质，得出相对论中自由电子的能量为

$$E^2 = p^2c^2 + m_0^2c^4 \tag{15-31}$$

$$E = \pm\sqrt{p^2c^2 + m_0^2c^4} \tag{15-32}$$

　　为了解释式（15-32）中负能项的物理意义，他引入了反物质的概念，并预言了第一个反粒子——正电子的存在。1932年美国物理学家安德森（C. D. Anderson）在研究高能粒子进入威尔逊云室实验时发现了狄拉克预言的正电子。它单独存在时间可以和电子一样稳定，但由于它产生在一个充满电子的世界里，在不到10^{-6}s的时间就能遇到一个电子。在极短时间内可能出现一个正、负电子组成的系统，当它们相互绕行结束时相互抵消而湮灭，转变为 γ 光子。

不久安德森发现了这一现象的反现象，一个光子消失而转变为正、负电子。1955 年，张伯仑（Chambelain）用加速器产生的质子轰击铜靶时发现了反质子。到现在为止，基本粒子族中据推测应该存在的反粒子几乎都找到了。

反粒子具有如下特征：①质量、自旋、电荷、寿命的大小与正粒子相同。②电荷、轻子数、重子数的符号与正粒子相反。③有些正、反粒子的所有性质完全相同，因此就是同一种粒子。如光子和 π^0 介子。

2. μ 介子和中微子　1937 年，安德森等人用核乳胶研究次级宇宙射线时发现了一种新型粒子，与此同时斯特威生（E. C. Stevenson）应用云室研究也发现了此粒子。实验发现这种粒子留下的径迹比质子更为弯曲但不如电子，质量为电子的 206.77 倍。起初认为这种新粒子为汤川秀树预言的介子，故此命名为 μ 介子，简称 μ 介子。

按带电方式划分，有正负 μ 介子，正 μ 介子是负 μ 介子的反粒子。除质量和电子不同外，其他性质完全相同，故此也称"重电子"。负 μ 介子能够替换原子中的电子而形成"μ 介子原子"。正负 μ 介子也会发生湮灭。

μ 介子是不稳定粒子，平均寿命为 2.2×10^{-6} s，衰变产物为电子，同时伴随产生两种中性粒子，称为中微子。衰变方程式为

$$\mu^-\rightarrow e^- +v_\mu+\bar{v}_e \tag{15-33}$$

$$\mu^+\rightarrow e^+ +\bar{v}_\mu+v_e \tag{15-34}$$

从上两式可以看出正负 μ 介子的衰变过程伴随产生两种中微子，一种与 μ 介子相关联，用 v_μ 表示；另一种与电子相关联，用 v_e 表示。v_e 和 v_μ 都是不带电的中性粒子，质量几乎为零，几乎不同物质相互作用，因而很难探测到。在太阳中心形成的中微子 3s 内即可飞到太阳表面而不受任何干扰。尽管如此 v_e 和 v_μ 还是有区别的，否则式（15-33）和式（15-34）中的中微子和反中微子将发生湮灭反应而发出 γ 光子，但实验没有发现 γ 光子。

3. 介子与超子　根据量子电动力学理论，电荷周围存在光子场，两带电粒子的相互作用实际上是两者交换光子的结果。由于光子的静止质量为零，康普顿波长无限长，所以带电粒子的库仑力为无穷大。1935 年，日本物理学家汤川秀树将上述理论应用于核子。认为核子间的相互作用是交换静质量较重的介子的结果。起初认为 μ 介子就是介子，但因 μ 介子不参与原子核的相互作用而被否定。1947 年拉泰斯（C. Lattes）等人观察宇宙射线在核乳胶中的径迹时，发现一个荷电粒子，测定质量约为电子质量的 273 倍。这种新粒子与原子核有很强的相互作用，恰好是汤川秀树所预言的粒子，后被命名为 π 介子。

π 介子分为正（π^+）、负（π^-）和中性（π^0），$\pi^\pm$ 介子的质量为电子质量的 273.7 倍，π^0 介子的质量为电子质量的 265 倍，$\pi^\pm$ 介子的平均寿命为 2.6×10^{-8} s，π^0 介子的平均寿命为 2.3×10^{-16} s。衰变方程为

$$\pi^+\rightarrow\mu^+ +v_\mu,\pi^-\rightarrow\mu^- +v_\mu,\pi^0\rightarrow\gamma+\gamma \tag{15-35}$$

π 介子发现不久，罗切斯特（Rochster）等人于 1947 年在云室中发现了一个可衰变为两个相反电荷的 π 介子的中性粒子，命名为 θ^0 介子。接着又发现了可以衰变为三个带电的 π 介子的粒子，命名为 τ 介子。衰变方程为

$$\tau^\pm\rightarrow\pi^\pm+\pi^+ +\pi^- \tag{15-36}$$

1953 年又发现了新类型的介子，如 $\theta^\pm$ 介子和 $K^\pm$ 介子。

1947 年在宇宙射线的研究中又发现了一种质量超过核子的粒子，其质量约为电子质量的 2200 倍，衰变后产生质子和 π^- 介子。这种粒子被命名为 Λ^0（Lambda）粒子，又叫超子，平

均寿命为 $3.1×10^{-10}$s。衰变方程为

$$\Lambda^0 \rightarrow p+\pi^- \quad 和 \quad \Lambda^0 \rightarrow n+\pi^0 \tag{15-37}$$

还有两种概率较小的衰变方式

$$\Lambda^0 \rightarrow p+\bar{e}+\bar{v}_e \quad 和 \quad \Lambda^0 \rightarrow p+\mu^-+\bar{v}_\mu \tag{15-38}$$

Λ^0 超子发现后,其他一些超子也相继被发现。如 Σ（Sigma）超子,质量为电子质量的 2327 倍。自旋为 1/2。按带电方式分有 Σ^+、Σ^- 和 Σ^0,其中 Σ^+ 和 Σ^- 不互为反粒子,它们有各自反粒子。

后来又发现了 Ξ（Xi）超子和 Ω（Omega）超子。Ξ 超子先后有两种,即 Ξ^- 和 Ξ^0。至今没发现 Ξ^+。

知 识 链 接

　　最早寻求基本粒子基本结构的人是德布罗意,他猜测光子是由正反两种中微子组合而成,称为德布罗意模型。而后杨振宁和他的老师费米共同提出了费米-杨振宁模型,认为当时所知的各种基本粒子都是由中子与质子以及它们的反粒子构成。日本物理学家坂田昌一发展了这一模型,加入奇异性的 λ 超子,即一切基本粒子都是由中子、质子、λ 超子以及它们的反粒子组成,称为坂田模型。美国的盖尔曼将坂田模型改为盖尔曼模型,提出了夸克模型,认为一切基本粒子都是由夸克组成。为此,盖尔曼获得了 1969 年诺贝尔物理学奖。丁肇中发现 J-Ψ 粒子含第 4 种夸克——粲夸克,为此获得了 1976 年的诺贝尔物理学奖。

三、基本相互作用与守恒定律

1. 基本相互作用 粒子间的相互作用,按现代粒子理论的标准模型划分,有 4 种基本形式,即强相互作用力、弱相互作用力、电磁相互作用力和万有引力。按现代理论,各种相互作用都分别由不同粒子作为传递的媒介。光子是传递电磁作用的媒介,中间玻色子是传递弱相互作用的媒介,胶子是传递强相互作用的媒介。对于引力,现在只能假设它是由"引力子"作为媒介的。这些粒子都是在现代标准模型"规范理论"中预言的,统称为"规范粒子"。除规范粒子外,按照参与强相互作用的不同分为两大类:一类不参与强相互作用的称为轻子;另一类参与强相互作用的称为强子。

强相互作用是组成原子核的核力,以及支配介子和重子相互碰撞产生粒子过程的相互作用均属此类,有效力程为 10^{-15}m。在强相互作用中,所有守恒定律都成立,具有最高的对称性。弱相互作用的强度只要核子的 10^{-13} 倍,有效力程为 10^{-17}m。除光子外,其他所有粒子之间都存在弱相互作用。

弱相互作用支配着轻子的性质,也在一些粒子的衰变及俘获过程中起作用。在若相互作用中,守恒定律中的同位旋、奇异数、宇称、电荷共轭等不变性均遭到破坏。按目前电磁和弱电统一理论,弱相互作用也是由交换媒介子而形成的,这种媒介子统称为中间玻色子,用 $W^{\pm}$ 和 W^0 表示,它可以带正负电荷,也可呈中性。

电磁相互作用是电荷粒子之间的相互作用,其强度仅为核力的 1/137 倍。电磁相互作用

的过程是交换光子的过程。作用力程为无穷大。

万有引力相互作用是引力子实现的，引力是长程力，$R \sim \infty$，可推知引力子的质量为零，引力的强度为核力的 10^{-39} 倍。由于强度太弱，在粒子物理中完全可忽略。

知识链接

> 1954 年，32 岁的杨振宁终于在和米尔斯的一次合作中把魏尔德规范理论推广到比较一般性的非阿贝尔群，建立起于 SU（2）群对应的杨-米尔斯场论。这一推广为弱相互作用与强相互作用的研究开辟了道路。这一理论遭到泡利的反对，在报告会上，年轻的杨振宁走上讲台，刚讲一句，泡利劈头就问："场的质量是多少？"杨振宁说："现在还不清楚"。泡利说："质量都不清楚，你还讲什么？"，杨振宁无法讲下去了，主持会议的奥本海默劝泡利："你先让他讲。"杨-米尔斯理论的困难是，它所预言的传递相互作用的粒子质量为零。由于弱相互作用是短程力，传递弱相互作用的粒子静止质量肯定不为零，要把这一理论应用于弱相互作用，必须克服这一困难。1964 年，希格斯解决了这一困难。可以赋予杨-米尔斯场粒子质量。1967 年，温伯格、格拉肖和萨拉姆在希格斯机制的基础上，把魏尔的规范场和杨-米尔斯理论统一结合起来，建立了弱电统一理论，即弱相互作用和电磁相互作用有着本质的联系。后来，又有人给出了强、弱、电三种作用的统一理论，即所谓的大统一理路。

2. 守恒定律 在粒子物理中大概要涉及 12 个守恒定律，其中有的守恒定律早在 19 世纪就熟知了，如质量守恒、动量守恒、能量守恒、电荷守恒等。但有一些是大家不熟悉的守恒定律，如同位旋守恒、奇异数守恒、重子数守恒、电荷共轭守恒等。这里不做详细介绍。

四、夸克模型

1964 年，美国的盖尔曼和茨维格首先提出了强子的夸克模型。夸克理论的基本假设是：夸克本身是一种真正浑然一体的、像点一样的、没有内部成分的基本粒子。为了解释所有已知的强子，假设了 3 中夸克模型（即上夸克 u、下夸克 d、奇夸克 s），这 3 种夸克可以看成是缩小的质子、中子和 λ 超子，夸克所带的电荷只有质子电荷的 1/3 或 2/3，其中奇夸克和 λ 超子类似，带有奇异数。1974 年，丁肇中和里施特分别发现了 J-Ψ 粒子，为解释这种粒子，引入了第 4 种夸克，即粲夸克（c）。现在夸克已增加到"6 中味道，3 种颜色"，即有 6 种夸克（上夸克 u、下夸克 d、奇夸克 s、粲夸克 c、底夸克 b、顶夸克 t）及其反夸克。每种夸克还分 3 种颜色（红、绿、蓝），反夸克则具有与夸克相反的互补色（反红、反绿、反蓝）。

目前学术界比较认可的粒子物理标准模型为，物质最基本单元由 48 种费米子和 12 种传播相互作用的规范玻色子组成。

48 种费米子：①夸克和反夸克 36 种。6 种味道（上、下、奇、粲、底、顶）和 3 种颜色（红、绿、蓝）的夸克，共计 18 中，再加上相应的 18 种反夸克。②轻子及其反粒子 12 种。6 种轻子（电子、μ 介子、τ 子以及相应的 3 种中微子 v_e、v_μ、v_τ）及其对应的 6 种反粒子。

12 种规范玻色子都是自旋为 1 的粒子。它们是：①传播强相互作用的 8 种胶色。②传播弱相互作用的 3 种中间玻色子（W^+、W^-、Z^0）。③传播电磁作用的光子。

第三节　天体物理

一、星体的演化

1. 白矮星　人类确认的第一颗白矮星是天狼星的伴星（天狼 B 星）。天狼星的希腊名字为大犬座 a 星。"天狼"的名字是中国人起的，它是除太阳外肉眼看来最亮的一颗恒星。这是因为它离地球较近。1834 年，人们发现距我们约 9 光年的天狼星的位置有周期性的变化，推测它可能有一颗质量不小的伴星。天狼星的周期性位置变化，正是它与伴星绕着它们的共同重心旋转的表现。人们在 28 年后，发现了这颗伴星，质量与太阳差不多，但体积只有地球那么大。因其密度大，体积小，表面温度高，达 $2 \times 10^5 \text{K}$（太阳表面仅 6000K），发出很强的白光，因为它又白又小，故称为**白矮星**（white dwarf）。当时最让人吃惊的是它的密度，约为 2.5t/cm^3，比地球上任何物质的密度都大。白矮星内没有核能源，它是在收缩时升温，靠余热发光的。随着余热散尽，其表面温度下降，它们将慢慢变成红矮星、黑矮星，直到看不见。从白矮星演化到黑矮星大约需要 100 亿年，与宇宙年龄相仿，至今还没有生成一颗黑矮星。

能演化到白矮星的恒星，其质量不能过大。若质量超过一定的上限，这时引力太大，电子简并压已无法抵挡，平衡不可能达到。钱德拉塞卡（S. Chandrasekhar）指出了白矮星的质量上限，被称为**钱德拉塞卡极限**

$$M_0 = 1.4 m_\Theta \tag{15-39}$$

式中，m_Θ 为太阳质量。

知识链接

　　最早认识到白矮星密度极高，数量在银河系中很多的人是英国天体物理学家爱丁堡。最早认识到电子之间的泡利斥力可以抗拒恒星引力塌缩的人是英国物理学家狄拉克。而第一建立起白矮星结构理论的人则是印度青年物理学家钱德拉塞卡，他 1930 年提出理论，1983 年获诺贝尔物理学奖。他把相对论、量子论与统计物理结合到一起考虑，认为泡利不相容原理所产生的电子之间的排斥力有一个限度，这种排斥力可以抵挡住质量小于 1.4 个太阳质量的恒星的重力，但抵挡不住质量更多的恒星的重力。即小于 1.4 个太阳质量的恒星在冷却时，有可能靠这种力抵挡住自身的万有引力，不再进一步塌缩，而形成原子核构成的晶格框架在电子海洋中漂浮的状态。白矮星上的物质就处于这种状态。如果质量大于 1.4 个太阳质量，万有引力将迫使电子更加靠近，电子间泡利斥力会增大，同时电子速度也会增大，当电子速度接近光速时，将会形成

"相对论性电子气"，这时泡利斥力会突然减弱。这种力抵挡不住恒星的自身引力，恒星会进一步塌缩下去。所以，1.4倍太阳质量是极限，不存在大于此质量的白矮星。

2. 中子星　质量超过钱德拉塞卡极限的星体，电子将被压入原子核中，与质子中和生成中子，成为"**中子星**"。中子星与白矮星有些相似，它不是靠热排斥或电磁作用来抗衡引力，而是靠中子间的简并压强（泡利斥力）来抗衡。中子星的质量也有上限。若不考虑中子间的强相互作用，质量上限的计算方法几乎同白矮星，唯一区别是中子总数的计算。中子星的质量上限大约为

$$M'_0 = 2m_\Theta \tag{15-40}$$

称为**奥本海默**（J. E. Oppenheimer）**上限**。

1932年发现中子后不久，朗道即提出由中子组成致密星的设想。1934年巴德（W. Baade）和兹威基（F. Zwicky）也提出了中子星的概念，并指出中子星可能产生于超新星爆发。1939年奥本海默和沃尔科夫通过计算建立了第一个中子模型。然而中子星的发现是在30年后。

3. 脉冲星和超新星爆发　1967年10月，剑桥大学休伊什（A. Hewish）教授用自己设计的仪器进行巡天观测，搜寻来自宇宙间的电磁波，他的主要助手女研究生贝尔（J. Bell）偶尔发现一个奇怪的射电源，它每隔1.337s发出一个脉冲讯号。其发射的短脉冲周期非常稳定，贝尔和她的导师曾以为它们可能和某种外星文明接上头，因而取了代号叫"LGM-小绿人"。不久他们又发现了几个发射类似电磁波的"小绿人"。不久人们认识到，这不是什么外星联络信号，而是一种未知星体发射来的电磁波，命名为"**脉冲星**（pulsar）"。脉冲星的特点是脉冲周期短，且周期高度稳定。经过多方论证，脉冲星就是高速旋转的中子星。

中子星是中等质量的恒星经引力坍缩而形成的致密星体。引力坍缩的过程非常猛烈，它导致恒星内大规模的核爆炸，这就是人们观测的**超新星**（supper-nova）爆发。

知识链接

　　1968年，人们在蟹状星云和船帆座中几乎同时发现了脉冲星，这两颗脉冲星都位于以前出现过超新星的位置。它表明脉冲星是由超新星爆发而形成的。超新星是恒星演化晚期发生的一种大爆炸现象，爆炸规模相当于几百亿克百万吨级的氢弹。一天内放出的能量几乎相当于太阳在1亿年放出的总能量。我国史书记载，1054年在金牛座出现过超新星，其他国家也记载过，但我国最详细。我国古代称其为客星，记录说，宋仁宗"至和元年五月，客星晨出东方，守天关。昼见如太白，芒角四出，色赤白，凡见二十三日"。

4. 黑洞　黑洞（black hole）是广义相对论预言的一种特殊天体，这名字是1969年美国科学家惠勒取的。黑洞的特点是具有一个封闭的**视界**（horizon），外来的物质和辐射可以进入视界以内，而视界内的任何物质（包括光子）都不能跑到外面。1978年拉普拉斯预言如果一个天体半径和质量满足下式

$$R_g = \frac{2GM}{c^2} \qquad (15-41)$$

则它表面逃逸速度达到光速 c，任何物质都不能摆脱其引力的束缚而发射出来。1939 年奥本海默等人用广义相对论推导出同一公式，故称此公式为黑洞视界半径公式，也称引力半径。

在拿破仑时代，拉普拉斯和米歇尔认为，宇宙中最大的星可能是看不见的。星球越大，万有引力越大。上抛物体逃离星球就越困难，当引力大到连光也会被拉回来的时候，外界的人就无法看到这颗星了，这就是黑洞。恒星晚期引力坍缩时，若其质量大过奥本海默极限，中子简并压也抵挡不住强大的引力，它将变为黑洞。在黑洞内物质将被引力挤压到一个奇点内，这里的密度和时空弯曲率都是无穷大。通常说的黑洞大小是指它的视界大小。

知识链接

　　1917 年施瓦氏（K. Schwarzschild）找到广义相对论中爱因斯坦场方程的一个球对称解，用此解能描述不转动的黑洞，它只依赖黑洞的质量一个唯一参量。1963 年克尔（R. Kerr）又找到了一个可描述匀速自传黑洞的解，它是轴对称的，只依赖于质量和轴对称两个参量，称克尔黑洞。1967 年伊斯雷尔（W. Israel）发现不管恒星结构如何复杂和不对称，一旦它坍缩成黑洞，若无自传，结构只能是绝对球对称。1970—1973 年，霍金（S. Hawking）和他的学生、同事证明，无论怎样复杂和不对称的恒星，坍缩成黑洞后，必具有克尔解所描述的那种轴对称的简单结构。后来演变为谚语，"黑洞是无毛的"，即"无毛定理（no-hair theorem）"，说明所有黑洞的结构都非常简单。1973 年霍金推算出连他自己都不相信的结果，黑洞按照热力学第二定律所要求的那样，向外发射粒子。或者说，黑洞不黑，它会"蒸发"。为了纪念霍金的功绩，后来把黑洞热辐射称为霍金辐射。

二、宇宙学

1. 宇宙膨胀　1910 年，天文学家就发现大多数星系的光谱有红移现象，个别星系的光谱还有红移现象。这可以用多普勒效应解释。如果认为星系的红移、紫移现象是多普勒现象，那么大多数星系都在远离我们，只有个别星系向我们靠近。后来发现，那些向我们靠近的个别紫星系都在本星系群中（银河系所在的星系群）。本星系群中星系，多数红移，少数紫移。而其他星系团的星系全是红移。

1917 年爱因斯坦提出了一个建立在广义相对论基础上的宇宙模型。在这个模型中，宇宙的三维空间是有限无边的，而且不随时间变化。爱因斯坦在三维空间均匀各向同性、且不随时间变化的假定下，求解广义相对论的场方程为

$$R_{\mu\nu} - \frac{1}{2}g_{\mu\nu}R = -kT_{\mu\nu} \qquad (15-42)$$

后来修订为

$$R_{\mu\nu} - \frac{1}{2}g_{\mu\nu}R + \lambda g_{\mu\nu} = -kT_{\mu\nu} \qquad (15-43)$$

新加入的项称为"宇宙项"，λ 是一个很小的常数，称为宇宙常数。依赖这个方程，爱因

斯坦计算出了一个静态的、均匀各向同性的、有限无边的宇宙模型，称为爱因斯坦静态宇宙模型。

1922年苏联数学家弗利德曼应用不加宇宙项的场方程，得到一个膨胀的、或脉动的宇宙模型。弗利德曼宇宙在三维空间上也是均匀的、各向同性的。但它不是静态的。这个宇宙模型随时间变化分三种情况。第一，三维空间的曲率是负的。第二，三维空间的曲率也为零，即三维空间是平直的。第三，三维空间的曲率是正的。前两种情况，宇宙不停地膨胀。第三种情况是宇宙先膨胀，达到一个极大值后开始收缩，然后再膨胀，再收缩……，因此第三种宇宙是脉动的。弗利德曼的理论遭到爱因斯坦的反对，当时一直没有认可，1925年黯然离世。后来得到承认（包括爱因斯坦的认可）。

1929年美国物理学家哈勃提出了哈勃定律，河外星系的红移大小正比于它们离我们银行系中心的距离。由于多普勒效应的红移量与光源的速度成正比，故定律也可描述为：**河外星系的退行速度与它们离我们的距离成正比**。

$$v = Hd \tag{15-44}$$

这就是**哈勃定律**，式中比例系数 H 为哈勃常数，v 是河外星系的退行速度，d 是它们到我们银河系中心的距离。按哈勃定律，所以河外星系都在远离我们，而且离我们越远的河外星系逃离得越快。

2. 大爆炸理论 1927年比利时勒梅特（Georges Lemaitre）用与弗利德曼同样的方式解出了爱因斯坦方程（是独立地，当时他并不知道弗利德曼的工作）以实现认识上的突破。后人称其为真正的"大爆炸"之父（因他不仅是一个宇宙学家和数学家，还是一位神父）。勒梅特神父努力协调科学与神学，他认为上帝最初创造的是一个乒乓球大小的"宇宙蛋"，这个宇宙蛋不断膨胀，形成了今天的宇宙。

哈勃定律有力地支持了弗利德曼的宇宙模型，宇宙在膨胀。1948年，美国俄裔物理学家伽莫夫（G. Gammow）和他的合作者就提出了一个"大爆炸"宇宙理论。伽莫夫曾是弗利德曼的学生。根据今天宇宙膨胀的速度，可以推算，宇宙在一百亿年前脱胎于高温、高密状态，开始时膨胀的速度也极大。即宇宙诞生于一次大爆炸。这里所谓的"大爆炸"，并不像炸弹在空中爆炸的情况。宇宙没有中心，宇宙产生时的大爆炸并不源于一点，而是整个空间每一点都可以看做是膨胀的中心。爆炸过程中每对粒子间的距离都在飞速增长。随着宇宙的膨胀，其中的物质的密度将减小，温度将下降。

知识链接

伽莫夫是一位充满文学天才的幽默的科学家，有着无限的想象力，因而能从核物理转到宇宙学，再转到分子生物学领域。他在这三大领域都作出过突出贡献。最初伽莫夫与他的学生阿尔法（R. Alpher）一起提出宇宙起源的火球模型，他们写了一篇文章准备提交《物理学评论》发表，在准备印的最后文稿里，他突发奇想，觉得自己的姓与希腊字母 γ 同音，阿尔法的姓与 α 同音。当时正好有一位贝塔（H. Bethe）的物理学家也在研究这一领域，于是把他的名字放在中间，形成了以 αβγ 的名义联名发表的宇宙火星模型论文。直到今天，它都以 αβγ 论文而知名。

3. 宇宙背景辐射　在伽莫夫等的"大爆炸"宇宙理论中，仅造成氦所需的条件就包括极高密度和极高温度这两项。只有在热大爆炸中大部分物质才能保持为氢，而且在创世瞬间之后几秒模型宇宙的密度究竟是多少，结果并不会造成太大差别。只要宇宙是热的，结果总是大约1/3的物质变成氦，其余的保持为氢，一直到随着宇宙的演化而在恒星里有新过程启动。大部分氢被阻止变成氦，而宇宙中则密集着大连的高能辐射。这种辐射可以看成是一种叫作光子的粒子。辐射的光子是一种能量形式，辐射密度可以用温度来表示。阿尔法和赫尔曼把弗利德曼的解用到宇宙的最初几秒，证明必定有这样一段时间，其辐射能量密度大于爱因斯坦的著名方程 $E=mc^2$ 给出的能量密度。伽莫夫宇宙是诞生于一个辐射的火球，随着膨胀而迅速冷却。最后的残余辐射温度约为5K。1965年前，天体物理学家并不知道大爆炸理论要求存在一个微波背景辐射，并可能被实际观察到。1964年彭齐亚斯（A. A. Penzias）和威尔孙（R. W. Wilson）两位美国射电天文学家在测量高银纬区（银河平面以外区域）发出的射电波强度时，发现了无法排除的噪声干扰，后来证实这就是宇宙微波辐射。辐射谱符合3K的黑体辐射。于是大爆炸宇宙模型获得了强有力的证据。大爆炸宇宙模型逐渐被接受，称为宇宙的"标准模型"。

■ 课堂互动

1. 黑洞是什么？
2. 红移现象是什么？
3. 宇宙背景辐射是什么？

本 章 小 结

本章主要讲述了爱因斯坦的狭义相对论中的质量能量动量方程和质能方程、同时的相对性、时间延缓、尺度收缩。在广义相对论中主要介绍了等效原理，广义性对性原理和时空弯曲。在基本粒子中主要介绍了基本粒子及反粒子、粒子的探测、相互作用原理和守恒定律、夸克模型。在天体物理中主要介绍了白矮星、中子星、脉冲星和超新星、宇宙膨胀理论和宇宙大爆炸模型。

重点：爱因斯坦的狭义相对论中的质量能量动量方程和质能方程、同时的相对性、时间延缓、尺度收缩。以及广义相对论中的等效原理，广义性对性原理和时空弯曲。

难点：基本粒子中的基本粒子及反粒子、粒子的探测、相互作用原理和守恒定律、夸克模型。天体物理中的宇宙膨胀理论和宇宙大爆炸模型。

练习题十五

15-1　狭义相对论的两个基本假设是什么？

15-2　狭义相对论效应如时间延缓和长度收缩对汽车和飞机也是存在的，为什么我们会对此效应感到陌生？

15-3　相对论的质能方程及其物理意义是什么？

15-4　广义相对论是在什么情况下建立起来的？

15-5 解释相对论多普勒效应中的"红移"。

15-6 粒子探测的基本常用方法是什么？

15-7 何为夸克模型？

15-8 钱德拉塞卡极限值是什么？

15-9 黑洞是如何定义的？

15-10 弗利德曼的宇宙模型是什么？

15-11 伽莫夫的宇宙大爆炸理论是什么？

15-12 在惯性系 S 中，有两个事件同时发生在 x 轴上相距是 1m，在 S' 系中观察这两个事件之间的距离是 2m，求在 S' 系中两个事件的时间间隔。

15-13 远方的一颗星以 $0.8c$ 的速度离开地球，接收到它辐射出来的闪光 5 昼夜的周期变化，求固定在此星上的参考系测定的闪光周期。

附录

附录Ⅰ　矢量分析

一、矢量定义

物理量可以按它们与空间方向有无关系给予分类。把与空间方向无关的物理量，叫作**标量**。如温度、密度、体积等只有大小的量。把既有大小又带有方向的物理量，叫作**矢量**。如速度、加速度、力等。

自空间一点 O，画一条指向另一点 P 的线段，这线段就是**矢量**，以 r 表示。用坐标的方法，通过确定线段起点、终点的坐标，就可以确定矢量的大小和方向。为方便起见，我们以起点 O 为原点选取一个直角（笛卡儿）坐标系。设 P 点的坐标是 (x, y, z)，那么矢量 r 就由坐标 (x, y, z) 所确定（如附图1）。这里 x、y、z 是矢量 r 在三个坐标轴上的投影，叫作 r 的三个分量。矢量 r 的长度，也叫作矢量的**模**，写作 r 或 $|r|$，它的平方等于三个分量的平方和

$$r^2 = x^2 + y^2 + z^2 \qquad (1)$$

矢量 r 的方向由它与三个坐标轴的夹角 α、β、γ 完全确定。α、β、γ 的余弦叫作矢量 r 的方向余弦，由附图1可以看出，它们满足

$$\cos\alpha = \frac{x}{r} \qquad \cos\beta = \frac{y}{r} \qquad \cos\gamma = \frac{z}{r} \qquad (2)$$

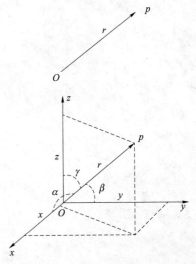

图1　矢量及其在坐标系中的投影

如果把坐标轴绕 O 点转动一下，坐标系改变了，相应的矢量的三个分量也要发生变化。但是，坐标只是我们用来描述线段的一种数学手段，因此坐标的任何变换，不影响矢量的本身，即在坐标变换中，矢量的大小、方向不改变。

两个矢量如果大小、方向均相同，则这两矢量相等。矢量 A 和矢量 A' 虽然处于空间不同的位置上，但是其大小相等，指向相同，所以它们是相等的，即

$$A = A'$$

这就是说，把代表矢量的线段在空间作平行移动，对矢量没有影响。

大小为1的矢量，叫作**单位矢量**。通常用单位矢量表示一个方向，矢量 A 的单位矢量可记为 A_0，于是矢量 A 可表示为 $A = AA_0$，可得

$$A_0 = \frac{A}{A} \qquad 或 \qquad A_0 = \frac{A}{|A|}$$

二、矢量的合成和分解

矢量 A 与 B 之和（或叫作矢量 A 与矢量 B 的合成矢量）$A+B=C$，C 是一个新矢量，它是把矢量 B 平移到矢量 A 的末端，连结 A 的起点和 B 的末端，所形成的矢量（如附图2）。这叫作**矢量加法（合成）的三角形法则**。

矢量合成的另一种方式是把 B 平移到 A 的起点，再从 A 与 B 的末端作两条线段分别平行于 A 和 B，它们同 A、B 一起组成一平行四边形，从 A 的起点出发作平行四边形的对角线，就是 $A+B$（如附图3）。这叫作**平行四边形法则**。

在多个矢量合成时，上述法则可推广运用，附图4是三角形法则的推广，叫作**多边形法则**。

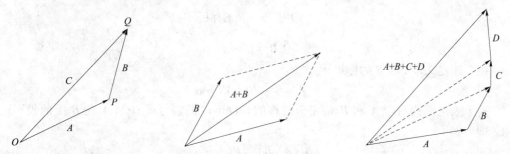

附图2　矢量合成的三角形法则　附图3　矢量合成的平行四边形法则　附图4　矢量合成的多边形法则

矢量求和满足加法的"对易律"和"结合律"，即

$$A+B=B+A \tag{3a}$$

$$A+B+C=A+(B+C)=(A+B)+C \tag{3b}$$

几个矢量可以合成为一个合矢量。反之，一个矢量也可以分解成几个分矢量。最常用的方法是把一个矢量沿着坐标轴的方向分解。首先，选取坐标轴方向的单位矢量，对直角坐标系，通常分别用 i、j、k 表示 x、y、z 轴方向的单位矢量。若矢量 A 在 x、y、z 轴上的投影分别是单位矢量 i、j、k 的 A_x、A_y、A_z 倍（如附图5），那末矢量 A 就可写成

$$A=A_x i+A_y j+A_z k \tag{4}$$

矢量的相加也可以用分量形式计算

$$A=A_x i+A_y j+A_z k$$

$$B=B_x i+B_y j+A_z k$$

则有

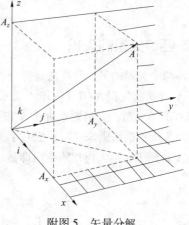

附图5　矢量分解

$$A+B=(A_x+B_x)i+(A_y+B_y)j+(A_z+B_z)k \tag{5}$$

则 $A+B$ 在 x、y、z 轴方向的分量分别等于 A 和 B 在 x、y、z 轴方向的分量之和。

三、矢量的标积

矢量的运算不仅有加减，还可以相乘。如果两个矢量相乘，乘积是一个标量，叫作矢量的**标积**。物理上常常需要计算一个矢量的模和另一矢量在它的方向上的投影的乘积，例如：功是位移矢量（dr）的大小和力（F）在位移方向投影的乘积。这种运算就叫作矢量的标积，

其结果是个标量。两个矢量 A 和 B 的标积常写作 $A \cdot B$，可读作 A 点乘 B。

如附图 6 所示，把两个矢量的起点移到一点，设它们之间的夹角是 α，由 B 在 A 方向的投影

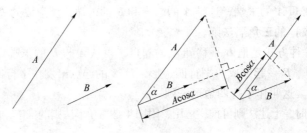

附图 6　矢量的标积

$$B_A = B\cos\alpha$$

按上述定义，A 与 B 的标积

$$A \cdot B = AB_A = AB\cos\alpha \tag{6}$$

这个表达形式对于 A 和 B 是完全对称的。也可以把它写成 B 与 A 在 B 上的投影的乘积，即

$$B \cdot A = BA_B = B(A\cos\alpha)$$

因此

$$A \cdot B = B \cdot A \tag{7}$$

几何上常把一块面积元表示为一个矢量 $\mathrm{d}S$，矢量的大小等于面积元的大小 $\mathrm{d}S$，它的方向在面积元的法线方向。如果取某一线段 p，以 $\mathrm{d}S$ 为底，以 p 为棱，作一柱体，那么柱体的体积元 $\mathrm{d}V$ 等于 $\mathrm{d}S$ 乘 p 在 $\mathrm{d}S$ 方向的投影（如附图 7），即：

$$\mathrm{d}V = p \cdot \mathrm{d}S \tag{8}$$

四、矢量的矢积

两个矢量的另一种乘法运算是两个矢量相乘，乘积是一个矢量，这叫作矢量的**矢积**。矢量 A 和 B 的矢积 $A \times B$（读作 A 叉乘 B）也是矢量，它的大小等于 $AB\sin\alpha$，α 是 A、B 之间小于 $180°$ 的夹角，方向则垂直于 A 和 B，也垂直于 A 和 B 所组成的平面。而 $A \times B$ 的指向可以按附图 8 所示的法则来规定：把右手大拇指以外的四指并拢并指向 A 的方向，令它们顺着 α 角从 A 转到 B，则大拇指的指向即是 $A \times B$ 的方向（如附图 8）。

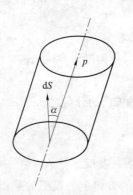

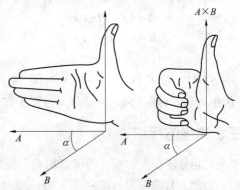

附图 7　用矢量表示面积元　　　　　　　　附图 8　矢量的右手法则

从以上规定可以看出

$$A \times B = -B \times A \tag{9}$$

即矢积不满足交换律，但结合律还是成立的，

$$A \times (B+C) = A \times B + A \times C \tag{10}$$

对于一个右手直角坐标系，x、y、z 三个轴方向的单位矢量 i、j、k 之间的关系，可以用矢积表示为

$$i \times j = k \qquad j \times k = i \qquad k \times i = j$$

五、矢量的混合积

上面我们讨论了矢量的标积和矢积，现在来研究矢量积的混合运算，通常把 $(A \times B) \cdot C$ 叫作三个矢量的**混合积**，或记为 $[ABC]$。附图 9 是一个平行六面体，它可以由在同一顶点的三条边完全确定，这三条边又可以用这三个顶点为起点的三个矢量来表示，因而这三个矢量就完全确定了平行六面体的形状和体积的大小。

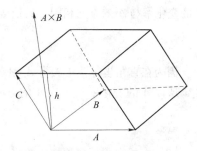

附图 9　矢量的混合积

下面我们来计算以矢量 A、B、C 为边的平行六面体的体积 V，把以 A、B 为边的平行四边形作为底面，则底面积为：

$$S = |A \times B| \tag{11}$$

而这个底面上的高 h 是

$$h = |C| \cos(A \times B, C) \tag{12}$$

于是平行六面体的体积 $V = Sh$，即

$$V = |A \times B| \, |C| \cos(A \times B, C) = (A \times B) \cdot C \tag{13}$$

由此可见，$(A \times B) \cdot C$ 这三个矢量混合积的几何意义为一平行六面体的体积。从上面的讨论还可以看出，$(A \times B) \cdot C$ 的正负，取决于 $(A \times B)$ 与 C 的夹角是锐角还是钝角，也就是 $(A \times B)$ 和 C 是在底面同侧，还是在异侧，即 A、B、C 符合右手法则。

由三个矢量混合积的几何意义，我们立即可得到三个矢量 A、B、C 共面（即在同一平面上或在平行平面上）的充要条件是 $(A \times B) \cdot C = 0$。事实上，如果三个矢量 A、B、C 共面，则以此三个矢量为棱的平行六面体的体积等于零。反之，若 $(A \times B) \cdot C = 0$，则三个矢量中至少有一个为零的矢量，或有两个平行矢量，或矢量 $A \times B$ 与矢量 C 垂直，但在这三种场合下，矢量 A、B、C 都是共面的。

六、矢量的微分

要研究物理量的变化率，就经常要对矢量求导数。若一个矢量 A 随着时间而变化（它的大小和方向都可以随着时间而变化），则 A 就是时间 t 的函数。设在 t 和 $t+\Delta t$ 时刻，A 分别是 $A(t)$ 和 $A(t+\Delta t)$，其矢量差 $A(t+\Delta t) - A(t)$ 就是 A 的增量 ΔA。矢量 $\Delta A / \Delta t$ 是 A 在 Δt 时间的平均变化率，它在 $\Delta t \to 0$ 时的极限是 A 对 t 的导数，也就是 A 的瞬时变化率

$$\frac{dA}{dt} = \lim_{\Delta t \to 0} \frac{\Delta A}{\Delta t} \tag{14}$$

在附图 10（b）中，ΔA 是在曲线的割线方向。当 $\Delta A \to 0$ 时，$\Delta A \to dA$，dA 在曲线的切线

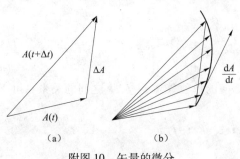

附图 10　矢量的微分

方向。

既然矢量的变化包括其大小和方向两个方面的变化，矢量的变化率也可分为由它的大小变化和方向变化所引起的，因为 $\boldsymbol{A} = A\boldsymbol{A}_0$ 故

$$\frac{d\boldsymbol{A}}{dt} = \frac{dA}{dt}\boldsymbol{A}_0 + A\frac{d\boldsymbol{A}_0}{dt} \tag{15}$$

下面分两种特殊情况讨论这个矢量的变化率。

（1）$\boldsymbol{A}$ 的方向不变，则上式第二项为零，$\boldsymbol{A}$ 的变化率与 $\boldsymbol{A}$ 的方向相同，其值等于 $\boldsymbol{A}$ 的模的变化率，即

$$\frac{d\boldsymbol{A}}{dt} = \frac{dA}{dt}\boldsymbol{A}_0$$

因为在直角坐标系中矢量 $\boldsymbol{A} = A_x\boldsymbol{i} + A_y\boldsymbol{j} + A_z\boldsymbol{k}$，直角坐标系中三个单位矢量 $\boldsymbol{i}$、$\boldsymbol{j}$、$\boldsymbol{k}$ 的方向不变，所以 $\boldsymbol{A}$ 的变化率（不论 $\boldsymbol{A}$ 的方向是否变化）可表示为

$$\frac{d\boldsymbol{A}}{dt} = \frac{dA_x}{dt}\boldsymbol{i} + \frac{dA_y}{dt}\boldsymbol{j} + \frac{dA_z}{dt}\boldsymbol{k} \tag{16}$$

（2）$\boldsymbol{A}$ 的大小不变而方向改变，则式（15）中的第一项为零。

$$\frac{d\boldsymbol{A}}{dt} = A\frac{d\boldsymbol{A}_0}{dt}$$

从附图 11 中可以看出，单位矢量 $\boldsymbol{A}_0$ 的变化量 $\Delta\boldsymbol{A}_0$ 是以 $\boldsymbol{A}_0$ 为半径的单位圆上的弦，$\Delta\boldsymbol{A}_0$ 的模即弦长。当 $\Delta t \to 0$ 时，$\Delta\boldsymbol{A}_0 \to d\boldsymbol{A}_0$，这时，弦和弧将趋于重合，弧长等于单位圆的半径（即等于 1）乘以转角 $\Delta\varphi$，因此

$$\lim_{\Delta t \to 0}|\Delta\boldsymbol{A}_0| = d\varphi$$
$$\left|\frac{\Delta\boldsymbol{A}_0}{dt}\right| = \left|\frac{d\varphi}{dt}\right| \tag{17}$$

式中，$\dfrac{d\boldsymbol{A}_0}{dt}$ 的方向即单位圆的切线方向，它垂直于 $\boldsymbol{A}_0$，并指向使 φ 增加的方向；$\dfrac{d\varphi}{dt}$ 表示 $\boldsymbol{A}_0$ 变化时 $\boldsymbol{A}_0$ 的方位角的变化率，也就是它的角速度（如附图 11）。通常都把角速度规定为一个矢量 $\boldsymbol{\omega}$，$\boldsymbol{\omega}$ 的大小 $\omega = \dfrac{d\varphi}{dt}$，它的方向垂直于 $d\varphi$ 所在的平面，指向规定如下：当右手四指从 $\boldsymbol{A}_0$ 转向 $\boldsymbol{A}_0 + d\boldsymbol{A}_0$ 时，拇指的指向即为 $\boldsymbol{\omega}$ 的方向（如附图 12）。这样，由附图 13 不难看出，$\boldsymbol{\omega}$、$\boldsymbol{A}_0$ 和 $\dfrac{d\boldsymbol{A}_0}{dt}$ 三者满足

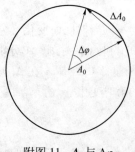

附图 11　$\boldsymbol{A}_0$ 与 $\Delta\varphi$

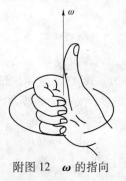

附图 12　$\boldsymbol{\omega}$ 的指向

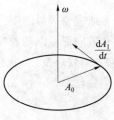

附图 13　$\dfrac{d\boldsymbol{A}_0}{dt} = \boldsymbol{\omega} \times \boldsymbol{A}_0$

$$\frac{\mathrm{d}A_0}{\mathrm{d}t} = \boldsymbol{\omega} \times A_0 \tag{18}$$

即一个单位矢量 A_0 对时间的导数，等于其方向变化的角速度 $\boldsymbol{\omega}$ 与它自己的矢积 $\boldsymbol{\omega} \times A_0$。

再看式（15）时，在矢量 A 的模 A 不变的情况下，有

$$\frac{\mathrm{d}A}{\mathrm{d}t} = A\frac{\mathrm{d}A_0}{\mathrm{d}t} = A(\boldsymbol{\omega} \times A_0) = \boldsymbol{\omega} \times A \tag{19}$$

这就是任何常模矢量对时间变化率的一般表达形式。

附录Ⅱ　物理单位与基本常量

一、国际单位制（SI）

1. 国际单位制的基本单位

物理量名称	单位名称	单位符号
长度	米（meter）	m
质量	千克（kilogram）	kg
时间	秒（second）	s
电流	安［培］（ampere）	A
热力学温度	开［尔文］（kelvin）	K
物质的量	摩［尔］（mole）	mol
光强度	坎［德拉］（candela）	cd

2. 包括 SI 辅助单位在内的具有专门名称的 SI 导出单位

物理量名称	单位名称	单位符号	SI 基本单位表示的关系式
［平面］角	弧度	rad	
立体角	球面度	sr	
频率	赫［兹］hertz	Hz	s^{-1}
力	牛［顿］newton	N	$m \cdot kg \cdot s^{-2}$
压力（压强）、应力	帕［斯卡］pascal	Pa	$m^{-1} \cdot kg \cdot s^{-2}$
能［量］、功、热量	焦［耳］joule	J	$m^2 \cdot kg \cdot s^{-2}$
功率	瓦［特］watt	W	$m^2 \cdot kg \cdot s^{-3}$
电荷量	库［仑］coulomb	C	$A \cdot s$
电势、电压、电动势	伏［特］volt	V	$m^2 \cdot kg \cdot s^{-3} \cdot A^{-1}$
电容	法［拉］farad	F	$m^{-2} \cdot kg^{-1} \cdot s^4 \cdot A^2$
电阻	欧［姆］ohm	Ω	$m^2 \cdot kg \cdot s^{-3} \cdot A^{-2}$
电导	西［门子］siemens	S	$m^{-2} \cdot kg^{-1} \cdot s^3 \cdot A^2$
磁通［量］	韦［伯］weber	Wb	$m^2 \cdot kg \cdot s^{-2} \cdot A^{-1}$

续表

物理量名称	单位名称	单位符号	SI 基本单位表示的关系式
磁感应强度	特［斯拉］tesla	T	$kg \cdot s^{-2} \cdot A^{-1}$
电感	亨［利］henry	H	$m^2 \cdot kg \cdot s^{-2} \cdot A^{-2}$
光通量	流［明］lumen	lm	$cd \cdot sr$
［光］照度	勒［克斯］lux	lx	$m^{-2} \cdot cd \cdot sr$
［放射性］强度	贝克［勒尔］becquerel	Bq	s^{-1}
吸收剂量	戈［瑞］gray	Gy	$m^2 \cdot s^{-2}$

二、常用物理基本常量

物理量	符号	量值
真空中的光速	c	$2.99792458 \times 10^8 \, m \cdot s^{-1}$
真空中的介电常量	ε_0	$8.854187817 \times 10^{-12} \, C^2 \cdot N^{-1} \cdot m^{-2}$
元电荷	e	$1.602176487 \times 10^{-19} \, C$
电子质量	m_e	$9.10938215 \times 10^{-31} \, kg$
普朗克常量	h	$6.62606896 \times 10^{-34} \, J \cdot s$
玻尔兹曼常量	k	$1.3806504 \times 10^{-23} \, J \cdot K^{-1}$
阿伏伽德罗常量	N_A	$6.02214179 \times 10^{23} \, mol^{-1}$
摩尔气体常量	R	$8.314472 \, J \cdot mol^{-1} \cdot K^{-1}$
质子质量	m_p	$1.672621637 \times 10^{-27} \, kg$
中子质量	m_n	$1.674927211 \times 10^{-27} \, kg$
法拉第常量	F	$9.64853399 \times 10^4 \, C \cdot mol^{-1}$
万有引力常量	G	$6.67428 \times 10^{-11} \, N \cdot m^2 \cdot kg^{-2}$
地球质量	m_E	$5.975 \times 10^{24} \, kg$
地球平均半径	R_E	$6.371 \times 10^6 \, m$

三、希腊字母表

字母	读音	字母	读音
A α	alpha	N ν	nu
B β	beta	Ξ ξ	xi
Γ γ	gamma	O o	omicron
Δ δ	delta	Π π	pi
E ε	epsilon	P ρ	rho
Z ζ	zeta	Σ σ	sigma
H η	eta	T τ	tau

字母	读音	字母	读音
Θ　θ	theta	Υ　υ	upsilon
Ι　ι	iota	Φ　φ	phi
Κ　κ	kappa	Χ　χ	chi
Λ　λ	lambda	Φ　φ	psi
Μ　μ	mu	Ω　ω	omega

主要参考文献

[1] 程守洙, 江之永. 普通物理学 [M]. 北京: 高等教育出版社, 2014.

[2] 马文蔚. 物理学 [M]. 北京: 高等教育出版社, 2014.

[3] 武宏. 物理学 [M]. 北京: 人民卫生出版社, 2011.

[4] 吴百诗. 大学物理学基础 [M]. 北京: 科学出版社, 2005.

[5] 哈里德, 瑞斯尼克, 沃克. 哈里德大学物理学 [M]. 北京: 机械工业出版社, 2009.

[6] 胡新珉. 医学物理学 [M]. 北京: 人民卫生出版社, 2005.

[7] 喀蔚波. 医用物理学 [M]. 北京: 高等教育出版社, 2012.

[8] 梁路光. 医用物理学 [M]. 北京: 高等教育出版社, 2009.

[9] 陈仲本, 况明星. 医用物理学 [M]. 北京: 高等教育出版社, 2010.

[10] 洪洋. 医用物理学 [M]. 北京: 高等教育出版社, 2008.

[11] 仇惠, 余大昆. 医用物理学: 案例版 [M]. 北京: 科学出版社, 2008.

[12] 彭志华. 医用物理学 [M]. 北京: 北京邮电大学出版社, 2013.

[13] 陈月明. 医学物理学 [M]. 合肥: 中国科学技术大学出版社, 2014.

[14] 魏杰. 医用物理学 [M]. 合肥: 中国科学技术大学出版社, 2014.

[15] 倪忠强, 等. 医用物理学 [M]. 北京: 清华大学出版社, 2014.

[16] 唐伟跃, 唐文春. 医用物理学 [M]. 北京: 高等教育出版社, 2012.

[17] 章新友. 药用物理学 [M]. 江西: 江西高校出版社, 2013.